# 从零开始学 Oracle

明日科技 编著

全国百佳图书出版单位
化学工业出版社
·北京·

内容简介

本书从零基础读者的角度出发，通过通俗易懂的语言、丰富多彩的实例，循序渐进地让读者在实践中学习Oracle编程知识，并提升自己的实际开发能力。

全书共分为5篇18章，内容包括Oracle 19c概述、Oracle管理工具、SQL*Plus命令、数据表操作、SQL查询基础、SQL查询进阶、子查询、常用系统函数、PL/SQL语言编程、游标、过程与函数、触发器、索引和视图、完整性约束、管理表空间和数据文件、事务、数据导入与导出和企业人事管理系统等。书中知识点讲解细致，侧重介绍每个知识点的使用场景，涉及的代码给出了详细的注释，可以使读者轻松领会Oracle的精髓，快速提高开发与运维技能。同时，本书配套了大量教学视频，扫码即可观看，还提供所有程序源文件，方便读者实践。

本书适合Oracle初学者、数据库技术入门者自学使用，也可用作高等院校相关专业的教材及参考书。

图书在版编目（CIP）数据

从零开始学Oracle / 明日科技编著．一北京：化学工业
版社，2022.8
ISBN 978-7-122-41268-3

．①从… Ⅱ．①明… Ⅲ．①关系数据库系统
①TP311.132.3

国版本图书馆CIP数据核字（2022）第067896号

编辑：张　赛　耍利娜　　文字编辑：林　丹　吴开亮
校对：田睿涵　　装帧设计：尹琳琳

行：化学工业出版社（北京市东城区青年湖南街13号 邮政编码100011）
装：大厂聚鑫印刷有限责任公司
n×1092mm　1/16　印张18　字数438千字　2022年8月北京第1版第1次印刷

：010-64518888　　售后服务：010-64518899
：http://www.cip.com.cn
书，如有缺损质量问题，本社销售中心负责调换。

89.00元

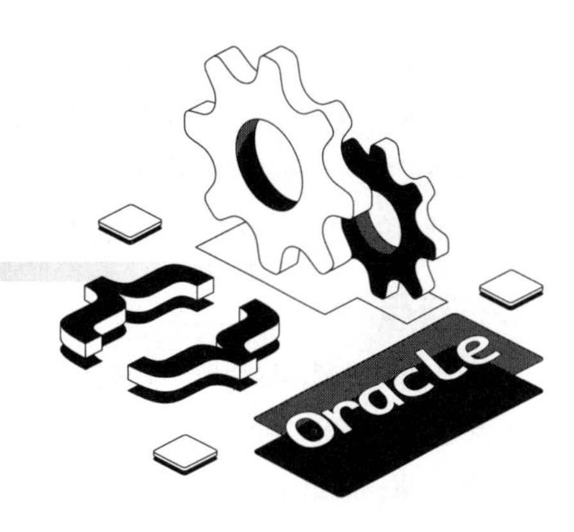


Oracle 数据库系统是美国 Oracle 公司（甲骨文）提供的以分布式数据库为核心的一组软件产品，是目前最流行的客户 / 服务器 (Client/Server) 或 B/S 体系结构的数据库之一。Oracle 数据库是目前世界上使用最为广泛的数据库管理系统，作为一个通用的数据库系统，它具有完整的数据管理功能；作为一个关系数据库，它是一个完备关系的产品；作为分布式数据库，它实现了分布式处理功能。

## 本书内容

本书包含了学习 Oracle 数据库的各类必备知识，全书共分为 5 篇 18 章内容，结构如下。

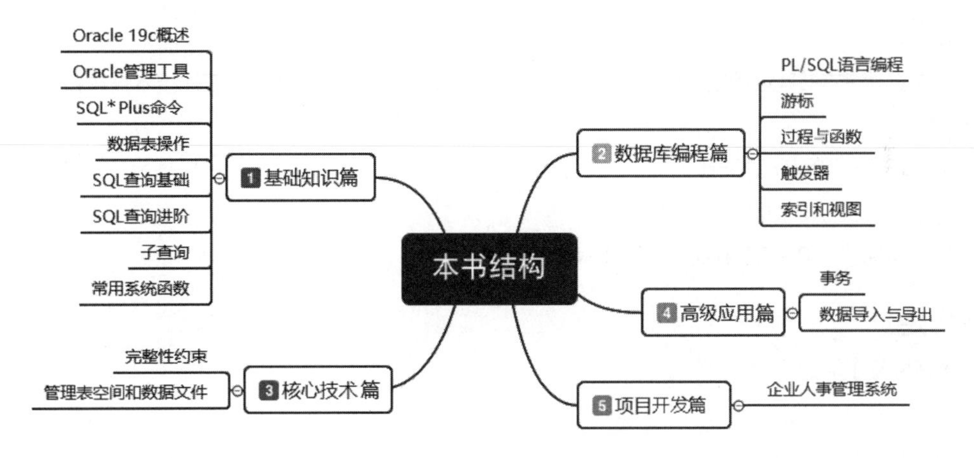


**第 1 篇：基础知识篇。**本篇通过 Oracle 19c 概述、Oracle 管理工具、SQL*Plus 命令、数据表操作、SQL 查询基础、SQL 查询进阶、子查询、常用系统函数来讲解 Oracle 19c 的基础知识，为以后管理 Oracle 数据库奠定坚实的基础。

**第 2 篇：数据库编程篇。**本篇通过 PL/SQL 语言编程、游标、过程与函数、触发器、索引和视图来讲解 Oracle 19c 的有关数据库编程 PL/SQL 知识。

**第 3 篇：核心技术篇。**本篇介绍完整性约束、管理表空间和数据文件等。学习完这一部分，读者能够对 Oracle 19c 数据库进行基本的日常管理和维护。

**第 4 篇：高级应用篇。**本篇介绍事务、数据导入与导出等。学习完这一部分，能够实现数据库控制和数据导入导出操作等。

**第 5 篇：项目开发篇。**本篇通过使用 Java 语言并配合使用 Oracle 数据库，开发一个大型完整的企业人事管理系统，让读者学习如何使用 Oracle 进行应用系统的数据库设计。书中按照开发背景→系统分析→系统设计→数据库设计→主窗体设计→公共模块设计的过程进行介绍，带领读者一步一步亲身体验使用 Oracle 19c 作为数据库的项目开发全过程。

## 本书特点

☑ **知识讲解详尽细致。**本书以零基础入门学员为对象，力求将知识点划分得更加细致，讲解更加详细，使读者能够学必会，会必用。

☑ **案例侧重实用有趣。**通过实例学习是最好的编程学习方式。本书在讲解知识时，通过有趣、实用的案例对所讲解的知识点进行解析，让读者不只学会知识，还能够知道所学知识的真实使用场景。

☑ **思维导图总结知识。**每章最后都使用思维导图总结本章重点知识，使读者能一目了然地回顾本章知识点，以及需要重点掌握的知识。

☑ **配套高清视频讲解。**本书资源包中提供了同步高清教学视频，读者可以通过这些视频更快速地学习，感受编程的快乐和成就感，增强进一步学习的信心，从而快速成为编程高手。

## 读者对象

☑ 初学数据库的自学者
☑ 编程爱好者
☑ 大中专院校的老师和学生
☑ 相关培训机构的老师和学员
☑ 做毕业设计的学生
☑ 初、中、高级程序开发人员
☑ 程序测试及维护人员
☑ 参加实习的“菜鸟”程序员

## 读者服务

为了方便解决本书疑难问题，我们提供了多种服务方式，并由作者团队提供在线技术指导和社区服务，服务方式如下：

√ 企业 QQ：4006751066

√ QQ 群：309198926

√ 服务电话：400-67501966、0431-84978981

## 本书约定

开发环境及工具如下：

√ 操作系统：Windows 7、Windows 10 等。

√ 数据库：Oracle 19c。

## 致读者

本书由明日科技 Oracle 数据库开发团队组织编写，主要人员有周佳星、王小科、申小琦、赵宁、李菁菁、何平、张鑫、王国辉、李磊、赛奎春、杨丽、高春艳、冯春龙、张宝华、庞凤、宋万勇、葛忠月等。在编写过程中，我们以科学、严谨的态度，力求精益求精，但错误、疏漏之处在所难免，敬请广大读者批评指正。

感谢您阅读本书，零基础编程，一切皆有可能，希望本书能成为您编程路上的敲门砖。

祝读书快乐！

编者

# 目录

## 第 1 篇　基础知识篇

### 第 1 章　Oracle 19c 概述 / 2

▶视频讲解：8 节，57 分钟



### 第 2 章　Oracle 管理工具 / 19

▶视频讲解：9 节，61 分钟

## 第3章 SQL*Plus命令 / 34

▶视频讲解：11节，112分钟



## 第4章 数据表操作 / 51

▶视频讲解：13节，73分钟



## 第5章 SQL查询基础 / 64

▶视频讲解：17节，65分钟

## 第 6 章 SQL 查询进阶 / 82

视频讲解：17 节，87 分钟

第 7 章 子查询 / 102

视频讲解：8 节，46 分钟

## 第8章 常用系统函数 / 116

▶视频讲解：5 节，30 分钟

# 第 2 篇 数据库编程篇

## 第9章 PL/SQL 语言编程 / 126

▶视频讲解：15 节，90 分钟

## 第 10 章　游标 / 148

视频讲解：12 节，27 分钟



## 第 11 章　存储过程与函数 / 160

视频讲解：7 节，36 分钟

## 第 12 章 触发器 / 170

视频讲解：5 节，38 分钟



## 第 13 章 索引和视图 / 180

视频讲解：7 节，77 分钟

# 第 3 篇　核心技术篇

# 第 4 篇　高级应用篇

## 第 16 章　事务 / 224

▶视频讲解：6 节，17 分钟



## 第 17 章　数据导入与导出 / 233

▶视频讲解：12 节，20 分钟



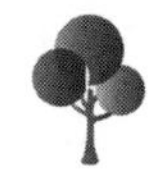

# 第 5 篇　项目开发篇

## 第 18 章　企业人事管理系统 / 246

▶视频讲解：1 节，6 分钟

Oracle

从零开始学 Oracle

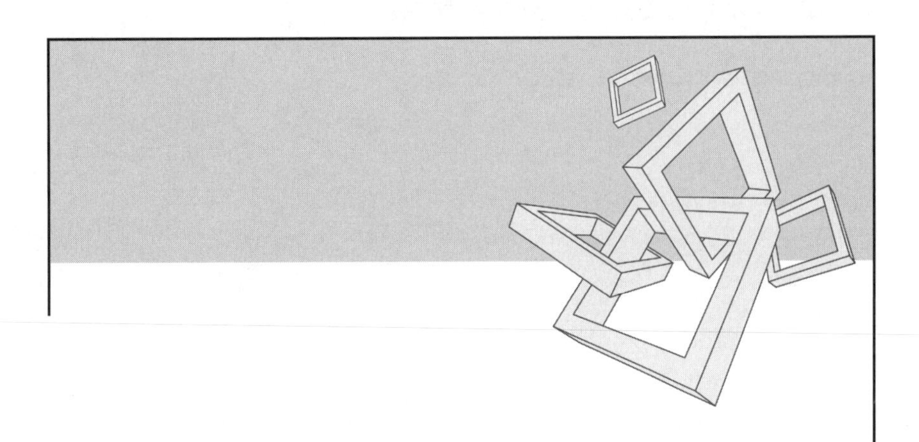

# 第1篇 基础知识篇

# 第 1 章

# Oracle 19c 概述

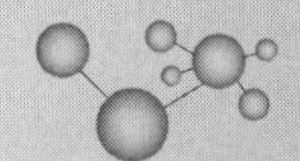

## 本章学习目标

- 掌握关于数据库的基本概念。
- 掌握 Oracle 的相关概念。
- 掌握 Oracle 数据库的安装与卸载。

# 1.1 数据库的产生

顾名思义，数据库存储的是数据，它是为了解决商业管理中的数据管理问题而生的。以某大型全国连锁书店的图书管理为例，在没有数据库以前，所有的图书商品清单需要进行手工管理，每一件商品都会使用如表 1.1 所示的表格进行手工记载。

表 1.1　手工管理数据——图书价格表

| 图书编号 | 名称 | 作者 | 单价 | 出版日期 | 库存量 |
| --- | --- | --- | --- | --- | --- |
| 28933-3 | 《Oracle从入门到精通》 | 明日科技 | 59.8 | 2012年9月 | 9000 |
| 28932-6 | 《Visual C++从入门到精通》 | 明日科技 | 69.8 | 2012年9月 | 7500 |
| 28755-1 | 《Java Web从入门到精通》 | 明日科技 | 69.8 | 2012年9月 | 1500 |

当这样的数据信息量增大以后（例如，图书信息已经超过了 9000 万条），则数据的维护会变得非常困难。例如，在进行图书信息查找时要人为地筛选每一个数据，这样做不仅效率低，也会出现查询信息不准确的情况。而且在全国不同城市的分店，销售人员肯定会根据表 1.1 所示的价格表进行图书的销售，这样就相当于不同城市的分店都有各自的一张图书价格表，如图 1.1 所示。

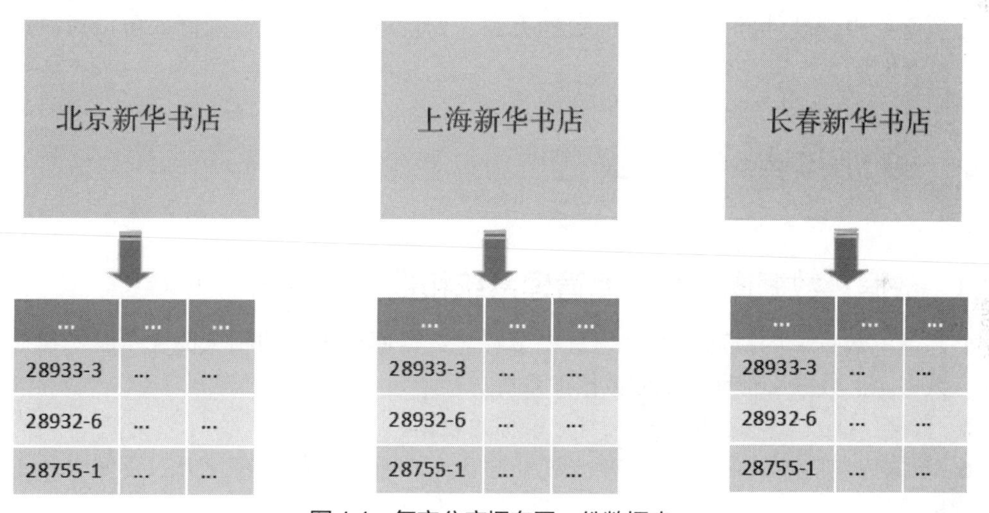


图 1.1　每家分店拥有同一份数据表

根据图 1.1 所示的数据管理方式，在实际的运行中会存在以下的问题：

- 每家分店拥有各自的图书价格表，这样所带来的最直接的问题就是数据重复（也可以称为数据冗余）。
- 当某一本图书的单价修改的时候，那么全国所有分店的图书价格表都要分别进行修改，否则会出现数据不同步的问题。例如，北京分店的一本图书原本卖 79 元，修改价格后卖 89 元，但是同样一本书有可能长春分店的数据没有修改，依然卖 79 元。

如果将这些数据按照一定的标准统一进行管理，使各个地方的分店都通过统一的数据库进行查询，如图 1.2 所示，那么这些问题就可以避免了。

通过图 1.2 可以发现，所有分店可通过数据库查找图书价格信息，而数据管理员也可通过数据库对图书价格信息进行维护，这样就解决了数据冗余及修改不同步的问题，这就是数据库的功能——共享和管理数据。通过数据库可以方便地对各种信息进行统计，也便于数据分析人员的使用。

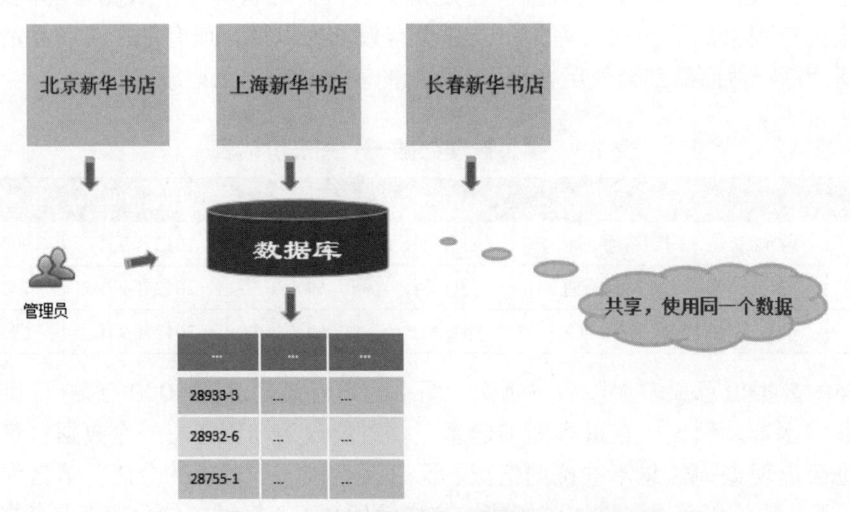


图 1.2　所有的数据通过数据库统一管理

但是从另外一个方面考虑，由于一个数据库要保存大量的数据信息，所以在运行中一定要尽量避免由于硬件问题所造成的数据丢失。一旦数据丢失，必须确保可以对数据库迅速进行数据恢复。

## 1.2　数据库基本概念

### 1.2.1　数据、数据库、数据库管理系统和数据库系统

要想理解数据库的概念，就必须首先了解与数据库技术密切相关的 4 个基本概念，即数据、数据库、数据库管理系统和数据库系统。

- 数据（Data）：描述事物的符号记录称为数据。
- 数据库（Database，DB）：存放数据的仓库，所有的数据在计算机存储设备上按照一定的格式保存。
- 数据库管理系统（Database Management System，DBMS）：用于科学地组织和存储数据，高效地获取和维护数据。
- 数据库系统（Database System，DBS）：在计算机系统中引入数据库后的系统。

#### （1）数据

数据是数据库中存储的基本对象。以图书为例，除了价格之外，像图书的名称、作者等也都可以称为数据。

数据的表现形式还不能完全表达其内容，需要经过解释。例如，30 代表一个数字，可以表示某个人的年龄，也可以表示某个人的编号，或者是一个班级的人数。所以，数据的解释是指对数据含义的说明，数据的含义称为数据的定义，数据与其定义是不可分的。

例如，在日常生活中，可以这样描述一本书的信息。《Oracle 从入门到精通》是 ×× 出版社出版的一本计算机图书，作者是明日科技，定价是 59.8 元，出版时间是 2012 年 9 月。这样的信息在计算机中可以使用下面的方式来描述：

(Oracle 从入门到精通，×× 出版社，明日科技，59.8，2012-09)

即将信息按照“(图书名称，出版社，作者，价格，出版时间)”的方式组织在一起，就可以组成一条记录，而这条记录就是描述图书的数据，按照此种结构记录的数据，可以方便用户进行管理。而在数据库中，所有的数据都被保存在数据表中，数据表通过行来表示一条完整的记录，通过列来表示每一条记录的字段，如图 1.3 所示。

字段（列）

记录（行）

| 图书编号 | 名称 | 作者 | 单价 | 出版日期 | 存储量 |
|---|---|---|---|---|---|
| 28933-3 | 《Oracle从入门到精通》 | 明日科技 | 59.8 | 2012年9月 | 100 |
| 28932-6 | 《Visual C++从入门到精通》 | 明日科技 | 69.8 | 2012年9月 | 100 |
| 28755-1 | 《Java Web从入门到精通》 | 明日科技 | 69.8 | 2012年9月 | 100 |
| 28756-8 | 《Java从入门到精通》 | 明日科技 | 59.8 | 2012年9月 | 90 |
| 28752-0 | 《C语言从入门到精通》 | 明日科技 | 59.8 | 2012年9月 | 120 |

图 1.3　通过数据表管理数据

通过图 1.3 可以发现，在数据库中，所有的数据都是通过一张张数据表进行保存的，每一张数据表的一行表示一条完整的数据记录，通过不同的字段表示出每块记录的作用。

在图 1.3 所示的图书信息表中，可以发现有如下几种数据类型：

- 整型数据：图书编号、存储量。
- 字符串数据：图书名称、作者。
- 小数数据：单价。
- 日期数据：出版日期。

而数据表中可以保存的数据类型除了以上几种以外，还可以保存视频、音频等，这些都被称为数据，这些数据在数据库中可以方便地使用多种运算符进行操作，如四则运算、交、并、补等操作。

### (2) 数据库

当人们收集到大量的信息后，就需要将这些信息保存，以供进一步加工处理（统计销售量和总额等），这样可以避免手工处理数据所带来的问题。而且严格来讲，数据库是长期存储在计算机内，有组织的、可共享的大量数据的集合，数据库中的数据按一定的数据模型组织、描述和存储，具有较小的冗余度、较高的数据独立性和易扩展性，并可为各种用户共享，所以数据库具有永久存储、有组织和可共享 3 个基本特点。

### (3) 数据库管理系统

数据库管理系统和操作系统一样是计算机的基础软件，也是一个大型复杂的软件系统，主要功能包括以下几个方面：

- 数据操作功能：DBMS 提供数据操作语言（Data Manipulation Language，DML），用户可以使用 DML 操作数据，实现对数据库的基本操作，如增加、修改、删除和查询等。

- 数据库的事务管理和运行管理：数据库在建立、运行和维护时由数据库管理系统统一管理和控制，以保证数据的安全性、完整性、多用户对数据的并发使用及发生故障后的系统恢复。
- 数据定义功能：DBMS 提供数据定义语言（Data Definition Language，DDL），用户可以通过 DDL 方便地定义数据库中的各个操作对象，如数据表、视图和序列等。
- 数据组织、存储和管理：DBMS 要分类组织、存储和管理各种数据，包括数据字典、用户数据和数据的存储路径等。要确定以何种文件结构和存储方式组织这些数据，如何实现数据之间的联系。数据组织和存储的基本目标是提高存储空间利用率和方便存取，提供多种存储方法（如索引）来提高存取效率。
- 数据库的建立和维护功能：包括数据库初始数据的输入和转换功能，数据库的转换和恢复功能，数据库的重组织功能和性能监视、分析功能等。
- 其他功能：包括 DBMS 与网络中其他软件系统的通信功能、一个 DBMS 与另一个 DBMS 或文件系统的数据转换功能、异构数据库之间的互访和互操作功能等。

**（4）数据库系统**

数据库系统一般由用户、数据库、数据库管理系统（及其开发工具）、应用系统、数据库管理员（负责数据库的建立、使用和维护）、操作系统构成。

一般在不引起混淆的情况下，常常把数据库系统简称为数据库，数据库系统可以用图 1.4 表示。

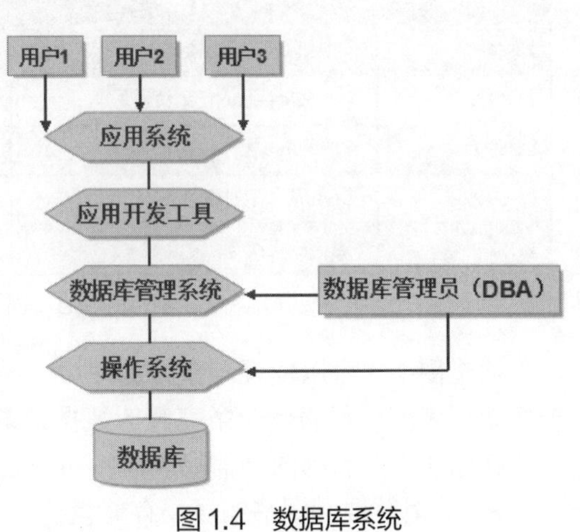


图 1.4 数据库系统

## 1.2.2 数据库的标准语言——SQL

数据库的标准语言是 SQL（Structured Query Language，结构化查询语言）。SQL 语言是用于数据库查询的结构化语言，最早由 Boyce 和 Chamberlin 在 1974 年提出，称为 SEQUEL 语言。1976 年，IBM 公司的 San Jose 研究所在研制关系数据库管理系统 System R 时将其修改为 SEQUEL 2，即目前的 SQL 语言。1976 年，SQL 语言开始在商品化关系数据库管理系统中应用。1986 年，ISO 将其采纳为国际标准。之后，每隔几年就会发布新的 SQL 语言版本，如图 1.5 所示。

图 1.5 SQL 版本发展历史

SQL 语言是一种介于关系代数和关系演算之间的语言，具有丰富的查询功能，同时具有数据定义和数据控制功能，是集数据定义、数据查询和数据控制于一体的关系数据语言。目前，有许多数据库管理系统支持 SQL 语言，如 SQL Server、Access、Oracle、MySQL、DB2 等。

SQL 语言的功能包括数据查询、数据操纵、数据定义和数据控制 4 个部分。SQL 语言简洁、方便、实用，为完成其核心功能只用了 6 个动词——SELECT、CREATE、INSERT、

UPDATE、DELETE 和 GRANT（REVOKE）。作为数据库的标准语言，它已被众多商用数据库管理系统产品所采用，成为应用最广的数据库语言。

不过，不同的数据库管理系统在其实践过程中都对 SQL 规范做了某些编改和扩充。所以，实际中不同数据库管理系统之间的 SQL 语言不能完全相互通用。例如，甲骨文公司的 Oracle 数据库所使用的 SQL 语言是 Procedural Language/SQL（简称 PL/SQL），而微软公司的 SQL Server 数据库系统支持的是 Transact-SQL（简称 T-SQL）。



# 1.3 Oracle 简介

## 1.3.1 Oracle 公司介绍

Oracle 公司是全球最大的信息管理软件及服务供应商，成立于 1977 年，主要的业务是推动电子商务平台的搭建。Oracle 公司有自己的服务器、数据库、开发工具、编程语言，在行业软件上还有企业资源计划（ERP）软件、客户关系管理（CRM）软件、人力资源管理（HCM）软件等大型管理系统，所以 Oracle 是一家综合性的软件公司，也是有实力与微软公司在技术上一较高低的公司之一。

说明：

Oracle 这个单词在希腊神话中为“神谕”之意，表示的是神说的话（或称为一切智慧之源）。在中国，Oracle 是殷墟出土的甲骨文（oracle bone inscriptions）的英文翻译的第一个单词，所以将其称为甲骨文公司。

一直以来，Oracle 都以绝对的优势占据着数据库市场的第一位。例如，在 2019 年做的市场调研中显示，56% 的市场份额标志着 Oracle 的地位难以撼动，IBM 以 15.9% 占据第二位，Microsoft 以 9.5% 占据第三的位置，而其他数据库厂商占有的市场份额很小。2019 年主流数据库市场占有率如图 1.6 所示。

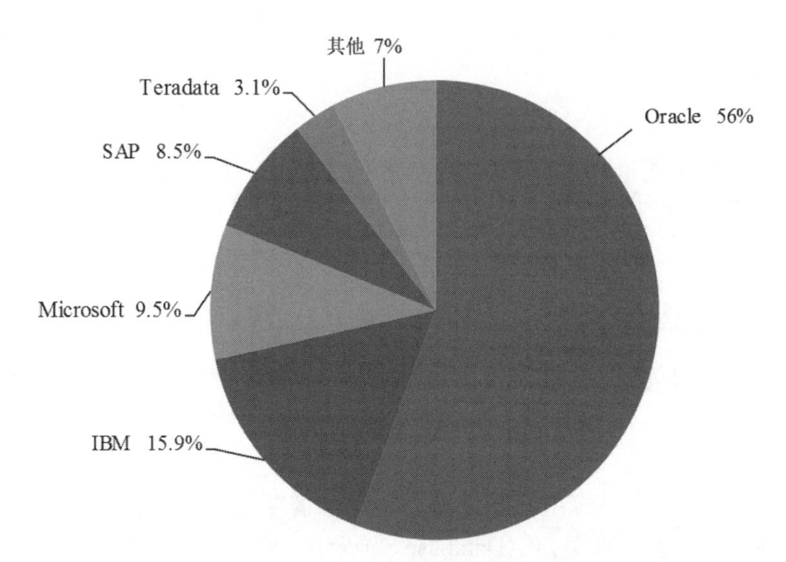


图 1.6 2019 年主流数据库市场占有率

Oracle 公司的创建来源于一篇技术型论文，这篇论文是在 1970 年 6 月，由 IBM 公司的研究员埃德加 • 考特（Edgar Frank Codd）在 Communications of ACM 上发表的著名的《大型共享数据库数据的关系模型》。随后在 1977 年 6 月，Larry Ellison、Bob Miner 和 Ed Oates 在硅谷共同创办了一家名为软件开发实验室（Software Development Laboratories，SDL）的计算机公司（Oracle 公司的前身），SDL 开始策划构建可商用的关系型数据库管理系统（RDBMS）。1978 年，公司更名为“关系式软件公司（RSI）”，于 1982 年更名为 Oracle。

Oracle 公司的创办决定于 4 位传奇人物：Ed Oates、Bruce Scott、Bob Miner、Larry Ellison，如图 1.7 所示。在这 4 位传奇人物中，功劳最大的是 Larry Ellison，如图 1.8 所示，如果没有 Larry Ellison，那么 Oracle 公司将不会有今天的辉煌和地位。

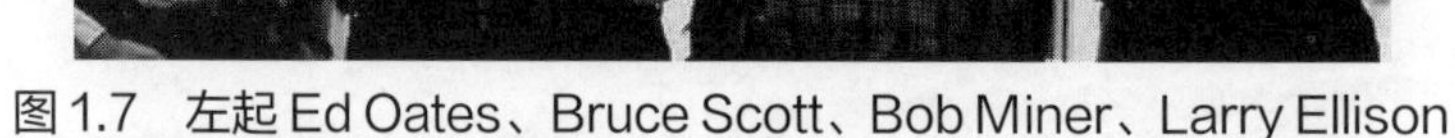

图 1.7　左起 Ed Oates、Bruce Scott、Bob Miner、Larry Ellison

图 1.8　Larry Ellison

Larry Ellison 是 Oracle 公司的缔造者，也是 Oracle 公司发展的领导者。他最早提出了电子商务的概念，并且让 Oracle 公司积极致力于电子商务的解决方案，并在 1995 年之后迅速地将 Oracle 公司的产品重点发展到了网络上（这一点随着 Oracle 8i 的推出而更加明显），并于 2009 年以 74 亿美元收购了 Sun 公司。此后，Oracle 公司成为业界唯一一家提供综合系统的厂商，拥有自己的编程语言（Java）、数据库（Oracle、MySQL）、中间件（收购了 BEA 的 WebLogic）、操作系统（Solaris、UNIX）、服务器，这样一来，Oracle 公司在整个行业中的地位更加稳固。

**说明：**

最早要收购 Sun 公司的是 IBM 公司，这让许多人觉得是实至名归的一种举措，因为 IBM 是 Java 技术发展的主要推动者，但是后来由于价格问题没有谈成功。Oracle 公司的跟进速度非常快，在 IBM 宣布放弃收购 Sun 公司不久就立刻动手收购了 Sun 公司，这对 IBM 和微软等大公司都是震惊的消息。

## 1.3.2 Oracle 体系介绍

Oracle 体系结构主要用来分析数据库的组成、工作过程与原理，以及数据在数据库中的组织与管理机制。Oracle 数据库是一个逻辑概念，而不是物理概念上安装了 Oracle 数据库管理系统的服务器。

在 Oracle 数据库管理系统中有 3 个重要的概念需要理解，那就是实例（Instance）、数据库（Database）和数据库服务器（Database Server）。其中，实例是指一组 Oracle 后台进程以及在服务器中分配的共享内存区域；数据库是由基于磁盘的数据文件、控制文件、日志文件、参数文件和归档日志文件等组成的物理文件集合；数据库服务器是指管理数据库的各种软件工具（例如，SQL*Plus、OEM 等）、实例和数据库三个部分。

实例与数据库的关系为：

- 实例用于管理和控制数据库，而数据库为实例提供数据。
- 一个数据库可以被多个实例装载和打开，而一个实例在其生存期内只能装载和打开一个数据库。

数据库的主要功能是存储数据，数据库存储数据的方式通常称之为存储结构。Oracle 数据库的存储结构分为逻辑存储结构和物理存储结构。逻辑存储结构为 Oracle 内部组织和管理数据的方式，而物理存储结构为 Oracle 在操作系统中的物理文件组成情况。

启动 Oracle 数据库服务器实际上是在服务器的内存中创建一个 Oracle 实例，然后用这个实例来访问和控制磁盘中的数据文件。当用户连接到数据库时，实际上连接的是数据库的实例，然后由实例负责与数据库进行通信，最后将处理结果返回给用户。图 1.9 展示了 Oracle 数据库的基本体系结构。SQL 命令从客户端发出后，由 Oracle 的服务器进程进行响应，然后在内存区域中进行语法分析、编译和执行，接着将修改后的数据写入数据文件，将数据库的修改信息写入日志文件，最后将 SQL 的执行结果返回给客户端。

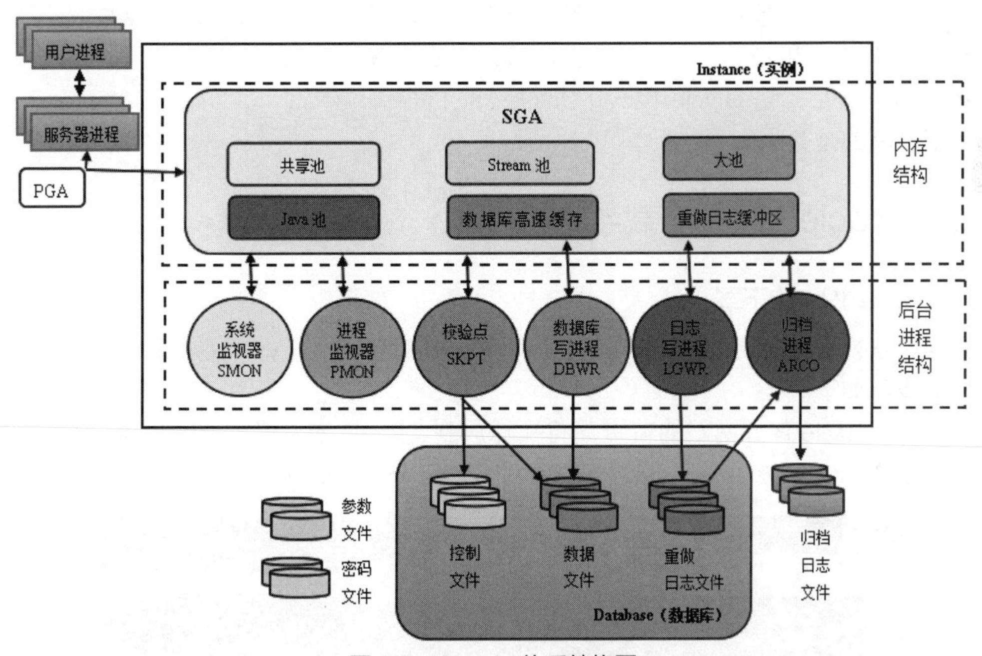


图 1.9　Oracle 体系结构图

说明：

Oracle 数据库每个版本的体系结构都相当庞大，读者可以从 Oracle 的官方网站下载相应的体系结构图。从开发及管理的角度来讲，重点的体系结构有 3 个，分别是存储结构、进程结构和内存结构。

# 1.4 Oracle 数据库环境

## 1.4.1 Oracle 数据库版本简介

当今社会已进入信息时代，作为信息管理主要工具的数据库已成为举足轻重的角色。

无论是企业、组织的管理，还是电子商务或电子政务等应用系统的管理，都需要数据库的支持。

Oracle 是目前最流行的关系型数据库管理系统之一，被越来越多的用户在信息系统管理、企业数据处理、Internet 和电子商务网站等领域作为应用数据的后台处理系统。

如果要使用 Oracle 数据库，那么首先要解决的就是版本问题。在 Oracle 数据库的发展历史中，数据库一直处于不断升级状态，以下几个版本需要读者有所了解。

● Oracle 8 和 Oracle 8i：Oracle 8i 表示 Oracle 正式向 Internet 发展，其中 i 表示的是 Internet。

● Oracle 9i：Oracle 8i 是一个过渡的数据库版本，而 Oracle 9i 是一个更加完善的数据库版本。

● Oracle 10g：是业界第一个完整的、智能化的新一代 Internet 基础构架，为用户带来了更好的性能，其中的 g 表示的是网络，即这种数据库采用了网络计算的方式进行操作，性能更好。

● Oracle 11g：是 Oracle 10g 的稳定版本，也是现在使用比较广泛的版本。

● Oracle 12c 和 Oracle 18c：c 表示 cloud，云计算。

● Oracle 19c：是 Oracle 12c 和 Oracle 18c 的最终版本。

本书讲解的是 Oracle 19c 版本。

## 1.4.2 Oracle 19c 的下载与安装

### （1）Oracle 19c 的下载

如果想获得 Oracle 数据库的安装包，可以登录网址“http://www.oracle.com”进行下载，具体下载步骤如下。

① 打开 Oracle 官方网站的首页，将鼠标放到“Products”菜单处，可显示其下的所有选项，单击“Oracle Database”选项，即可进入 Oracle 数据库的下载页面，如图 1.10 所示。

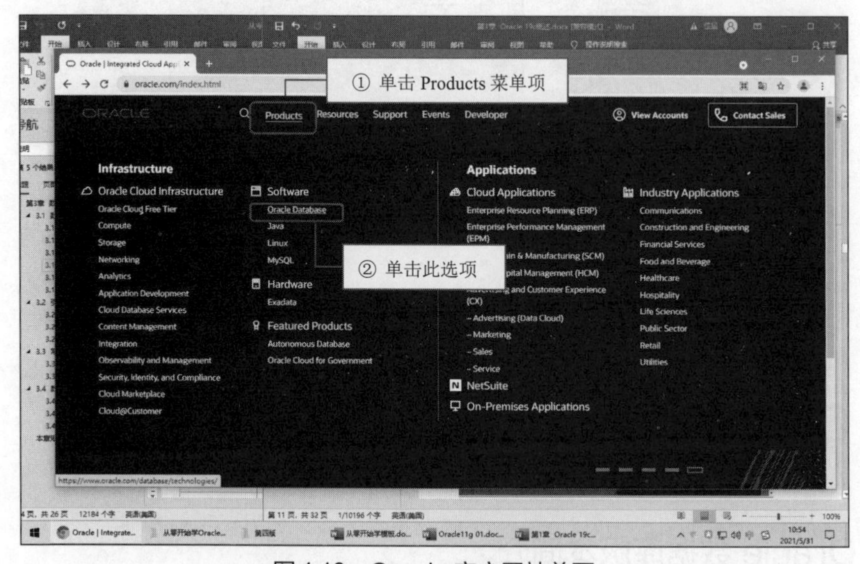


图 1.10 Oracle 官方网站首页

② 进入下载页面后，选择下载 Oracle 19c数据库，如图 1.11 所示。

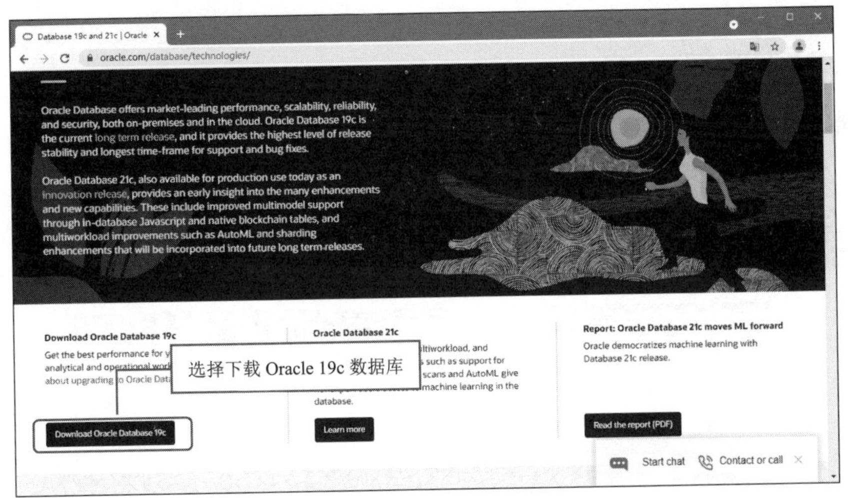


图 1.11　选择下载 Oracle 19c 数据库

③ 进入选择下载数据库版本页面，读者可根据自己的电脑系统选择下载。例如操作系统为 Windows，可选择如图 1.12 中圈住的选项下载 Oracle 19c 在 64 位 Windows 系统上的版本。

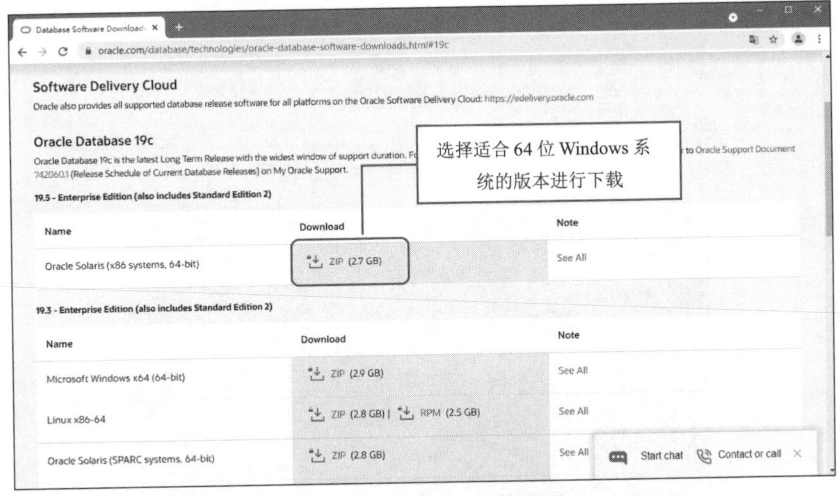


图 1.12　Oracle 下载页面

④ 弹出如图 1.13 所示的对话框，首先单击接受许可协议前面的单选框，然后进行 Oracle 19c 安装包的下载。

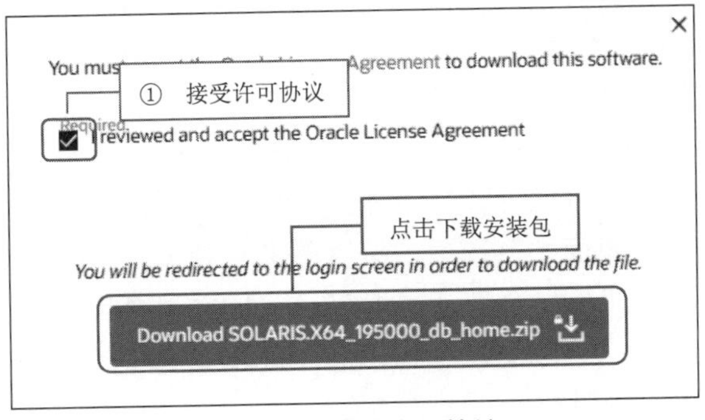


图 1.13　接受许可协议

⑤ 登录 Oracle 账户后，即可自动进行名为 WINDOWS.X64_195000_db_home.zip 的 Oracle 19c 安装包的下载。

### （2）安装 Oracle 数据库

Oracle 数据库的具体安装过程如下。

① 将 Oracle 19c 的安装包文件 WINDOWS.X64_195000_db_home.zip 解压缩，在解压后的文件夹中双击 setup.exe 可执行文件进行 Oracle 19c 的安装，如图 1.14 和图 1.15 所示。

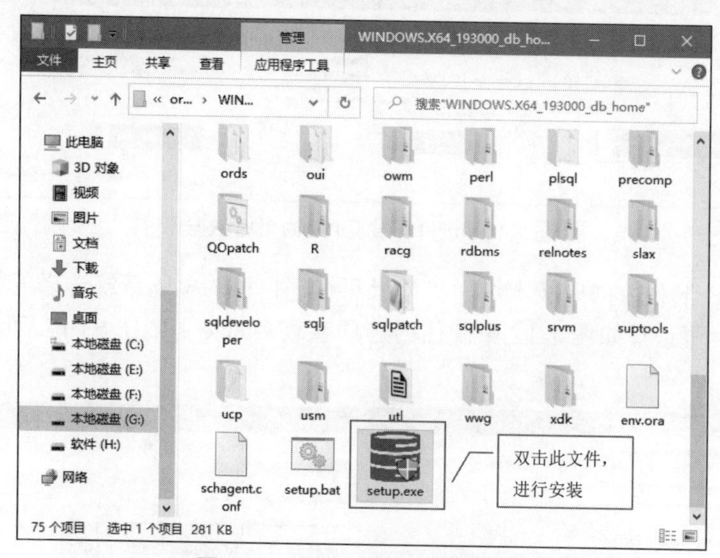


图 1.14 启动 Oracle 安装程序

图 1.15 启动 Oracle 19c 安装界面

② 打开安装程序后，进入到“选择配置选项”界面，该界面用于选择安装选项，这里选中“创建并配置单实例数据库”单选框，然后单击“下一步”按钮，如图 1.16 所示。

③ 单击“下一步”按钮后，会打开“选择系统类”界面，如图 1.17 所示。该界面用来选择数据库被安装在哪种操作系统平台（Windows 主要有桌面版和服务器版两种）上，这要根据当前机器所安装的操作系统而定，本演示实例使用的是 Windows 10 操作系统（属于桌面类系统），所以选择“桌面类”选项，然后单击“下一步”按钮。

④ 单击“下一步”按钮后，会打开“指定 Oracle 主目录用户”界面。在该界面中，需要指定 Oracle 主目录用户，这里选择“创建新 Windows 用户”创建一个新用户，如图 1.18 所示，然后单击“下一步”按钮。

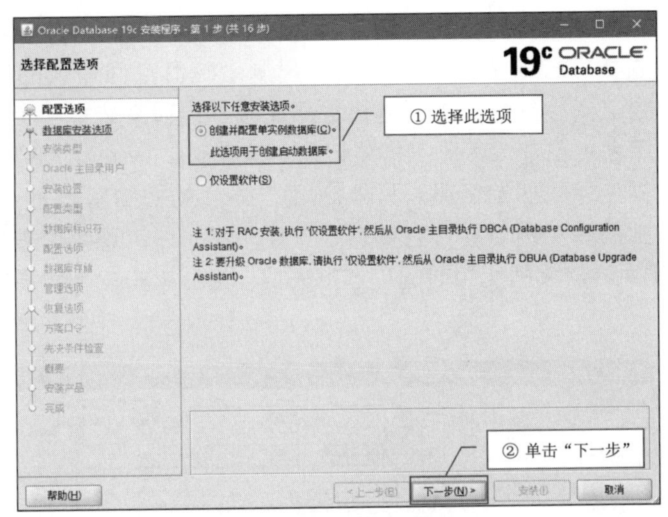


图 1.16 “选择配置选项”界面

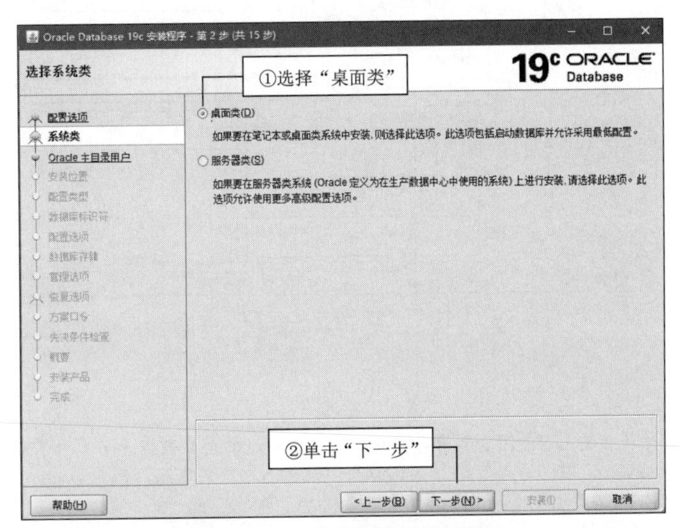


图 1.17 “选择系统类”界面

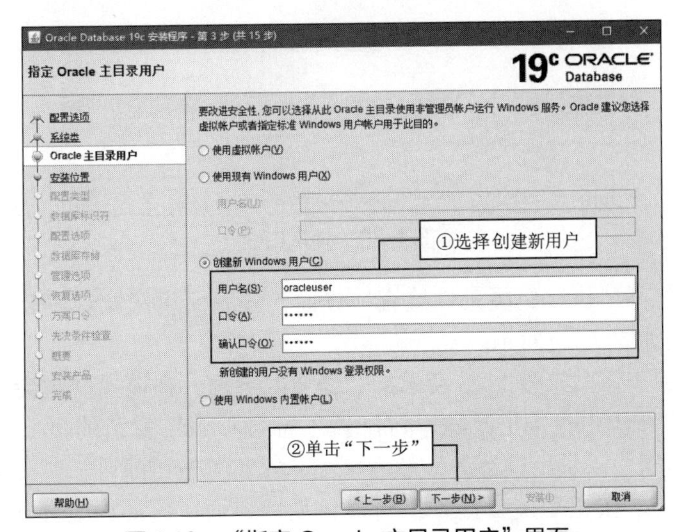


图 1.18 “指定 Oracle 主目录用户”界面

⑤ 单击“下一步”按钮后，会打开“典型安装配置”界面。在该界面中，首先设置文件目录，默认情况下，安装系统会自动搜索出剩余磁盘空间最大的磁盘作为默认安装盘，当然也可以自定义安装磁盘；然后选择数据库版本，通常选择“企业版”就可以；接着输入“全局数据库名”和登录密码（需要记住，该密码是 system、sys、sysman、dbsnmp 这 4 个管理账户共同使用的初始密码。另外，用户 scott 的初始密码为 tiger)，其中“全局数据库名”也就是数据库实例名称，它具有唯一性，不允许出现两个重复的“全局数据库名”；然后将“创建为容器数据库”前的单选框去掉；最后单击“下一步”按钮，如图 1.19 所示。

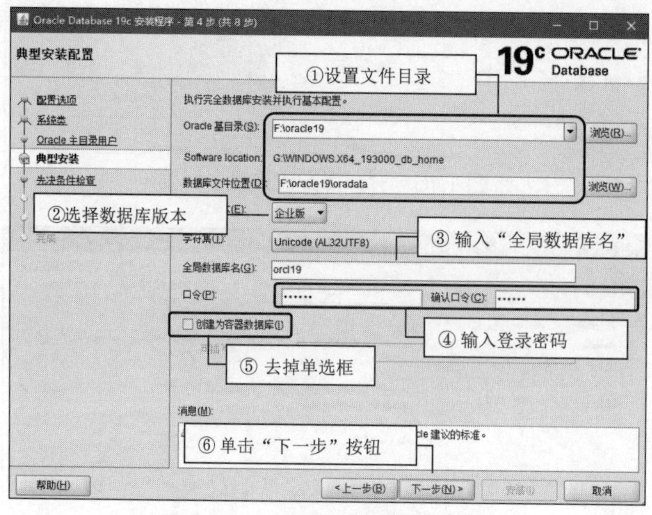


图 1.19 “典型安装配置”界面

**说明：**

一般将全局数据库名设置为 orcl，因为笔者电脑中已有名为 orcl 的全局数据库名，为了避免重名，将 Oracle 19c 的全局数据库名设置为 orcl19。在“口令”和“确认口令”后输入一样的密码，即为 system 账户的密码。此为本书中设置的密码，读者可自行设置此密码。由于此口令过于简单，单击“下一步”按钮之后，会出现如图 1.20 所示的界面，在此界面单击“是”按钮。

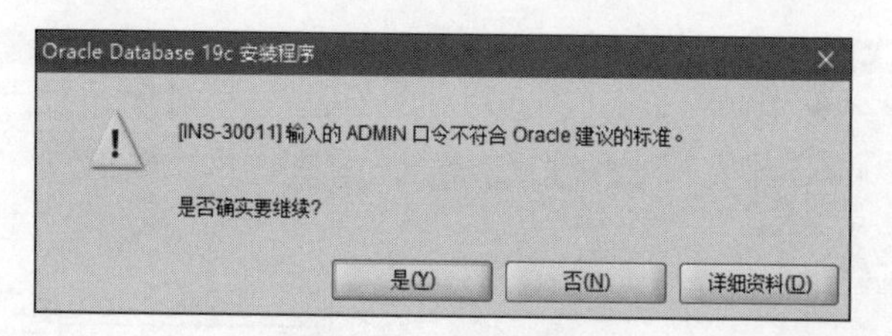


图 1.20 确认口令

⑥ 接下来会打开“执行先决条件检查”界面，该界面用来检查安装本产品所需要的最低配置，检查结果如图 1.21 所示。

⑦ 检查完毕后，弹出如图 1.22 所示的“概要”界面，在该界面中会显示出安装产品的概要信息。若在上一步中检查出某些系统配置不符合 Oracle 安装的最低要求，则会在该界面的列表中显示出来，以供用户参考，然后单击“安装”按钮即可。

⑧ 单击“安装”按钮后，会打开“安装产品”界面，该界面会显示产品的安装进度，过程比较缓慢，需要耐心等待，如图 1.23 所示。

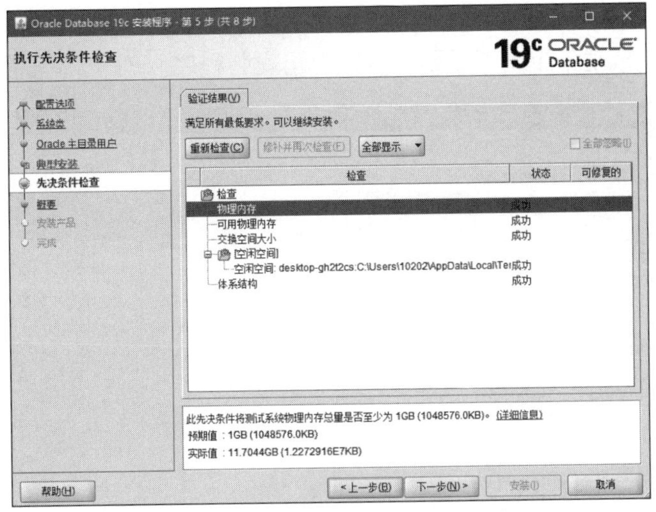


图 1.21 “执行先决条件检查”界面

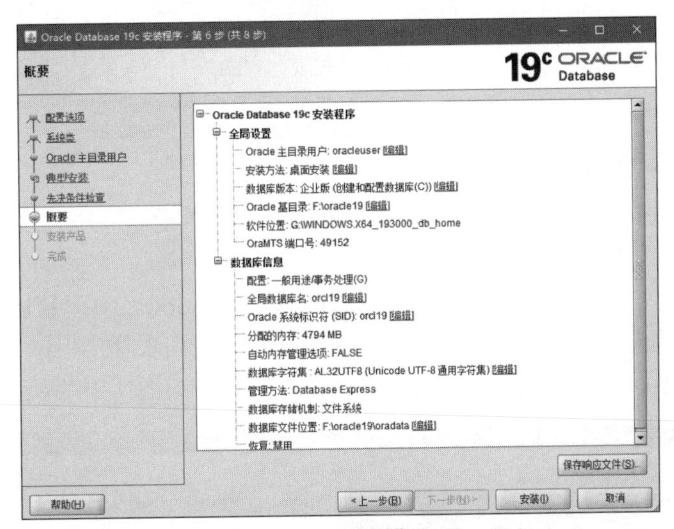


图 1.22 “概要”界面

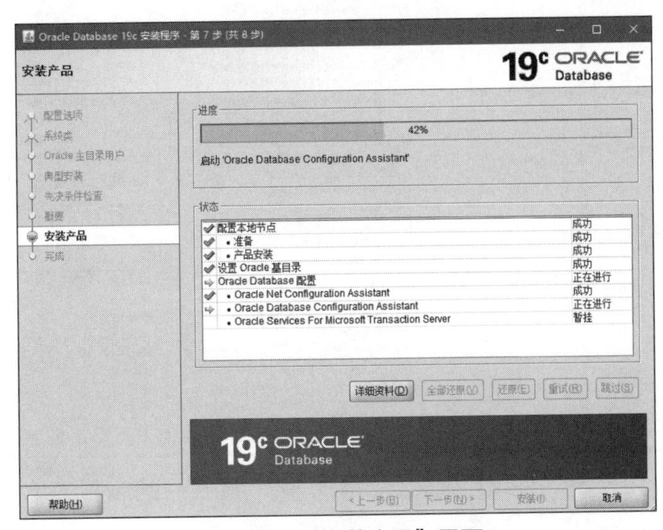


图 1.23 “安装产品”界面

⑨ 当“安装产品”界面中的进度条到达 100% 后，会出现如图 1.24 所示的界面，表示 Oracle 19c 已经安装成功，单击“关闭”按钮退出安装程序。

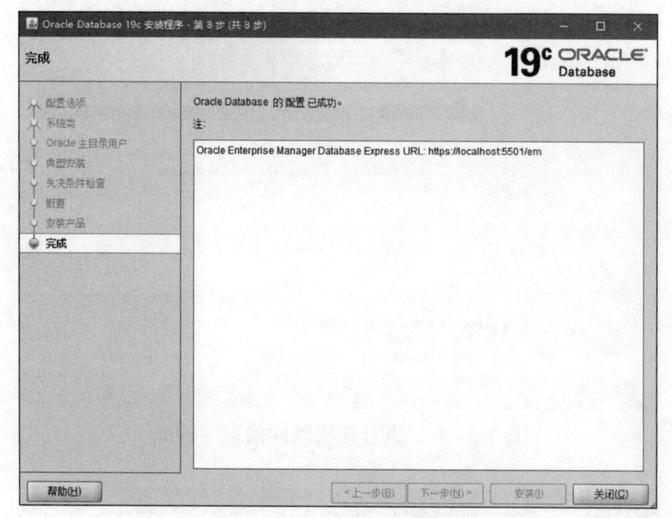


图 1.24　“完成”界面

## 1.4.3　Oracle 19c 的卸载

想要从 Windows 10 上卸载 Oracle 19c 数据库，必须手动删除所有以 Ora 开头的注册表项、文件和文件夹，具体步骤如下。

① 停止 Oracle 19c 相关后台服务。鼠标右键单击 Windows 10 系统的“此电脑”，在快捷菜单中选择“管理”打开“计算机管理”界面，在左侧的列表项中单击“服务和应用程序”前的“>”号，在下面选择“服务”打开了“服务”窗口，如图 1.25 所示，停止相关服务。

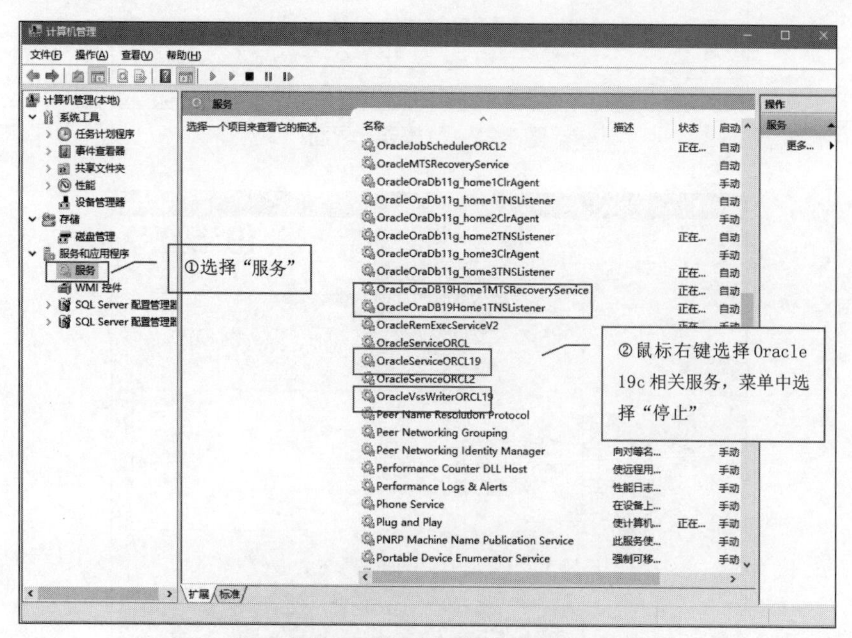


图 1.25　停止 Oracle 19c 相关所有的后台服务

② 删除以 Oracle 开头的注册表项。打开“开始”菜单，或者按键盘上的 Windows 键，

然后输入 “regedit”，打开注册表编辑器。

a．在 HKEY_LOCAL_MACHINE/SOFTWARE/Oracle 上单击鼠标右键，菜单选项中选择删除，如图 1.26 所示。

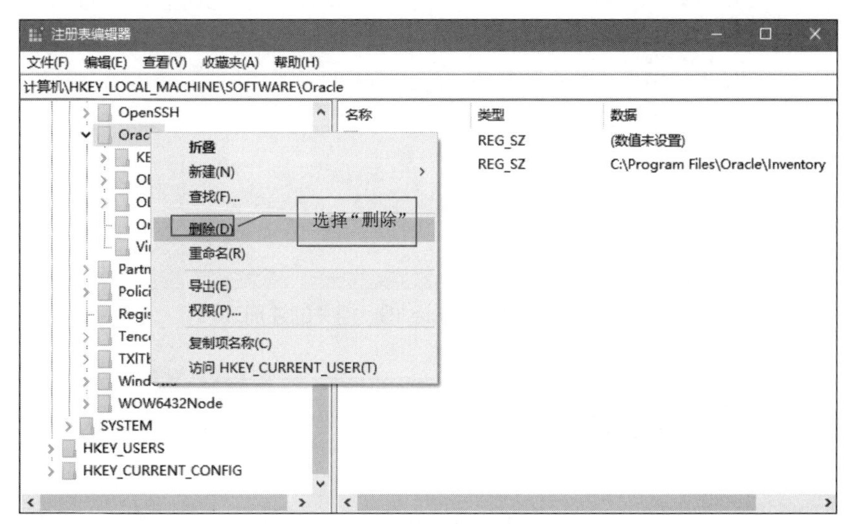


图 1.26 删除 HKEY_LOCAL_MACHINE/SOFTWARE/Oracle 下的注册表

b．在 HKEY_LOCAL_MACHINE/SOFTWARE/WOW6432Node/ORACLE 上单击鼠标右键，菜单选项中选择 “删除”，如图 1.27 所示。

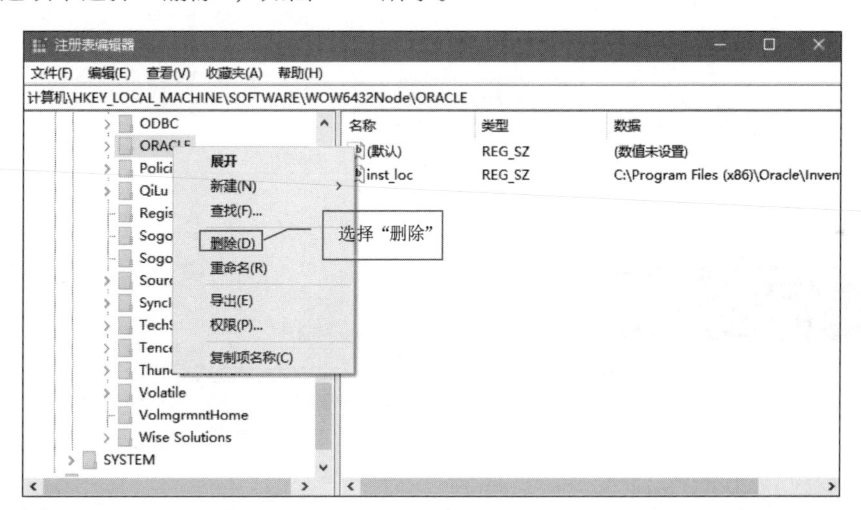


图 1.27 删除 HKEY_LOCAL_MACHINE/SOFTWARE/WOW6432Node/ORACLE 下的注册表

c．在 HKEY_LOCAL_MACHINE/SYSTEM/CurrentControlSet/Services/Oracle* 上单击鼠标右键，菜单选项中选择 “删除”，如图 1.28 所示。

删除完注册表后，重新启动 Windows。

③ 删除以 Oracle 开头的文件夹。删除以下文件夹。

- F:\oracle19;
- C:\Users\oracleuser；
- C:\Program Files\Oracle。

完成了以上步骤后，Oracle 19c 就从 Windows 系统中删除了。

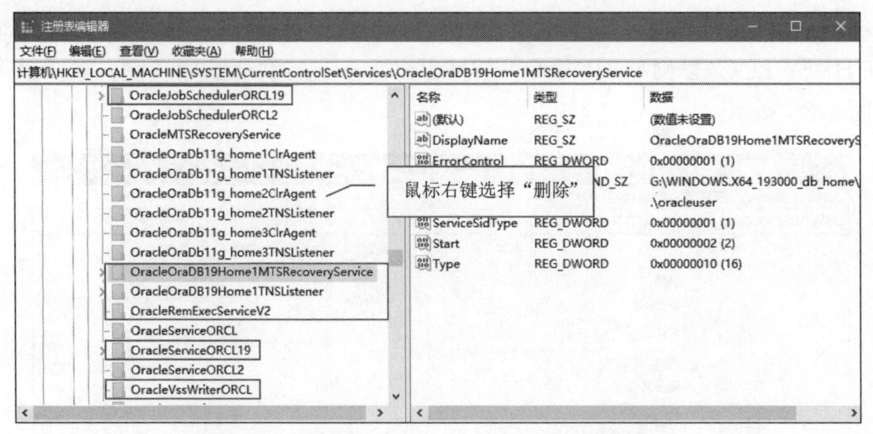


图 1.28 删除与 Oracle 19c 相关的注册表项

## 本章知识思维导图

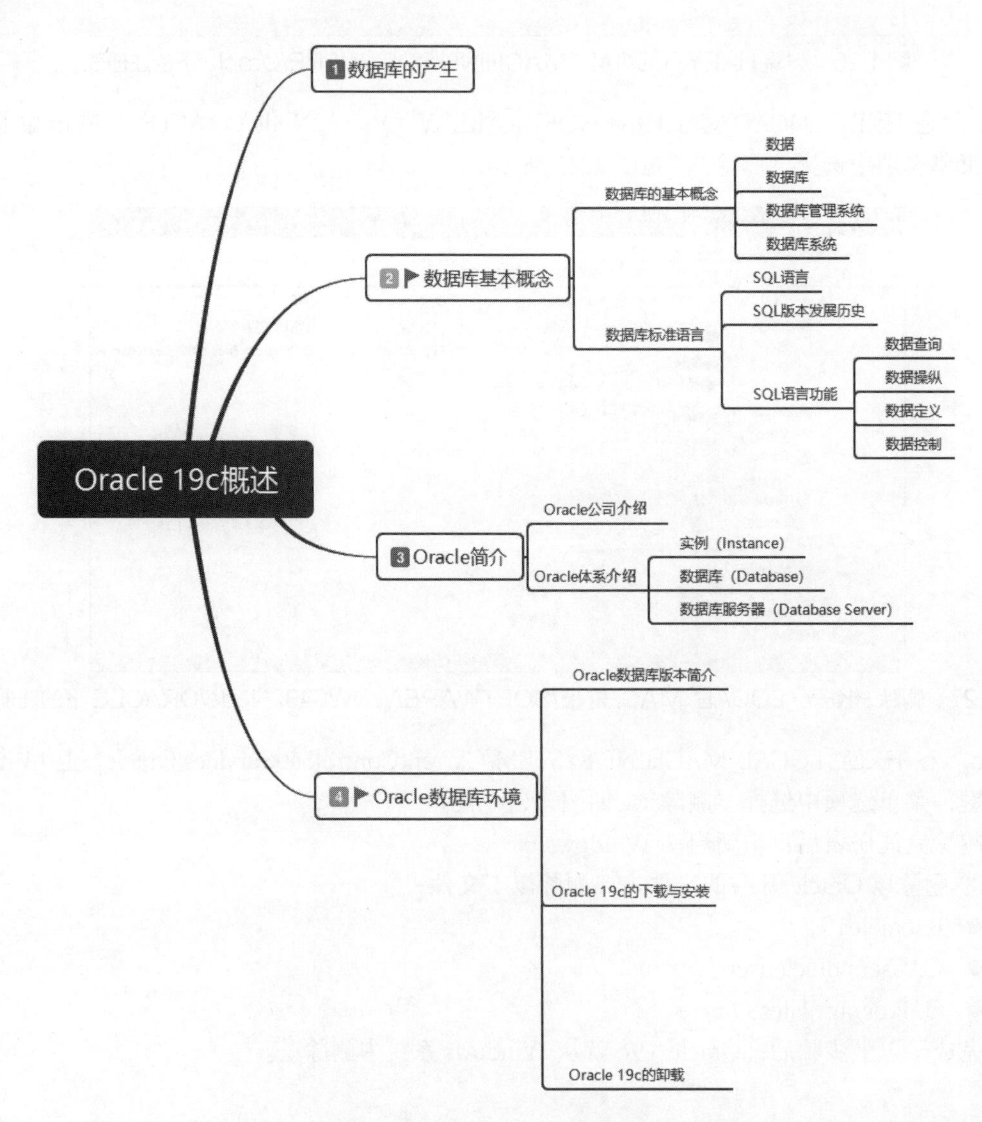

# 第 2 章

# Oracle 管理工具

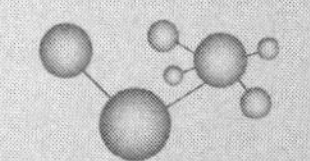

## 本章学习目标

- 熟练掌握使用 SQL*Plus 工具。
- 熟练掌握使用 SQL Developer 工具。
- 掌握使用企业管理器。
- 掌握使用数据库配置助手。

# 2.1 SQL*Plus 工具

在 Oracle 19c 数据库系统中，用户对数据库的操作主要是通过 SQL*Plus 来完成的。SQL*Plus 作为 Oracle 的客户端工具，既可以建立位于数据库服务器上的数据连接，也可以建立位于网络中的数据连接。

## 2.1.1 启动 SQL*Plus

下面将介绍如何启动 SQL*Plus 和如何使用 SQL*Plus 连接到数据库。

① 选择“开始”/Oracle-OraDb19c_home1/SQL Plus，打开如图 2.1 所示的 SQL*Plus 启动界面。

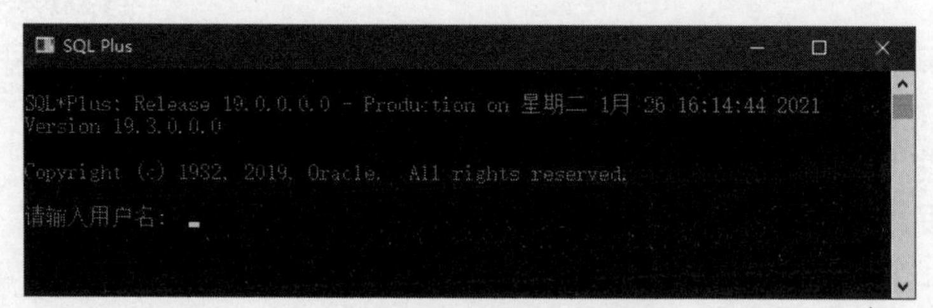


图 2.1　SQL*Plus 启动界面

② 在命令提示符的位置输入登录用户（如 system 或 sys 等系统管理账户）和登录密码（密码是在安装或创建数据库时指定的），若输入的用户名和密码正确，则 SQL*Plus 将连接到数据库，如图 2.2 所示。

图 2.2　使用 SQL*Plus 连接数据库

另外，还可以通过在“运行”中输入 cmd 命令来启动命令行窗口，然后在该窗口中输入 SQL*Plus 命令来连接数据库，如图 2.3 和图 2.4 所示。使用 SQL*Plus 命令连接数据库实例的语法格式如下。

```
SQLPLUS username[/password][@connect_identifier] [AS SYSOPER|SYSDBA];
```

- username：表示登录用户名。
- password：表示登录密码。
- @connect_identifier：表示连接的全局数据库名，若连接本机上的默认数据库，则可以省略。

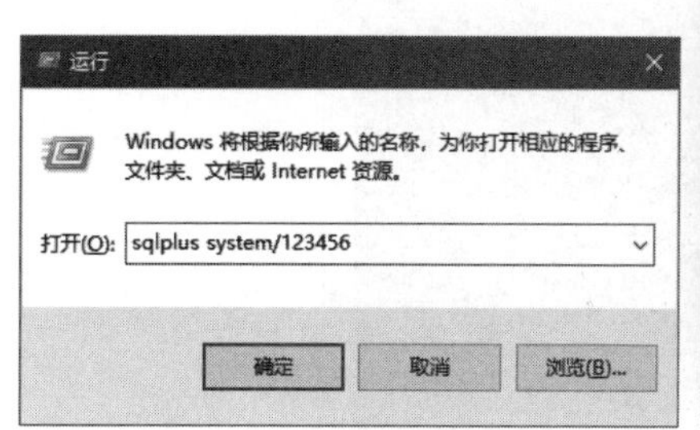


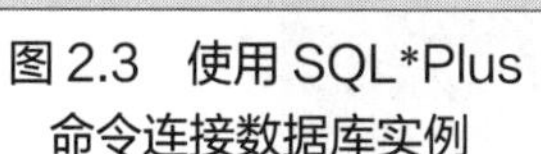
图2.3 使用SQL*Plus 命令连接数据库实例

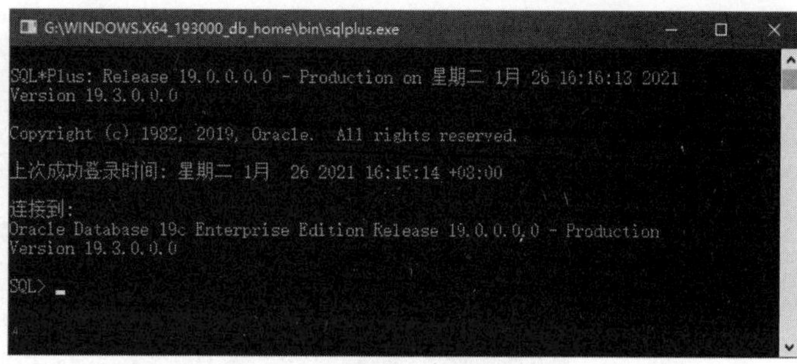


图2.4 通过命令启动的SQL*Plus 命令行窗口

**说明：**

在输入 Oracle 数据库命令时，其关键字不区分大小写（例如，输入 sqlplus 或 SQLPLUS 都可以），但参数区分大小写。

## 2.1.2 使用SQL*Plus 连接 SCOTT 用户

SCOTT 用户是 Oracle 数据库系统中常用的用户，用户名为 scott，密码为 tiger。SCOTT 用户中包含员工信息表 emp、部门信息表 dept、奖金表 bonus 和工资等级表 salgrade。本书中大多数实例操作的就是这四张表。

但是在 Oracle 19c 中并不存在 SCOTT 用户，所以需要自行创建。下面演示如何创建 SCOTT 用户，并创建 SCOTT 用户中的数据表。

① 打开 SQL*Plus 之后，在“请输入用户名：”后输入 scott，在“输入口令：”后输入 tiger，按回车后的结果如图 2.5 所示。

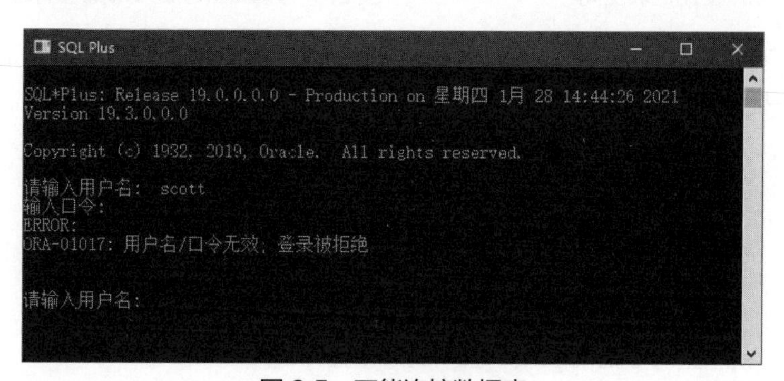


图2.5 不能连接数据库

② 通过图 2.5 可知，不能连接 SCOTT 用户，所以首先以 sysdba 的身份连接数据库（用户名为“sqlplus /as sysdba”，输入输入口令后直接按回车键，即可连接 sys 数据库），然后创建 scott 用户，命令如下：

```
sqlplus /as sysdba
create user scott identified by tiger;
```

执行结果如图 2.6 所示。

③ 设置用户使用的表空间，命令如下：

```
ALTER USER scott DEFAULT TABLESPACE USERS;
ALTER USER scott TEMPORARY TABLESPACE TEMP;
```

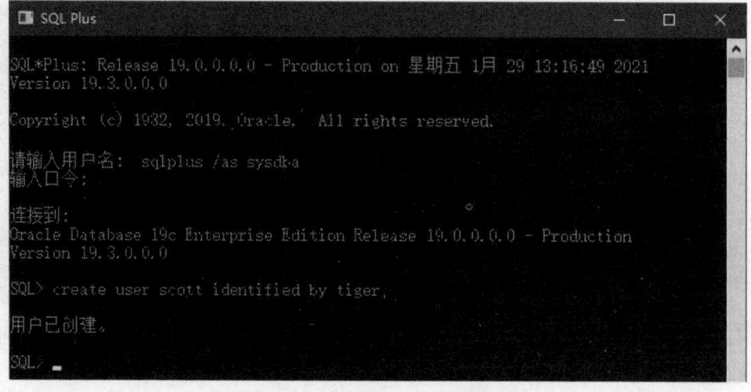


图 2.6　创建 scott 用户

执行结果如图 2.7 所示。

④ 为 scott 赋予权限，并使用 scott 用户登录，命令如下：

```
GRANT dba TO scott;
CONNECT scott/tiger;
```

执行结果如图 2.8 所示。

图 2.7　设置用户使用的表空间

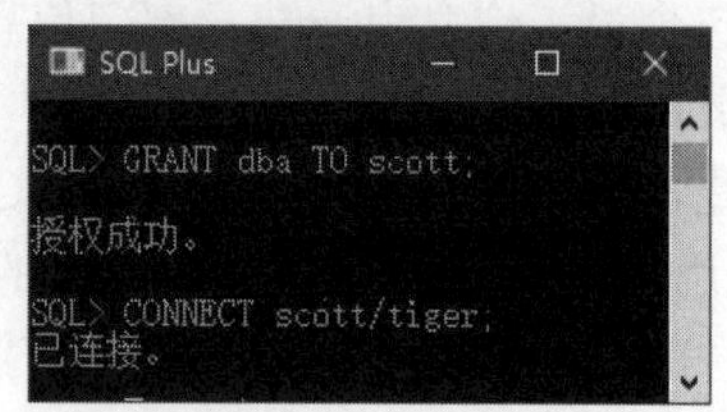


图 2.8　为 scott 赋予权限，并使用 scott 用户登录

⑤ 输入以下代码，创建部门信息表 dept、员工信息表 emp、奖金表 bonus 和工资等级表 salgrade，并插入测试数据。

```
-- 创建数据表
CREATE TABLE dept (
    deptno    NUMBER(2) CONSTRAINT PK_DEPT PRIMARY KEY,
    dname    VARCHAR2(14) ,
    loc        VARCHAR2(13)
) ;
CREATE TABLE emp (
    empno    NUMBER(4) CONSTRAINT PK_EMP PRIMARY KEY,
    ename    VARCHAR2(10),
    job        VARCHAR2(9),
    mgr        NUMBER(4),
    hiredate    DATE,
    sal        NUMBER(7,2),
    comm    NUMBER(7,2),
    deptno    NUMBER(2) CONSTRAINT FK_DEPTNO REFERENCES DEPT
);
CREATE TABLE bonus (
    enamE    VARCHAR2(10)    ,
    job        VARCHAR2(9)  ,
    sal        NUMBER,
    comm    NUMBER
) ;
CREATE TABLE salgrade (
    grade        NUMBER,
```

```
    losal        NUMBER,
    hisal        NUMBER
);
-- 插入测试数据 —— dept
INSERT INTO dept VALUES    (10,'ACCOUNTING','NEW YORK');
INSERT INTO dept VALUES (20,'RESEARCH','DALLAS');
INSERT INTO dept VALUES    (30,'SALES','CHICAGO');
INSERT INTO dept VALUES    (40,'OPERATIONS','BOSTON');
-- 插入测试数据 —— emp
INSERT INTO emp VALUES (7369,'SMITH','CLERK',7902,to_date('17-12-1980','dd-mm-yyyy'),800,NULL,20);
INSERT INTO emp VALUES (7499,'ALLEN','SALESMAN',7698,to_date('20-2-1981','dd-mm-yyyy'),1600,300,30);
INSERT INTO emp VALUES (7521,'WARD','SALESMAN',7698,to_date('22-2-1981','dd-mm-yyyy'),1250,500,30);
INSERT INTO emp VALUES (7566,'JONES','MANAGER',7839,to_date('2-4-1981','dd-mm-yyyy'),2975,NULL,20);
INSERT INTO emp VALUES (7654,'MARTIN','SALESMAN',7698,to_date('28-9-1981','dd-mm-yyyy'),1250,1400,30);
INSERT INTO emp VALUES (7698,'BLAKE','MANAGER',7839,to_date('1-5-1981','dd-mm-yyyy'),2850,NULL,30);
INSERT INTO emp VALUES (7782,'CLARK','MANAGER',7839,to_date('9-6-1981','dd-mm-yyyy'),2450,NULL,10);
INSERT INTO emp VALUES (7788,'SCOTT','ANALYST',7566,to_date('13-07-87','dd-mm-yyyy')-85,3000,NULL,20);
INSERT INTO emp VALUES (7839,'KING','PRESIDENT',NULL,to_date('17-11-1981','dd-mm-yyyy'),5000,NULL,10);
INSERT INTO emp VALUES (7844,'TURNER','SALESMAN',7698,to_date('8-9-1981','dd-mm-yyyy'),1500,0,30);
INSERT INTO emp VALUES (7876,'ADAMS','CLERK',7788,to_date('13-07-87','dd-mm-yyyy')-51,1100,NULL,20);
INSERT INTO emp VALUES (7900,'JAMES','CLERK',7698,to_date('3-12-1981','dd-mm-yyyy'),950,NULL,30);
INSERT INTO emp VALUES (7902,'FORD','ANALYST',7566,to_date('3-12-1981','dd-mm-yyyy'),3000,NULL,20);
INSERT INTO emp VALUES (7934,'MILLER','CLERK',7782,to_date('23-1-1982','dd-mm-yyyy'),1300,NULL,10);
-- 插入测试数据 —— salgrade
INSERT INTO salgrade VALUES (1,700,1200);
INSERT INTO salgrade VALUES (2,1201,1400);
INSERT INTO salgrade VALUES (3,1401,2000);
INSERT INTO salgrade VALUES (4,2001,3000);
INSERT INTO salgrade VALUES (5,3001,9999);
-- 事务提交
COMMIT;
```

## 2.1.3 使用 SQL*Plus 查询数据库

以上代码执行完毕之后，为了验证是否成功连接上了系统的 scott 用户，可以通过在 SQL*Plus 中查询部门信息表的所有信息（dept）来进行验证。

[实例 2.1]（源码位置：资源包 \Code\02\01）

**查询 scott 用户中的部门信息表（dept）中的所有信息**

使用 scott 用户连接 Oracle 后，在提示符“SQL>”后输入如下语句：

```
SELECT * FROM dept;
```

执行结果如图 2.9 所示。

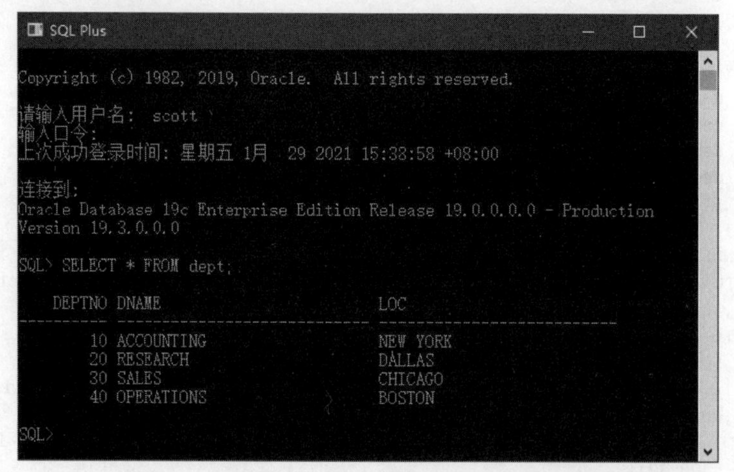


图 2.9　通过 SQL*Plus 查询部门信息表 dept

**说明：**

在 Oracle 中，命令不区分大小写，并且在 SQL*Plus 编辑器中每条命令都以分号（;）作为结束标志。

**常见错误：**

编写 SQL 代码时，标点符号应都是英文形式的，不允许出现中文形式。例如“SELECT * FROM dept；”将会出现如图 2.10 所示的结果。因为在 SQL*Plus 编辑器中是以英文形式的分号（;）作为结尾的，相当于结束符。如果输入的是中文形式的分号（；），SQL*Plus 编辑器没有遇到结束符，认为这段 SQL 代码没有结束，会让使用者继续输入。

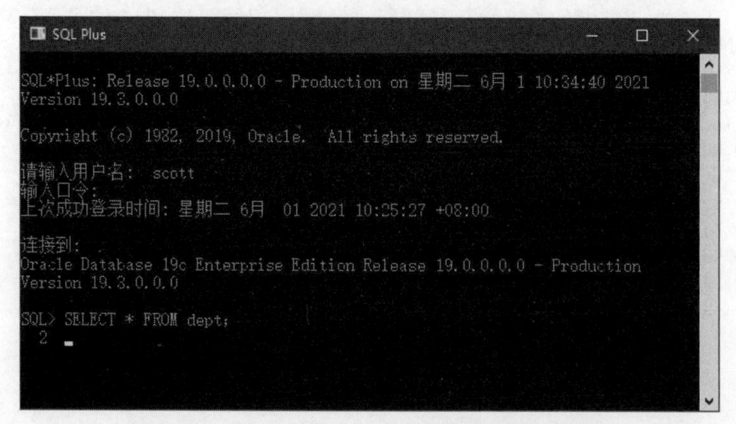


图 2.10　SQL 代码中出现中文形式的标点符号

## 2.1.4　退出 SQL*Plus

当不再使用 SQL*Plus 时，只需要在提示符“SQL>”后面输入 exit 或者 quit 命令后按 <Enter> 键，即可退出 SQL*Plus 环境，如图 2.11 所示。

使用命令退出 SQL*Plus 为正常退出方式，单击右上角红叉退出是非正常退出。在对数据库进行数据操作后，非正常退出可能会造成数据的丢失。

**说明：**

输入小写或大写的 EXIT 或 QUIT 都可退出 SQL*Plus 会话。SQL*Plus 中不区分大小写。

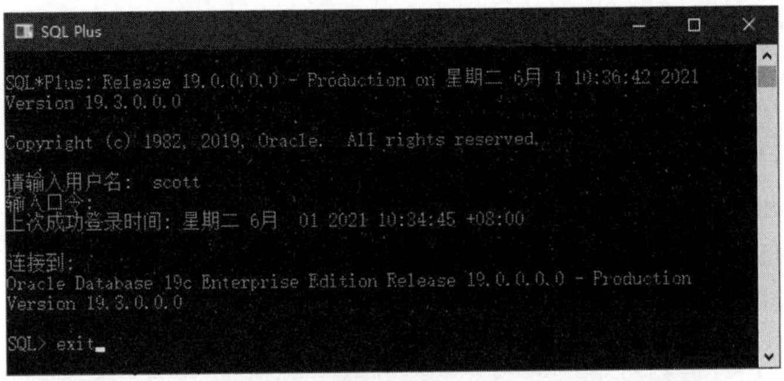

```
SQL Plus

SQL*Plus: Release 19.0.0.0.0 - Production on 星期二 6月 1 10:36:42 2021
Version 19.3.0.0.0

Copyright (c) 1982, 2019, Oracle.  All rights reserved.

请输入用户名:  scott
输入口令:
上次成功登录时间: 星期二 6月  01 2021 10:34:45 +08:00

连接到:
Oracle Database 19c Enterprise Edition Release 19.0.0.0.0 - Production
Version 19.3.0.0.0

SQL> exit
```

图 2.11　退出 SQL*Plus

# 2.2　SQL Developer 工具

Oracle 公司提供了一个免费的图形工具，名为 SQL Developer，用于数据库开发。相对于 SQL*Plus，SQL Developer 更具有 Windows 风格和集成开发工具的流行元素，操作更加直观、方便，可以轻松地创建、修改和删除数据库对象，运行 SQL 语句，编译、调试 PL/SQL 程序等。

但是在 Oracle 19c 中并没有提供 SQL Developer 工具，需要读者自行安装。

**说明：**

在编写 SQL、PL/SQL 语句的时候，选择使用 SQL Developer 工具。如果编写的是 SQL Plus 命令，则需要通过 SQL*Plus 工具来完成。SQL：操作数据库的语言；PL/SQL：在 SQL 语言中，加入了流程控制等功能；SQL Plus 命令：格式化查询结果、编码及存储 SQL 命令。

## 2.2.1　SQL Developer 工具的下载与启动

### （1）SQL Developer 工具的下载

SQL Developer 工具的下载地址为：https://www.oracle.com/tools/downloads/sqldev-downloads.html，如图 2.12 所示。

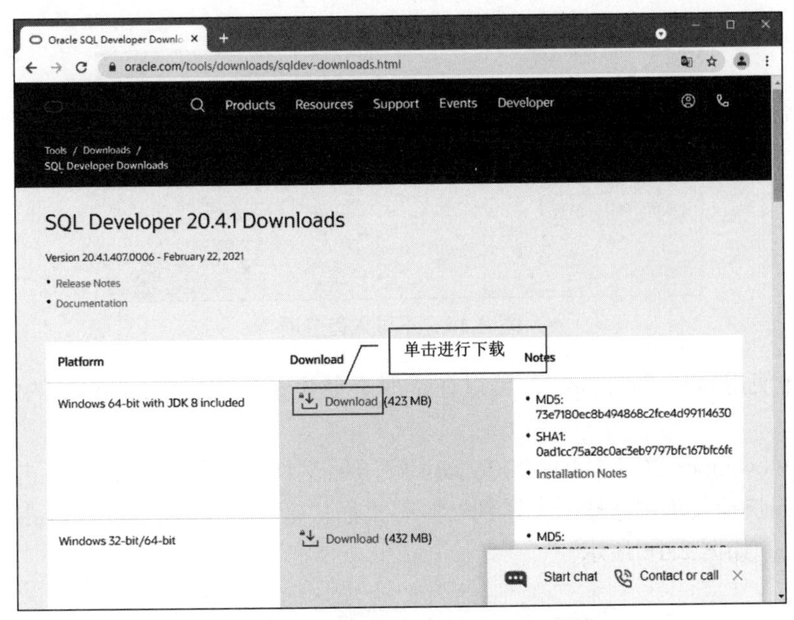


图 2.12　下载 SQL Developer 工具

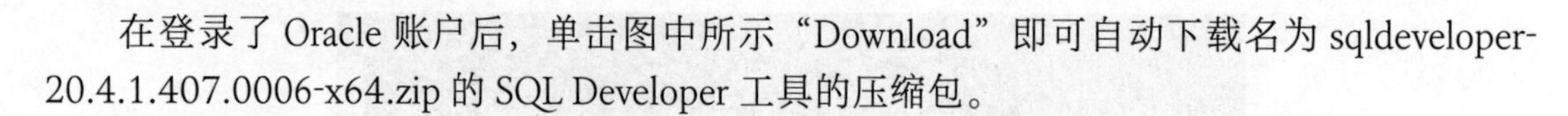

在登录了 Oracle 账户后，单击图中所示“Download”即可自动下载名为 sqldeveloper-20.4.1.407.0006-x64.zip 的 SQL Developer 工具的压缩包。

### (2) 启动 SQL Developer 工具

启动 SQL Developer 工具的步骤如下:

① 将 sqldeveloper-20.4.1.407.0006-x64.zip 解压缩，进入到解压缩文件夹中，双击 sqldeveloper.exe 即可启动 SQL Developer 工具，如图 2.13 所示。

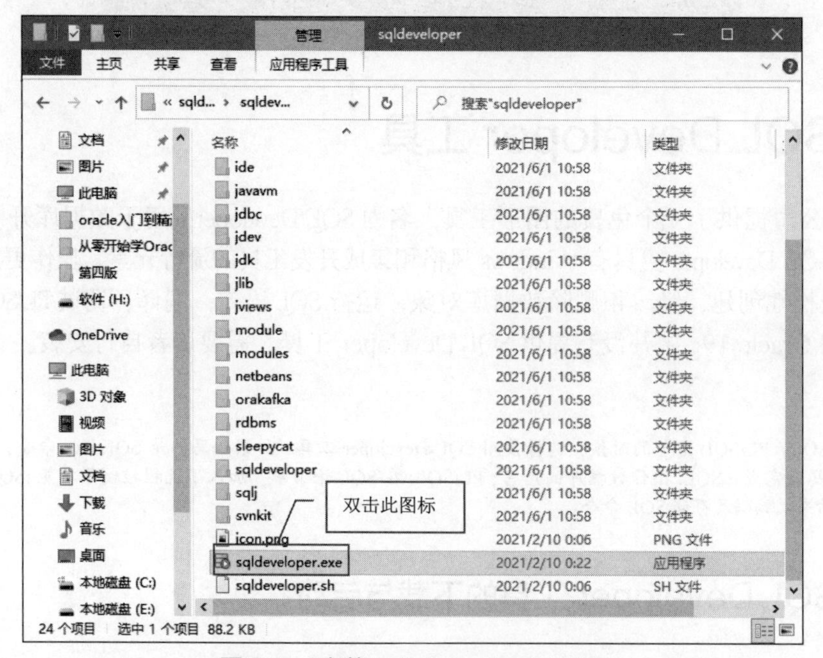


图 2.13 安装 SQL Developer 工具

② 弹出“确认导入首选项”对话框，单击“否”按钮，如图 2.14 所示，即可自动打开 SQL Developer 工具，进入到欢迎界面，如图 2.15 所示。

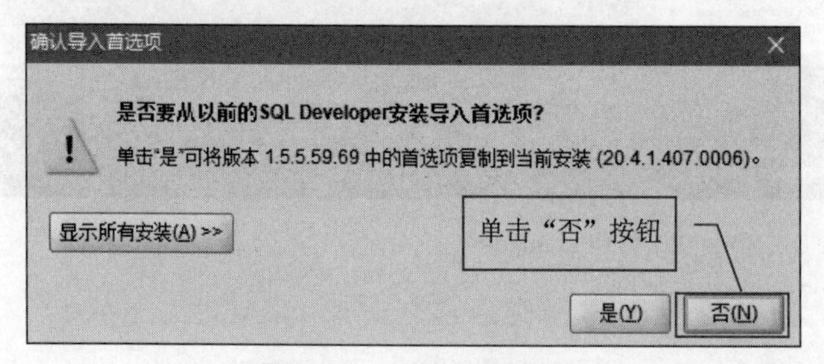


图 2.14 不导入首选项

为了方便使用 SQL Developer，可以在桌面上创建一个 SQL Developer 的快捷方式，步骤如下:

① 在 sqldeveloper-20.4.1.407.0006-x64 解压缩文件夹中，鼠标右键单击 sqldeveloper.exe，在弹出的快捷菜单中选择“发送到”→“桌面快捷方式”，将 SQL Developer 的快捷方式放到桌面上，如图 2.16 所示。

图 2.15　SQL Developer 工具的欢迎界面

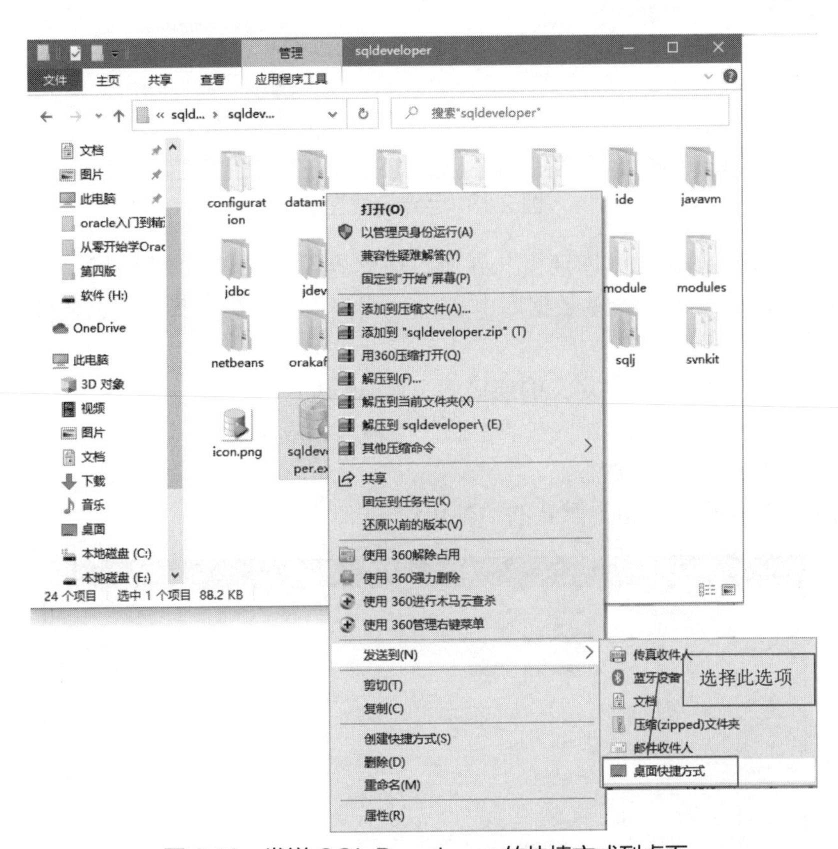


图 2.16　发送 SQL Developer 的快捷方式到桌面

② 在桌面上出现了 SQL Developer 的快捷方式，如图 2.17 所示。

图 2.17　SQL Developer 的快捷方式

## 2.2.2　创建数据库连接

SQL Developer 启动后，需要创建一个数据库连接，只有创建了数据库连接，才能在该数据库的方案中创建、更改对象或编辑表中的数据。创建数据库连接的步骤如下：

① 在 SQL Developer 的主界面中，单击“手动创建连接”按钮，如图 2.18 所示。

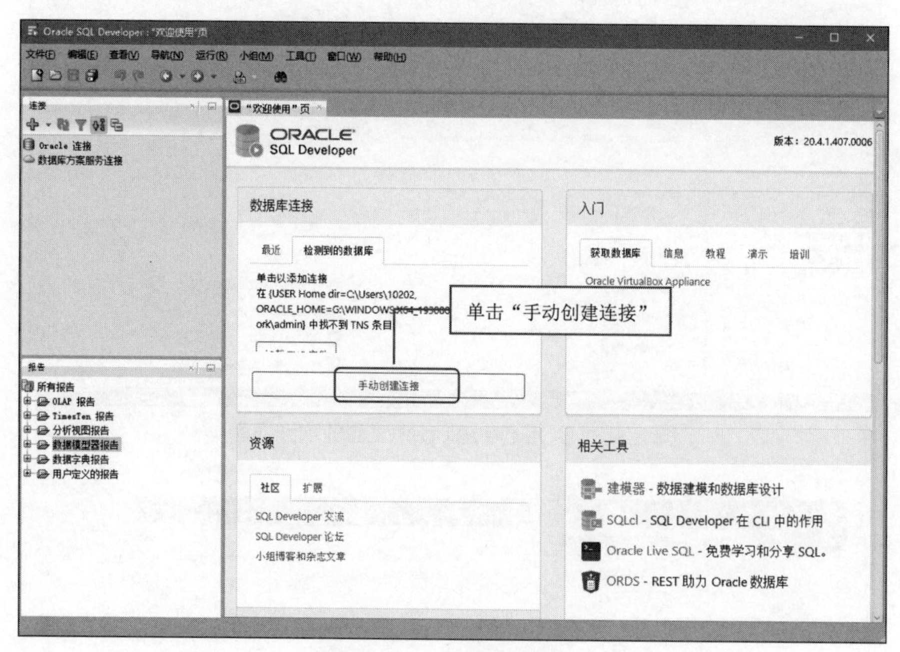


图 2.18　手动创建连接

② 打开“新建 / 选择数据库连接”界面，在此界面中，需要填写要创建的数据库连接的信息。如果要创建一个 Oracle 数据库中 system 用户方案的数据库连接，需要在图 2.19 中填写的内容有：

- “Name”中输入一个自定义的连接名，如 sys_ora。
- “用户名”中输入 system；在“密码”中输入相应密码。
- 选中“保存密码”复选框。
- “角色”下拉列表保留为默认的“默认值”。

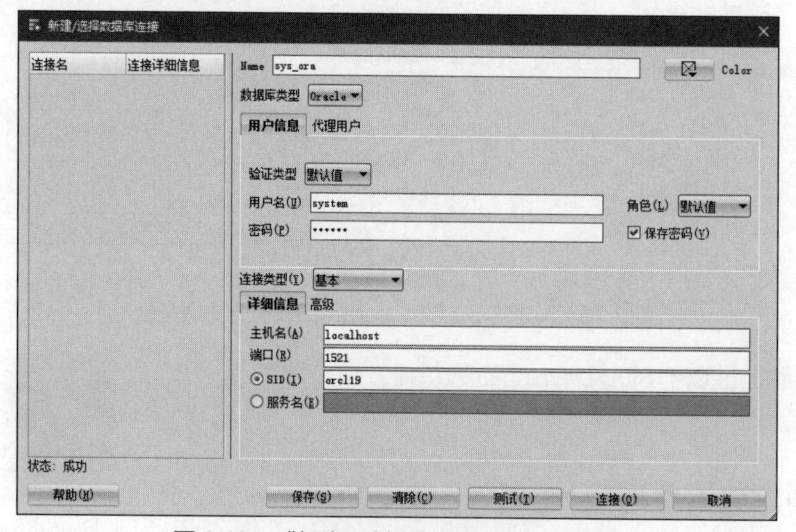


图 2.19　“新建 / 选择数据库连接”对话框

- 在“主机名”栏中输入主机名或保留 localhost。
- “端口”栏保留为默认的 1521。
- “SID”栏中输入数据库的 SID，如本例数据库的系统标志为 orcl19。

设置完后，单击“测试”按钮测试该设置能否连接，如果成功，则会在左下角“状态”后显示“成功”。

③ 单击“保存”按钮，将测试成功的连接保存起来，以便日后使用。在主界面的连接节点下会出现一个名为 sys_ora 的数据库连接，单击该连接前面的“+”会出现子目录，在子目录中显示的是可以操作的数据库对象，如图 2.20 所示，之后对 Oracle 数据库的所有操作都可以在该界面下完成。

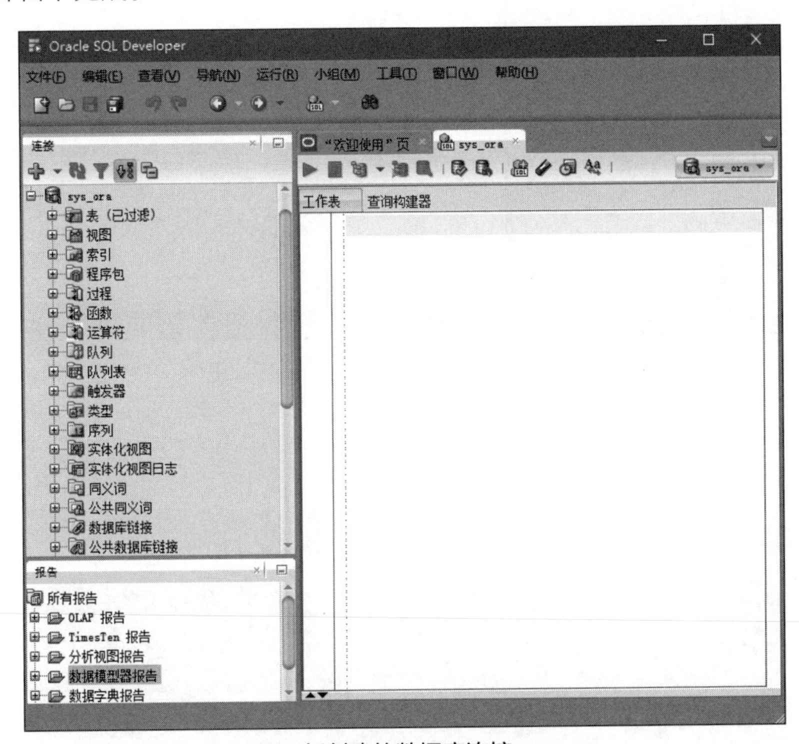


图 2.20 新创建的数据库连接 sys_ora

**注意：**

要想进行数据库连接，则必须打开数据库的监听服务（OracleOraDB12Home1THSListener）和数据库的主服务（OracleServiceMLDN）。

同样的步骤，创建 scott 用户的数据库连接 scott_ora，如图 2.21 所示。

## 2.2.3 使用 SQL Developer 查询数据库

下面，通过 SQL Developer 工具查询员工信息表（emp）的信息。

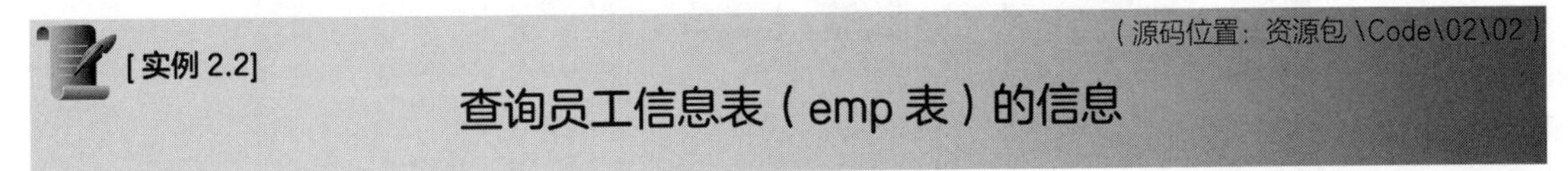

（源码位置：资源包 \Code\02\02）
[实例 2.2]
查询员工信息表（emp 表）的信息


在新建立的数据库连接 scott_ora 中，通过 select 语句来查询员工信息表（emp）的信息。

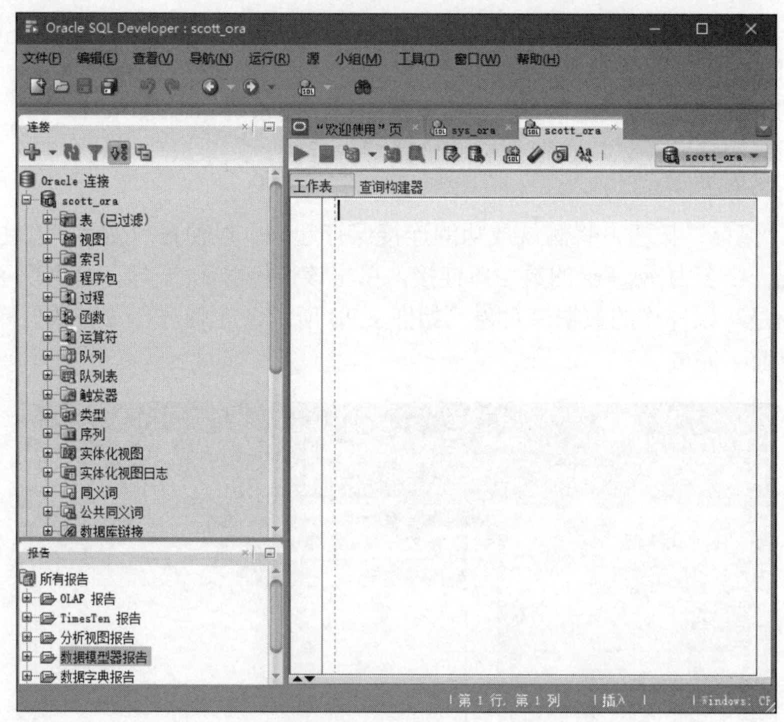


图 2.21 新创建的数据库连接 scott_ora

在代码编辑区中输入 SQL 命令如下:

```
SELECT * FROM scott.emp;
```

单击▶按钮，即可执行此查询语句，查询结果如图 2.22 所示。

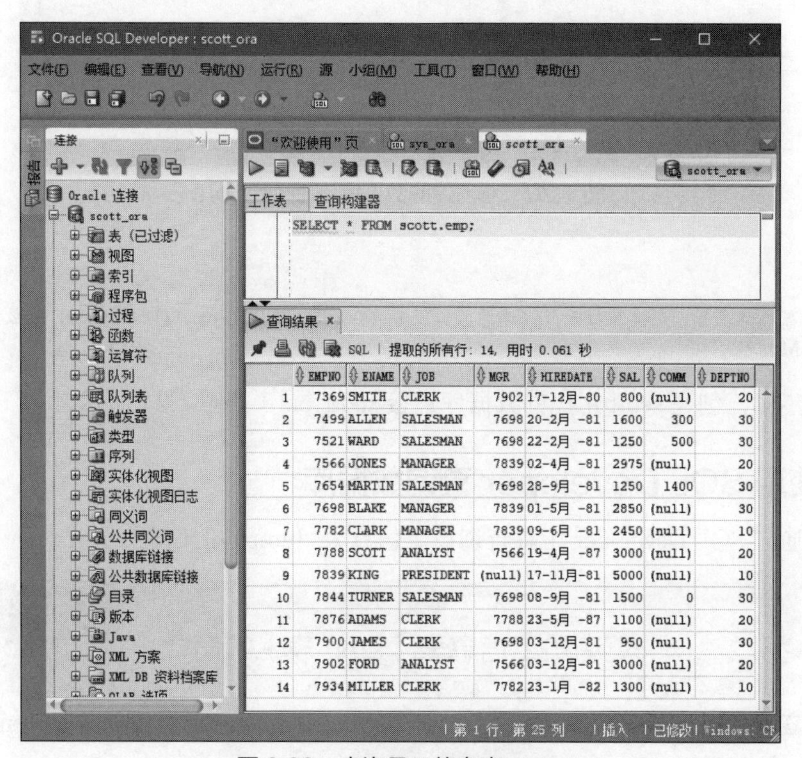


图 2.22 查询员工信息表 emp

# 2.3 企业管理器（OEM）

Oracle 企业管理器（Oracle Enterprise Manager, OEM）是基于 Web 界面的 Oracle 数据库管理工具。启动 Oracle 19c 的 OEM 只需要在浏览器中输入其 URL 地址，然后连接主页即可。

如果是第一次使用 OEM，启动 Oracle 19c 的 OEM 后，需要安装“信任证书”或者直接选择“高级”/“继续前往 localhost（不安全）”，然后会出现 OEM 的登录页面，用户需要输入登录用户名（如 system、sys、scott 等）和登录口令，如图 2.23 所示。

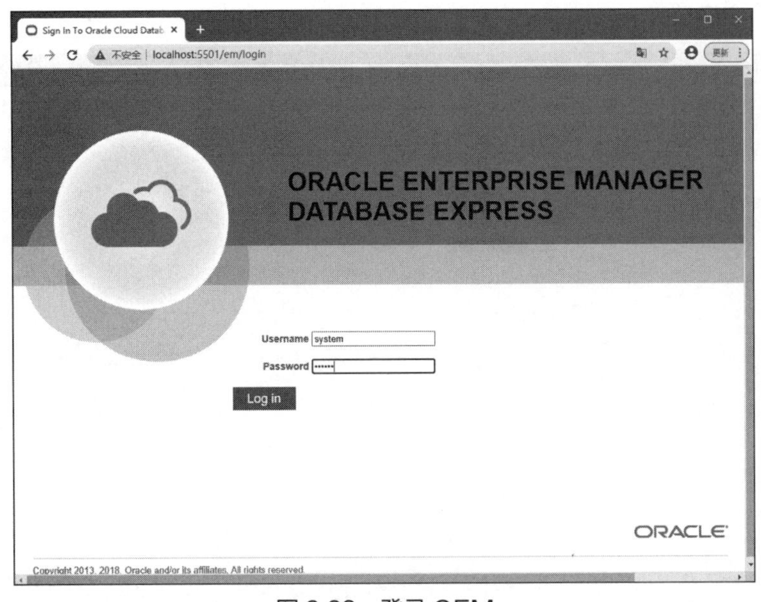


图 2.23 登录 OEM

在输入用户名和口令后，单击“Log in”按钮，若用户名和口令都正确，就会进入到 OEM 的主界面中，如图 2.24 所示。

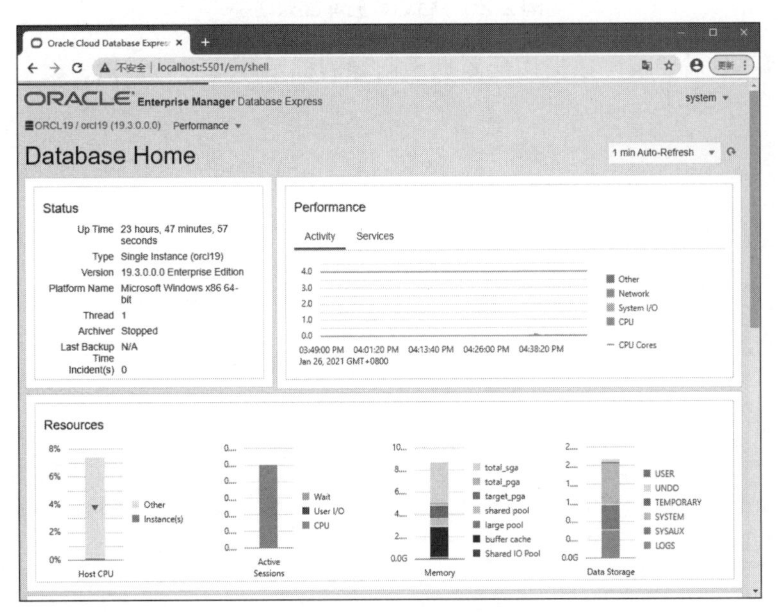


图 2.24 OEM 主界面

## 2.4 数据库配置助手（DBCA）

在安装 Oracle 19c 数据库管理系统的过程中，若选中“仅设置软件”单选按钮，则系统安装完毕后，需要手动创建数据库才能实现对 Oracle 数据库的各种操作。在 Oracle 19c 中，可以通过数据库配置助手（Database Configuration Assistant，DBCA）来实现创建和配置数据库。

选择“开始”/Oracle-OraDb19c_home1/Database Configuration Assistant 命令，会打开如图 2.25 所示的界面。

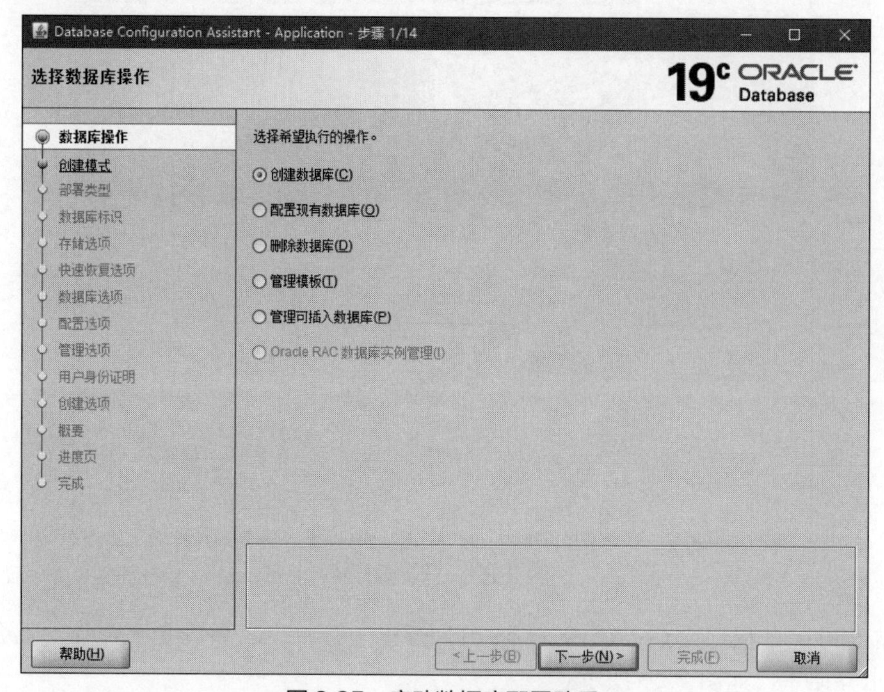


图 2.25 启动数据库配置助手

然后，用户只需要按照数据库配置助手向导的提示逐步进行设置，就可以实现创建和配置数据库。

# 本章知识思维导图

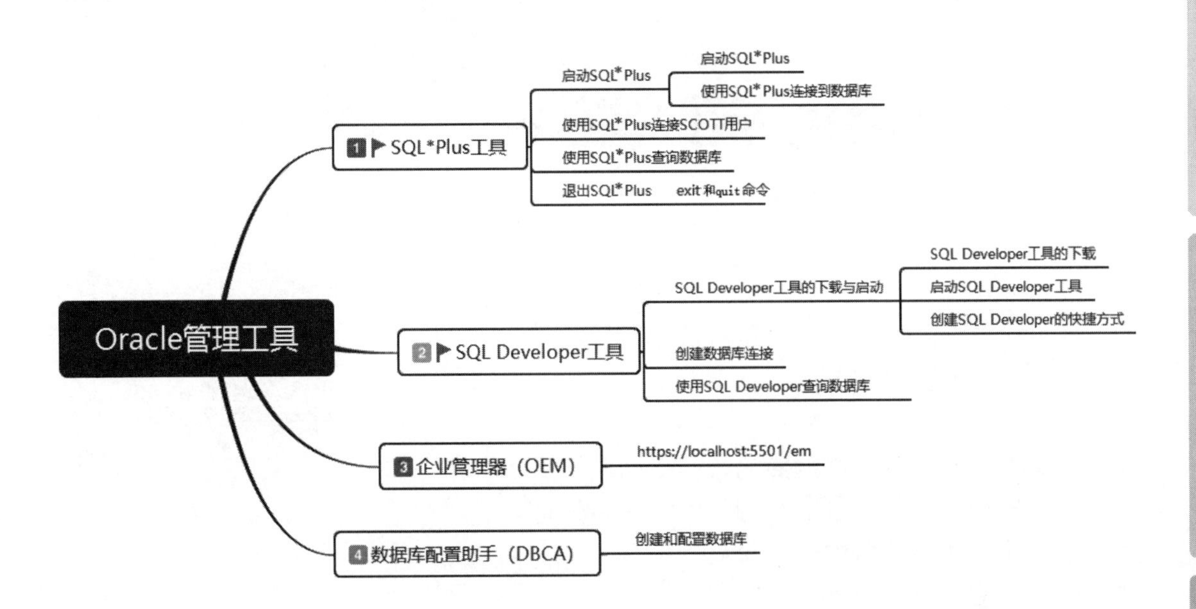
Oracle管理工具
1 SQL*Plus工具
启动SQL*Plus
启动SQL*Plus
使用SQL*Plus连接到数据库
使用SQL*Plus连接SCOTT用户
使用SQL*Plus查询数据库
退出SQL*Plus
exit 和quit 命令
2 SQL Developer工具
SQL Developer工具的下载与启动
SQL Developer工具的下载
启动SQL Developer工具
创建SQL Developer的快捷方式
创建数据库连接
使用SQL Developer查询数据库
3 企业管理器（OEM）
https://localhost:5501/em
4 数据库配置助手（DBCA）
创建和配置数据库

# 第 3 章

# SQL*Plus 命令

## 本章学习目标

- 了解 SQL*Plus 与数据库的如何交互。
- 熟练掌握设置 SQL*Plus 的运行环境的命令。
- 熟悉常用的 SQL*Plus 命令。
- 熟悉格式化 SQL*Plus 输出的命令。

# 3.1 SQL*Plus 与数据库的交互

SQL*Plus 是一个非常重要的操作 Oracle 数据库的客户端工具，主要用来进行数据查询和数据处理。利用 SQL*Plus 可将 SQL 同 Oracle 专有的 PL/SQL 结合起来进行数据查询和处理。

SQL*Plus 工具具有以下功能：

- 定义变量，编写 SQL 语句。
- 实现数据的插入、修改、删除、查询，以及执行命令和 PL/SQL 语句，比如执行 show parameter 命令。
- 格式化查询结构、运算处理、保存、打印输出等。
- 显示任何一个表的字段定义，并实现与用户进行交互。
- 完成数据库的几乎所有管理工作，比如维护表空间和数据表。
- 运行存储在数据库中的子程序或包。
- 以 sysdba 身份登录数据库实例，可以实现启动 / 停止数据库实例。

**说明：**

除了最后一个功能，其他功能使用 SQL Developer 工具都能实现。

SQL*Plus 界面可与 Oracle 数据库进行数据传递。在 SQL*Plus 中可以使用两种基本类型的命令，分别为：

① 本地命令：这些命令在 SQL*Plus 本地执行，通常不发送给服务器，包括 COPY、COMPUTE、REMARK 和 SET LINESIZE 等。这些 SQL*Plus 命令都以新行结束，不需要使用命令结束符。

② 服务器执行的命令：服务器执行的命令不在 SQL*Plus 本地执行，而是通过服务器进行处理。这些命令包括除了 SQL*Plus 命令以外的命令，如 CREATE TABLE 和 INSERT 等 SQL 命令，以及包括在 BEGIN 和 END 语句之间的 PL/SQL 语句。

本章主要介绍 SQL*Plus 本地命令，简称为 SQL*Plus 命令。

**注意：**

SQL*Plus 命令的结尾处可以不使用分号（;）。SQL*Plus 命令不区分大小写。

# 3.2 设置 SQL*Plus 的运行环境

SQL*Plus 的运行环境是用来输入、执行 SQL*Plus 命令和显示返回结果的场所，设置合适的 SQL*Plus 运行环境，可以使 SQL*Plus 能够按照用户的要求执行各种操作。

SQL*Plus 内使用的所有命令中，SET 命令是最基本的命令，它可以为 SQL*Plus 会话设置所有重要的环境。环境设置包括屏幕上每一行最多能显示的字符数、每页打印的行数、某个列的宽度等，所有这些都可用 SET 命令来启用、禁用或修改。

**技巧：**

SET 命令只是可以在 SQL*Plus 中使用的命令之一，想要查看其他命令，可以在 SQL*Plus 提示下输入 help index 查看到全部命令的列表，结果如图 3.1 所示。

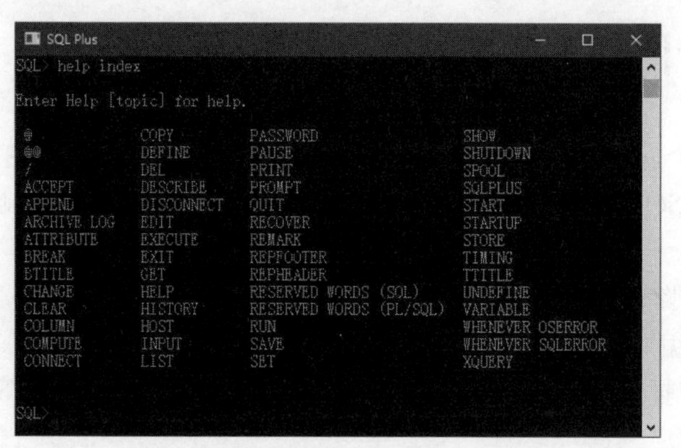


图 3.1　显示所有的 SQL*Plus 命令

下面将对 SET 命令进行详细讲解。

### 3.2.1　SET 命令简介

在 Oracle 数据库中，用户可以使用 SET 命令来设置 SQL*Plus 的运行环境，SET 命令的语法格式为：

```
SET system_variable value;
```

- system_variable：变量名。
- value：变量值。

通过 SET 命令设置的系统变量很多，可以在 SQL*Plus 中使用 help set 命令来查看 SET 命令的功能，图 3.2 显示的是 SET 命令可以设置的所有系统变量。

```
SQL Plus
SET system_variable value

where system_variable and value represent one of the following clauses:

  APPI[NFO] {OFF|ON|text}
  ARRAY[SIZE] {15|n}
  AUTO[COMMIT] {OFF|ON|IMM[EDIATE]|n}
  AUTOP[RINT] {OFF|ON}
  AUTORECOVERY {OFF|ON}
  AUTOT[RACE] {OFF|ON|TRACE[ONLY]}
    [EXP[LAIN]] [STAT[ISTICS]]
  BLO[CKTERMINATOR] {.|c|ON|OFF}
  CMDS[EP] {;|c|OFF|ON}
  COLINVI[SIBLE] {OFF|ON}
  COLSEP {_|text}
  CON[CAT] {.|c|ON|OFF}
  COPYC[OMMIT] {0|n}
  COPYTYPECHECK {ON|OFF}
  DEF[INE] {&|c|ON|OFF}
  DESCRIBE [DEPTH {1|n|ALL}]
    [LINENUM {OFF|ON}] [INDENT {OFF|ON}]
  ECHO {OFF|ON}
  EDITF[ILE] file_name[.ext]
  EMB[EDDED] {OFF|ON}
  ERRORL[OGGING] {ON|OFF}
    [TABLE [schema.]tablename]
    [TRUNCATE] [IDENTIFIER identifier]
  ESC[APE] {\|c|OFF|ON}
  ESCCHAR {@|?|%|$|OFF}
  EXITC[OMMIT] {ON|OFF}
  FEED[BACK] {6|n|ON|OFF|ONLY} [SQL_ID]
  FLAGGER {OFF|ENTRY|INTERMED[IATE]|FULL}
  FLU[SH] {ON|OFF}
  HEA[DING] {ON|OFF}
  HEADS[EP] {||c|ON|OFF}
  HIST[ORY] {ON|OFF|N}
  INSTANCE [instance_path|LOCAL]
  LIN[ESIZE] {80|n|WINDOW}
  LOBOF[FSET] {1|n}
  LOBPREF[ETCH] {n}
  LOGSOURCE [pathname]
  LONG {80|n}
  LONGC[HUNKSIZE] {80|n}
  MARK[UP] {HTML html_option|CSV csv_option}
    html_option:
      {ON|OFF} [HEAD text] [BODY text]
      [TABLE {ON|OFF}] [ENTMAP {ON|OFF}]
      [SPOOL {ON|OFF}] [PRE[FORMAT] {ON|OFF}]
    csv_option:
      {ON|OFF} [DELIM[ITER] {c}]
      [QUOTE {ON|OFF}]

  NEWP[AGE] {1|n|NONE}
  NULL text
  NUMF[ORMAT] format
  NUM[WIDTH] {10|n}
  PAGES[IZE] {14|n}
  PAU[SE] {OFF|ON|text}
  RECSEP {WR[APPED]|EA[CH]|OFF}
  RECSEPCHAR {_|c}
  ROWPREF[ETCH] {n}
  SERVEROUT[PUT] {ON|OFF}
    [SIZE {n | UNLIMITED}] |
    [FOR[MAT] {WRA[PPED] |
     WOR[D_WRAPPED]|TRU[NCATED]}]
  SHIFT[INOUT] {VIS[IBLE] |
    INV[ISIBLE]}
  SHOW[MODE] {OFF|ON}
  SQLBL[ANKLINES] {OFF|ON}
  SQLC[ASE] {MIX[ED] |
    LO[WER] | UP[PER]}
  SQLCO[NTINUE] {> | text}
  SQLN[UMBER] {ON|OFF}
  SQLPLUSCOMPAT[IBILITY] {x.y[.z]}
  SQLPRE[FIX] {#|c}
  SQLP[ROMPT] {SQL>|text}
  SQLT[ERMINATOR] {;|c|ON|OFF}
  STATEMENTC[ACHE] {n}
  SUF[FIX] {SQL|text}
  TAB {ON|OFF}
  TERM[OUT] {ON|OFF}
  TI[ME] {OFF|ON}
  TIMI[NG] {OFF|ON}
  TRIM[OUT] {ON|OFF}
  TRIMS[POOL] {OFF|ON}
  UND[ERLINE] {-|c|ON|OFF}
  VER[IFY] {ON|OFF}
  WRA[P] {ON|OFF}
  XQUERY {BASEURI text|
    ORDERING{UNORDERED|
    ORDERED|DEFAULT}|
    NODE{BYVALUE|BYREFERENCE|
    DEFAULT}|CONTEXT text}
```

图 3.2　SET 命令可以设置的所有系统变量

将最常见的系统变量列在表3.1中，使用这些系统变量可以增加使用SQL*Plus的便捷程度。

表3.1 常见的SQL*Plus系统变量

<table>
<tr><th>变量</th><th>功能</th><th>用法</th></tr>
<tr><td>ARRAY[SIZE]</td><td>确定一次性从数据库中提取的行数，默认值为15</td><td>SET ARRAY 50</td></tr>
<tr><td>AUTO[COMMIT] {OFF|ON}</td><td>指定事务的提交为自动（ON）或手动（OFF）</td><td>SET AUTO ON</td></tr>
<tr><td>COLSEP</td><td>用于设置选定列之间的分隔符，默认为空格</td><td>SET COLSEP</td></tr>
<tr><td>COPYC[OMMIT]</td><td>设置使用COPY命令时的提交频率</td><td>SET COPYC 10000</td></tr>
<tr><td>DEF[INE] {&|c|ON|OFF}</td><td>设置在变量置换中使用的前缀字符</td><td>SET DEFINE ON</td></tr>
<tr><td>ECHO {OFF|ON}</td><td>设置回显为ON或OFF；如果ECHO ON，则每个命令将在其输出到屏幕前被显示</td><td>SET ECHO ON</td></tr>
<tr><td>EDITF[ILE]</td><td>设置在使用默认编辑器时的默认文件名</td><td>SET EDITFILE draft.sql</td></tr>
<tr><td>FEED[BACK] {OFF|ON}</td><td>指定SQL*Plus是否显示查询返回的记录数</td><td>SET FEEDBACK OFF</td></tr>
<tr><td>FLU[SH] {OFF|ON}</td><td>确定输出是否缓冲或清除屏幕</td><td>SET FLUSH OFF</td></tr>
<tr><td>HEA[DING] {ON|OFF}</td><td>指定是否显示查询结果的列标题，默认显示列标题</td><td>SET HEA OFF</td></tr>
<tr><td>LIN[ESIZE] {80|n}</td><td>指定每行显示的字符数</td><td>SET LINESIZE 40</td></tr>
<tr><td>LONG {80|n}</td><td>指定LONG、CLOB、NCLOB和XML Type值的最大长度</td><td>SET LONG 100000</td></tr>
<tr><td>NEWP[AGE] {1|n|none}</td><td>指定每页顶部的空行数</td><td>SET NEWPAGE 0</td></tr>
<tr><td>NUM[WIDTH] {10|n}</td><td>指定数字的显示格式</td><td>SET NUM</td></tr>
<tr><td>PAGES{IZE}{14|n}</td><td>指定每页的行数</td><td>SET PAGESIZE 60</td></tr>
<tr><td>PAU[SE] {OFF|ON|TEXT}</td><td>指定打印到屏幕的输出量</td><td>SET PAUSE ON</td></tr>
<tr><td>SERVEROUT[PUT] {OFF|ON} [SIZE n]</td><td>指定是否显示PL/SQL代码的输出结果</td><td>SET SERVEROUTPUT ON</td></tr>
<tr><td>SQLP[ROMPT] {SQL>|TEXT}</td><td>指定SQL*Plus会话的命令提示符</td><td>SET SQLPROMPT 'salapati>'</td></tr>
<tr><td>TERM[OUT] {OFF|ON}</td><td>指定是否显示命令文件的输出</td><td>SET TERMOUT OFF</td></tr>
<tr><td>TI[ME] {OFF|ON}</td><td>控制当前日期的显示。若为ON时，则在每个命令提示前显示当前时间；若为OFF，则禁止时间的显示</td><td>SET TIME OFF</td></tr>
<tr><td>TIMI[NG] {OFF|ON}</td><td>控制时间统计的显示。若为ON，则显示每一个运行的SQL命令或PL/SQL块的时间统计；若为OFF，则禁止每一个命令的时间统计</td><td>SET TIMING OFF</td></tr>
<tr><td>VER[IFY] {OFF|ON}</td><td>指定在变量置换后是否显示SQL文本。若为ON，则显示文本；若为OFF，则禁止列清单</td><td>SET VERIFY OFF</td></tr>
</table>

说明：

在表3.1中，中括号（[]）中的选项给出了命令全名的可选择部分。可以指定命令的简写形式或完整形式。大括号（{}）中的选项给出了可选择的选项及默认值。列在大括号开始的值为默认值，可以保留其值，也可以用“SET 变量值”语法将其修改为其他的值。

### 3.2.2 使用SET命令设置运行环境

在对SET命令的功能及其若干常用变量选项了解之后，本节针对在Oracle操作过程中经常用到的几个变量选项及其实例应用进行详细讲解。

### （1）PAGESIZE 变量

该变量用来设置从顶部标题至页结束之间的行数，其语法格式如下：

```
SET PAGESIZE value
```

value 变量的默认值为 14，根据实际情况的需要，用户可以修改 value 的值，该值是一个整数。

当 SQL*Plus 返回查询结果时，首先会显示用户所选择数据的列标题，然后在相应列标题下显示数据行，上下两个列标题所在行之间的空间就是 SQL*Plus 的一页。一页中所显示的数据行的数量就是 PAGESIZE 变量的值。若要查看当前 SQL*Plus 环境中的一页有多少行，可以使用 SHOW PAGESIZE 命令。

例如，使用 SHOW PAGESIZE 命令显示当前 SQL*Plus 环境中的一页有多少行，具体代码如下：

```
SQL> SHOW PAGESIZE
```

**说明：**

不要把当前窗口区域内能够显示的行数看作是 SQL*Plus 环境中一页的行数，一页的行数由 PAGESIZE 变量值来决定。

如果默认的 14 行不符合实际情况的需要，可以修改 PAGESIZE 变量的值。

**[实例 3.1]** （源码位置：资源包 \Code\03\01）

### 修改 SQL *Plus 一页显示的行数

使用 SET PAGESIZE 命令修改一页的行数为 8，然后再使用新的 PAGESIZE 值显示数据行，具体代码如下：

```
SQL> SET PAGESIZE 8
SQL> SELECT empno,ename,sal FROM emp;
```

本例运行结果如图 3.3 所示。在默认情况下，一页的行数为 14 行，使用相同的查询语句，显示效果如图 3.4 所示。

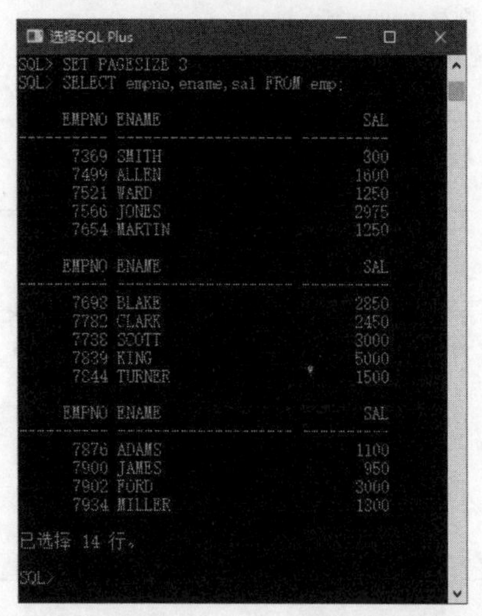


图 3.3　使用 SET PAGESIZE 命令修改行数

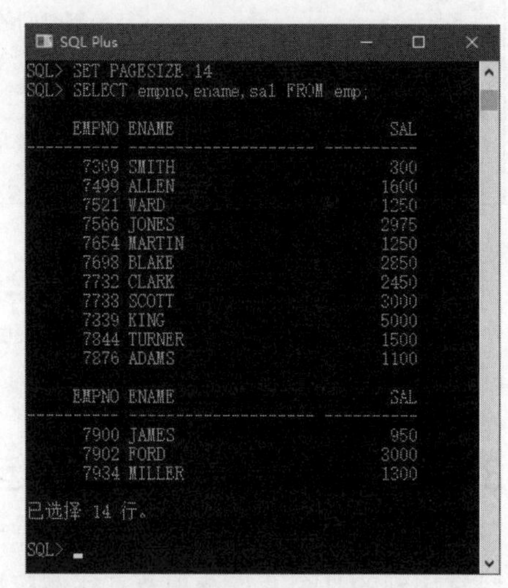


图 3.4　没使用 SET PAGESIZE 命令

说明：
一页内的数据行包括列标题、分割线、数据行和空行。

## （2）LINESIZE 变量

该变量用来设置在 SQL*Plus 环境中一行所显示的最多字符总数，其语法格式如下：

```
SET LINESIZE value
```

value 的默认值为 80，根据实际情况的需要，用户可以修改 value 的值，该值是一个整数。

如果数据行的宽度大于 LINESIZE 变量的值，当在 SQL*Plus 环境中按照 LINESIZE 指定的数量输出字符时，数据就会发生折行显示的情况。如果适当调整 LINESIZE 的值，使其值等于或稍大于数据行的宽度，则输出的数据就不会折行。所以在实际操作 Oracle 数据库的过程中，要根据具体情况来适当调整 LINESIZE 的值。

例如，查询员工信息表（emp）的全部数据，具体代码如下：

```
SQL> SELECT* FROM emp;
```

通过 SQL*Plus 输出的显示结果如图 3.5 所示。

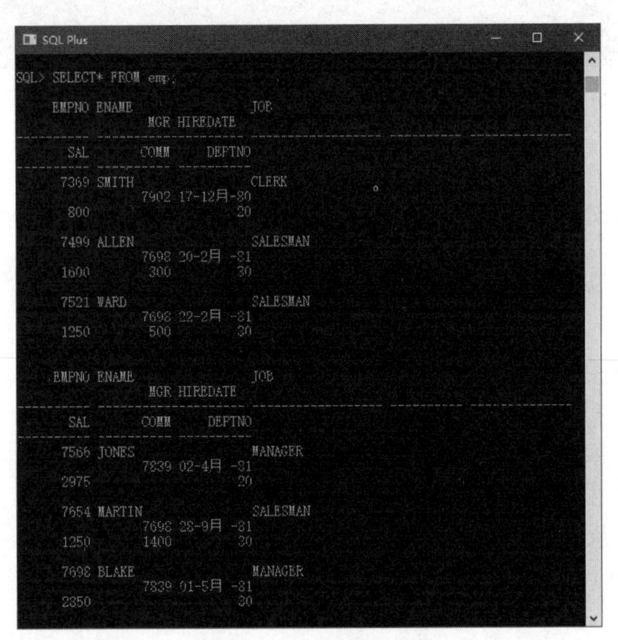


图 3.5　员工表的数据

通过图 3.5 所示的查询结果可以发现，查询的数据出现了折行（一行显示不下换到第二行继续显示）和分页（标题栏重复显示，因为每次默认情况下只能显示 14 行数据）的问题，可以通过以下两个命令控制显示格式。

- 设置每行显示的记录长度：LINESIZE。
- 设置每页显示的记录长度：PAGESIZE。

[实例 3.2]　（源码位置：资源包 \Code\03\02）

### 设置合适的 SQL*Plus 显示效果

设置合适的 SQL*Plus 显示效果，将每行显示的记录长度设置为 300，将每页显示的记录行数设置为 30。设置完成后，通过查询员工信息表的结果来验证设置是否成功，具体代码如下：

```
SQL> SET LINESIZE 300
SQL> SET PAGESIZE 30
SQL> SELECT * FROM emp;
```

设置完成后，同样的输出在 SQL*Plus 中的显示效果如图 3.6 所示。

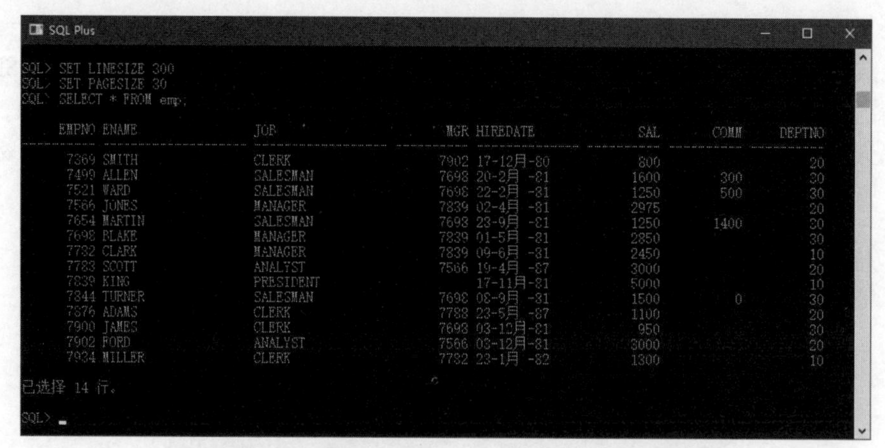


图 3.6　设置合适的 SQL*Plus 显示效果

**技巧：**

**上面的设置语句也可以这样写：**

```
SQL> SET LINESIZE 300 PAGESIZE 30
```

## （3）NEWPAGE 变量

该变量用来设置每页顶部的空行数，其语法格式如下：

```
SET NEWPAGE value
```

value 的默认值为 1，根据实际情况的需要，用户可以修改 value 的值，该值是一个整数。

[实例 3.3]　（源码位置：资源包 \Code\03\03）

### 修改每页顶部的空行数量

首先显示当前 SQL*Plus 环境中的一页有多少空行，然后使用 SET NEWPAGE 命令修改空行的数量，并通过检索数据记录来观察空行的改变，具体代码如下：

```
SQL> SHOW NEWPAGE
SQL> SET NEWPAGE 3
SQL> SELECT * FROM emp;
```

本例运行结果如图 3.7 所示。

图 3.7 所示的如查询结果中，可以看出每页顶部有 3 个空行（已经标出）。

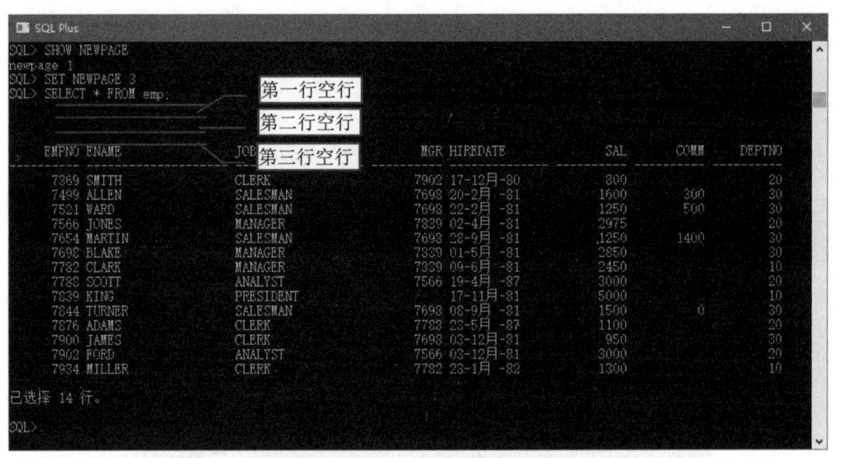


图 3.7　使用 SET NEWPAGE 命令修改空行

# 3.3　常用的 SQL*Plus 命令

SQL*Plus 命令一般分两种：第一种是工作命令，即可以实际完成某件事的命令，比如设置运行环境的 SET 命令；第二种是格式化命令，用来帮助整理查询出的信息。这一小节将介绍一些常用的 SQL*Plus 命令。

## 3.3.1　HELP 命令

SQL*Plus 工具提供了许多操作 Oracle 数据库的命令，并且每个命令都有很多选项，把所有命令的选项都记住，这对于用户来说非常困难。为了解决这个难题，SQL*Plus 提供了 HELP 命令来帮助用户查询指定命令的选项。HELP 命令可以向用户提供被查询命令的标题、功能描述、缩写形式和参数选项（包括必选参数和可选参数）等信息。HELP 命令的语法格式如下：

```
HELP [topic]
```

或

```
? [topic]
```

topic 参数表示将要查询的命令的完整名称。例如要查看 SQL*Plus 命令清单，topic 参数为 index。“HELP topic” 或者 “? topic” 都可以查看 topic 命令。若省略 “topic” 参数，直接执行 HELP 命令或 “? ” 命令，则会输出 HELP 命令本身的语法格式及其功能描述信息。

在本章开始的时候，使用过 “HELP INDEX” 命令来查看 SQL*Plus 全部命令的清单，HELP 也可以换成 “? ”。

[实例 3.4]　（源码位置：资源包 \Code\03\04）

查看 SQL*Plus 命令清单

使用 “? index” 命令查看 SQL*Plus 命令清单，具体代码如下：

```
SQL> ? index
```

本例运行结果如图 3.8 所示。

```
SQL> ? index

Enter Help [topic] for help.

@              COPY          PASSWORD                    SHOW
@@             DEFINE        PAUSE                       SHUTDOWN
/              DEL           PRINT                       SPOOL
ACCEPT         DESCRIBE      PROMPT                      SQLPLUS
APPEND         DISCONNECT    QUIT                        START
ARCHIVE LOG    EDIT          RECOVER                     STARTUP
ATTRIBUTE      EXECUTE       REMARK                      STORE
BREAK          EXIT          REPFOOTER                   TIMING
BTITLE         GET           REPHEADER                   TTITLE
CHANGE         HELP          RESERVED WORDS (SQL)        UNDEFINE
CLEAR          HISTORY       RESERVED WORDS (PL/SQL)     VARIABLE
COLUMN         HOST          RUN                         WHENEVER OSERROR
COMPUTE        INPUT         SAVE                        WHENEVER SQLERROR
CONNECT        LIST          SET                         XQUERY

SQL> _
```

图 3.8　SQL*Plus 命令清单

## 3.3.2　DESCRIBE 命令

在 SQL*Plus 的众多命令中，DESCRIBE 命令可能是使用最频繁的一个，它用来查询指定数据对象的组成结构。比如，通过 DESCRIBE 命令查询表和视图的结构，查询结果中就包括其各列的名称、是否为空及类型等属性。DESCRIBE 命令的语法格式如下：

```
DESC[RIBE] object_name
```

DESCRIBE 可以缩写为 DESC，object_name 表示将要查询的对象名称。

使用 DESCRIBE 命令可以大致分为两种方式，分别如下。

① 在查询一个表之前，不确定在这个表中都有什么列，或者只是为了查看表中的各列的数据类型，那么可以通过 DESCRIBE 命令提供所需的列名来帮助查询。

[实例 3.5]
（源码位置：资源包\Code\03\05）
查看员工信息表的结构


通过 DESCRIBE 命令查看员工信息表（emp）的结构，代码如下：

```
SQL> desc emp
```

代码的运行结果如图 3.9 所示。

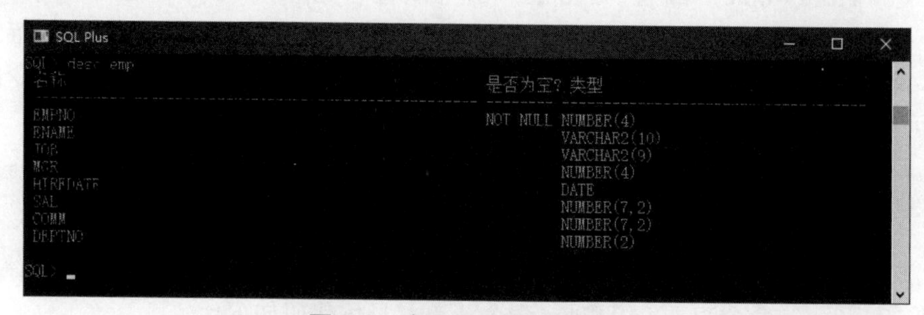


图 3.9　查看员工信息表结构

从实例 3.5 的显示结果中可以看出，所谓一个表的结构，就是该表中包含了多少个列，每一列的数据类型和它的最大长度，以及该列是否为空（NULL）（也称为约束，将在后面的章节中详细介绍）。

由查询结果可知，emp 中包含了 8 列，其中只有 EMPNO 列不能为空。各列的数据类型如下：

- EMPNO 列为整数，最大长度为 4 位。
- ENAME 列为变长字符型，最大长度为 10 个字符。
- JOB 列为变长字符型，最大长度为 9 个字符。
- MGR 列为整数，最大长度为 4 位。
- HIREDATE 列为日期型。
- SAL 列为浮点型（即包含小数点的数），最大长度为 7 位，其中有 2 位是小数。
- COMM 列为浮点型，最大长度为 7 位，其中有 2 位是小数。
- DEPTNO 列为整数，最大长度为 2 位。

**说明：**

DESCRIBE 命令是经常使用的 SQL*Plus 命令。一般有经验的开发人员在使用 SQL 语句开发程序之前，都要使用 DESCRIBE 命令来查看 SQL 语句要操作的表的结构，因为开发人员清楚了所操作的表的结构，可以明显地减小程序出错的概率。

② 很多用户都遇到过这种情况，在 SQL*Plus 中敲了很长的命令后，突然发现想不起某个列的名字了，如果取消当前的命令，查询后再重敲，非常麻烦。可以使用格式为“#desc object_name”的命令随时查看数据对象的结构。

例如，在员工信息表中查询销售员（SALESMAN）的编号、姓名和工资，在编写 SQL 语句的过程中，使用“#desc emp”命令查询 emp 中工资字段的名称，代码如下：

```
SQL> SELECT empno,ename,
  2  #DESC scott.emp

  2  sal FROM emp WHERE job='SALESMAN';
```

代码的运行结果如图 3.10 所示。

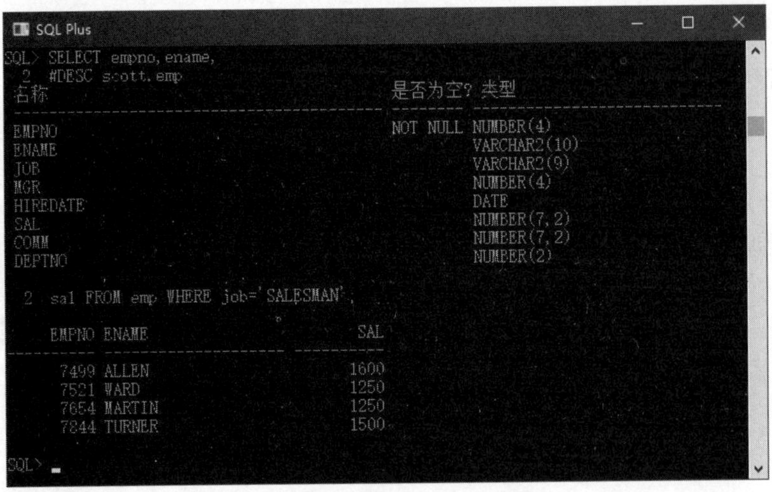

图 3.10　使用 #DESC 命令

从图 3.10 中可以看出，查询时忘记工资字段的名称了，因为字段名多是单词缩写，很可能会将缩写名写错，为防止输入整条语句后出错，使用了 DESC 命令。可以在所写的查询语句的任意位置按下 <Enter> 键后输入“#DESC scott.emp”，则可立即查看 emp 的结构，然后继续输入查询语句即可。

**说明：**

DESC 命令不仅可以查询表、视图的结构，而且还可以查询过程、函数和程序包等 PL/SQL 对象的规范。

## 3.3.3 CONN 命令

在一个数据库中会存在多个用户，比如 SCOTT 用户、SYSTEM 用户等，对于不同的用户，可以直接使用命令进行切换。该命令的格式为：

```
CONN 用户名 / 口令 [AS SYSDBA]
```

如果连接的是普通用户（SCOTT 用户），则不用写 AS SYSDBA，但是如果要连接 SYS 用户，则一定要使用此语句。

[实例 3.6]　（源码位置：资源包 \Code\03\06）

**连接 SYS 用户**

首先使用 SYS 用户连接数据库，然后使用 SHOW USER 命令来查看当前登录的用户名，最后查询员工信息表 emp。

① 连接 SYS 用户的代码如下：

```
SQL> CONN sys/123456 as sysdba
```

② 使用 SHOW USER 命令查看当前用户，代码如下：

```
SQL> SHOW USER
```

③ 使用 SYS 登录后，查询员工信息表 emp，代码如下：

```
SQL> SELECT* FROM emp;
```

本例运行结果如图 3.11 所示。

从图 3.11 中可知，连接 SYS 用户后，SQL*Plus 会给出“已连接。”的提示信息，使用“SHOW USER”命令查看当前用户，显示的是“SYS”。最后查询了员工信息表 emp，但是出现了错误提示“ORA-00942：表或视图不存在”。

出错是因为 emp 属于 SCOTT 用户，所以如果其他用户想要访问 emp，则必须要加上用户名，即完整的表名应该为“用户名 . 表名”即“scott.emp”。

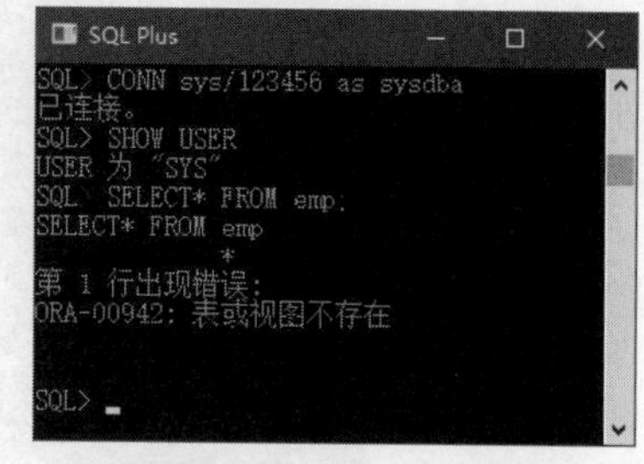


图 3.11　连接 SYS 用户

## 3.3.4 加入注释

在代码中加入注释能提高可读性，加入注释的方式包括 REMARK 命令、“/*...*/”和“--”3 种。

### （1）使用 REMARK 命令

该命令可以实现单行注释，并且用于加入命令文件中（即 .sql 文件中）。

比如打开 dept.sql 文件，在此文件中通过 REMARK 命令加入注释，操作如图 3.12 所示。

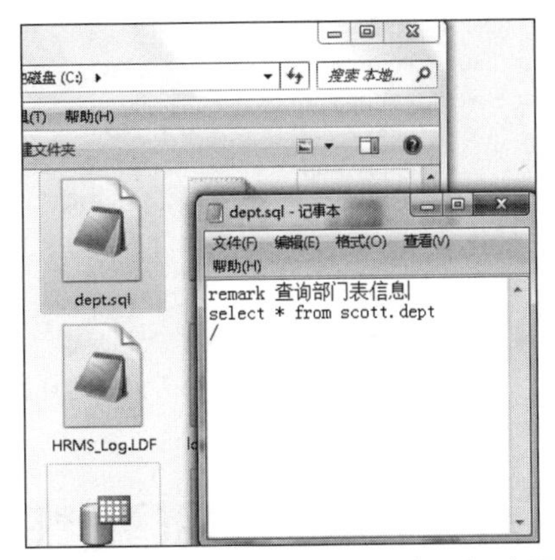


图 3.12　使用 REMARK 命令添加注释

### （2）使用“/*...*/”

使用 SQL 注释分隔符“/*...*/”可以对 SQL*Plus 中 SQL 语句或是 PL/SQL 程序块或是命令文件的一行或多行加注释。

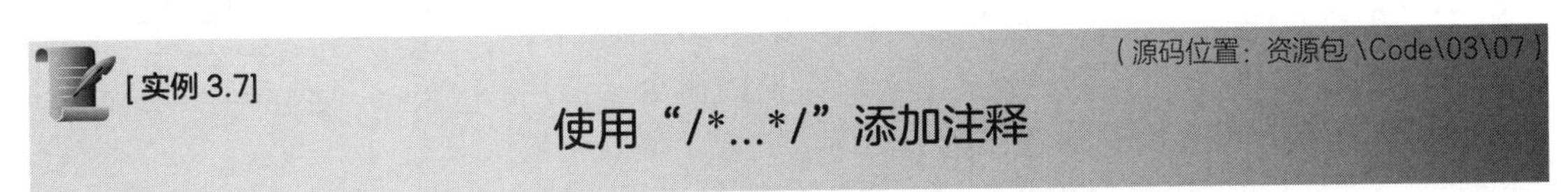

[实例 3.7]
（源码位置：资源包\Code\03\07）
使用“/*...*/”添加注释


为了便于理解，使用“/*...*/”为 SQL 语句“SELECT* FROM emp WHERE empno = 7369;”添加注释，代码如下：

```
SQL> SELECT
  2  /* 查询表中所有数据 */
  3  *
  4  /* 从员工表 emp 中
  5  进行查询 */
  6  FROM emp/* 查询条件 */
  8  WHERE
  9  /* 员工编号为 7369*/
  10  empno = 7369;
```

本例运行结果如图 3.13 所示。

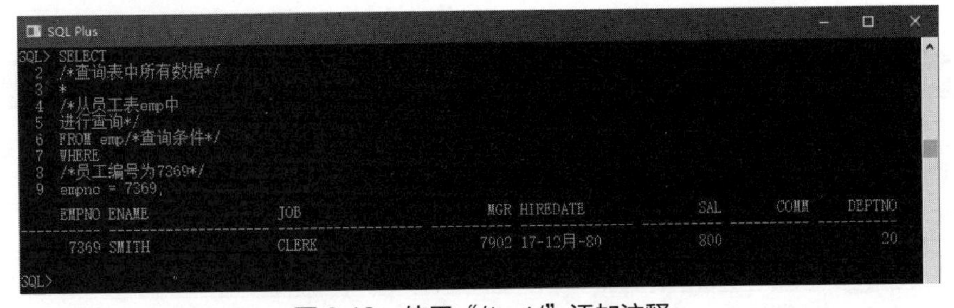


图 3.13　使用“/*...*/”添加注释

### （3）使用“--”

使用“--”可以实现单行注释。

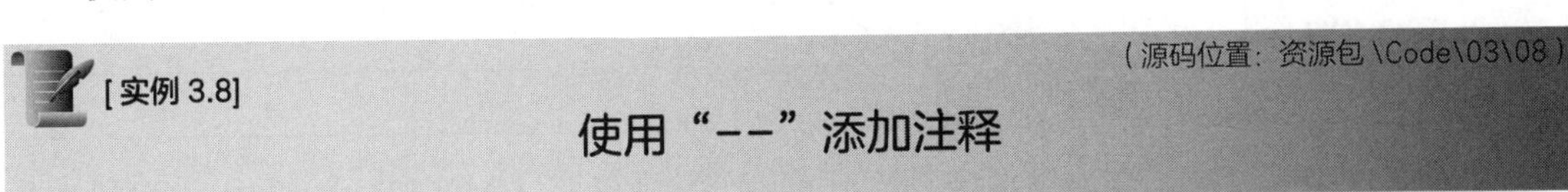

[实例 3.8]
（源码位置：资源包\Code\03\08）
使用“--”添加注释


为了便于理解，使用“--”为 SQL 语句“SELECTempno,ename FROM emp;”添加注释，注释代码如下：

```
SQL> select
  2  empno,    -- 这是员工号
  3  ename     -- 这是员工姓名
  4  from emp;
```

本例运行结果如图 3.14 所示。

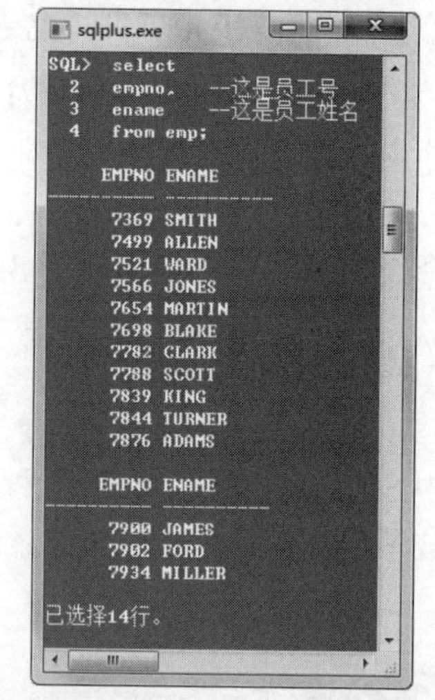

图 3.14　使用“--”添加注释

说明：

在 SQL 语句末尾的分号“;”后面不能再写注释。

# 3.4　格式化 SQL*Plus 输出

为了在 SQL*Plus 环境中生成符合用户需要、规范的报表，SQL*Plus 工具提供了多个用于格式化查询结果的命令，使用这些命令可以实现设置列的标题、定义输出值的显示格式和显示宽度、为报表增加头标题和底标题、在报表中显示当前日期和页号等。下面就对常用的格式化命令进行讲解。

## 3.4.1　格式化列

通过 SQL*Plus 的 COLUMN 命令，可以实现格式化查询结果、设置列宽度、重新设置列标题等功能。其语法格式如下：

```
COL[UMN] [column_name][option]
```

- column_name：用于指定要设置的列的名称。
- option：用于指定某个列的显示格式，option 选项的值及其说明如表 3.2 所示。

表 3.2　option 选项的值及其说明

| option 选项的值 | 说明 |
| --- | --- |
| CLEAR | 清除指定列所设置的显示属性，从而恢复列使用默认的显示属性 |
| FORMAT | 格式化指定的列 |
| HEADING | 定义列标题 |
| JUSTIFY | 调整列标题的对齐方式。默认情况下，数值类型的列为右对齐，其他类型的列为左对齐 |
| NULL | 指定一个字符串，如果列的值为null，则由该字符串代替 |
| PRINT/NOPRINT | 显示列标题或隐藏列标题，默认为PRINT |
| ON\|OFF | 控制定义的显示属性的状态，OFF表示定义的所有显示属性都不起作用，默认为ON |
| WRAPPED | 当字符串的长度超过显示宽度时，将字符串的超出部分折叠到下一行显示 |
| WORD_WRAPPED | 表示从一个完整的字符处折行 |
| TRUNCATED | 表示截断字符串尾部 |

如果在关键字 COLUMN 后面未指定任何参数，则 COLUMN 命令将显示 SQL*Plus 环境中所有列的当前定义属性；如果在 COLUMN 后面指定某个列名，则显示指定列的当前定义属性。

下面介绍常用的 option 选项值。

### (1)修改列标题

当显示列标题时，可以使用默认的标题，也可以使用 COLUMN 命令修改列标题。当要显示查询结果时，SQL*Plus 使用列或者表达式名称作为列的标题。如果需要改变默认标题，可以使用以下 COLUMN 命令格式:

```
COL[UMN] column_name HEADING column_heading
```

- column_name： 用于指定要设置的列的名称。
- column_heading：用于指定列的别名，通过它可以把英文列标题设置为汉字。比如，许多数据表或视图的列名都为英文形式，可以使用此选项将英文形式的列标题显示为中文形式。

**[实例 3.9]** （源码位置：资源包 \Code\03\09）

**将英文列标题改为中文列标题**

查询员工信息表 emp 的员工姓名 ename、入职时间 hiredate 和奖金 comm，要求显示中文列标题，代码如下。

```
SQL> col ename HEADING 员工姓名
SQL> col hiredate HEADING 入职时间
SQL> col comm HEADING 奖金
SQL> select ename,hiredate,comm from emp;
```

运行结果如图 3.15 所示。没有修改列标题之前，使用相同的 SQL 语句的查询结果如图 3.16 所示。

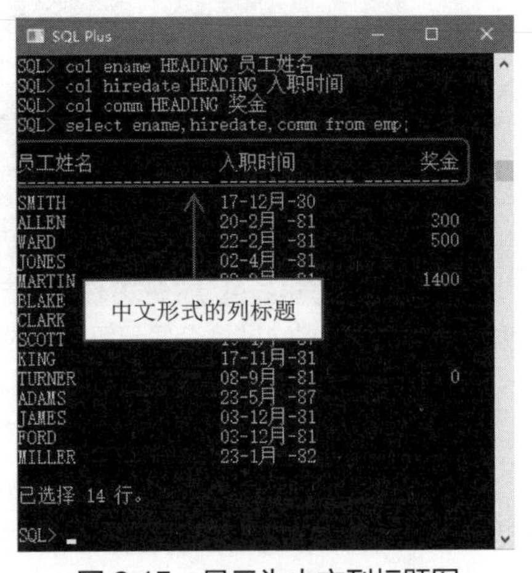


图 3.15　显示为中文列标题图

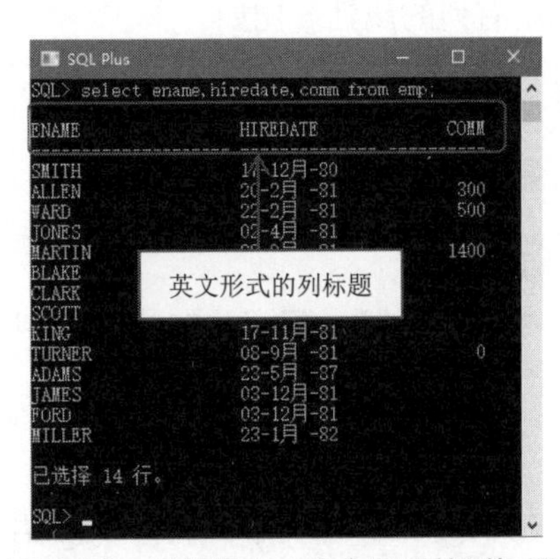


图 3.16　没使用 col 命令显示的列标题

从图 3.15 和图 3.16 中可以看出，通过“col…HEADING…”命令可将英文的列标题显示成中文形式。

### (2)格式化列的显示宽度

当显示查询结果时，可以使用 COLUMN 命令修改数据列的宽度。如果定义列的宽度小于列的实际宽度，则将折行显示。

[实例 3.10]　（源码位置：资源包\Code\03\10）

## 格式化员工姓名列的宽度

查找员工信息表 emp 中工资小于 1000 的员工信息，并使用 FORMAT 选项格式化 emp 中的员工姓名列的宽度为 4 个字符，代码如下：

```
SQL> COL ename FORMAT a4
SQL> SELECT empno,ename,sal FROM scott.emp WHERE sal < 1000;
```

格式化员工姓名前，使用相同 SQL 语句查询的结果如图 3.17 所示，本实例的运行结果如图 3.18 所示。

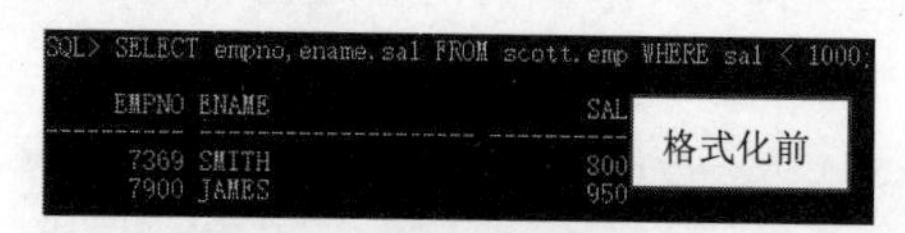


图 3.17　格式化员工姓名前

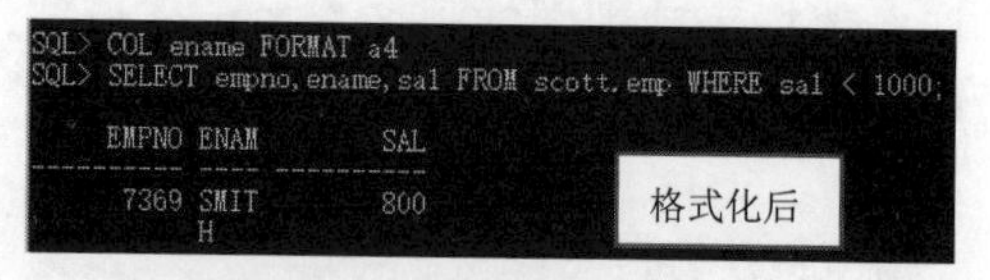


图 3.18　格式化员工姓名后

从图 3.17 和图 3.18 中可以看出，格式化后，员工姓名列的宽度大于设置的列的宽度，出现了折行的现象。

### （3）列出当前的显示属性

使用 COLUMN 命令可以列出当前的显示属性，其格式为：

```
COL[UMN] column_name
```

若只使用不带参数的 COLUMN 命令，则可以显示所有列的属性。比如：

```
SQL> COL
```

显示结果如图 3.19 所示。

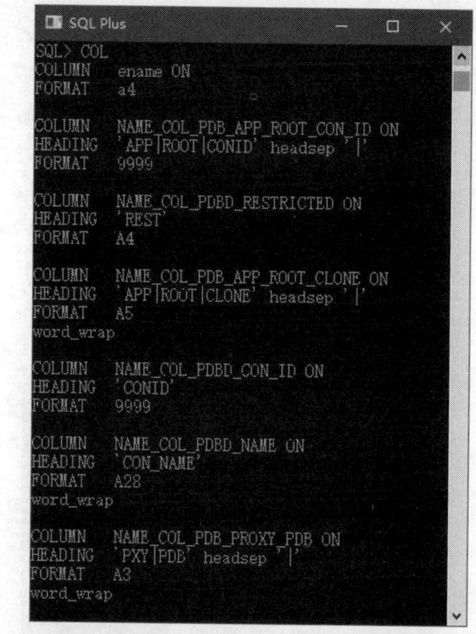


图 3.19　COLUMN 命令显示所有列的属性

**说明：**
由于篇幅的关系，此运行结果只显示了部分结果。

## 3.4.2　定义页与报告的标题

在 SQL*Plus 环境中，执行 SQL 语句后的显示结果在默认情况下包括列标题、页分割线、查询结果和行数合计等内容，用这些默认的输出信息打印报表，不仅单调，而且并不美观。如果为整个输出结果设置报表头（即头标题）、为每页都设置页标题和页码、为整个输出结果设置报表尾（如打印时间或打印人员），那么使用这样的形式打印报表就具有了一定的美观性。

为了实现这些功能，SQL*Plus 工具提供了 TTITLE 和 BTITLE 命令，分别用来设置打印时每页的顶部和底部标题。其中，TTITLE 命令的语法格式如下：

```
TTI[TLE] [printspec [text|variable] ...] | [OFF|ON]
```

- text： 用于设置输出结果的头标题（即报表头文字）。
- variable： 用于在头标题中输出相应的变量值。
- OFF： 表示禁止打印头标题。
- ON： 表示允许打印头标题。
- printspec：用来作为头标题的修饰性选项，printspec 选项的值及其说明如表 3.3 所示。

表 3.3　printspec 选项的值及其说明

| printspec 选项的值 | 说明 |
|---|---|
| COL | 指定在当前行的第几列打印头标题 |
| SKIP | 跳到从下一行开始的第几行，默认为 1 |
| LEFT | 在当前行中左对齐打印数据 |
| CENTER | 在当前行中间打印数据 |
| RIGHT | 在当前行中右对齐打印数据 |
| BOLD | 以黑体打印数据 |

**说明：**

BTITLE 的语法格式与 TTITLE 的语法格式相同。如果在 TTITLE 或 BTITLE 命令后没有任何参数，则显示当前的 TTITLE 或 BTITLE 的定义。

[实例 3.11]　（源码位置：资源包 \Code\03\11）

### 设置头标题和底标题

打印输出 scott.salgrade 数据表中的所有记录，并要求为每页设置头标题（报表头）和底标题（打印日期和打印人），代码如下：

```
SQL> SET PAGESIZE 8
SQL> TTITLE left '          工资等级表 '
SQL> BTITLE LEFT '打印日期：2021 年 7 月 20 日    打印人：明日科技 '
SQL> SELECT * FROM scott.salgrade;
```

运行结果如图 3.20 所示。

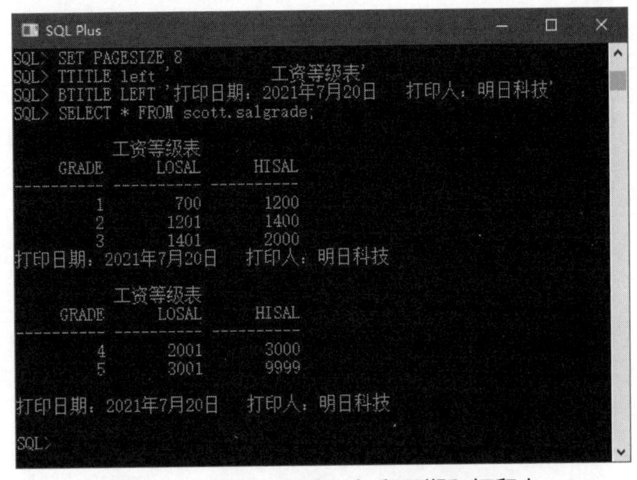


图 3.20　显示头标题、打印日期和打印人

实例 3.11 所设置的头标题和底标题的有效期为直到本次会话结束（即退出 SQL*Plus）后才终止。若要手动清除这些设置，可以分别使用“TTITLE OFF”命令和“BTITLE OFF”命令取消头标题和底标题的设置信息。

注意：

在使用 BTITLE 和 TTITLE 命令以及许多其他类似的 SQL*Plus 命令后，必须手动关闭它们以防止会话中所有的后续 SQL 命令都继承这些设置。例如，如果在输出结果后未关闭标题，则任何命令的后续输出信息都将以相同的标题打印出来。

## 本章知识思维导图

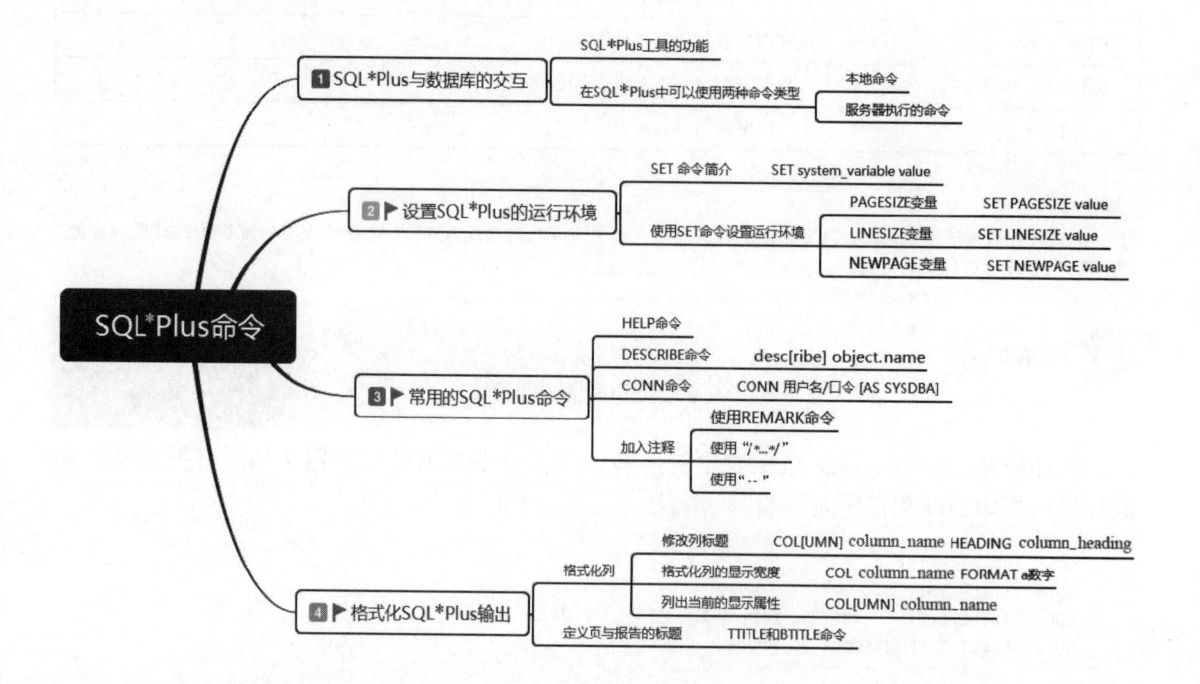

# 第 4 章

# 数据表操作

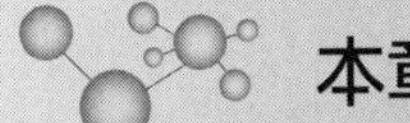

## 本章学习目标

- 掌握数据表的概念。
- 熟练掌握 Oracle 常用数据类型和表结构设计。
- 熟悉操作数据表。

# 4.1 数据表概述

数据表是一种“行与列”数据的组合，也是数据库中最基本的组成单元，所有的数据操作（增加、修改、删除、查询）以及约束、索引等概念都要依附于数据表而存在，而数据表也可以理解为对现实或者业务的抽象结果。例如，对现实世界中汽车进行抽象，可以形成如图 4.1 所示的数据表。

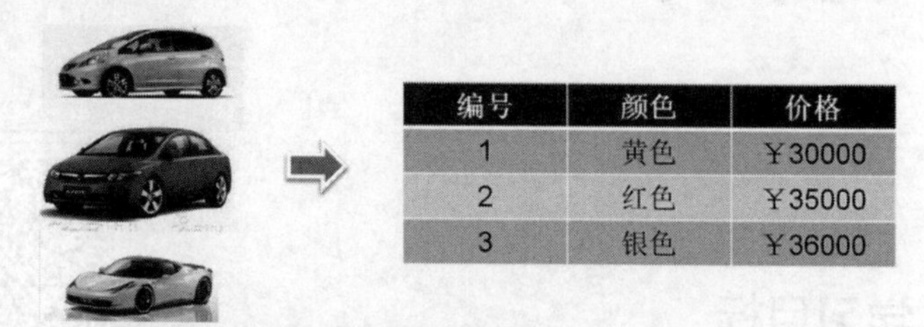

编号
颜色
价格
1
黄色
￥30000
2
红色
￥35000
3
银色
￥36000


图 4.1 对现实事物进行数据表抽象

除了这种对现实事物抽象的总结，数据表也可以表示某一类数据的统计。例如做一张数据表，记录历年中国奥运会获得的金牌数，则可以得到表 4.1 所示的抽象结果。

表 4.1 历届中国奥运会获得的金牌数

| 序号 | 金牌数 | 举办地 | 年份 |
|---|---|---|---|
| 1 | 15 | 美国洛杉矶 | 1984年 |
| 2 | 5 | 韩国汉城 | 1988年 |
| 3 | 16 | 西班牙巴塞罗那 | 1992年 |
| 4 | 16 | 美国亚特兰大 | 1996年 |
| 5 | 28 | 澳大利亚悉尼 | 2000年 |
| 6 | 32 | 希腊雅典 | 2004年 |
| 7 | 51 | 中国北京 | 2008年 |
| 8 | 38 | 英国伦敦 | 2012年 |
| 9 | 26 | 巴西里约热内卢 | 2016年 |

表 4.1 并不是对现实事物的抽象，而是一种以数据统计形式出现的表格，这样的数据集也称为数据表。

通过这样两个例子可以清楚地发现，数据表实际上是由一个个细小的单元（列）组成，每一列数据负责记录一项内容。而多个数据表之间还有可能产生关联，例如，通过观察前面学习过的部门信息表 dept 和员工信息表 emp，可以发现在员工信息表和部门信息表中都有部门的编号 deptno，这样就可以说员工信息表和部门信息表之间产生了关联。

# 4.2 表与表结构操作

## 4.2.1 Oracle 常用数据类型

数据表的基本组成单元是列，每一列都会有其保存数据的类型及容量，所以要想创建数据表，首先必须清楚 Oracle 中常用的数据类型，这些类型如表 4.2 所示。

表 4.2　Oracle 常用数据类型

| 序号 | 类型 | 长度 | 描述 |
|---|---|---|---|
| 1 | CHAR(n) | n=1 ～ 2000B | 保存定长字符串 |
| 2 | VARCHAR2(n) | n=1 ～ 4000B | 可以放数字、字母以及ASCII码字符集 |
| 3 | NUMBER(m,n) | m=1 ～ 38B，n=-84 ～ 127B | 表示数字，其中m为数字的总长度，n为小数部分长度，整数部分长度为m-n |
| 4 | DATE | — | 用于存放日期时间型数据（不包含毫秒） |
| 5 | TIMESTAMP | — | 用于存放日期时间型数据（包括毫秒） |
| 6 | CLOB | 4GB | 用于存放海量文字，如保存一部《红楼梦》或《三国演义》 |
| 7 | BLOB | 4GB | 用于保存二进制文件，如图片、电影或音乐等 |

**技巧：**

为了方便读者选择合适的数据类型，这里给出几个建议。

① 一般在 200 个中文字符之内的信息（如姓名、地址、E-mail 等信息）可以使用 VARCHAR2；

② 如果某些地方觉得区分整数或小数比较麻烦，可以直接使用 NUMBER；

③ 表示日期时间使用 DATE（时间戳是 TIMESTAMP）；

④ 表示大文本数据使用 CLOB，而 BLOB 尽量少用，或者用其他方式处理。

在开发中如果要存放海量文字则一般使用 CLOB 类型较多。例如，如果希望在数据表中保存一部《红楼梦》或者是《三国演义》这样的小说时，由于其文字内容很大，所以肯定无法使用 VARCHAR2 这样的类型来保存，此时就可以利用 CLOB 类型保存。而 BLOB 类型主要用来保存二进制数据，所谓的二进制数据就是图片、音乐、电影或文字等，但是一般很少有系统会将电影或音乐保存在 BLOB 类型中，主要原因是浏览不方便。

在这里还要提醒读者的是，BLOB 要比 CLOB 保存的内容更加丰富，而且由于文本本身也属于二进制文件，所以 BLOB 也可以像 CLOB 一样保存文本数据，但是从开发来讲，并不建议过多地使用 BLOB。在实际的工作中，VARCHAR2、NUMBER、DATE 和 CLOB 这 4 种数据类型最为常用。

## 4.2.2　表和表结构

表是日常工作和生活中经常使用的一种表示数据和关系的形式，表 4.3 是一个用来表示学生情况的学生表。

表 4.3　学生表

| 学号 | 姓名 | 性别 | 出生时间 | 专业 | 总学分 | 备注 |
|---|---|---|---|---|---|---|
| 081101 | 王林 | 男 | 1990-10-02 | 计算机 | 50 | |
| 081103 | 王燕 | 女 | 1989-10-06 | 计算机 | 50 | |
| 081108 | 林一凡 | 男 | 1989-08-05 | 计算机 | 52 | 已提前修完一门课 |
| 081202 | 王林 | 女 | 1989-01-29 | 通信工程 | 40 | 有一门课不及格 |
| 081204 | 马琳琳 | 女 | 1989-02-10 | 通信工程 | 42 | |

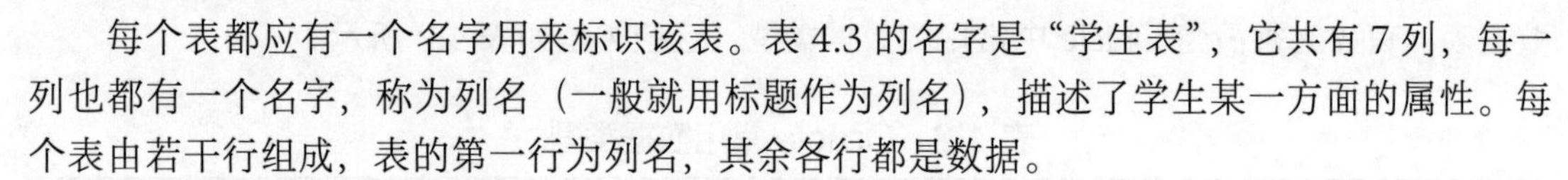

每个表都应有一个名字用来标识该表。表 4.3 的名字是“学生表”，它共有 7 列，每一列也都有一个名字，称为列名（一般就用标题作为列名），描述了学生某一方面的属性。每个表由若干行组成，表的第一行为列名，其余各行都是数据。

一个数据表包括下列概念：

- 表结构：每个数据库包含了若干个表。每个表包含一组固定的列，而列由数据类型和长度两部分组成，以描述该表中实体的属性。
- 记录：每个表包含了若干行数据，它们是表的“值”，表中的一行称为一个记录，因此，表是记录的有限集合。
- 字段：每个记录由若干个列构成，将构成记录的每个列称为字段。例如表 4.3 中，表结构为“学号，姓名，性别，出生时间，专业，总学分，备注”，每个记录包含了 7 个字段，由 5 个记录组成。
- 关键字：若表中记录的某一字段或字段组合能够标识记录，则称该字段或字段组合为候选关键字。若一个表有多个候选关键字，则选定其中一个为主关键字，也称为主键。当一个表仅有唯一的一个候选关键字时，该候选关键字就是主关键字，可以用来唯一标识记录行。

例如，在学生表中，姓名、性别、出生时间、专业、总学分和备注这六个字段的值有可能相同，但是学号字段的值对所有记录来说是一定不同的，即通过学号字段可以将表中的不同记录区分开来。所以，学号字段是唯一的候选关键字，就是主关键字。

**说明：**

“字段”和“列”的意义是相同的。

## 4.2.3 表结构设计

创建表的实质就是定义表结构以及设置表属性。创建表之前，先要确定表的名字、表的属性，同时确定表所包含的列名、列的数据类型、长度、是否可为空值、约束条件、默认值设置、规则以及所需索引、哪些列是主键、哪些列是外键等属性，这些属性构成表结构。

下面以三个表为例，介绍如何设计表的结构，三个表分别是：学生表（表名为 XSB）、课程表（表名为 KCB）和成绩表（表名为 CJB）。

**说明：**

在实际开发中，通常使用英文字母来表示列名，所以这里使用属性的拼音首位字母表示列名。

学生表（XSB）包含的属性有学号、姓名、性别、出生时间、专业、总学分和备注。下面介绍一下学生表的列的数据类型。

- “XH”列的数据是学生的学号，学号值有一定的意义，例如“081101”中“08”表示学生的年级，“11”表示所属班级，“01”表示学生在班级中的序号，所以“XH”列的数据类型可以是 6 位定长字符型数据。
- “XM”列记录学生的姓名，姓名一般不超过 4 个中文字符，所以可以是 8 位定长字符型数据。
- “XB”列记录学生的性别，有“男”和“女”两个值，所以可以使用 2 位定长字符型数据，默认是“男”。
- “CSSJ”列记录学生的出生时间，是日期时间类型数据，列的数据类型为 DATE。

- “ZY”列记录学生的专业，为 12 位定长字符型数据。
- “ZXF”列记录学生的总学分，是整数型数据，值在 0 ～ 160 之间，列的数据类型定为 NUMBER，长度为 2，默认值是 0。
- “BZ”列存放的是学生的备注信息，备注信息的内容在 0 ～ 200 个字之间，所以应该使用 VARCHAR2 类型。

在 XSB 中，只有“XH”列能唯一标识一个学生，所以将“XH”列设为该表主键。最后设计的 XSB 的表结构如表 4.4 所示。

表 4.4　学生表（XSB）的表结构

| 列名 | 数据类型 | 是否可空 | 默认值 | 说明 | 列名含义 |
|---|---|---|---|---|---|
| XH | CHAR(6) | 不可空 | 无 | 主键，前2位年级，中间2位班级号，后2位序号 | 学号 |
| XM | CHAR(8) | 不可空 | 无 | | 姓名 |
| XB | CHAR(2) | 不可空 | “男” | | 性别 |
| CSSJ | DATE | 不可空 | 无 | | 出生时间 |
| ZY | CHAR(12) | 可空 | 无 | | 专业 |
| ZXF | NUMBER(2) | 可空 | 0 | 0≤总学分＜160 | 总学分 |
| BZ | VARCHAR2(200) | 可空 | 无 | | 备注 |

当然，如果要包含学生的“ZP”列，即照片列，可以使用 BLOB 数据类型；要包含学生的“联系方式”列（LXFS），可以使用 XMLType 数据类型。

参照 XSB 表结构的设计方法，同样可以设计出其他两个表的结构，如表 4.5 所示的是课程表（KCB）的表结构，表 4.6 所示的是成绩表（CJB）的表结构。

表 4.5　课程表（KCB）的表结构

| 列名 | 数据类型 | 是否可空 | 默认值 | 说明 | 列名含义 |
|---|---|---|---|---|---|
| KCH | CHAR(3) | 不可空 | 无 | 主键 | 课程号 |
| KCM | CHAR(16) | 不可空 | 无 | | 课程名 |
| KKXQ | NUMBER(1) | 不可空 | 1 | 只能为1 ～ 8 | 开课学期 |
| XS | NUMBER(2) | 不可空 | 0 | | 学时 |
| XF | NUMBER(1) | 不可空 | 0 | | 学分 |

表 4.6　成绩表（CJB）的表结构

| 列名 | 数据类型 | 是否可空 | 默认值 | 说明 | 列名含义 |
|---|---|---|---|---|---|
| XH | CHAR(6) | 不可空 | 无 | 主键 | 学号 |
| KCH | CHAR(3) | 不可空 | 无 | | 课程号 |
| CJ | NUMBER(2) | 可空 | 无 | | 成绩 |

## 4.3　使用 SQL Developer 操作表

使用 SQL Developer 工具可以更加灵活地创建数据库对象，包括创建表和修改表等操作。

### 4.3.1 创建表

以创建课程表（KCB）为例，使用 SQL Developer 创建表的操作步骤如下。

① 启动 SQL Developer，在“连接”节点下打开数据库连接 sys_ora。右键单击“表”节点，选择“新建表”菜单项。

② 进入“创建 表”窗口，在“名称”栏填写表名 KCB，在“表”选项卡的 PK（主键）、名称、数据类型、大小、非空、默认值和注释栏填入 KCB 中的主键、列名、数据类型、长度、为空性、默认值和注释等信息。输入完一列后单击➕按钮添加下一列，直到所有的列信息填完为止，如图 4.2 所示。

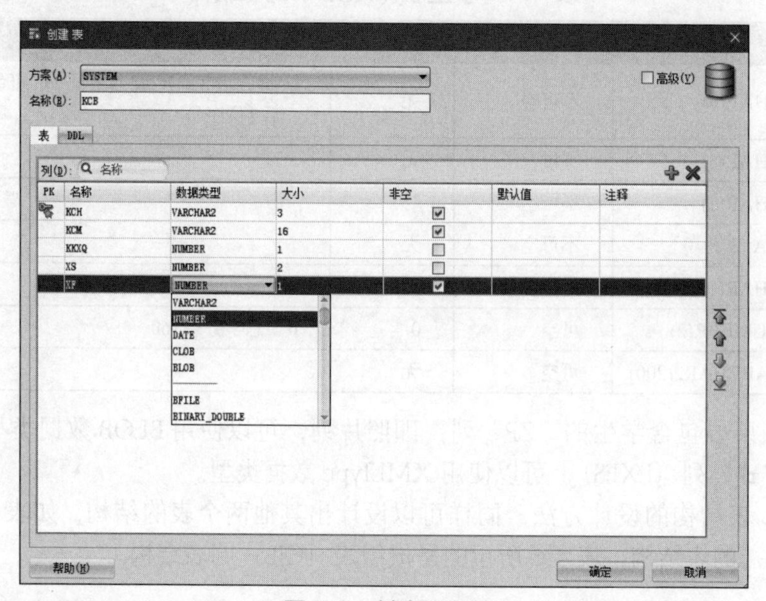


图 4.2 创建 KCB

③ 输入完表中的全部信息后，选中右上角的“高级”复选框，这时，会显示更多的表选项，如约束条件、索引和存储等，如图 4.3 所示。

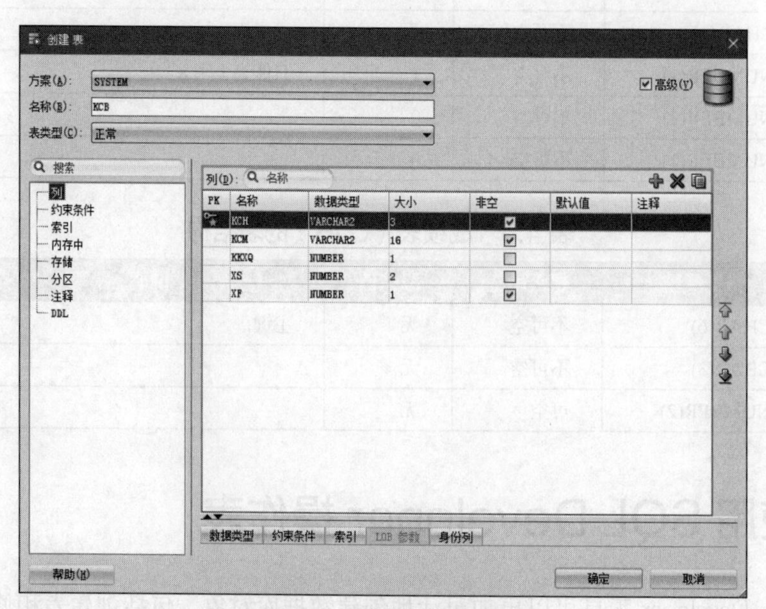


图 4.3 “高级”选项

例如要设置默认值，可以在“列”选项页中的“默认值”栏输入默认值。这里暂不对其他选项进行设置，单击“确定”按钮完成表的创建。



## 4.3.2 修改表

使用 SQL Developer 工具修改表的方法很简单。KCB 创建完成后在主界面的“表”目录可以找到该表。右键单击 KCB 选择“编辑”菜单项，进入“编辑 表”窗口，如图 4.4 所示。在该窗口中的“列”选项页中单击➕按钮可以增加列，单击✖按钮可以删除列。

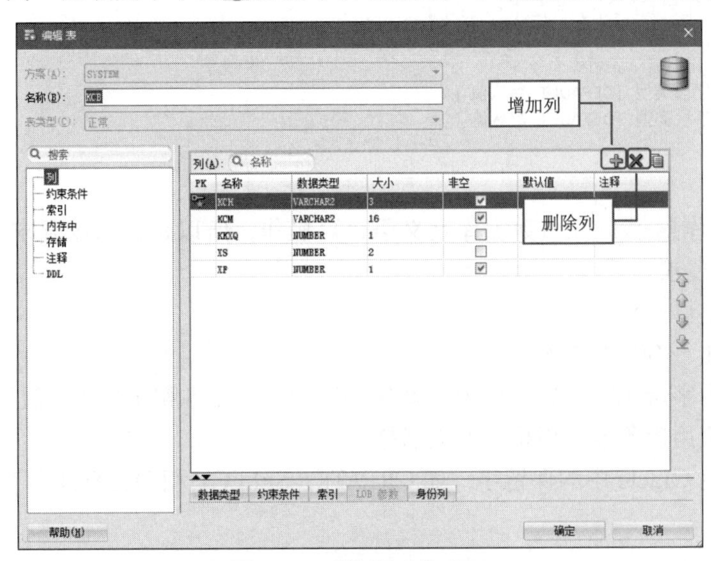


图 4.4 “编辑 表”窗口

表的主键列不能直接删除，要删除主键列必须先删除主键。

## 4.3.3 删除表

以删除 KCB 为例，在“表”目录下右键单击 KCB 选择“表”菜单下的“删除”子菜单，如图 4.5 所示。

弹出“删除”确认对话框，如图 4.6 所示。选中“级联约束条件”复选框，单击“应用”按钮即可删除 KCB。

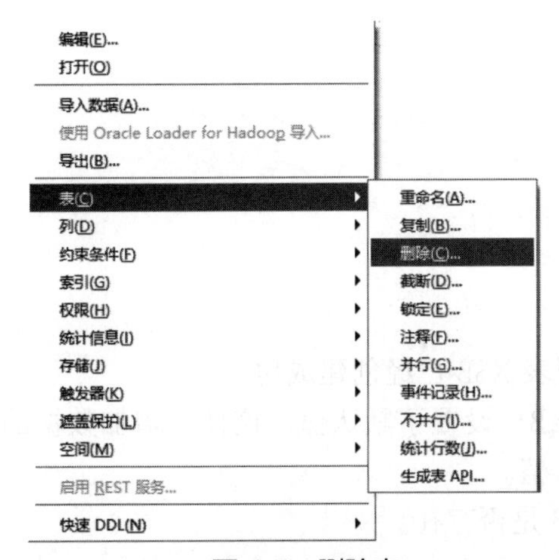


图 4.5 删除表

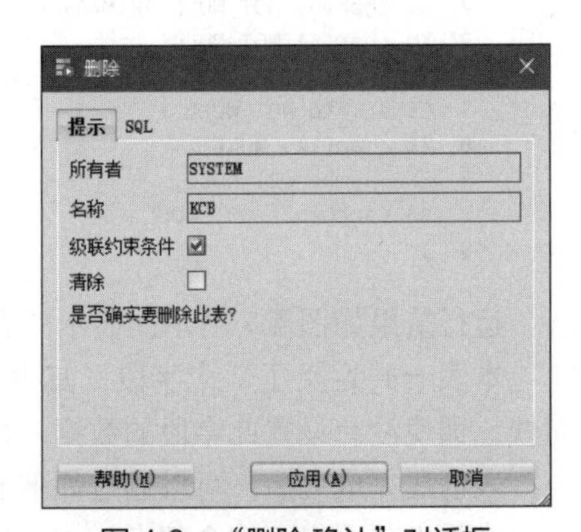


图 4.6 “删除 确认”对话框

# 4.4 在 SQL*Plus 上操作表

## 4.4.1 创建表

创建数据表的操作在 Oracle 中严格来讲称为数据表对象的创建操作。如果想创建数据表对象，可以使用 CREATE TABLE 命令来完成。

CREATE TABLE 命令的语法格式如下：

```
CREATE TABLE 用户名 . 表名称 (
    字段名称 字段类型 [DEFAULT 默认值 ]
    字段名称 字段类型 [DEFAULT 默认值 ]
    ...
);
```

创建表的操作属于 DDL（数据库定义语言）操作，所以是由命令要求的，对于表名称及列名称的定义要求如下：

- 必须以字母开头。
- 长度为 1 ～ 30 个字符。
- 表名称由字母（A ～ Z、a ～ z）、数字（0 ～ 9）、_、$ 和 # 组成，而且名称要有意义。
- 对同一个用户不能使用相同的表名称。
- 不能使用 Oracle 中的保留字，如 CREATE、SELECT 和 DELECT 等都是保留字。

**注意：**

**表结构中不要使用中文。虽然 Oracle 数据库本身已经支持中文对象的创建，但是在用户创建表或者定义列的时候，一定不要使用中文，这样可以避免一些不必要的麻烦。**

下面按照语法创建一个学生表（XSB），表结构如表 4.4 所示。

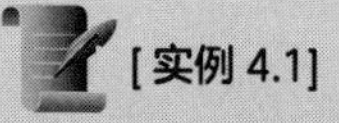

（源码位置：资源包 \Code\04\01）

**创建表 XSB**

在 scott 用户中，使用 CREATE TABLE 命令创建学生表 XSB。

打开 SQL*Plus 工具，以 scott 用户连接数据库，输入以下语句：

```
SQL> CREATE TABLE XSB(
  2  XH char(6) NOT NULL PRIMARY KEY,
  3  XM char(8) NOT NULL,
  4  XB char(3) DEFAULT '1' NOT NULL,
  5  CSSJ date NOT NULL,
  6  ZY char(12) NULL,
  7  ZXF number(2) NULL,
  8  BZ varchar2(200) NULL
  9  );
```

运行结果如图 4.7 所示，显示“表已创建”说明表 XSB 已经创建成功。

本表一共定义了 7 个字段，其中有一个字段（XB）设置了默认值，这样在增加数据的时候，即使没有设置此字段的数据，也会设置为默认值。

表创建完成之后，可以通过如下的命令查看 XSB 是否存在。

查看当前用户下的全部表。

```
SQL> SELECT * FROM tab;
```

查询结果如图 4.8 所示。

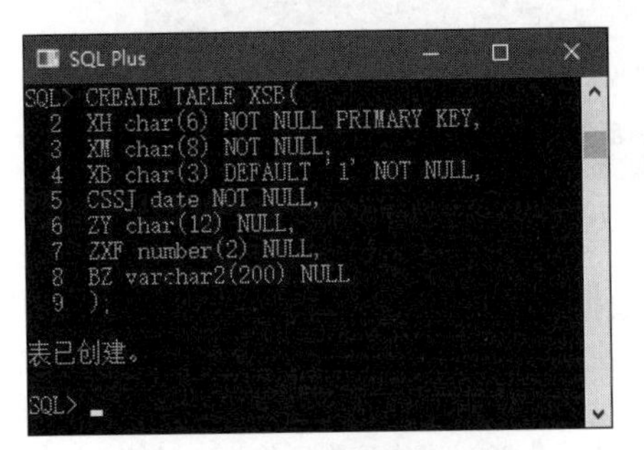


图 4.7　创建数据表 XSB

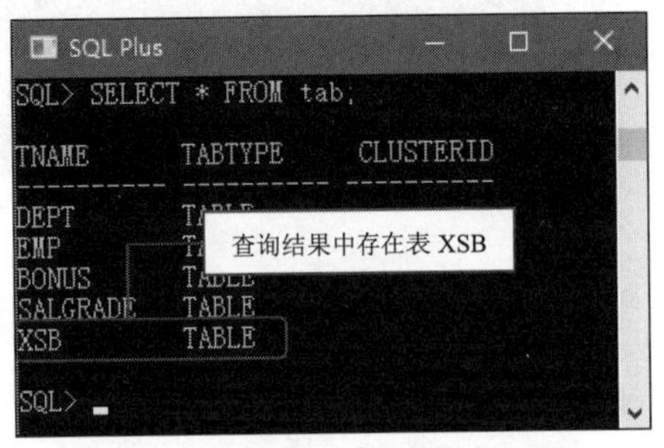


图 4.8　查看 XSB 是否存在

由图 4.8 可知，在查询结果中存在表 XSB，说明表 XSB 已经创建成功了。

**技巧：**

数据表是对象，在 Oracle 中所有使用 CREATE 语句创建的都是对象，本程序创建了一个数据表，所以数据表也属于 Oracle 的对象。Oracle 对象类型还有许多，比如索引、视图、触发器和函数等，在后面的章节中会一一讲解。

此时只是建立了一个数据表的模型，在这个数据表中还没有任何数据，下面按照指定的数据类型向 XSB 中增加数据。

[实例 4.2]　（源码位置：资源包 \Code\04\02）

## 向 XSB 中增加数据

向 XSB 中增加两条测试数据，具体代码如下：

```
SQL> INSERT INTO XSB(XH,XM,XB,CSSJ,ZY,ZXF,BZ)
  2  VALUES(081101,'王林','男',to_date('02-10-1990','dd-mm-yyyy'),'计算机',50,NULL);
SQL> INSERT INTO XSB(XH,XM,XB,CSSJ,ZY,ZXF,BZ)
  2  VALUES(081103,'王燕','女',to_date('06-10-1989','dd-mm-yyyy'),'计算机',50,NULL);
```

向 XSB 中插入数据，结果如图 4.9 所示。

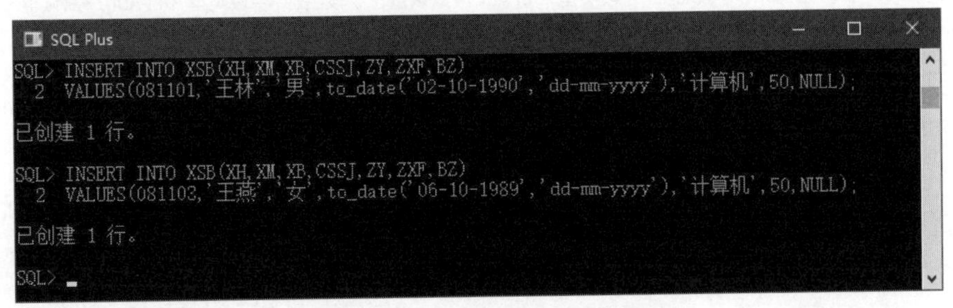


图 4.9　向 XSB 中插入数据

查询 XSB 中的全部数据，代码如下：

```
SQL> SET linesize 100
SQL> COL BZ FORMAT a10
SQL> SELECT * FROM XSB;
```

查询结果如图 4.10 所示。

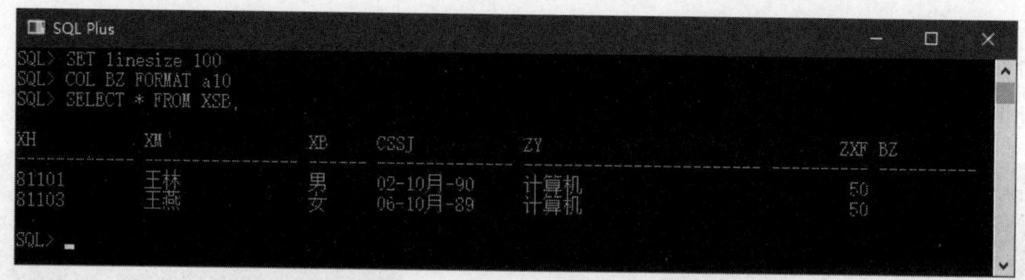


图 4.10　XSB 表的全部数据

在图 4.10 中，显示了插入的两条数据，说明插入数据成功。

**说明：**

代码中使用了 COL 语句将 BZ 列的宽度设置为 10。因为 BZ 列设置长度是 200，超出了界面的宽度，会发生折行的现象，给用户观察数据带来了不方便，所以首先需要调整 BZ 列的宽度。

## 4.4.2　修改表

当一个表根据业务需求建立完成后，如果发现表中的字段设置得不合理或者业务需求发生变更时，都需要对数据表的表结构进行修改，例如增加、删除、修改数据列等。由于数据表本身属于 Oracle 的对象，所以对数据表的修改就是对数据库对象的修改，而对象的修改使用 ALTER 命令完成。

**技巧：**

在数据库模式定义语句（DDL 语句）中，对于数据库对象的操作主要有 3 种，语法分别如下：

创建对象："CREATE 对象类型 名称 ...;"。删除对象："DROP 对象类型 名称 ...;"。

修改对象："ALTER 对象类型 名称 ...;"。

### （1）为表中增加字段

为表中增加字段使用的命令是 ALTER。为已有数据表增加字段的时候也像定义数据表一样，需要给出字段名称、类型、默认值。ALTER 命令的语法如下：

```
ALTER TABLE 表名称 ADD( 字段名称 字段类型 DEFAULT 默认值, 字段名称 字段类型 DEFAULT 默认值 ,...);
```

**说明：**

通过一条 ALTER 命令可以实现向一个数据表中同时增加多个字段，但是本书为了浏览方便，每个 ALTER 命令只增加一个字段。

[实例 4.3]　（源码位置：资源包 \Code\04\03）

**向 XSB 中增加 3 个字段**

具体代码如下：

```
SQL> ALTER TABLE XSB ADD(TEL NUMBER(11));
SQL> ALTER TABLE XSB ADD(ADDR VARCHAR2(10));
SQL> ALTER TABLE XSB ADD(PHOTO VARCHAR2(20) DEFAULT 'nophoto.jpg');
```

为 XSB 中增加字段，结果如图 4.11 所示。

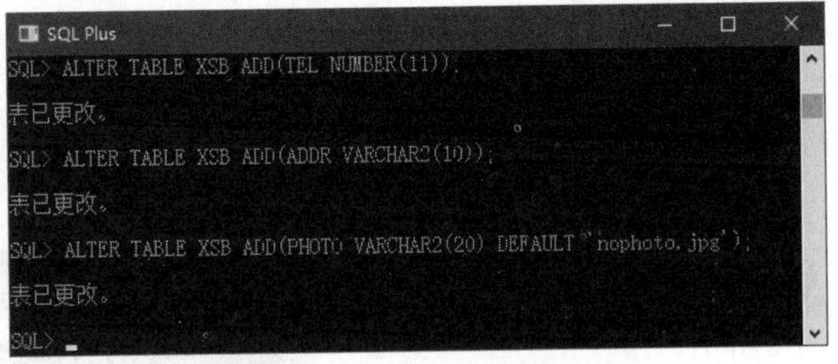


图 4.11　向 XSB 中增加字段

通过上面的代码，已经向 XSB 中增加了电话（TEL）、地址（ADDR）和照片（PHOTO）三个字段，执行完毕后，再次查询 XSB 的表结构，观察是否成功增加字段。

查询 XSB 表结构，代码如下：

```
SQL> DESC XSB
```

查询结果如图 4.12 所示。

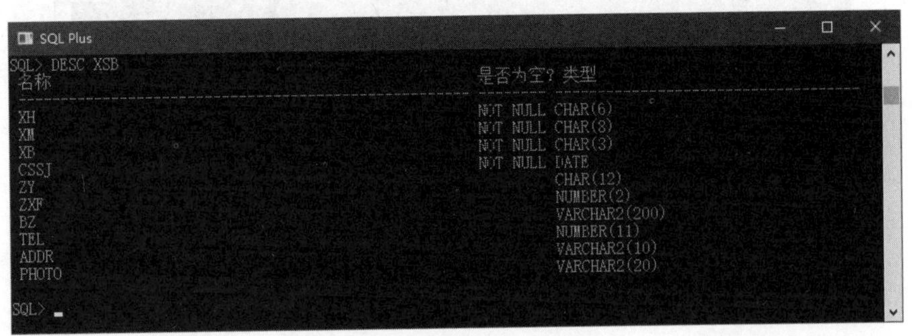


图 4.12　查询 XSB 表结构

查询修改后的 XSB 数据，代码如下。

```
SQL> SELECT * FROM XSB;
```

查询结果如图 4.13 所示。

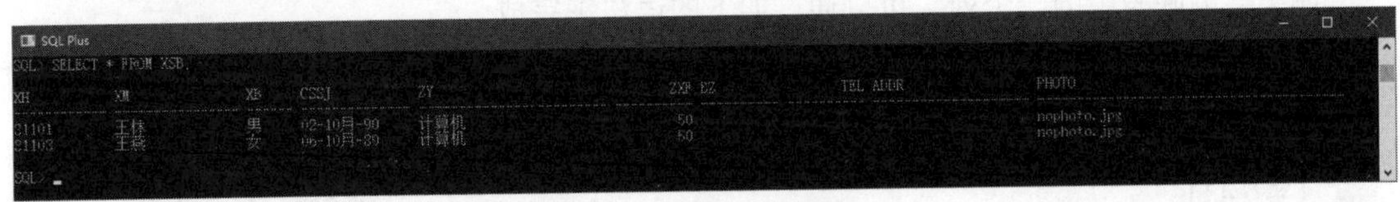

图 4.13　查询 XSB 数据

可以发现，新增加的 3 个字段中，TEL 和 ADDR 都没有默认值，所以这两个字段中的数据都为空；对于 PHOTO 字段，由于设置了默认值“nophoto.jpg”，所以当增加完这个列之后，PHOTO 字段的值全部都为“nophoto.jpg”。

### （2）修改表中字段

如果发现表中的某一列设计不合理，可以通过 ALTER 命令对已有的列进行修改，语法格式如下：

```
ALTER TABLE 表名称 MODIFY( 字段名称 字段类型 DEFAULT 默认值 );
```

[实例 4.4]（源码位置：资源包 \Code\04\04）

## 将 XSB 中 BZ 字段的长度修改为 20

具体代码如下：

```
SQL> ALTER TABLE XSB MODIFY(BZ VARCHAR(20));
```

图 4.14　修改 XSB 中 BZ 字段

修改结果如图 4.14 所示。

BZ 列原来的长度是 200，为了便于浏览数据，将 BZ 列的长度改为 20，接下来查看 XSB 的表结构，代码如下：

```
SQL>DESC XSB
```

XSB 的表结构如图 4.15 所示。

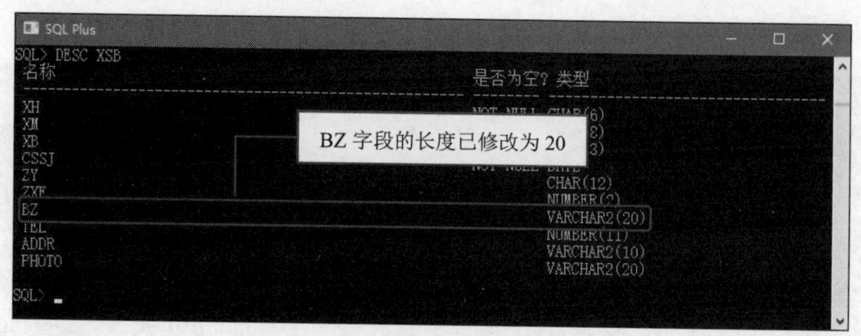


图 4.15　查看 XSB 表结构

**技巧：**

*为表重命名的方法有两种，第一种方法的语法格式为“ALTER TABLE 旧的表名 RENAME 新的表名；”；第二种方法的语法格式为“RENAME 旧的表名 to 新的表名；”。*

### （3）删除表中的字段

如果要删除表中的一个列，可以通过如下的语法来完成：

```
ALTER TABLE 表名称 DROP COLUMN 列名称；
```

[实例 4.5]（源码位置：资源包 \Code\04\05）

## 删除 XSB 的 PHOTO 和 ADDR 字段

具体代码如下：

```
SQL> ALTER TABLE XSB DROP COLUMN PHOTO;
SQL> ALTER TABLE XSB DROP COLUMN ADDR;
```

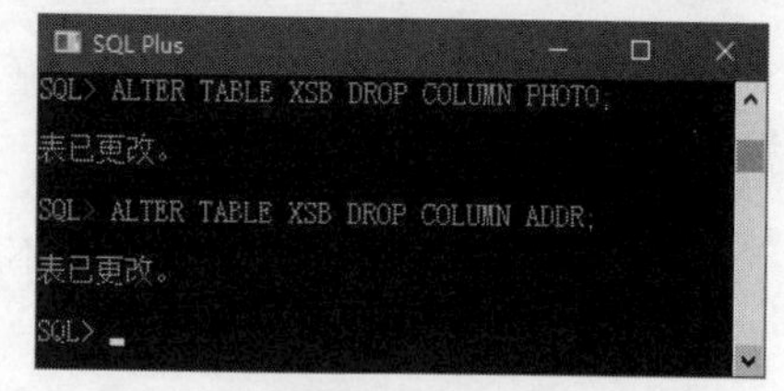


图 4.16　删除 XSB 中 PHOTO 和 ADDR 字段

删除结果如图 4.16 所示。

查看 XSB 的表结构，代码如下：

```
SQL> DESC XSB
```

XSB 的表结构如图 4.17 所示。

图 4.17　查看 XSB 的表结构

图 4.17 所示的 XSB 的表结构和图 4.15 所示的表结构相比，PHOTO 和 ADDR 字段已经不存在了，说明删除操作成功。

**说明：**

删除表字段时，不管此字段是否有数据都不会影响最终的删除结果。但是在进行字段删除时，一定要保证被删除字段的表中，在删除某些字段之后至少还存在一个字段。

### 4.4.3　删除表

如果在数据库中的某些数据表不再使用，则可以通过如下语法进行数据表的删除操作：

```
DROP TABLE 表名称 ;
```

例如，删除学生表（XSB），代码如下：

```
SQL> DROP TABLE XSB;
```

执行结果如图 4.18 所示。

```
SQL> DROP TABLE XSB;

表已删除。

SQL>
```

图 4.18　删除 XSB

## 本章知识思维导图

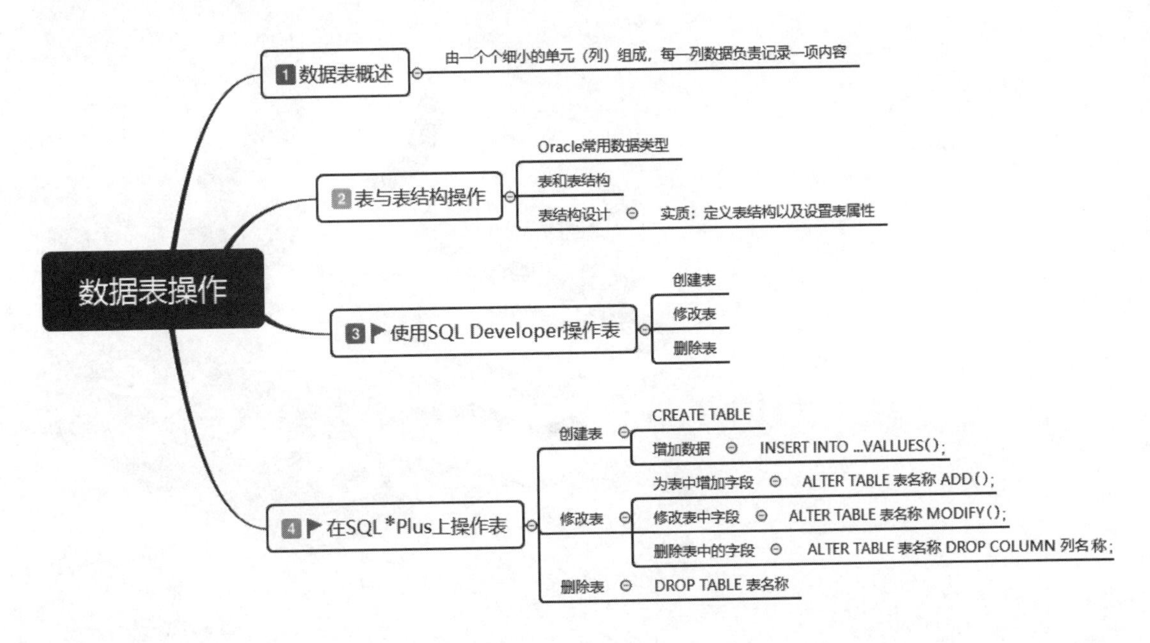

# 第 5 章

# SQL 查询基础

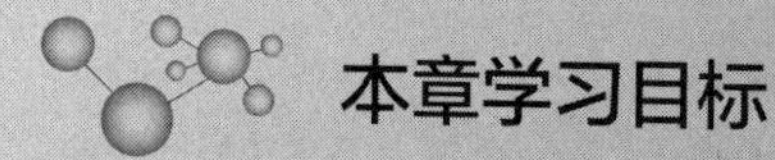

## 本章学习目标

- 了解 SQL 的分类和编写规则。
- 熟练掌握 SELECT 语句的语法。
- 熟悉使用“*”查询所有列。
- 掌握查询特定列。
- 掌握使用DISTINCT语句消除结果中的重复行。
- 掌握为列指定别名的方法。
- 掌握处理数据中的 NULL 值。
- 掌握进行连接字符串的方法。

# 5.1 SQL 简介

## 5.1.1 SQL 的分类

SQL 是关系型数据库的基本操作语言，是数据库管理系统与数据库进行交互的接口。它将数据查询、数据操纵、事务控制、数据定义和数据控制功能集于一身，而这些功能又分别对应着各自的 SQL，具体如下。

### （1）数据查询语言（Data Query Language，DQL）

用于检索数据库中的数据，主要是 SELECT 命令，它在操作数据库的过程中使用最为频繁。

### （2）数据操纵语言（Data Manipulation Language，DML）

用于改变数据库中的数据，主要包括 INSERT、UPDATE 和 DELETE 3 个命令。其中，INSERT 命令用于将数据插入到数据库中，UPDATE 命令用于更新数据库中已经存在的数据，DELETE 命令用于删除数据库中已经存在的数据。

### （3）事务控制语言（Transaction Control Language，TCL）

用于维护数据的一致性，包括 COMMIT、ROLLBACK 和 SAVEPOINT 3 个命令。其中，COMMIT 命令用于提交对数据库的更改，ROLLBACK 命令用于取消对数据库的更改，SAVEPOINT 命令用于设置保存点。

### （4）数据定义语言（Data Definition Language，DDL）

用于建立、修改和删除数据库对象。例如，可以使用 CREATE TABLE 语句创建表；使用 ALTER TABLE 语句修改表结构；使用 DROP TABLE 语句删除表。

### （5）数据控制语言（Data Control Language，DCL）

用于执行权限授予和权限收回操作，主要包括 GRANT 和 REVOKE 2 个命令。其中，GRANT 命令用于给用户或角色授予权限，而 REVOKE 命令则用于收回用户或角色所具有的权限。

## 5.1.2 SQL 的编写规则

虽然在 Oracle 数据库中编写代码是自由的，但是为了使编写的代码具有通用、友好的可读性，在编写 SQL 语句时，应该尽量按照一定的规则来编写代码。

下面就来看一下 SQL 都有什么编写规则。

### （1）SQL 关键字不区分大小写

SQL 关键字既可以使用大写格式，也可以使用小写格式，或者大小写格式混用。

例如，编写以下 3 条语句，对关键字（SELECT 和 FROM）分别使用大写格式、小写格式和大小写混用格式，代码如下：

语句一：

```
SELECT empno,ename,sal FROM scott.emp;
```

语句二:

```
select empno,ename,sal from scott.emp;
```

语句三:

```
SELECT empno,ename,sal from scott.emp;
```

分别执行这 3 条 SELECT 语句，会发现结果完全相同，都可以查询员工信息表的员工信息，查询结果如图 5.1 所示。

说明:
本章中的 SQL 语句都是通过 SQL Developer 工具进行编写运行。

### （2）对象名和列名不区分大小写

数据库对象的对象名和列名既可以使用大写格式，也可以使用小写格式，或者大小写格式混用。

例如，编写以下 3 条语句，对表名和列名分别使用大写格式、小写格式和大小写混用格式，代码如下:

语句一:

```
SELECT empno,ename,sal FROM scott.emp;
```

语句二:

```
SELECT EMPNO,ENAME,SAL FROM SCOTT.EMP;
```

语句三:

```
SELECT emPNO,ename,sAL FROM scott.EmP;
```

分别执行这 3 条 SELECT 语句，会发现结果完全相同，运行结果如图 5.2 所示。

| | EMPNO | ENAME | SAL |
|---|---|---|---|
| 1 | 7369 | SMITH | 800 |
| 2 | 7499 | ALLEN | 1600 |
| 3 | 7521 | WARD | 1250 |
| 4 | 7566 | JONES | 2975 |
| 5 | 7654 | MARTIN | 1250 |
| 6 | 7698 | BLAKE | 2850 |
| 7 | 7782 | CLARK | 2450 |
| 8 | 7788 | SCOTT | 3000 |
| 9 | 7839 | KING | 5000 |
| 10 | 7844 | TURNER | 1500 |
| 11 | 7876 | ADAMS | 1100 |
| 12 | 7900 | JAMES | 950 |
| 13 | 7902 | FORD | 3000 |
| 14 | 7934 | MILLER | 1300 |

图 5.1　三条语句共同的查询结果（一）

| | EMPNO | ENAME | SAL |
|---|---|---|---|
| 1 | 7369 | SMITH | 800 |
| 2 | 7499 | ALLEN | 1600 |
| 3 | 7521 | WARD | 1250 |
| 4 | 7566 | JONES | 2975 |
| 5 | 7654 | MARTIN | 1250 |
| 6 | 7698 | BLAKE | 2850 |
| 7 | 7782 | CLARK | 2450 |
| 8 | 7788 | SCOTT | 3000 |
| 9 | 7839 | KING | 5000 |
| 10 | 7844 | TURNER | 1500 |
| 11 | 7876 | ADAMS | 1100 |
| 12 | 7900 | JAMES | 950 |
| 13 | 7902 | FORD | 3000 |
| 14 | 7934 | MILLER | 1300 |

图 5.2　三条语句共同的查询结果（二）

说明:
数据库对象可以是表、索引、视图、触发器、函数等。

建议：
在编写SQL语句时，一般将关键字大写，数据库对象小写。

### （3）引号内区分大小写

在SQL中，通过引号引用字符值和日期值时，必须要给出正确的大小写数据，否则不能得到正确的查询结果。

例如，编写以下2条语句，查询员工信息表（scott.emp）中职位是“销售员”的记录，要求2条语句的查询条件分别为“SALESMAN”和“salesman”，代码如下：

语句一：

```
SELECT * FROM scott.emp WHERE job='SALESMAN';
```

语句二：

```
SELECT * FROM scott.emp WHERE job='salesman';
```

分别执行这2条SELECT语句，会发现结果不相同，因为查询条件是不相同的，即WHERE子句中'SALESMAN'和'salesman'是不一样的两个名称，运行结果分别如图5.3、图5.4所示。

| | EMPNO | ENAME | JOB | MGR | HIREDATE | SAL | COMM | DEPTNO |
|---|---|---|---|---|---|---|---|---|
| 1 | 7499 | ALLEN | SALESMAN | 7698 | 20-2月 -81 | 1600 | 300 | 30 |
| 2 | 7521 | WARD | SALESMAN | 7698 | 22-2月 -81 | 1250 | 500 | 30 |
| 3 | 7654 | MARTIN | SALESMAN | 7698 | 28-9月 -81 | 1250 | 1400 | 30 |
| 4 | 7844 | TURNER | SALESMAN | 7698 | 08-9月 -81 | 1500 | 0 | 30 |

图5.3　语句一查询结果

| EMPNO | ENAME | JOB | MGR | HIREDATE | SAL | COMM | DEPTNO |
|---|---|---|---|---|---|---|---|

图5.4　语句二查询结果

图5.3的查询结果中查询出了职位是“销售员”的记录，但是在图5.4的查询结果中，并没有查询出任何记录。这是因为引号中的内容是直接引用数据表中的数据，“销售员”是以大写的形式存储在数据表中的，如果查询条件是小写的销售员名称，是查询不到数据的。

### （4）SQL语句可以分行显示

在SQL Developer环境编写SQL语句时，如果SQL语句较短，则可以将语句放在一行上显示；如果SQL语句很长，为了便于阅读，则可以将语句分行显示；SQL语句输入完毕，要以分号作为结束符。

技巧：
SQL语句进行换行的规则：一般是以关键字开头进行换行。常见的关键字有SELECT、FROM、WHERE、LIKE、ORDER BY、GROUP BY等。

例如，检索scott.emp中职位是SALESMAN（销售员）的记录，下面分别使用分行的方式编写SQL语句和在一行编写SQL语句，代码如下：

语句一：

```
SELECT *
FROM scott.emp
WHERE job='SALESMAN'
ORDER BY empno;
```

语句二：

```
SELECT * FROM scott.emp WHERE job='SALESMAN' ORDER BY empno;
```

分别执行这两个 SELECT 语句，会发现结果相同，运行结果如图 5.5 所示。

| | EMPNO | ENAME | JOB | MGR | HIREDATE | SAL | COMM | DEPTNO |
|---|---|---|---|---|---|---|---|---|
| 1 | 7499 | ALLEN | SALESMAN | 7698 | 20-2月 -81 | 1600 | 300 | 30 |
| 2 | 7521 | WARD | SALESMAN | 7698 | 22-2月 -81 | 1250 | 500 | 30 |
| 3 | 7654 | MARTIN | SALESMAN | 7698 | 28-9月 -81 | 1250 | 1400 | 30 |
| 4 | 7844 | TURNER | SALESMAN | 7698 | 08-9月 -81 | 1500 | 0 | 30 |

图 5.5　SQL 语句可以分行显示

**说明：**

**在编写较长的 SQL 语句时，按下 <Enter> 键即可实现换行。但要注意，在按下 <Enter> 键之前不要输入分号，因为分号表示 SQL 语句的结束。**

# 5.2　SELECT 语句简介

SELECT 语句是 SQL 的核心，也是 SQL 中使用最频繁的语句。该语句用于查询数据库并检索匹配指定条件的数据。SELECT 语句有多条子句可以选择，而 FROM 是唯一必需的子句。每一条子句有大量的选择项和参数，本节仅罗列，在后面章节中将详细讲述。

SELECT 语句完整的语法格式如下：

```
SELECT {[ DISTINCT | ALL ] columns | *}
FROM {tables | views | other SELECT}
[WHERE conditions]
[GROUP BY columns]
[HAVING conditions]
[ORDER BY columns [ASC|DESC]]
```

**说明：**

**用中括号 [] 括起来的部分表示是可选的；用大括号 {} 括起来的部分表示必须从中选择一个。**

在上面的语法中，共有 6 个子句，它们各自的功能如表 5.1 所示。

表 5.1　SELECT 语句中各子句的功能

| 类型 | 说明（8位等于1字节） |
|---|---|
| SELECT 子句 | 选择数据表、视图中的列 |
| FROM 子句 | 指定数据来源，包括表、视图和其他 SELECT 语句 |
| WHERE 子句 | 对检索的数据进行筛选，只显示满足 WHERE 条件的行 |
| GROUP BY 子句 | 对检索结果进行分组显示。与聚集函数一起使用时，GROUP BY 创建组，聚集函数运算每组的值 |
| HAVING 子句 | 从使用 GROUP BY 子句分组后的查询结果中筛选数据行 |
| ORDER BY 子句 | 对结果集进行排序（包括升序和降序） |

说明:

结果集为 SELECT 语句查询出的结果的集合。

# 5.3 查询所有列

先来介绍下简单查询的语法。简单查询语句就是将一个数据表中所有数据行的内容全部列出。该语句的基本语法格式如下:

```
SELECT [ DISTINCT | * | 列名称 [AS][ 列别名 ], 列名称 [AS][ 列别名 ],…
FROM 表名称 [ 表别名 ]
```

在该语法中列出的语句格式给出了两条子句的使用。

- SELECT 子句: SELECT 之后可以使用“*”将所有字段(列)的内容全部查询出来,或者查询指定的数据列。如果在数据列上存在重复,则可以利用 DISTINCT 关键字取消重复元素,同时在查询指定列时也可以使用 AS 为此列设置显示的别名(不写 AS 也可以实现同样功能)。
- FROM 子句: 主要用于指定要查询的数据表。

说明:

名词解析。子句: 如“SELECT 子句”“FROM 子句”,指的是关键字“SELECT”“FROM”及其之后的语句内容。字段(列): 数据表中的数据项,如员工信息表(emp)中的员工编号(empno)、员工姓名(ename)等。

最简单的查询所有列的格式为:

```
SELECT * FROM 表名称;
```

## 5.3.1 查询单个表中所有列

在检索一个数据表时,要注意该表所属的用户(如 scott、system 等用户模式)。如果在指定表所属的用户内部检索数据,则可以直接使用表名;如果不在指定表所属的用户内部检索数据,则不但要查看当前用户是否具有查询的权限,而且还要在表名前面加上其所属的用户名称。

[实例 5.1] (源码位置: 资源包 \Code\05\01)

**查询部门信息表中的所有数据**

在 SQL Developer 中查询 SQL 语句的操作步骤如下。

① 本书的 SQL 语句中,一般用到的表都存在于 scott 用户中,所以首先需要连接 scott 用户。在创建了 scott 用户的数据库连接 scott_ora 之后,单击 scott_ora 前面的节点,即可连接到 scott 用户,如图 5.6 所示。

② 连接 scott 用户之后,在右侧的代码编辑区编写 SQL 语句,如图 5.7 所示。

在 SELECT 语句中使用星号“*”查询部门信息表 dept 中所有列的数据,代码如下:

```
SELECT * FROM dept;
```

③ SQL 语句编写完毕后,单击▶按钮即可执行此查询语句,执行结果如图 5.8 所示。

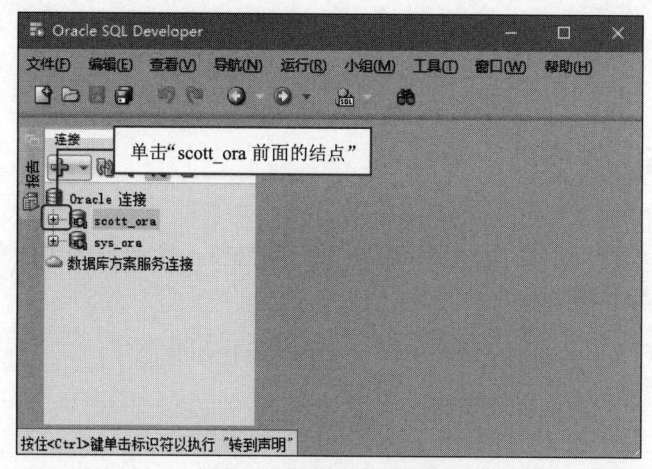


图 5.6 连接 scott 用户

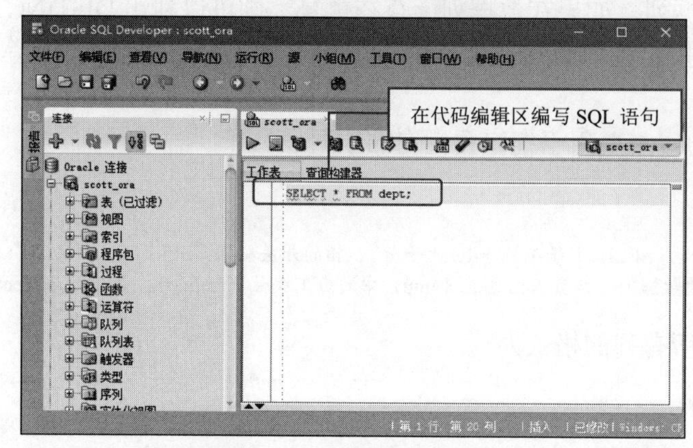


图 5.7 编写 SQL 语句

技巧：

在执行上面的查询后可以发现，这个程序主要有两条子句，即 SELECT 子句和 FROM 子句，而这两条子句的执行先后顺序是：第一步，执行 FROM 子句，确定要检索的数据来源；第二步，执行 SELECT 子句，确定要检索出的数据列。

| | DEPTNO | DNAME | LOC |
|---|---|---|---|
| 1 | 10 | ACCOUNTING | NEW YORK |
| 2 | 20 | RESEARCH | DALLAS |
| 3 | 30 | SALES | CHICAGO |
| 4 | 40 | OPERATIONS | BOSTON |

图 5.8 查询 dept 中所有的数据

## 5.3.2 查询多个表中所有列

在实例 5.1 中，FROM 子句的后面只有一个数据表，实际上可以在 FROM 子句的后面指定多个数据表，每个数据表名之间使用英文半角状态的逗号（,）分隔，其语法格式如下：

```
FROM table_name1, table_name2, table_name3…table_name
```

[实例 5.2]　（源码位置：资源包 \Code\05\02）

### 查询 dept 和 salgrade 中的所有数据

在 FROM 子句中，指定部门信息表（dept）和工资等级表（salgrade）两个数据表，用于查询 dept 和 salgrade 中的所有数据，代码如下：

```
SELECT * FROM dept,salgrade;
```

执行结果如图 5.9 所示。

|  | DEPTNO | DNAME | LOC | GRADE | LOSAL | HISAL |
|---|---|---|---|---|---|---|
| 1 | 10 | ACCOUNTING | NEW YORK | 1 | 700 | 1200 |
| 2 | 10 | ACCOUNTING | NEW YORK | 2 | 1201 | 1400 |
| 3 | 10 | ACCOUNTING | NEW YORK | 3 | 1401 | 2000 |
| 4 | 10 | ACCOUNTING | NEW YORK | 4 | 2001 | 3000 |
| 5 | 10 | ACCOUNTING | NEW YORK | 5 | 3001 | 9999 |
| 6 | 20 | RESEARCH | DALLAS | 1 | 700 | 1200 |
| 7 | 20 | RESEARCH | DALLAS | 2 | 1201 | 1400 |
| 8 | 20 | RESEARCH | DALLAS | 3 | 1401 | 2000 |
| 9 | 20 | RESEARCH | DALLAS | 4 | 2001 | 3000 |
| 10 | 20 | RESEARCH | DALLAS | 5 | 3001 | 9999 |
| 11 | 30 | SALES | CHICAGO | 1 | 700 | 1200 |
| 12 | 30 | SALES | CHICAGO | 2 | 1201 | 1400 |
| 13 | 30 | SALES | CHICAGO | 3 | 1401 | 2000 |
| 14 | 30 | SALES | CHICAGO | 4 | 2001 | 3000 |
| 15 | 30 | SALES | CHICAGO | 5 | 3001 | 9999 |
| 16 | 40 | OPERATIONS | BOSTON | 1 | 700 | 1200 |
| 17 | 40 | OPERATIONS | BOSTON | 2 | 1201 | 1400 |
| 18 | 40 | OPERATIONS | BOSTON | 3 | 1401 | 2000 |
| 19 | 40 | OPERATIONS | BOSTON | 4 | 2001 | 3000 |
| 20 | 40 | OPERATIONS | BOSTON | 5 | 3001 | 9999 |

图 5.9　查询 dept 和 salgrade 中所有的数据

# 5.4　查询特定列

在 5.3 节的实例中，查询的是表中所有的记录，这就缺乏针对性，不能一下找到想要的信息。有时候我们只想知道某几个列的信息，那么就没有必要知道全部的列信息。在现实生活当中也是这样，如果去商店买东西，当然不会买下商店中的所有东西，比如要买的是雪地靴和手套，那么按照查询语句的格式，可以写成：

买 雪地靴，手套 从 商店

## 5.4.1　查询特定列

用户可以指定查询表中的某些列而不是全部列，并且被指定列的顺序不受限制，指定部分列也称作投影操作。这些列名紧跟在 SELECT 关键字的后面，每个列名之间用逗号隔开。其语法格式如下：

```
SELECT column_name1,column_name2,column_name3,column_namen
FROM 表名称 [ 表别名 ];
```

说明：
为 SELECT 子句指定列可以改变列在查询结果中的默认显示顺序。

（源码位置：资源包 \Code\05\03）

[实例 5.3]

### 查询员工信息表中指定的列

查询员工信息表（emp）中指定的列（job、ename、empno），代码如下：

```
SELECT job,ename,empno FROM emp;
```

本例的查询结果如图 5.10 所示。

**说明：**

上面查询结果中列的显示顺序与 emp 的表结构的自然顺序不同。

## 5.4.2 伪列

在 Oracle 数据库中，有一个标识行中唯一特性的行标识符，名称为 ROWID。行标识符 ROWID 是 Oracle 数据库内部使用的隐藏列，因为该列实际上并不是定义在表中，所以也称为伪列。伪列 ROWID 长度为 18 个字符，包含了该行数据在 Oracle 数据库中的物理地址。用户使用 DESCRIBE 命令是无法查到 ROWID 列的，但是可以在 SELECT 语句中查询到该列。ROWID 列可以从表中查询，但不支持插入、更新和删除它的值。

[实例 5.4]　（源码位置：资源包 \Code\05\04）

**查询员工信息表中的伪列**

在 scott 模式下，检索员工信息表 (emp) 中指定的列（job 和 ename），另外，还包括伪列 rowid，代码如下：

```
SELECT rowid,job,ename FROM emp;
```

执行结果如图 5.11 所示。

| | JOB | ENAME | EMPNO |
|---|---|---|---|
| 1 | CLERK | SMITH | 7369 |
| 2 | SALESMAN | ALLEN | 7499 |
| 3 | SALESMAN | WARD | 7521 |
| 4 | MANAGER | JONES | 7566 |
| 5 | SALESMAN | MARTIN | 7654 |
| 6 | MANAGER | BLAKE | 7698 |
| 7 | MANAGER | CLARK | 7782 |
| 8 | ANALYST | SCOTT | 7788 |
| 9 | PRESIDENT | KING | 7839 |
| 10 | SALESMAN | TURNER | 7844 |
| 11 | CLERK | ADAMS | 7876 |
| 12 | CLERK | JAMES | 7900 |
| 13 | ANALYST | FORD | 7902 |
| 14 | CLERK | MILLER | 7934 |

图 5.10　检索 emp 中指定的列

| | ROWID | JOB | ENAME |
|---|---|---|---|
| 1 | AAAR2FAAHAAAAFrAAA | CLERK | SMITH |
| 2 | AAAR2FAAHAAAAFrAAB | SALESMAN | ALLEN |
| 3 | AAAR2FAAHAAAAFrAAC | SALESMAN | WARD |
| 4 | AAAR2FAAHAAAAFrAAD | MANAGER | JONES |
| 5 | AAAR2FAAHAAAAFrAAE | SALESMAN | MARTIN |
| 6 | AAAR2FAAHAAAAFrAAF | MANAGER | BLAKE |
| 7 | AAAR2FAAHAAAAFrAAG | MANAGER | CLARK |
| 8 | AAAR2FAAHAAAAFrAAH | ANALYST | SCOTT |
| 9 | AAAR2FAAHAAAAFrAAI | PRESIDENT | KING |
| 10 | AAAR2FAAHAAAAFrAAJ | SALESMAN | TURNER |
| 11 | AAAR2FAAHAAAAFrAAK | CLERK | ADAMS |
| 12 | AAAR2FAAHAAAAFrAAL | CLERK | JAMES |
| 13 | AAAR2FAAHAAAAFrAAM | ANALYST | FORD |
| 14 | AAAR2FAAHAAAAFrAAN | CLERK | MILLER |

图 5.11　显示 emp 的 ROWID 伪列

# 5.5 消除重复行

默认情况下，结果集中包含所有符合查询条件的数据行，这样结果集中就有可能出现重复数据。而在实际的应用中，这些重复的数据除了占据较大的显示空间外，可能不会给用户带来太多有价值的东西，这样就需要去除重复记录，保留唯一的记录即可。在 SELECT

语句中，可以使用 DISTINCT 关键字来限制，使得查询结果显示不重复的数据，该关键字用在 SELECT 子句的各列名的前面，语法格式如下：

```
SELECT DISTINCT column_name1[,column_name2…] FROM [table_name|view_name];
```

其中，table_name 用于指定表名，view_name 用于指定视图名，column_name 用于指定要检索的列名。下面分别来说明包含重复行和消除重复行的查询结果有什么不同。

## 5.5.1 查询结果中包含重复行

默认情况下，查询结果会包含所有满足条件的结果，其中可能会包含重复行。

例如，在 scott 模式下，显示员工信息表（emp）中的职务（job）列，代码如下：

```
SELECT job FROM emp;
```

查询结果如图 5.12 所示。

从图 5.12 中可以看出，查询结果中职务列有很多的重复记录。如果只是想知道表中都有什么职务，通过图 5.12 是不方便看出的。

| | JOB |
|---|---|
| 1 | CLERK |
| 2 | SALESMAN |
| 3 | SALESMAN |
| 4 | MANAGER |
| 5 | SALESMAN |
| 6 | MANAGER |
| 7 | MANAGER |
| 8 | ANALYST |
| 9 | PRESIDENT |
| 10 | SALESMAN |
| 11 | CLERK |
| 12 | CLERK |
| 13 | ANALYST |
| 14 | CLERK |

图 5.12　显示重复记录

## 5.5.2 查询结果中消除重复行

如果希望查询结果中不存在重复行，那么需要在 SELECT 子句中使用 DISTINCT 关键字。

[实例 5.5]　（源码位置：资源包 \Code\05\05）

**查询员工信息表中不重复的职务**

在 scott 模式下，显示员工信息表（emp）中的 job（职务）列，要求显示的“职务”记录不重复，代码如下。

```
SELECT DISTINCT job FROM emp;
```

查询结果如图 5.13 所示。

通过将本例的查询结果图 5.13 与图 5.12 进行对比可以发现，所有重复的记录已经全部消除了，只留下 5 项不重复的职务记录。

**注意：**

DISTINCT 关键字的作用是消除重复内容，但是所谓的消除重复内容，是指一行完整的数据全部是重复的，如果多行记录只有一列重复而其他列不重复，那么是无法消除的。

例如，在 scott 模式下，查询员工信息表（emp）的员工编号和职位，代码如下：

```
SELECT DISTINCT empno,job FROM emp;
```

查询结果如图 5.14 所示。

从图 5.14 中可以发现，虽然程序中使用了 DISTINCT 关键字，但是 JOB 列的显示结果依然存在重复的职务信息。这是因为 SQL 语句判断重复是以一整行数据来判断的，一整行的数据有员工编号（empno）和职务（job）。员工编号是主键，是没有重复记录的，所以即使职务重复，也不会出现重复行消除的情况，这一点读者一定要注意。

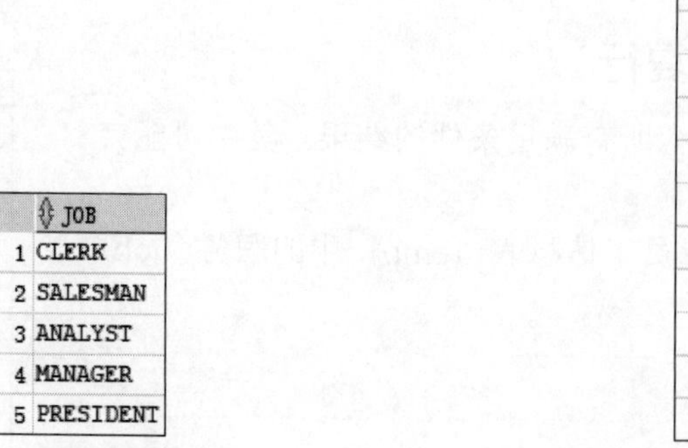

| | JOB |
|---|---|
| 1 | CLERK |
| 2 | SALESMAN |
| 3 | ANALYST |
| 4 | MANAGER |
| 5 | PRESIDENT |

图 5.13　显示不重复记录

| | EMPNO | JOB |
|---|---|---|
| 1 | 7369 | CLERK |
| 2 | 7499 | SALESMAN |
| 3 | 7521 | SALESMAN |
| 4 | 7566 | MANAGER |
| 5 | 7654 | SALESMAN |
| 6 | 7698 | MANAGER |
| 7 | 7782 | MANAGER |
| 8 | 7788 | ANALYST |
| 9 | 7839 | PRESIDENT |
| 10 | 7844 | SALESMAN |
| 11 | 7876 | CLERK |
| 12 | 7900 | CLERK |
| 13 | 7902 | ANALYST |
| 14 | 7934 | CLERK |

图 5.14　显示每位员工的职位

注意：

当查询比较大的表时应尽可能地避免使用 DISTINCT 关键字，因为 Oracle 系统是通过排序的方式来完成 DISTINCT 功能的，所以它会使得 Oracle 系统的效率降低。

# 5.6　带有表达式的 SELECT 子句

在使用 SELECT 语句时，对于数字数据和日期数据都可以使用算术表达式。在 SELECT 语句中可以使用算术运算符，包括（+）、减（-）、乘（*）、除（/）和括号。在使用算术运算符的时候，遵守“先乘除，后加减”的顺序完成。

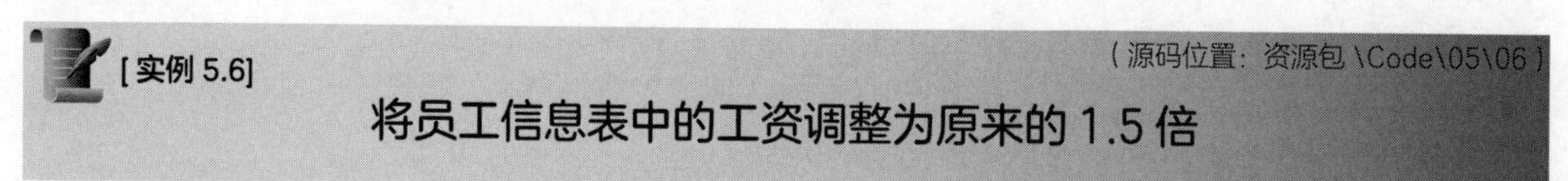

[实例 5.6]
（源码位置：资源包 \Code\05\06）
将员工信息表中的工资调整为原来的 1.5 倍


检索员工信息表（emp）的工资列（sal），把其值调整为原来的 1.5 倍，代码如下：

```
SELECT ename,sal,sal*(1+0.5) FROM emp;
```

本例查询结果如图 5.15 所示。

在查询结果中，sal 列是原值，是调整前的工资值；sal*(1+0.5) 列为将原来工资调整 1.5 倍后的值。

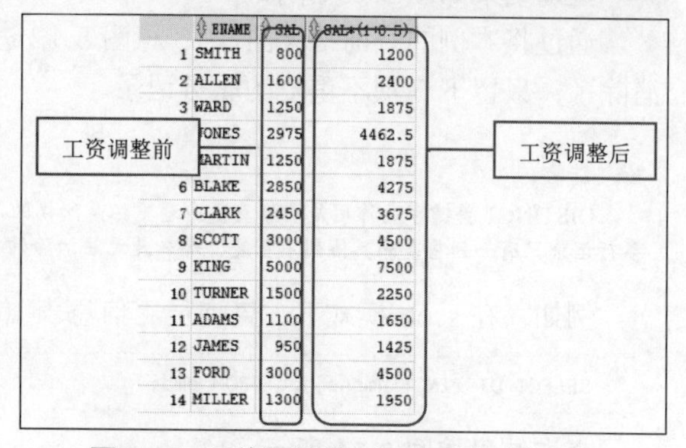


| | ENAME | SAL | SAL*(1+0.5) |
|---|---|---|---|
| 1 | SMITH | 800 | 1200 |
| 2 | ALLEN | 1600 | 2400 |
| 3 | WARD | 1250 | 1875 |
| 4 | JONES | 2975 | 4462.5 |
| 5 | MARTIN | 1250 | 1875 |
| 6 | BLAKE | 2850 | 4275 |
| 7 | CLARK | 2450 | 3675 |
| 8 | SCOTT | 3000 | 4500 |
| 9 | KING | 5000 | 7500 |
| 10 | TURNER | 1500 | 2250 |
| 11 | ADAMS | 1100 | 1650 |
| 12 | JAMES | 950 | 1425 |
| 13 | FORD | 3000 | 4500 |
| 14 | MILLER | 1300 | 1950 |

图 5.15　工资调整前和调整后的对比显示

# 5.7　为列指定别名

由于许多数据表的列名都是一些英文的缩写，用户为了方便查看检索结果，常常需要为这些列指定别名。在 Oracle 系统中，为列指定别名既可以使用 AS 关键字，也可以不使用任何关键字而直接指定。



## 5.7.1 不使用列别名

当执行查询操作时，如果不指定列别名，那么列标题是大写格式的列名或者表达式。

查询员工信息表（emp）的员工编号（empno）、姓名（ename）和年基本工资、日基本工资信息，代码如下：

```
SELECT empno,ename,sal*12,sal/30 FROM emp;
```

查询结果如图 5.16 所示。

| | EMPNO | ENAME | SAL*12 | SAL/30 |
|---|---|---|---|---|
| 1 | 7369 | SMITH | 9600 | 26.66666666666666666666666666666666666667 |
| 2 | 7499 | ALLEN | 19200 | 53.33333333333333333333333333333333333333 |
| 3 | 7521 | WARD | 15000 | 41.66666666666666666666666666666666666667 |
| 4 | 7566 | JONES | 35700 | 99.16666666666666666666666666666666666667 |
| 5 | 7654 | MARTIN | 15000 | 41.66666666666666666666666666666666666667 |
| 6 | 7698 | BLAKE | 34200 | 95 |
| 7 | 7782 | CLARK | 29400 | 81.66666666666666666666666666666666666667 |
| 8 | 7788 | SCOTT | 36000 | 100 |
| 9 | 7839 | KING | 60000 | 166.6666666666666666666666666666666666667 |
| 10 | 7844 | TURNER | 18000 | 50 |
| 11 | 7876 | ADAMS | 13200 | 36.66666666666666666666666666666666666667 |
| 12 | 7900 | JAMES | 11400 | 31.66666666666666666666666666666666666667 |
| 13 | 7902 | FORD | 36000 | 100 |
| 14 | 7934 | MILLER | 15600 | 43.33333333333333333333333333333333333333 |

图 5.16　不使用列别名的查询结果

此时查询的结果已经按照要求显示了，但会有一个问题：“sal*12”“sal/30”当中的“sal”是什么意思？很明显这样的列名称意义不明确，要想解决显示列名的问题，可以通过设置别名的方式来完成。

下面介绍使用列别名来替代显示列名或者表达式（如 sal*12）。

## 5.7.2 使用列别名

Oracle 在为列命名时大量使用缩写方式（如 salary 简写成 sal），这些以缩写方式表示列名的好处之一是减少了输入量，但对非计算机专业的人员来说，这些缩写方式的列名如同天书一般，甚至这些缩写的单词用在表达式中，表达的意义就更加不明确了。有没有一种方法既能满足 Oracle 专业人员使用缩写的习惯，又使非计算机专业人员看到显示的结果时一目了然呢？为列起一个别名就可以解决了这一问题。

### （1）显示关键字 AS

给列起一个别名的方法很简单，只需在列名和别名之间使用 AS 关键字或空格就可以了。下面的实例演示了使用 AS 关键字为列设置别名。

**[实例 5.7]**　　（源码位置：资源包 \Code\05\07）

## 为查询出的列设置别名

查询员工信息表（emp）中员工编号、员工名称和年基本工资、日基本工资信息，并为查询结果设置列别名，代码如下：

```
SELECT empno AS "员工编号",ename AS "员工名称",sal*12 AS "年基本工资",sal/30 AS "日基本工资"
FROM emp;
```

本例的查询结果如图 5.17 所示。

| | 员工编号 | 员工名称 | 年基本工资 | 日基本工资 |
|---|---|---|---|---|
| 1 | 7369 | SMITH | 9600 | 26.6666666666666666666666666666666666667 |
| 2 | 7499 | ALLEN | 19200 | 53.3333333333333333333333333333333333333 |
| 3 | 7521 | WARD | 15000 | 41.6666666666666666666666666666666666667 |
| 4 | 7566 | JONES | 35700 | 99.1666666666666666666666666666666666667 |
| 5 | 7654 | MARTIN | 15000 | 41.6666666666666666666666666666666666667 |
| 6 | 7698 | BLAKE | 34200 | 95 |
| 7 | 7782 | CLARK | 29400 | 81.6666666666666666666666666666666666667 |
| 8 | 7788 | SCOTT | 36000 | 100 |
| 9 | 7839 | KING | 60000 | 166.666666666666666666666666666666666667 |
| 10 | 7844 | TURNER | 18000 | 50 |
| 11 | 7876 | ADAMS | 13200 | 36.6666666666666666666666666666666666667 |
| 12 | 7900 | JAMES | 11400 | 31.6666666666666666666666666666666666667 |
| 13 | 7902 | FORD | 36000 | 100 |
| 14 | 7934 | MILLER | 15600 | 43.3333333333333333333333333333333333333 |

图 5.17　使用 AS 指定别名的查询结果

在本查询中为 empno 设置了一个“员工编号”的别名，为 ename 设置了一个“员工名称”的别名，为 sal*12 设置了“年基本工资”的别名，为 sal/30 设置了“日基本工资”的别名，所以在图 5.17 的查询结果中，列名称全部替换成了别名。

**说明：**

如果别名中包含了特殊字符，想要让别名原样显示，就要使用双引号把别名括起来。例如，将实例 5.7 中的代码改成下面的语句“SELECT empno AS "员工编号",ename AS "员工名称",sal*12 AS 年-基本工资,sal/30 AS "日-基本工资" FROM emp;”。执行后，不会出现查询结果，会直接弹出了如图 5.18 所示的错误提示。这是因为别名“年-基本工资”中有个特殊字符“-”，并且此别名没有使用引号括起来，使得执行结果出错。

```
ORA-00923: 未找到要求的 FROM 关键字
00923. 00000 -  "FROM keyword not found where expected"
*Cause:
*Action:
行 1 列 69 出错
```

图 5.18　别名中包含特殊字符并且没有使用引号

### （2）省略关键字 AS

在为列指定别名时，关键字 AS 是可选项，用户也可以在列名后面直接指定列的别名。虽然从语句的易读性角度来说应该使用 AS 关键字，但是使用这一关键字需要多输入两个字符，所以实际应用的时候很少会使用 AS 关键字。

将实例 5.7 的代码进行修改，去掉关键字 AS 的代码如下：

```
SELECT empno "员工编号",ename "员工名称",sal*12 "年基本工资",sal/30 "日基本工资" FROM emp;
```

执行结果如图 5.19 所示。

通过将图 5.19 和图 5.18 进行对比可以发现，有关键字 AS 和省略关键字 AS 的查询结果是相同的。

| | 员工编号 | 员工名称 | 年基本工资 | 日基本工资 |
|---|---|---|---|---|
| 1 | 7369 | SMITH | 9600 | 26.66666666666666666666666666666666666667 |
| 2 | 7499 | ALLEN | 19200 | 53.33333333333333333333333333333333333333 |
| 3 | 7521 | WARD | 15000 | 41.66666666666666666666666666666666666667 |
| 4 | 7566 | JONES | 35700 | 99.16666666666666666666666666666666666667 |
| 5 | 7654 | MARTIN | 15000 | 41.66666666666666666666666666666666666667 |
| 6 | 7698 | BLAKE | 34200 | 95 |
| 7 | 7782 | CLARK | 29400 | 81.66666666666666666666666666666666666667 |
| 8 | 7788 | SCOTT | 36000 | 100 |
| 9 | 7839 | KING | 60000 | 166.666666666666666666666666666666666667 |
| 10 | 7844 | TURNER | 18000 | 50 |
| 11 | 7876 | ADAMS | 13200 | 36.66666666666666666666666666666666666667 |
| 12 | 7900 | JAMES | 11400 | 31.66666666666666666666666666666666666667 |
| 13 | 7902 | FORD | 36000 | 100 |
| 14 | 7934 | MILLER | 15600 | 43.33333333333333333333333333333333333333 |

图5.19 省略关键字AS

# 5.8 处理NULL

NULL表示未知值，它既不是空格，也不是0。当插入数据时，如果没有为特定列提供数据，并且该列没有默认值，那么其结果为NULL。

**注意：**

当算术表达式中的一项为NULL时，其显示结果也为NULL（空）。

但是在实际应用中，NULL显示结果往往不能符合应用需求，在这种情况下需要使用函数NVL或者NVL2将其转换为合理的显示结果。下面分别介绍不处理NULL值时会出现的显示结果，以及处理NULL值的具体办法。

## 5.8.1 不处理NULL

当算术表达式包含NULL时，如果不处理NULL，那么显示结果为空。

例如，查询emp，显示员工姓名、工资、奖金和实发工资，代码如下：

```
SELECT ename, sal ,comm, sal+comm FROM emp;
```

查询结果如图5.20所示。

| | ENAME | SAL | COMM | SAL+COMM |
|---|---|---|---|---|
| 1 | SMITH | 800 | (null) | (null) |
| 2 | ALLEN | 1600 | 300 | 1900 |
| 3 | WARD | 1250 | 500 | 1750 |
| 4 | JONES | 2975 | (null) | (null) |
| 5 | MARTIN | 1250 | 1400 | 2650 |
| 6 | BLAKE | 2850 | (null) | (null) |
| 7 | CLARK | 2450 | (null) | (null) |
| 8 | SCOTT | 3000 | (null) | (null) |
| 9 | KING | 5000 | (null) | (null) |
| 10 | TURNER | 1500 | 0 | 1500 |
| 11 | ADAMS | 1100 | (null) | (null) |
| 12 | JAMES | 950 | (null) | (null) |
| 13 | FORD | 3000 | (null) | (null) |
| 14 | MILLER | 1300 | (null) | (null) |

图5.20 不处理NULL值的查询结果

从查询结果中可以发现，奖金（comm）值为空所对应的实发工资（sal+comm）的值也为空，而不是工资数，这显然是不符合实际情况的。

## 5.8.2 使用NVL函数处理NULL

如果员工的实发工资为空，那么显然是不符合实际需求的。为了避免出现这种情况，就应该处理NULL值。使用NVL函数对NULL进行处理，语法如下：

```
NVL(string1, replace_with)
```

功能：如果string1为NULL，则NVL函数返回replace_with的值，否则返回string1的值，如果两个参数都为NULL，则返回NULL。

该函数的目的是把一个空值（NULL）转换成一个实际的值。其中string1和replace_with的数据类型可以是数字型、字符型或日期型，但string1和replace_with的数据类型必须一致。

例如：

- 数字型：NVL(comm,0)
- 字符型：NVL(TO_CHAR(comm), 'No Commission')
- 日期型：NVL(hiredate, '28-DEC-14')

**说明：**

**一般在SQL语句中会经常使用NVL函数，以避免空值产生的错误。**

下面将使用NVL函数来处理实发工资。

[实例5.8]　（源码位置：资源包\Code\05\08）

**使用NVL函数来处理实发工资**

查询emp，显示员工姓名、工资、奖金和实发工资，并处理NULL值，代码如下：

```
SELECT ename, comm, sal ,sal+NVL(comm,0) FROM emp;
```

查询结果如图5.21所示。

|  | ENAME | COMM | SAL | SAL+NVL(COMM,0) |
|---|---|---|---|---|
| 1 | SMITH | (null) | 800 | 800 |
| 2 | ALLEN | 300 | 1600 | 1900 |
| 3 | WARD | 500 | 1250 | 1750 |
| 4 | JONES | (null) | 2975 | 2975 |
| 5 | MARTIN | 1400 | 1250 | 2650 |
| 6 | BLAKE | (null) | 2850 | 2850 |
| 7 | CLARK | (null) | 2450 | 2450 |
| 8 | SCOTT | (null) | 3000 | 3000 |
| 9 | KING | (null) | 5000 | 5000 |
| 10 | TURNER | 0 | 1500 | 1500 |
| 11 | ADAMS | (null) | 1100 | 1100 |
| 12 | JAMES | (null) | 950 | 950 |
| 13 | FORD | (null) | 3000 | 3000 |
| 14 | MILLER | (null) | 1300 | 1300 |

图5.21　使用NVL函数处理NULL值

将本例的查询结果图5.21与图5.20进行对比可以发现，实发工资不再是NULL，而是实际的数字了。

当使用NVL(comm,0)时，如果comm存在数值，则函数返回其原有数值；如果comm列为NULL，则函数返回0。

## 5.8.3　使用NVL2函数处理NULL

NVL2函数是在Oracle 9i之后增加的一个新的功能函数，相比较NVL函数，NVL2函数可以同时对NULL或非NULL的值进行判断并返回不同的结果。语法格式如下：

```
NVL2(exp1,exp2,exp3)
```

功能：如果参数exp1值为NULL，则NVL2函数返回参数表达式exp3的值；如果参数表达式exp1值不为NULL，则NVL2函数返回参数表达式exp2的值，即

NVL2(表达式，不为空设值，为空设值)

同样，还是以处理实发工资为例来说明如何使用NVL2函数。

[实例5.9]　（源码位置：资源包\Code\05\09）

**使用NVL2函数来处理实发工资**

查询emp，显示员工姓名、工资、奖金和实发工资，使用NVL2函数并处理NULL值，

代码如下：

```
SELECT ename,comm,sal,NVl2(comm,sal+comm,sal) FROM emp;
```

查询结果如图 5.22 所示。

| | ENAME | COMM | SAL | NVL2(COMM,SAL+COMM,SAL) |
|---|---|---|---|---|
| 1 | SMITH | (null) | 800 | 800 |
| 2 | ALLEN | 300 | 1600 | 1900 |
| 3 | WARD | 500 | 1250 | 1750 |
| 4 | JONES | (null) | 2975 | 2975 |
| 5 | MARTIN | 1400 | 1250 | 2650 |
| 6 | BLAKE | (null) | 2850 | 2850 |
| 7 | CLARK | (null) | 2450 | 2450 |
| 8 | SCOTT | (null) | 3000 | 3000 |
| 9 | KING | (null) | 5000 | 5000 |
| 10 | TURNER | 0 | 1500 | 1500 |
| 11 | ADAMS | (null) | 1100 | 1100 |
| 12 | JAMES | (null) | 950 | 950 |
| 13 | FORD | (null) | 3000 | 3000 |
| 14 | MILLER | (null) | 1300 | 1300 |

图 5.22　使用 NVL2 函数处理 NULL 值

# 5.9　连接字符串

当执行查询操作时，为了显示更有意义的结果值，有时需要将多个字符串连接起来。连接字符串可以使用“||”操作符或者 CONCAT 函数实现。

注意：

当连接字符串时，如果在字符串中加入数字值，那么可以直接指定数字值；而如果在字符串中加入字符值或者日期值，那么必须使用单引号括起来。

下面分别讲解如何使用“||”操作符或使用 CONCAT 函数来连接字符串。

## 5.9.1　使用“||”操作符连接字符串

下面通过实例来说明使用“||”操作符的方法。

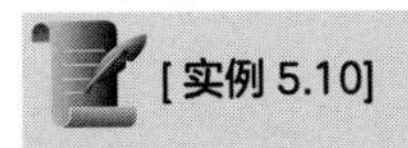

[实例 5.10]　（源码位置：资源包 \Code\05\10）

**使用“||”操作符连接字符串**

查询员工信息表（emp），使用“||”操作符查询部门信息表（dept），使用“||”操作符描述部门信息，显示格式为“XXX 的部门编号是 XXX，位于 XXX”，代码如下：

```
SELECT dname || '的部门编号是'||deptno||'，位于'
||loc FROM dept;
```

查询结果如图 5.23 所示。

| | DNAME\|\|'的部门编号是'\|\|DEPTNO\|\|'，位于'\|\|LOC |
|---|---|
| 1 | ACCOUNTING的部门编号是10，位于NEW YORK |
| 2 | RESEARCH的部门编号是20，位于DALLAS |
| 3 | SALES的部门编号是30，位于CHICAGO |
| 4 | OPERATIONS的部门编号是40，位于BOSTON |

图 5.23　使用“||”操作符连接字符串

## 5.9.2 使用函数 CONCAT 连接字符串

CONCAT 函数的功能是连接字符串，语法为:

```
CONCAT('A','B') = 'AB'
```

下面通过实例来说明函数 CONCAT 的用法。

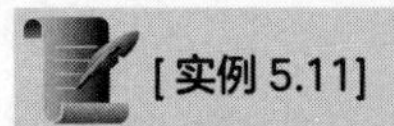

[实例 5.11]

（源码位置：资源包 \Code\05\11）

### 使用函数 CONCAT 连接字符串

查询部门信息表（dept），使用函数 CONCAT 描述部门信息，显示格式为“XXX 的部门编号是 XXX，位于 XXX”，代码如下:

```
SELECT CONCAT(CONCAT(CONCAT(CONCAT(dname,' 的部门编号是 '),deptno),', 位于 '),loc) FROM dept;
```

查询结果如图 5.24 所示。

| | CONCAT(CONCAT(CONCAT(CONCAT(DNAME,'的部门编号是'),DEPTNO),'，位于'),LOC) |
|---|---|
| 1 | ACCOUNTING的部门编号是10，位于NEW YORK |
| 2 | RESEARCH的部门编号是20，位于DALLAS |
| 3 | SALES的部门编号是30，位于CHICAGO |
| 4 | OPERATIONS的部门编号是40，位于BOSTON |

图 5.24 使用 CONCAT 函数连接字符串

# 本章知识思维导图

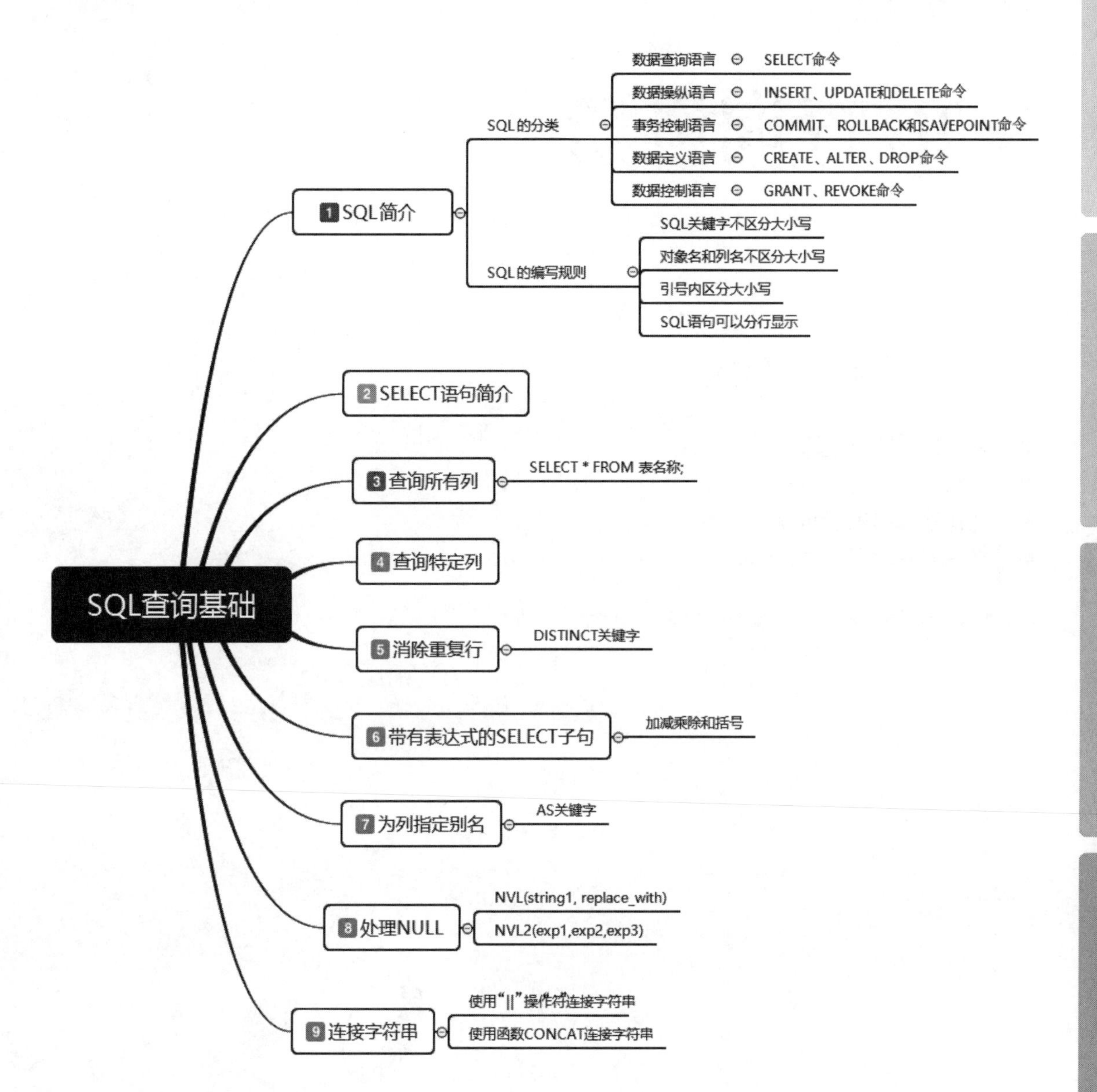
SQL查询基础
1 SQL简介
SQL的分类
数据查询语言 SELECT命令
数据操纵语言 INSERT、UPDATE和DELETE命令
事务控制语言 COMMIT、ROLLBACK和SAVEPOINT命令
数据定义语言 CREATE、ALTER、DROP命令
数据控制语言 GRANT、REVOKE命令
SQL的编写规则
SQL关键字不区分大小写
对象名和列名不区分大小写
引号内区分大小写
SQL语句可以分行显示
2 SELECT语句简介
3 查询所有列
SELECT * FROM 表名称;
4 查询特定列
5 消除重复行
DISTINCT关键字
6 带有表达式的SELECT子句
加减乘除和括号
7 为列指定别名
AS关键字
8 处理NULL
NVL(string1, replace_with)
NVL2(exp1,exp2,exp3)
9 连接字符串
使用"||"操作符连接字符串
使用函数CONCAT连接字符串

# 第 6 章

# SQL 查询进阶

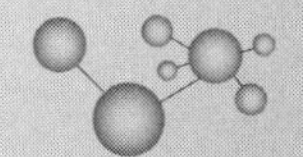

## 本章学习目标

- 熟练掌握筛选查询。
- 熟练掌握分组查询。
- 熟练掌握排序查询。
- 熟练掌握多表关联查询。

# 6.1 筛选查询

在第 5 章讲解的 SQL 查询基础，主要的功能是将所有的数据全部查询出来并显示，但是这样会有很多的麻烦。例如，如果一个表中有 100 万条数据，一旦执行了 “SELECT * FROM 表名; ” 语句之后，则将在屏幕上显示表中全部数据行的记录，这样既不方便浏览，也可能造成数据库崩溃，所以此时必须对查询的结果进行筛选，只选出有用的数据。可以通过 WHERE 子句指定查询的筛选条件。

在 SELECT 语句中使用 WHERE 子句可以实现对数据行的筛选操作，即只有满足 WHERE 子句中判断条件的行才会显示在结果集中。这种筛选操作是非常有意义的，通过筛选数据，可以从大量的数据中得到用户所需要的数据。

在 SELECT 语句中，WHERE 子句位于 FROM 子句之后，其语法格式如下:

```
SELECT columns_list
FROM table_name
WHERE conditional_expression;
```

- columns_list： 字段列表。
- table_name： 表名。
- conditional_expression： 筛选条件表达式。

与之前的简单查询语法相比，筛选查询只是在 FROM 子句之后增加了一个 WHERE 子句用于指定判断条件。另外，WHERE 子句可以进行多个条件的判断，该子句返回的数据类型是布尔值。

下面对几种常用的筛选情况进行详细讲解。

## 6.1.1 比较筛选

可以在 WHERE 子句中使用比较运算符来筛选数据，这样只有满足筛选条件的数据行才会被检索出来，不满足比较条件的数据行则不会被检索出来。基本的比较筛选操作主要有以下 6 种情况。

- A = B： 比较 A 与 B 是否相等。
- A ! B 或 A<>B： 比较 A 与 B 是否不相等。
- A > B： 比较 A 是否大于 B。
- A < B： 比较 A 是否小于 B。
- A >= B： 比较 A 是否大于或等于 B。
- A <= B： 比较 A 是否小于或等于 B。

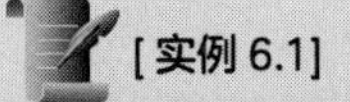
[实例 6.1]　（源码位置：资源包 \Code\06\01）

**查询工资大于 1500 的员工信息**

查询员工信息表（emp）中工资（sal）大于 1500 的数据记录，代码如下:

```
SELECT empno,ename,sal FROM emp WHERE sal > 1500;
```

执行结果如图 6.1 所示。

本实例既然要查询基本工资，则肯定要使用 sal 字段，而条件是工资大于 1500，所以可以通过 WHERE 子句指定一个限定条件“sal>1500”来实现。在图 6.1 的结果中，查询出的工资字段的数值都大于 1500，符合题目要求。

| | EMPNO | ENAME | SAL |
|---|---|---|---|
| 1 | 7499 | ALLEN | 1600 |
| 2 | 7566 | JONES | 2975 |
| 3 | 7698 | BLAKE | 2850 |
| 4 | 7782 | CLARK | 2450 |
| 5 | 7788 | SCOTT | 3000 |
| 6 | 7839 | KING | 5000 |
| 7 | 7902 | FORD | 3000 |

图 6.1　查询工资大于 1500 的记录

**说明：**

SQL 中加入了 WHERE 子句之后，其语句的执行顺序如下：第一步，执行 FROM 子句，确定要检索的数据来源；第二步，执行 WHERE 子句，使用比较运算符等对数据行进行过滤；第三步，执行 SELECT 子句，确定要检索出的数据列。

## 6.1.2　逻辑查询（AND、OR 和 NOT）

在编写 WHERE 子句判断条件时，可以同时指定多个判断条件，多个条件之间的连接主要通过逻辑运算符实现，逻辑运算符一共有以下 3 种。

- 与（AND）：连接多个条件，多个条件同时满足时才返回TRUE，有一个条件不满足，结果就是 FALSE。
- 或（OR）：连接多个条件，多个条件中只要有一个返回 TRUE，结果就是 TRUE，如果多个条件返回的都是 FALSE，结果才是 FALSE。
- 非（NOT）：求反操作，可以将 TRUE 变 FALSE，FALSE 变 TRUE。

3 种逻辑运算符的优先级为 NOT、AND、OR，两种逻辑值可以形成如表 6.1 所示的真值表。

表 6.1　逻辑真值表

| 编号 | 条件 x | 条件 y | x AND y | x OR y | NOT x |
|---|---|---|---|---|---|
| 1 | TRUE | TRUE | TRUE | TRUE | FALSE |
| 2 | TRUE | NULL | NULL | TRUE | FALSE |
| 3 | TRUE | FALSE | FALSE | TRUE | FALSE |
| 4 | NULL | TRUE | NULL | TRUE | NULL |
| 5 | NULL | NULL | NULL | NULL | NULL |
| 6 | NULL | FALSE | FALSE | NULL | NULL |
| 7 | FALSE | TRUE | FALSE | TRUE | TRUE |
| 8 | FALSE | NULL | FALSE | NULL | TRUE |
| 9 | FALSE | FALSE | FALSE | FALSE | TRUE |

下面通过一个简单的查询实例为读者讲解逻辑运算符的使用。

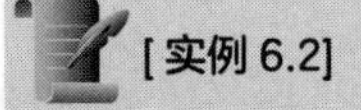

[实例 6.2]　（源码位置：资源包 \Code\06\02）

### 查询工资大于 1500 的销售员信息

统计出基本工资高于 1500 的销售员的信息，代码如下：

**说明：**

本章的实例中，如无特别说明，查询的都是 emp（员工信息表）。

```
SELECT * FROM emp WHERE job = 'SALESMAN' AND sal > 1500;
```

在 SQL Developer 中输入，查询结果如图 6.2 所示。

| | EMPNO | ENAME | JOB | MGR | HIREDATE | SAL | COMM | DEPTNO |
|---|---|---|---|---|---|---|---|---|
| 1 | 7499 | ALLEN | SALESMAN | 7698 | 20-2月 -81 | 1600 | 300 | 30 |

图 6.2　工资大于 1500 的销售员的信息

在本查询中，设置了两个查询条件，分别为职务为销售员和工资大于 1500。这两个条件是需要同时满足的，所以需要使用逻辑运算符 AND。

## 6.1.3 模糊查询（LIKE、NOT LIKE）

在 WHERE 子句中使用 LIKE 关键字查询数据，这种方式也被称之为字符串模式匹配或字符串模糊查询。由于 LIKE 关键字需要使用通配符在字符串内查找指定的模式，所以需要了解常用的通配符。

LIKE 运算符可以使用两个通配符“%”和“_”。

- 百分号（%）：可匹配任意类型和长度（可以匹配 0 位、1 位或多位长度）的字符。
- 下划线（_）：匹配单个任意字符，常用来限制表达式的字符长度。

例如，“K%”表示以字母 K 开头的任意长度的字符串，“%M%”表示包含字母 M 的任意长度的字符串，“_MRKJ”表示有 5 个字符长度且后面 4 个字符是 MRKJ 的字符串。

[实例 6.3]　（源码位置：资源包 \Code\06\03）

**查询姓名中任意位置包含字母 F 的员工信息**

在员工信息表（emp）中，使用 LIKE 关键字查询姓名中任意位置包含字母 F 的员工信息，代码如下：

```
SELECT * FROM emp WHERE ename LIKE '%F%';
```

在 SQL Developer 中输入，查询结果如图 6.3 所示。

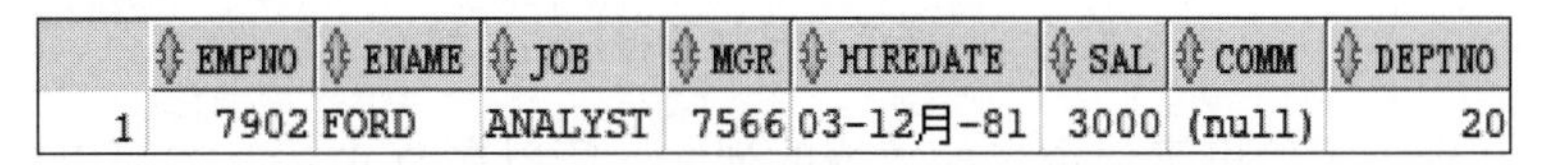

| | EMPNO | ENAME | JOB | MGR | HIREDATE | SAL | COMM | DEPTNO |
|---|---|---|---|---|---|---|---|---|
| 1 | 7902 | FORD | ANALYST | 7566 | 03-12月-81 | 3000 | (null) | 20 |

图 6.3　姓名中任意位置包含字母 F 的员工信息

通过查询结果可知，在员工信息表中，有“FORD”这位员工的名称中包含字母 F。

技巧：

可以在 LIKE 关键字前面加上 NOT，表示否定的判断，如果 LIKE 为真，则 NOT LIKE 为假。另外，也可以在 IN、BETWEEN、ISNULL 和 ISNAN 等关键字前面加上 NOT 来表示否定的判断。

[实例 6.4]　（源码位置：资源包 \Code\06\04）

**查询职务是 SALESMAN 的员工姓名**

在员工信息表 (emp) 中，查询职务是 SALESMAN 的员工姓名，但是不记得 SALESMAN 的准确拼写，但还记得它的第 1 个字符是 S，第 3 个字符是 L，第 5 个字符为 S，代码如下：

```
SELECT empno,ename,job FROM emp WHERE job like 'S_L_S%';
```

| | EMPNO | ENAME | JOB |
|---|---|---|---|
| 1 | 7499 | ALLEN | SALESMAN |
| 2 | 7521 | WARD | SALESMAN |
| 3 | 7654 | MARTIN | SALESMAN |
| 4 | 7844 | TURNER | SALESMAN |

图 6.4 查找职务是 SALESMAN 的员工姓名

在 SQL Developer 中输入，查询结果如图 6.4 所示。

从上面的查询语句中可以看出，通过在 LIKE 表达式中使用不同的通配符“%”和“_”的组合，可以构造出相当复杂的限制条件。

### 6.1.4 列表范围查找（IN、NOT IN）

当测试一个数据值是否匹配一组目标值中的一个时，通常使用 IN 关键字来指定列表搜索条件。

IN 关键字的语法可以分为以下两种情况：

- 在指定数据范围内：

```
值 IN(目标值,目标值,...)
```

- 不在指定数据范围内：

```
值 NOT IN(目标值,目标值,...)
```

目标值之间必须使用逗号分隔，并且括在括号中。

在进行限定查询的操作中，经常会看见这样的要求，查询出员工编号是 7369、7788、7566 的员工信息。员工编号是 empno 字段，如果按照之前的查询方式，就要使用 OR 进行连接。查询语句如下：

```
SELECT * FROM emp WHERE empno = 7369 OR empno = 7788 OR empno = 7566;
```

在 SQL Developer 中输入，查询结果如图 6.5 所示。

| | EMPNO | ENAME | JOB | MGR | HIREDATE | SAL | COMM | DEPTNO |
|---|---|---|---|---|---|---|---|---|
| 1 | 7369 | SMITH | CLERK | 7902 | 17-12月-80 | 800 | (null) | 20 |
| 2 | 7566 | JONES | MANAGER | 7839 | 02-4月 -81 | 2975 | (null) | 20 |
| 3 | 7788 | SCOTT | ANALYST | 7566 | 19-4月 -87 | 3000 | (null) | 20 |

图 6.5 通过 OR 运算符指定范围

但是，这样相当于给出了一个查找数据的列表，所以在 SQL 语言中可以直接使用 IN 操作符完成同样的功能。

[实例 6.5]

（源码位置：资源包 \Code\06\05）

**查询指定员工编号之外的员工信息**

在员工信息表（emp）中，使用 IN 关键字查询员工编号除 7369、7788 和 7566 之外的员工信息，代码如下：

```
SELECT * FROM emp WHERE empno NOT IN (7369,7788,7566);
```

在 SQL Developer 中输入，查询结果如图 6.6 所示。

另外，NOT IN 表示查询指定的值不在某一组目标值中，这种方式在实际应用中也很常见。

| | EMPNO | ENAME | JOB | MGR | HIREDATE | SAL | COMM | DEPTNO |
|---|---|---|---|---|---|---|---|---|
| 1 | 7499 | ALLEN | SALESMAN | 7698 | 20-2月 -81 | 1600 | 300 | 30 |
| 2 | 7521 | WARD | SALESMAN | 7698 | 22-2月 -81 | 1250 | 500 | 30 |
| 3 | 7654 | MARTIN | SALESMAN | 7698 | 28-9月 -81 | 1250 | 1400 | 30 |
| 4 | 7698 | BLAKE | MANAGER | 7839 | 01-5月 -81 | 2850 | (null) | 30 |
| 5 | 7782 | CLARK | MANAGER | 7839 | 09-6月 -81 | 2450 | (null) | 10 |
| 6 | 7839 | KING | PRESIDENT | (null) | 17-11月-81 | 5000 | (null) | 10 |
| 7 | 7844 | TURNER | SALESMAN | 7698 | 08-9月 -81 | 1500 | 0 | 30 |
| 8 | 7876 | ADAMS | CLERK | 7788 | 23-5月 -87 | 1100 | (null) | 20 |
| 9 | 7900 | JAMES | CLERK | 7698 | 03-12月-81 | 950 | (null) | 30 |
| 10 | 7902 | FORD | ANALYST | 7566 | 03-12月-81 | 3000 | (null) | 20 |
| 11 | 7934 | MILLER | CLERK | 7782 | 23-1月 -82 | 1300 | (null) | 10 |

图 6.6　使用 IN 关键字

注意：

在使用 NOT IN 操作符指定范围查询时，里面的查询条件不能出现 NULL，否则将不会有任何的查询结果出现。

## 6.1.5　范围查询（BETWEEN…AND）

需要返回某一个数据值是否位于两个给定的值之间时，可以使用范围条件进行检索。通常使用 BETWEEN…AND 和 NOT…BETWEEN…AND 来指定范围条件。

在设置范围的时候，可以是数字、字符串或者是日期型数据。例如，查询要求为“查询出工资范围在 2000 ～ 3500（包含 2000 和 3500）之间的全部员工信息”，可以在 WHERE 子句中编写限定条件“WHERE sal >=2000 AND sal <=3500”，也可以使用 BETWEEN…AND 更加方便地完成此操作。

注意：

使用 BETWEEN…AND 查询时，指定的第一个值必须小于第二个值，因为 BETWEEN…AND 实质是查询条件“大于等于第一个值，并且小于等于第二个值”的简写形式，即 BETWEEN…AND 要包括两端的值，等价于比较运算符（>=…<=）。

[实例 6.6]　（源码位置：资源包 \Code\06\06）

### 查询工资在一定范围内的员工信息

在员工信息表（emp）中，使用 BETWEEN…AND 关键字查询工资（sal）在 2000 ～ 3000 之间的员工信息，代码如下：

```
SELECT empno,ename,sal FROM emp WHERE sal BETWEEN 2000 AND 3000;
```

在 SQL Developer 中输入，查询结果如图 6.7 所示。

| | EMPNO | ENAME | SAL |
|---|---|---|---|
| 1 | 7566 | JONES | 2975 |
| 2 | 7698 | BLAKE | 2850 |
| 3 | 7782 | CLARK | 2450 |
| 4 | 7788 | SCOTT | 3000 |
| 5 | 7902 | FORD | 3000 |

图 6.7　使用 BETWEEN…AND 关键字

而 NOT…BETWEEN…AND 语句返回某个数据值在两个指定值的范围以外，但并不包括两个指定的值。

## 6.1.6　判断内容是否为 NULL（IS NULL、IS NOT NULL）

空值（NULL）是未知的、不确定的值，但空值与空字符串不同，因为空值是不存在的值，而空字符串是长度为 0 的字符串。

因为空值代表的是未知的值，所以并不是所有的空值都相等。例如，学生信息表 (student)

中有两个学生的年龄未知，但无法证明这两个学生的年龄相等。这样就不能用“=”运算符来检测空值。所以 SQL 引入了一个 IS NULL 关键字来检测特殊值之间的等价性。IS NULL 关键字通常在 WHERE 子句中使用。

判断内容是否为 NULL 的语法：

- 判断为 NULL：

```
字段 | 值 IS NULL
```

- 判断不为 NULL：

```
字段 | 值 IS NOT NULL
```

**注意：**

**当与 NULL 进行比较时，不要使用等于（=）、不等于（<>）操作符。尽管使用它们不会有任何语法错误，但结果集会为空，查询不出任何信息。**

[实例 6.7]　（源码位置：资源包 \Code\06\07）

**列出所有不领取奖金，同时工资大于 2000 的全部员工的信息**

此 SQL 语句中需要两个条件，而且这两个条件（comm IS NULL、sal > 2000）应该同时满足，所以可以使用 AND 运算符进行多条件连接。查询语句如下：

```
SELECT * FROM emp WHERE comm IS NULL AND sal > 2000;
```

在 SQL Developer 中输入，查询结果如图 6.8 所示。

|  | EMPNO | ENAME | JOB | MGR | HIREDATE | SAL | COMM | DEPTNO |
|---|---|---|---|---|---|---|---|---|
| 1 | 7566 | JONES | MANAGER | 7839 | 02-4月 -81 | 2975 | (null) | 20 |
| 2 | 7698 | BLAKE | MANAGER | 7839 | 01-5月 -81 | 2850 | (null) | 30 |
| 3 | 7782 | CLARK | MANAGER | 7839 | 09-6月 -81 | 2450 | (null) | 10 |
| 4 | 7788 | SCOTT | ANALYST | 7566 | 19-4月 -87 | 3000 | (null) | 20 |
| 5 | 7839 | KING | PRESIDENT | (null) | 17-11月-81 | 5000 | (null) | 10 |
| 6 | 7902 | FORD | ANALYST | 7566 | 03-12月-81 | 3000 | (null) | 20 |

图 6.8　使用 AND 运算符连接多个条件

在图 6.8 所示的查询结果中，所有奖金为 NULL 并且工资大于 2000 的员工信息都被查询了出来。

## 6.2　分组查询

在讲解 SQL 语言中的分组操作之前，首先要知道生活中都有哪些分组。比如说，公司有不同的部门，销售部、开发部、人事部等，进行评比的时候，以部门为单位进行评分；年底的联欢会上，学校要求以班级为单位出个节目。

以上这两种情况就是进行了分组，分组就是将全部的数据按照一定的条件拆分成一个个部分。但是要想实现这样的划分，前提是数据必须有相同的属性。比如，要将男女生各分一组，应该如何分组的呢？学生有性别属性，而性别的取值（男、女）就会成为分组条件。那么在数据库中是如何进行分组的呢？可以通过 GROUP BY 子句对数据进行分组。

GROUP BY 子句用于在查询结果集中对记录进行分组，以汇总数据或为整个分组显示单行的汇总信息。在SELECT语句中，GROUP BY子句位于FROM子句之后，其语法格式如下：

```
SELECT columns_list
FROM table_name
[WHERE conditional_expression]
GROUP BYcolumns_list;
```

- columns_list： 字段列表，在 GROUP BY 子句中也可以指定多个列分组。
- table_name： 表名。
- conditional_expression： 筛选条件表达式。

GROUP BY 子句可以基于指定某一列的值将数据集合划分为多个分组，同一组内所有记录在分组属性上具有相同值，也可以基于指定多列的值将数据集合划分为多个分组。

## 6.2.1 使用 GROUP BY 进行单字段分组

单列分组是指基于列生成分组统计结果。当进行单列分组时，会基于分组列的每个不同值生成一个统计结果。

GROUP BY 子句经常与聚集函数（也称为统计函数）一起使用。使用 GROUP BY 子句和聚集函数可以实现对查询结果中每一组数据进行分类统计。所以，在结果中每组数据都有一个与之对应的统计值。在 Oracle 系统中，经常使用的聚集函数如表 6.2 所示。

表 6.2 常用的聚集函数

| 函数 | 说明 |
|---|---|
| AVG | 返回一个数字列或是计算列的平均值 |
| COUNT | 返回查询结果中的记录数 |
| MAX | 返回一个数字列或是计算列的最大值 |
| MIN | 返回一个数字列或是计算列的最小值 |
| SUM | 返回一个数字列或是计算列的总和 |

[实例 6.8] （源码位置：资源包 \Code\06\08）

### 分组后应用统计函数

在员工信息表（emp）中，使用GROUP BY子句对职位进行分组，并计算平均工资（AVG）、所有工资的总和（SUM），以及最高工资（MAX）和各组的行数，具体代码如下：

```
SELECT job,AVG(sal),SUM(sal),MAX(sal),COUNT(job)
FROM emp
GROUP BY job;
```

在 SQL Developer 中输入，查询结果如图 6.9 所示。

| | JOB | AVG(SAL) | SUM(SAL) | MAX(SAL) | COUNT(JOB) |
|---|---|---|---|---|---|
| 1 | CLERK | 1037.5 | 4150 | 1300 | 4 |
| 2 | SALESMAN | 1400 | 5600 | 1600 | 4 |
| 3 | ANALYST | 3000 | 6000 | 3000 | 2 |
| 4 | MANAGER | 2758.33333333333333333333333333333333 | 8275 | 2975 | 3 |
| 5 | PRESIDENT | 5000 | 5000 | 5000 | 1 |

图 6.9 分组后应用统计函数

在本实例中，查询的是每种工作的平均工资、工资总和和最高工资，最后统计出从事每种工作的人数。也就是说需要以职位为依据进行分组，然后对工资信息进行统计。要求出平均工资，使用到的统计函数为 AVG，表示为 AVG(sal)。要求出工资总和，需要使用 SUM 函数，表示为 SUM(sal)。求出工资的最大值使用的是 MAX 函数，表示为 MAX(sal)。

**常见错误：**

**使用了统计函数却没有进行分组。**

下面的实例是错误的，Oracle 会返回错误信息，代码如下：

```
SELECT job,AVG(sal)
FROM emp;
```

单击运行按钮之后，如图 6.10 所示，出现了错误提示。

为什么会出现错误呢？在 SELECT 子句中的 job 告诉 Oracle 系统显示每行数据的职位（job），在 emp 中有多个职位，而在 SELECT 子句中的 AVG(sal) 告诉 Oracle 系统显示 emp 中所有数据行的平均工资，在这个查询语句中只能产生一个平均工资，查询语句的这两个要求显然是矛盾的，在结果集中没有办法显示，因此 Oracle 系统会报错。

为了改正这一错误，可以在查询语句中增加 GROUP BY 子句，并把列 job 放在该子句中，修改后的查询语句代码如下：

```
SELECT job,AVG(sal)
FROM emp
GROUP BY job;
```

查询结果如图 6.11 所示。

```
ORA-00937: 不是单组分组函数
00937. 00000 -  "not a single-group group function"
*Cause:
*Action:
行 1 列 8 出错
```

图 6.10　统计函数与 GROUP BY 子句的非法操作

| | JOB | AVG(SAL) |
|---|---|---|
| 1 | CLERK | 1037.5 |
| 2 | SALESMAN | 1400 |
| 3 | ANALYST | 3000 |
| 4 | MANAGER | 2758.33333333333333333333333333333333333 |
| 5 | PRESIDENT | 5000 |

图 6.11　正确的查询语句

显示的结果给出了 emp 中每种职位（job）的平均工资（AVG(sal)）。

## 6.2.2　使用 GROUP BY 进行多字段分组

前面讲解的是单字段的分组，在分组的时候只设置一个分组条件，但是在分组统计中，也可以同时指定多个分组条件，这样在查询的时候就可以查询出更多的字段内容。当进行多字段分组时，会基于多个字段的不同值生成统计结果。

[实例 6.9]　（源码位置：资源包 \Code\06\09）

### 显示每个部门每种职位的平均工资和最高工资

查询员工信息表，显示每个部门每种职位的平均工资和最高工资，具体代码如下：

```
SELECT deptno,job,AVG(sal),MAX(sal)
FROM emp
GROUP BY deptno,job;
```

在 SQL Developer 中输入，查询结果如图 6.12 所示。

在本实例中，分组条件有两个，分别是部门编号 (deptno) 和职位 (job)，将 deptno 和 job 放到 GROUP BY 子句中，即可统计出每个部门各种职位的平均工资和最高工资。

| | DEPTNO | JOB | AVG(SAL) | MAX(SAL) |
|---|---|---|---|---|
| 1 | 20 | MANAGER | 2975 | 2975 |
| 2 | 20 | ANALYST | 3000 | 3000 |
| 3 | 10 | PRESIDENT | 5000 | 5000 |
| 4 | 10 | CLERK | 1300 | 1300 |
| 5 | 30 | SALESMAN | 1400 | 1600 |
| 6 | 10 | MANAGER | 2450 | 2450 |
| 7 | 20 | CLERK | 950 | 1100 |
| 8 | 30 | MANAGER | 2850 | 2850 |
| 9 | 30 | CLERK | 950 | 950 |

图 6.12　使用 GROUP BY 进行多列分组



## 6.2.3　使用 HAVING 子句限制分组结果

HAVING 子句通常与 GROUP BY 子句一起使用，在完成对分组结果统计后，可以使用 HAVING 子句对分组的结果做进一步的筛选。例如，要求选出部门人数超过 5 个人的部门信息，只能通过 HAVING 子句来完成。

如果不使用 GROUP BY 子句，HAVING 子句的功能与 WHERE 子句一样。HAVING 子句和 WHERE 子句的相似之处都是定义筛选条件，唯一不同的是 HAVING 子句中可以包含聚合函数，比如常用的聚合函数 COUNT、AVG、SUM 等，而在 WHERE 子句中则不可以使用聚合函数。

（源码位置：资源包 \Code\06\10）

### [实例 6.10]　统计出平均工资大于 1500 的部门的记录信息

在员工信息表中，首先通过分组的方式计算出每个部门的平均工资，然后再通过 HAVING 子句过滤出平均工资大于 1500 的记录信息，具体代码如下：

```
SELECT deptno AS 部门编号 ,AVG(sal) AS 平均工资
FROM emp
GROUP BY deptno
HAVING AVG(sal) > 1500 ;
```

在 SQL Developer 中输入，查询结果如图 6.13 所示。

| | 部门编号 | 平均工资 |
|---|---|---|
| 1 | 30 | 1566.6666666666666666666666666666666667 |
| 2 | 10 | 2916.6666666666666666666666666666666667 |
| 3 | 20 | 2175 |

图 6.13　平均工资大于 1500 的部门的记录信息

从查询结果中可以看出，SELECT 语句使用 GROUP BY 子句对员工信息表进行分组统计，然后再由 HAVING 子句根据统计值做了进一步筛选。

**说明：**

上面的实例无法使用 WHERE 子句直接过滤出平均工资大于 1500 的部门的信息，因为在 WHERE 子句中不可以使用聚合函数（这里是 AVG）。

通常情况下，HAVING 子句与 GROUP BY 子句一起使用，这样可以汇总相关数据后再进一步筛选汇总的数据。

# 6.3 排序查询

在检索数据时，如果把数据从数据库中直接读取出来，这时查询结果将按照默认顺序排列，但往往这种默认排列顺序并不是用户想要看到的。尤其返回数据量较大时，用户查看自己想要的信息非常不方便，因此需要对检索的结果集进行排序。在 SELECT 语句中，可以使用 ORDER BY 子句对检索的结果集进行排序，该子句位于 FROM 子句之后，其语法格式如下：

```
SELECT [DISTINCT] * | 列名称 [AS] 列别名，列名称 [AS] 列别名
FROM 表名称 表别名
[WHERE 条件(s)]
[ORDER BY 排序的字段1 | 列索引序号 ASC|DESC, 排序的字段2 | 列索引序号 ASC|DESC...]...;
```

从语法中可以发现，ORDER BY 子句要写在 WHERE 子句之后，而且可以同时指定多个排序字段，还可以通过 ASC 和 DESC 指定是按照升序（ASC，默认顺序）还是降序（DESC）排序。下面分别从要排序的字段数来讲解排序操作。

## 6.3.1 单列排序

在 ORDER BY 子句中只有一个字段时，则为单列排序。

[实例 6.11]　（源码位置：资源包 \Code\06\11）

**按照平均工资由低到高排序显示员工信息**

查询出每个部门的平均工资，并将平均工资按照由低到高的顺序进行排列。

```
SELECT deptno,avg(sal) FROM emp
GROUP BY deptno
ORDER BY avg(sal);
```

在 SQL Developer 中输入，查询结果如图 6.14 所示。

| | DEPTNO | AVG(SAL) |
|---|---|---|
| 1 | 30 | 1566.6666666666666666666666666666666667 |
| 2 | 20 | 2175 |
| 3 | 10 | 2916.6666666666666666666666666666666667 |

图 6.14　按照平均工资由低到高的顺序进行排序

从查询结果中可以发现，数据的排列是按照平均工资（SAL）由低到高的顺序进行排列的。

**注意：**

ORDER BY 子句一定要写在最后。当 SELECT 语句同时包含多个子句（WHERE、GROUP BY、HAVING、ORDER BY 等）时，ORDER BY 子句永远是查询语句的最后一个子句，这一点读者一定要注意。

## 6.3.2 多列排序

当执行排序操作时，不仅可以基于单列进行排序，也可以基于多列进行排序。当以多列进行排序时，首先按照第一列进行排序，当第一列存在相同数据时，再以第二列进行排序，以此类推。

[实例 6.12]　**按照工资由高到低排序，如果工资相同则按照入职日期由早到晚进行排序**

（源码位置：资源包 \Code\06\12）

查询出所有员工信息，要求按照基本工资（SAL）由高到低排序，如果工资相同则按照入职时间（HIREDATE）由早到晚进行排序。

需要注意，对日期排序时，日期是越早的越小，越接近现在的日期的越大（1981 年要比 2009 年小），查询语句如下：

```
SELECT * FROM emp ORDER BY sal DESC,hiredate ASC;
```

在 SQL Developer 中输入，查询结果如图 6.15 所示。

| | EMPNO | ENAME | JOB | MGR | HIREDATE | SAL | COMM | DEPTNO |
|---|---|---|---|---|---|---|---|---|
| 1 | 7839 | KING | PRESIDENT | (null) | 17-11月-81 | 5000 | (null) | 10 |
| 2 | 7788 | SCOTT | ANALYST | 7566 | 19-4月 -87 | 3000 | (null) | 20 |
| 3 | 7902 | FORD | ANALYST | 7566 | 03-12月-81 | 3000 | (null) | 20 |
| 4 | 7566 | JONES | MANAGER | 7839 | 02-4月 -81 | 2975 | (null) | 20 |
| 5 | 7698 | BLAKE | MANAGER | 7839 | 01-5月 -81 | 2850 | (null) | 30 |
| 6 | 7782 | CLARK | [illegible] | [illegible] | [illegible] | [illegible]450 | (null) | 10 |
| 7 | 7499 | ALLEN | [illegible] | [illegible] | [illegible] | [illegible]600 | 300 | 30 |
| 8 | 7844 | TURNER | SALESMAN | 7698 | 08-9月 -81 | 1500 | 0 | 30 |
| 9 | 7934 | MILLER | CLERK | 7782 | 23-1月 -82 | 1300 | (null) | 10 |
| 10 | 7521 | WARD | SALESMAN | 7698 | 22-2月 -81 | 1250 | 500 | 30 |
| 11 | 7654 | MARTIN | SALESMAN | 7698 | 28-9月 -81 | 1250 | 1400 | 30 |
| 12 | 7876 | ADAMS | CLERK | 7788 | 23-5月 -87 | 1100 | (null) | 20 |
| 13 | 7900 | JAMES | CLERK | 7698 | 03-12月-81 | 950 | (null) | 30 |
| 14 | 7369 | SMITH | CLERK | 7902 | 17-12月-80 | 800 | (null) | 20 |

工资相同则比较入职时间

图 6.15　多字段排序

从查询结果中可以看出，在工资相同的情况下，比较的是入职时间。比如有两位员工他们的工资都为 3000，而它们各自的入职时间分别为“1981.12.3”和“1987.4.19”，1981 年比 1987 年小，所以入职时间为 1981 年的员工排在前面。

# 6.4　多表关联查询

前面所介绍的查询都是从一个表中取出数据，但是在很多时候一个表并不能满足查询的要求，需要同时从多个相关联的数据表中取出数据，这样的查询称为多表关联查询。

在进行多表关联查询时，可能会涉及到表别名、内连接、外连接、自然连接、自连接和交叉连接等概念，下面将对这些内容进行讲解。

## 6.4.1　表别名

在多表关联查询时，如果多个表之间存在同名的列，则必须使用表名来限定列的引用。例如，部门信息表（dept）和员工信息表（emp）都有部门编号（DEPTNO）列，那么当用户使用该列关联查询两个表时，就需要通过指定表名来区分这两个列的归属。为了方便操作，SQL 语言提供了设定表别名的机制，即使用简短的表别名就可以替代原有较长的表名称，这样就可以大大缩减语句的长度。

设置表别名和列别名的方法相似，只不过并不需要 AS 关键字，只需要将表别名写在表名后面即可，语法如下：

```
表名 表别名
```

既然为表设置了表别名，那么在引用表中字段的时候，就可以通过表别名来引用了，语法如下：

```
表别名 . 字段名
```

下面通过一个实例来介绍如何设置表别名。

**[实例 6.13]** （源码位置：资源包 \Code\06\13）

**查询经理所在的部门名称**

实例要求查询的是经理所在的部门名称，经理（MANAGER）是员工信息表（emp）中的字段，而部门名称（dname）是部门信息表（dept）中的字段，那么就需要将这两个表连接起来，才能同时查询这两个表中的数据，代码如下：

```
SELECT e.empno AS 员工编号 , e.ename AS 员工名称 , e.job AS 员工职位 , d.dname AS 部门
FROM emp e,dept d
WHERE e.deptno=d.deptno
and e.job='MANAGER';
```

在 SQL Developer 中输入，查询结果如图 6.16 所示。

|  | 员工编号 | 员工名称 | 员工职位 | 部门 |
|---|---|---|---|---|
| 1 | 7782 | CLARK | MANAGER | ACCOUNTING |
| 2 | 7566 | JONES | MANAGER | RESEARCH |
| 3 | 7698 | BLAKE | MANAGER | SALES |

图 6.16　显示经理所在的部门名称

在此 SQL 语句中，为 emp 设置了表别名 e，为 dept 设置表别名 d，e.job 表示的是员工表中的职位字段。

员工信息表和部门信息表能够连接起来的原因是这两个表中有相同的字段，即部门编号（deptno）。在第 5 章介绍过查询多个表的所有列，那么如果查询 emp 和 dept，查询出的记录共有 56（14×4）条。在结果集中存在许多无效数据，例如，ALLEN 这名员工原本的部门编号是 30，但是在结果集中 ALLEN 的部门编号分别为 10、20、30 和 40 了，这是不符合实际的。因为缺少了限定条件，这里可以通过 e.deptno=d.deptno 来过滤掉无效数据，因为员工信息表中部门编号等于部门信息表中的部门编号。

**说明：**

在上面的 SELECT 语句中，FROM 子句最先执行，然后才是 WHERE 子句，这样在 FROM 子句中指定表别名后，当需要限定引用列时，就可以使用表别名。

总结一下，使用表别名的注意事项：

- 表别名在 FROM 子句中定义，放在表名之后，它们之间用空格隔开。
- 表别名一经定义，在整个查询语句中就只能使用表别名而不能再使用表名。
- 表别名只在所定义的查询语句中有效。
- 表别名最长为 30 个字符，但越短越好。

## 6.4.2　内连接

内连接也称为等值连接，是从结果集中删除与其他被连接表中没有匹配行的所有元组，

所以当匹配条件不满足时，内连接可能会丢失信息，实例 6.13 就是一个内连接查询。

内连接使用关键字 INNER JOIN…ON 实现。其中，INNER 关键字可以省略，使用 JOIN 指定用于连接的两个表，使用 ON 指定连接条件。若进一步限制查询范围，则可以直接在后面添加 WHERE 子句。内连接的语法格式如下：

```
SELECT columns_list
FROM table_name1[INNER] JOIN table_name2
ON join_condition;
```

- columns_list：字段列表。
- table_name1 和 table_name2：两个要实现内连接的表。
- join_condition：实现内连接的条件表达式。

（源码位置：资源包 \Code\06\14）

**内连接员工信息表和部门信息表**

通过 deptno 字段来内连接 emp 和 dept，并检索这两个表中相关字段的信息，代码如下：

```
SELECT e.empno AS 员工编号，e.ename AS 员工名称，d.dname AS 部门
FROM emp e INNER JOIN dept d
on e.deptno=d.deptno;
```

在 SQL Developer 中输入，查询结果如图 6.17 所示。

| | 员工编号 | 员工名称 | 部门 |
|---|---|---|---|
| 1 | 7782 | CLARK | ACCOUNTING |
| 2 | 7839 | KING | ACCOUNTING |
| 3 | 7934 | MILLER | ACCOUNTING |
| 4 | 7566 | JONES | RESEARCH |
| 5 | 7902 | FORD | RESEARCH |
| 6 | 7876 | ADAMS | RESEARCH |
| 7 | 7369 | SMITH | RESEARCH |
| 8 | 7788 | SCOTT | RESEARCH |
| 9 | 7521 | WARD | SALES |
| 10 | 7844 | TURNER | SALES |
| 11 | 7499 | ALLEN | SALES |
| 12 | 7900 | JAMES | SALES |
| 13 | 7698 | BLAKE | SALES |
| 14 | 7654 | MARTIN | SALES |

图 6.17　内连接操作

说明：

由于上面代码表示内连接操作，所以在 FROM 子句中完全可以省略 INNER 关键字。

上面的 SQL 语句还可以用普通的多表关联表示，代码如下：

```
SELECT e.empno AS 员工编号，e.ename AS 员工名称，d.dname AS 部门
FROM emp e,dept d
WHERE e.deptno=d.deptno;
```

查询结果与图 6.17 所示的查询结果相同，所以说明内连接和普通的多表关联是没有区别的。

## 6.4.3　外连接

使用内连接进行多表查询时，返回的查询结果中只包含符合查询条件和连接条件的行。内连接消除了与另一个表中的任何行不匹配的行，而外连接扩展了内连接的结果集，除了返回所有匹配的行外，还会返回一部分或全部不匹配的行，这主要取决于外连接的种类。外连接通常有以下三种。

- 左外连接：关键字为 LEFT OUTER JOIN 或 LEFT JOIN。
- 右外连接：关键字为 RIGHT OUTER JOIN 或 RIGHT JOIN。
- 完全外连接：关键字为 FULL OUTER JOIN 或 FULL JOIN。

与内连接不同的是，外连接不只列出与连接条件匹配的行，当左外连接的时候，数据的显示会以左表（JOIN 左边的数据表）为主，即使在右表（JOIN 右边的数据表）中没有与

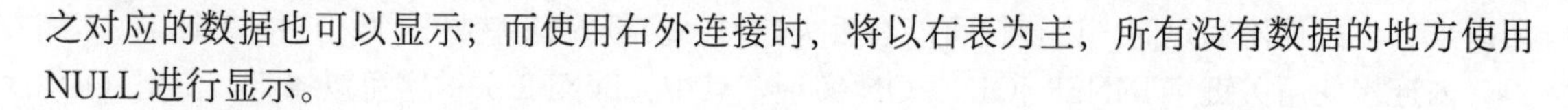

之对应的数据也可以显示；而使用右外连接时，将以右表为主，所有没有数据的地方使用 NULL 进行显示。

### （1）左外连接

左外连接的查询结果中不仅包含了满足连接条件的数据行，而且还包含左表中不满足连接条件的数据行。

[实例 6.15]　（源码位置：资源包 \Code\06\15）

**对员工信息表和部门信息表进行左外连接**

为了便于观察几种外连接的区别，首先使用 INSERT 语句在 emp 中插入一条新记录（注意没有为 deptno 和 dname 列插入值，即它们的值为 NULL），插入代码如下：

```
INSERT INTO emp(empno,ename,job) values(9527,'EAST','SALESMAN');
```

然后将 emp 和 dept 通过 deptno 列进行左外连接，代码如下：

```
SELECT e.empno,e.ename,e.job,d.deptno,d.dname
FROM emp e LEFT JOIN dept d
ON e.deptno=d.deptno;
```

为了查看上面两条语句的结果，单击按钮运行脚本，在脚本输出界面可同时看到这两条语句的运行结果，如图 6.18 所示。

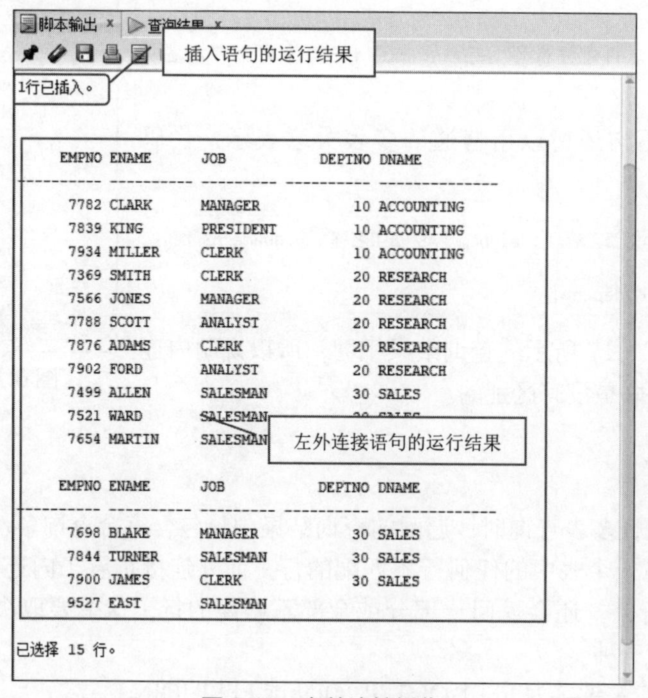


图 6.18　左外连接操作

从上面的运行结果中可以看到，由于使用了左外连接，所以将左表（emp）中的全部数据都显示了出来，而右表（dept）中没有的部分使用 NULL 显示，这说明左外连接的查询结果会包含左表中不满足“连接条件”的数据行。

说明:
如果实例 6.15 中的 SQL 代码使用 “(+)” 运算符，则代码如下，运行结果同样如图 6.18 所示。

```
SELECT e.empno,e.ename,e.job,d.deptno,d.dname
FROM emp e,dept d
WHERE e.deptno=d.deptno(+);
```

### (2) 右外连接

右外连接的查询结果中不仅包含了满足连接条件的数据行，而且还包含右表中不满足连接条件的数据行。

（源码位置：资源包 \Code\06\16）

[实例 6.16] 对员工信息表和部门信息表进行右外连接

实现 emp 和 dept 之间通过 deptno 列进行右外连接，具体代码如下：

```
SELECT e.empno,e.ename,e.job,d.deptno,d.dname
FROM emp e RIGHT JOIN dept d
ON e.deptno=d.deptno;
```

在 SQL Developer 中输入，查询结果如图 6.19 所示。

从图 6.19 所示的查询结果中可以看到，虽然部门编号为 40 的部门在 emp 中还没有员工记录，但它却出现在查询结果中，这说明右外连接的查询结果会包含右表中不满足“连接条件”的数据行。

在外连接中也可以使用连接运算符 (+)，该连接运算符可以放在等号的左边也可以放在等号的右边，但一定要放在缺少相应信息的那一边，如放在 e.deptno 所在的一方。

| | EMPNO | ENAME | JOB | DEPTNO | DNAME |
|---|---|---|---|---|---|
| 1 | 7782 | CLARK | MANAGER | 10 | ACCOUNTING |
| 2 | 7934 | MILLER | CLERK | 10 | ACCOUNTING |
| 3 | 7839 | KING | PRESIDENT | 10 | ACCOUNTING |
| 4 | 7566 | JONES | MANAGER | 20 | RESEARCH |
| 5 | 7369 | SMITH | CLERK | 20 | RESEARCH |
| 6 | 7788 | SCOTT | ANALYST | 20 | RESEARCH |
| 7 | 7902 | FORD | ANALYST | 20 | RESEARCH |
| 8 | 7876 | ADAMS | CLERK | 20 | RESEARCH |
| 9 | 7521 | WARD | SALESMAN | 30 | SALES |
| 10 | 7844 | TURNER | SALESMAN | 30 | SALES |
| 11 | 7499 | ALLEN | SALESMAN | 30 | SALES |
| 12 | 7900 | JAMES | CLERK | 30 | SALES |
| 13 | 7654 | MARTIN | SALESMAN | 30 | SALES |
| 14 | 7698 | BLAKE | MANAGER | 30 | SALES |
| 15 | (null) | (null) | (null) | 40 | OPERATIONS |

图 6.19　右外连接操作

### (3) 完全外连接

完全外连接相当于同时执行一个左外连接和一个右外连接。在执行完全外连接时，Oracle 会执行一个完整的左外连接和右外连接查询，然后将查询结果合并，并消除重复的记录行，使用到的关键字是 FULL JOIN。

（源码位置：资源包 \Code\06\17）

[实例 6.17] 对员工信息表和部门信息表进行完全外连接

使用完全外连接显示部门编号为 30 的员工信息，具体代码如下：

```
SELECT * FROM emp e FULL JOIN dept d
ON e.deptno = d.deptno
WHERE d.deptno = 30;
```

在 SQL Developer 中输入，查询结果如图 6.20 所示。

| | EMPNO | ENAME | JOB | MGR | HIREDATE | SAL | COMM | DEPTNO | DEPTNO_1 | DNAME | LOC |
|---|---|---|---|---|---|---|---|---|---|---|---|
| 1 | 7499 | ALLEN | SALESMAN | 7698 | 20-2月 -81 | 1600 | 300 | 30 | 30 | SALES | CHICAGO |
| 2 | 7521 | WARD | SALESMAN | 7698 | 22-2月 -81 | 1250 | 500 | 30 | 30 | SALES | CHICAGO |
| 3 | 7654 | MARTIN | SALESMAN | 7698 | 28-9月 -81 | 1250 | 1400 | 30 | 30 | SALES | CHICAGO |
| 4 | 7698 | BLAKE | MANAGER | 7839 | 01-5月 -81 | 2850 | (null) | 30 | 30 | SALES | CHICAGO |
| 5 | 7844 | TURNER | SALESMAN | 7698 | 08-9月 -81 | 1500 | 0 | 30 | 30 | SALES | CHICAGO |
| 6 | 7900 | JAMES | CLERK | 7698 | 03-12月-81 | 950 | (null) | 30 | 30 | SALES | CHICAGO |

图 6.20　完全外连接操作

## 6.4.4　自然连接

自然连接和内连接的功能相似，自然连接是指在检索多个表时，Oracle 会将第一个表中的列与第二个表中具有相同名称的列进行自动连接。在自然连接中，用户不需要明确指定进行连接的列，这个任务由 Oracle 系统自动完成。自然连接使用“NATURAL JOIN”关键字。

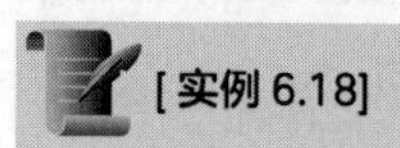

[实例 6.18]　（源码位置：资源包 \Code\06\18）

**对员工信息表和部门信息表进行自然连接**

使用自然连接，显示 SALES 部门下的所有员工信息，具体代码如下：

```
SELECT *
FROM emp NATURAL JOIN dept
WHERE dname = 'SALES';
```

在 SQL Developer 中输入，查询结果如图 6.21 所示。

| | DEPTNO | EMPNO | ENAME | JOB | MGR | HIREDATE | SAL | COMM | DNAME | LOC |
|---|---|---|---|---|---|---|---|---|---|---|
| 1 | 30 | 7521 | WARD | SALESMAN | 7698 | 22-2月 -81 | 1250 | 500 | SALES | CHICAGO |
| 2 | 30 | 7844 | TURNER | SALESMAN | 7698 | 08-9月 -81 | 1500 | 0 | SALES | CHICAGO |
| 3 | 30 | 7499 | ALLEN | SALESMAN | 7698 | 20-2月 -81 | 1600 | 300 | SALES | CHICAGO |
| 4 | 30 | 7900 | JAMES | CLERK | 7698 | 03-12月-81 | 950 | (null) | SALES | CHICAGO |
| 5 | 30 | 7654 | MARTIN | SALESMAN | 7698 | 28-9月 -81 | 1250 | 1400 | SALES | CHICAGO |
| 6 | 30 | 7698 | BLAKE | MANAGER | 7839 | 01-5月 -81 | 2850 | (null) | SALES | CHICAGO |

图 6.21　自然连接

可以看到，在自然连接的 SQL 语句中并没有设置连接语句，使用关键字“NATURAL JOIN”连接 emp 和 dept 时，数据库会自动检索两表中相同的列名进行连接。

说明：

在自然连接中不需要为表设置表别名。

由于自然连接强制要求表之间必须具有相同的列名称，这样容易在设计表时出现不可预知的错误，所以在实际应用系统开发中很少用到自然连接。但这毕竟是一种多表关联查询数据的方式，在某些特定情况下还是有一定的使用价值。

## 6.4.5　自连接

在前面讲解过的多表关联的查询里，是通过两个关联表完成的，比如 emp 和 dept 是通过 DEPTNO 字段进行关联的，但是在多表查询中也可以通过自身关联来完成查询。

在 emp 中存在一个 MGR 字段，用来表示一个员工的领导编号，图 6.24 为 emp 中的全部数据。

| | EMPNO | ENAME | JOB | MGR | HIREDATE | SAL | COMM | DEPTNO |
|---|---|---|---|---|---|---|---|---|
| 1 | 7369 | SMITH | CLERK | 7902 | 17-12月-80 | 800 | (null) | 20 |
| 2 | 7499 | ALLEN | SALESMAN | 7698 | 20-2月 -81 | 1600 | 300 | 30 |
| 3 | 7521 | WARD | SALESMAN | 7698 | 22-2月 -81 | 1250 | 500 | 30 |
| 4 | 7566 | JONES | MANAGER | 7839 | 02-4月 -81 | 2975 | (null) | 20 |
| 5 | 7654 | MARTIN | SALESMAN | 7698 | 28-9月 -81 | 1250 | 1400 | 30 |
| 6 | 7698 | BLAKE | MANAGER | 7839 | 01-5月 -81 | 2850 | (null) | 30 |
| 7 | 7782 | CLARK | MANAGER | 7839 | 09-6月 -81 | 2450 | (null) | 10 |
| 8 | 7788 | SCOTT | ANALYST | 7566 | 19-4月 -87 | 3000 | (null) | 20 |
| 9 | 7839 | KING | PRESIDENT | (null) | 17-11月-81 | 5000 | (null) | 10 |
| 10 | 7844 | TURNER | SALESMAN | 7698 | 08-9月 -81 | 1500 | 0 | 30 |
| 11 | 7876 | ADAMS | CLERK | 7788 | 23-5月 -87 | 1100 | (null) | 20 |
| 12 | 7900 | JAMES | CLERK | 7698 | 03-12月-81 | 950 | (null) | 30 |
| 13 | 7902 | FORD | ANALYST | 7566 | 03-12月-81 | 3000 | (null) | 20 |
| 14 | 7934 | MILLER | CLERK | 7782 | 23-1月 -82 | 1300 | (null) | 10 |

图 6.22　emp 中的全部数据

从图 6.22 中可以发现，员工 SMITH 的领导编号是 7902，同时 7902 也是员工编号，对应的员工是 FORD。所以，如果想要查出每个员工的编号、姓名和其所属领导的编号和姓名，就需要进行多表查询了。为了便于理解，可以将员工信息表 emp 分为两个表，一个查询员工信息，另一个查询领导信息（需要注意，领导也是员工），这两个表的联系如图 6.23 所示。

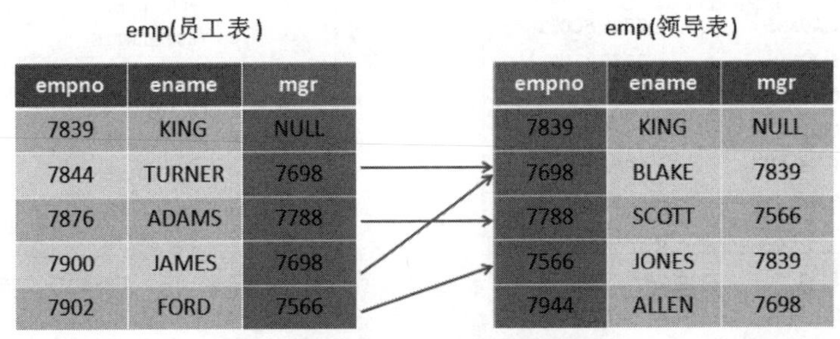


图 6.23　自身关联的对应关系

根据 empno 列和 mgr 列的对应关系，可以确定员工 TURNER、JAMES 的领导为 BLAKE，员工 ADAMS 的领导为 SCOTT，员工 FORD 的领导为 JONES，KING 是没有领导的，说明他是公司的最高领导者。

为了显示员工及其领导之间的对应关系，可以使用自连接。因为自连接是在同一个表内的连接查询，所以必须定义表别名。通过下面的实例说明使用自连接的方法。

**说明：**
自连接主要用在表中存在上下级关系或者层次关系。

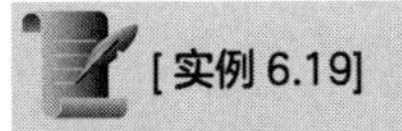

[实例 6.19]　（源码位置：资源包 \Code\06\19）

## 查询所有管理者所管理的下属员工信息

查询出每个员工的编号、姓名及其领导的编号和姓名，具体代码如下：

```
SELECT em1.empno 员工编号 ,em1.ename 员工姓名 ,em2.empno 领导编号 ,em2.ename 领导姓名
FROM emp em1 LEFT JOIN emp em2
on em1.mgr=em2.empno;
```

在 SQL Developer 中输入，查询结果如图 6.24 所示。

在此 SQL 语句中，将 emp 分为 em1 和 em2 两个表，em1 为员工表，em2 为领导表。因为在 em1 员工表中，员工 KING 是没有领导的，也就是他的 mgr 为 NULL，那么就需要使用左外连接来连接这两个表。

**常见错误：**

**将实例 6.19 的 SQL 代码写成如下内容：**

```
SELECT em1.empno 员工编号 ,em1.ename 员工姓名 ,em2.empno 领导编号 ,em2.ename 领导姓名
FROM emp em1,emp em2
WHERE em1.mgr=em2.empno;
```

在 SQL Developer 中输入，查询结果如图 6.25 所示。

| | 员工编号 | 员工姓名 | 领导编号 | 领导姓名 |
|---|---|---|---|---|
| 1 | 7788 | SCOTT | 7566 | JONES |
| 2 | 7902 | FORD | 7566 | JONES |
| 3 | 7499 | ALLEN | 7698 | BLAKE |
| 4 | 7521 | WARD | 7698 | BLAKE |
| 5 | 7654 | MARTIN | 7698 | BLAKE |
| 6 | 7844 | TURNER | 7698 | BLAKE |
| 7 | 7900 | JAMES | 7698 | BLAKE |
| 8 | 7934 | MILLER | 7782 | CLARK |
| 9 | 7876 | ADAMS | 7788 | SCOTT |
| 10 | 7566 | JONES | 7839 | KING |
| 11 | 7698 | BLAKE | 7839 | KING |
| 12 | 7782 | CLARK | 7839 | KING |
| 13 | 7369 | SMITH | 7902 | FORD |
| 14 | 7839 | KING | (null) | (null) |
| 15 | 9527 | EAST | (null) | (null) |

图 6.24　自连接

| | 员工编号 | 员工姓名 | 领导编号 | 领导姓名 |
|---|---|---|---|---|
| 1 | 7902 | FORD | 7566 | JONES |
| 2 | 7788 | SCOTT | 7566 | JONES |
| 3 | 7844 | TURNER | 7698 | BLAKE |
| 4 | 7499 | ALLEN | 7698 | BLAKE |
| 5 | 7521 | WARD | 7698 | BLAKE |
| 6 | 7900 | JAMES | 7698 | BLAKE |
| 7 | 7654 | MARTIN | 7698 | BLAKE |
| 8 | 7934 | MILLER | 7782 | CLARK |
| 9 | 7876 | ADAMS | 7788 | SCOTT |
| 10 | 7698 | BLAKE | 7839 | KING |
| 11 | 7566 | JONES | 7839 | KING |
| 12 | 7782 | CLARK | 7839 | KING |
| 13 | 7369 | SMITH | 7902 | FORD |

图 6.25　自连接的错误示例

在图 6.25 所示的结果中，有 13 条数据，与图 6.24 的结果进行对比，发现没有员工 KING 的数据。因为 em1 表示的是员工，员工 KING 的 mgr 值为 NULL，em1.mgr 中有空值，所以连接条件"em1.mgr=em2.empno"是不成立的，正确的查询方式是使用左外连接，代码如实例 6.19 所示。

### 6.4.6　交叉连接

交叉连接实际上就是不需要任何连接条件的连接，它使用 CROSS JOIN 关键字来实现，其语法格式如下：

```
SELECT colums_list
FROM table_name1 CROSS JOIN table_name2;
```

- colums_list：字段列表。
- table_name1 和 table_name2：两个实现交叉连接的表名。

交叉连接的执行结果是冗余的，但可以通过 WHERE 子句来过滤出有用的记录信息。

[实例 6.20]　　（源码位置：资源包 \Code\06\20）

### 计算两个表交叉连接得出结果的行数

通过交叉连接将 dept 和 emp 进行连接，并计算出查询结果的行数，代码如下：

```
SELECT count(*) FROM dept CROSS JOIN emp;
```

计算结果如图 6.26 所示。

emp 中有 14 条数据，dept 中有 4 条数据，通过交叉连接 emp 和 dept，就会出现 56（14×4）条数据。

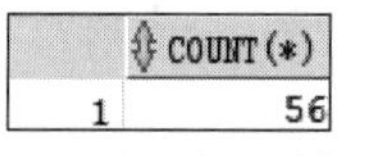

| | COUNT(*) |
|---|---|
| 1 | 56 |

图 6.26　交叉连接

## 本章知识思维导图

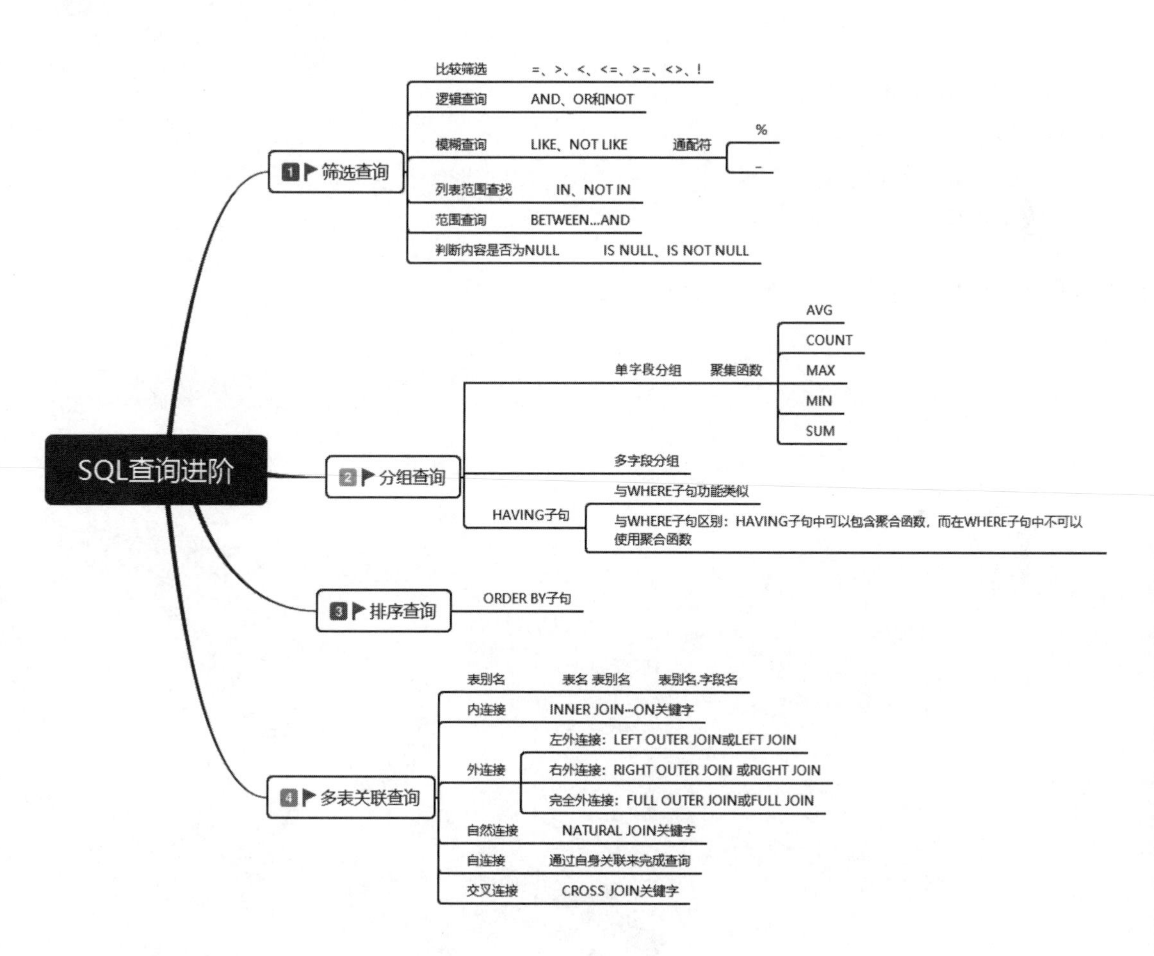

# 第 7 章
# 子查询

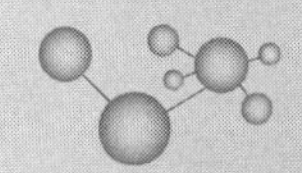

## 本章学习目标

- 熟练使用子查询。
- 熟练使用单行子查询。
- 熟练使用多行子查询。
- 熟练操作数据库。

# 7.1 初识子查询

当一个查询结果是另一个查询的条件的时候，那么就称为子查询，子查询是在 SQL 语句内的另外一条 SELECT 语句。

在 SELECT、INSERT、UPDATE 或 DELETE 命令中只要是表达式的地方都可以包含子查询，子查询甚至可以包含在另外一个子查询中，以便完成更为复杂的查询。下面通过一个实例来了解一下子查询。

（源码位置：资源包 \Code\07\01）

## 查询部门名称为 SALES 的员工信息

在员工信息表 emp 中查询部门名称（dname）为 SALES 的员工信息，具体代码如下：

```
SELECT empno,ename,JOB FROM emp
WHERE deptno=(SELECT deptno FROM dept
WHERE dname='SALES');
```

在 SQL Developer 中输入以上代码，查询结果如图 7.1 所示。

因为题目要求查询的是部门名称为 RESEARCH 的员工信息，但是在员工信息表 emp 中并没有部门名称（dname）字段，只有部门编号（deptno）字段，因此只要知道部门名称为 RESEARCH 的编号就可以了，这个要求很简单，可以通过部门信息表 dept 来查询，代码如下：

```
SELECT deptno FROM dept
WHERE dname='SALES'
```

查询结果如图 7.2 所示，通过此语句就可以得到部门编号为 30。

| | EMPNO | ENAME | JOB |
|---|---|---|---|
| 1 | 7499 | ALLEN | SALESMAN |
| 2 | 7521 | WARD | SALESMAN |
| 3 | 7654 | MARTIN | SALESMAN |
| 4 | 7698 | BLAKE | MANAGER |
| 5 | 7844 | TURNER | SALESMAN |
| 6 | 7900 | JAMES | CLERK |

图 7.1　显示部门名称为 RESEARCH 的员工信息

| | DEPTNO |
|---|---|
| 1 | 30 |

图 7.2　部门名称为 RESEARCH 的部门编号

题目可以简化为查询部门编号为 30 的员工信息，代码如下：

```
SELECT empno,ename,job FROM emp
WHERE deptno=30;
```

查询结果如图 7.1 所示。

如果把这两条查询语句连起来，就构成了子查询。需要注意的是，内层查询称为子查询，外层查询称为外查询，如图 7.3 所示。

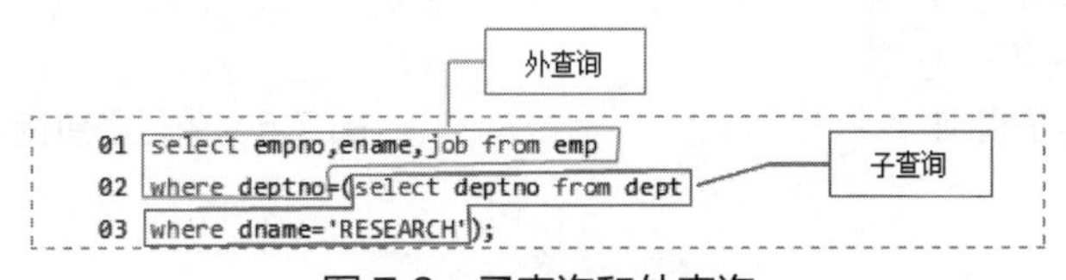


图 7.3　子查询和外查询

子查询可以出现在一条查询语句的任意位置上，但在 FROM、WHERE、HAVING 子句中出现较多。

另外，在使用子查询时，还应注意以下规则：

- 子查询必须用括号“()”括起来。
- 子查询中不能包括 ORDER BY 子句。
- 子查询允许嵌套多层，但不能超过 255 层。

通常，子查询可以分为单行子查询和多行子查询，下面对这些子查询进行详细讲解。

## 7.2 单行子查询

单行子查询是指返回一行数据的子查询语句。在 WHERE 子句中引用单行子查询时，可以使用单行比较运算符（=、>、<、>=、<= 和 <>）。

[实例 7.2]　　（源码位置：资源包 \Code\07\02）

### 查询既不是最高工资也不是最低工资的员工信息

在员工信息表 emp 中，查询出既不是最高工资，也不是最低工资的员工信息，具体代码如下：

```
SELECT empno,ename,sal FROM emp
WHERE sal > (SELECT MIN (sal) FROM emp)
AND sal < (SELECT MAX(sal) FROM emp);
```

在 SQL Developer 中输入，查询结果如图 7.4 所示。

在上面的语句中，如果内层子查询语句的执行结果为空值，那么外查询的 WHERE 子句始终不会满足条件，这样该查询的结果就必然为空值，因为空值无法参与比较运算。

**常见错误：**

在执行单行子查询时，要注意子查询的返回结果必须是一行数据，否则 Oracle 系统会提示如图 7.5 所示的错误。此错误原因为：查询语句为单行子查询，而结果中返回了多个行，这是错误的。

| | EMPNO | ENAME | SAL |
|---|---|---|---|
| 1 | 7499 | ALLEN | 1600 |
| 2 | 7521 | WARD | 1250 |
| 3 | 7566 | JONES | 2975 |
| 4 | 7654 | MARTIN | 1250 |
| 5 | 7698 | BLAKE | 2850 |
| 6 | 7782 | CLARK | 2450 |
| 7 | 7788 | SCOTT | 3000 |
| 8 | 7844 | TURNER | 1500 |
| 9 | 7876 | ADAMS | 1100 |
| 10 | 7900 | JAMES | 950 |
| 11 | 7902 | FORD | 3000 |
| 12 | 7934 | MILLER | 1300 |

图 7.4　单行子查询

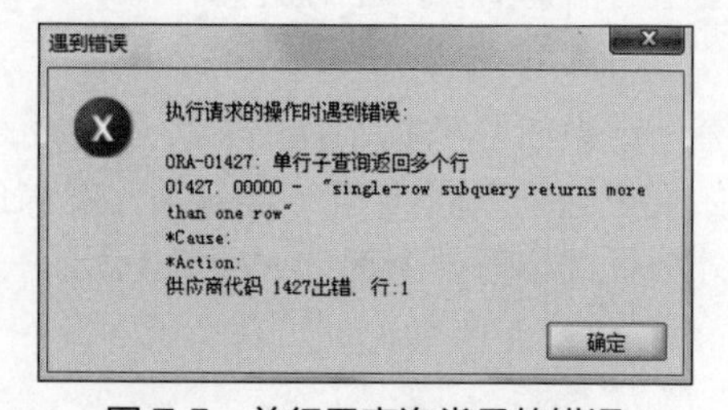


图 7.5　单行子查询常见的错误

**注意：**

子查询中不能包含 ORDER BY 子句，如果非要对数据进行排序的话，那么只能在外查询语句中使用 ORDER BY 子句。

# 7.3 多行子查询

多行子查询指的是提供了一个数据的范围，这一点与之前讲解的IN操作有些类似，唯一不同的是，IN操作用户是通过括号“()”来指定数据的查询范围，而子查询是将返回的多行数据作为数据查询的范围。在使用多行子查询时，主要使用3种运算符，分别是IN、ANY、ALL运算符，下面分别进行介绍。

## 7.3.1 使用IN运算符

在多行子查询中使用IN运算符时，它的功能是用于指定一个查询范围，外查询会尝试与这个范围中任意一个数值进行匹配，只要有一个匹配成功，则外查询返回当前检索的记录。

[实例7.3]

（源码位置：资源包\Code\07\03）

查询不是销售部门的员工信息

在员工信息表emp中，查询部门名称不是销售部门（SALES）的员工信息，具体代码如下：

```
SELECT empno,ename,JOB
FROM emp WHERE deptno IN
(SELECT deptno FROM dept WHERE dname<>'SALES');
```

在SQL Developer中输入，查询结果如图7.6所示。

|  | EMPNO | ENAME | JOB |
|---|---|---|---|
| 1 | 7782 | CLARK | MANAGER |
| 2 | 7839 | KING | PRESIDENT |
| 3 | 7934 | MILLER | CLERK |
| 4 | 7566 | JONES | MANAGER |
| 5 | 7902 | FORD | ANALYST |
| 6 | 7876 | ADAMS | CLERK |
| 7 | 7369 | SMITH | CLERK |
| 8 | 7788 | SCOTT | ANALYST |

图7.6 不是销售部门的员工信息

如果想要查询不是销售部门的员工信息，首先就需要知道不是销售部门的部门编号有哪些，这样才能在员工信息表emp中通过部门编号来查找员工信息。所以子查询用来查询不是销售部门的部门编号，外查询根据子查询的结果，即部门编号来搜索对应的员工。

在实例中，“不是销售部门”就是一个查询范围，因为包括了多个数据，需要使用IN运算符来指定这个范围。

本实例还可以使用NOT IN运算符来实现，代码如下：

```
SELECT empno,ename,job
FROM emp WHERE deptno NOT IN
(SELECT deptno FROM dept WHERE dname='SALES');
```

查询结果与图7.6一致。

## 7.3.2 使用ANY运算符

ANY运算符表示与子查询中返回的每个结果进行比较。ANY运算符必须与单行操作符结合使用，并且返回行只要匹配子查询的任何一个结果即可。ANY在使用中有如下3种形式：

- =ANY：表示与子查询中的每个元素进行比较，功能与IN类似（<>ANY不等于NOT IN）。
- >ANY：比子查询中返回的最小结果要大（包含>=ANY）。
- <ANY：比子查询中返回的最大结果要小（包含<=ANY）。

下面通过一个实例来讲解 ANY 运算符的使用。

[实例 7.4] （源码位置：资源包 \Code\07\04）

**查询工资大于 20 号部门的任意一个员工工资的其他部门的员工信息**

在员工信息表 emp 中，查询工资大于 20 号部门的任意一个员工工资的其他部门的员工信息，具体代码如下：

```
SELECT deptno,ename,sal FROM emp WHERE sal > ANY
(SELECT sal FROM emp WHERE deptno = 10)
AND deptno <> 20;
```

在 SQL Developer 中输入，查询结果如图 7.7 所示。

| | DEPTNO | ENAME | SAL |
|---|---|---|---|
| 1 | 10 | KING | 5000 |
| 2 | 30 | BLAKE | 2850 |
| 3 | 10 | CLARK | 2450 |
| 4 | 30 | ALLEN | 1600 |
| 5 | 30 | TURNER | 1500 |

图 7.7 工资大于 20 号部门的任意一个员工工资的其他部门的员工信息

在此实例中一共有两个限制条件，分别为：

- 工资大于 20 号部门的任意一个员工的工资。
- 部门编号不是 20。

对于第一个条件，首先查询出 20 号部门的员工工资，然后让 ANY 运算符大于此查询结果即可。这两个条件需要共同满足，所以使用 AND 关键字来连接。

技巧：
<>ANY 表示返回表中的全部记录。

## 7.3.3 使用 ALL 运算符

ALL 运算符与 ANY 运算符类似，表示的是匹配子查询中所有的数据，ALL 在使用中有如下 3 种形式：

- =ALL：等价于 NOT IN（但是 =ALL 不等价于 IN）。
- >ALL：比子查询中最大的值还要大（包含 >=ALL）。
- <ALL：比子查询中最小的值还要小（包含 <=ALL）。

简单来说，ALL 运算符必须与单行运算符结合使用，并且返回行必须匹配所有子查询结果。下面通过一个实例来讲解 ALL 运算符的使用。

[实例 7.5] （源码位置：资源包 \Code\07\05）

**查询工资大于部门编号为 20 的所有员工工资的员工信息**

在员工信息表 emp 中，查询工资大于部门编号为 20 的所有员工工资的员工信息，实现步骤如下：

① 首先写出子查询语句，需要查询出部门编号为 20 的员工工资，代码为：

```
SELECT sal FROM emp WHERE deptno = 20;
```

在 SQL Developer 中输入，查询结果如图 7.8 所示。

| | SAL |
|---|---|
| 1 | 800 |
| 2 | 2975 |
| 3 | 3000 |
| 4 | 1100 |
| 5 | 3000 |

图 7.8 部门编号为 20 的员工工资

将图 7.8 所示的查询结果设为结果集 A，A 中的数据有 800、1100、2970 和 3000。

② 写出外查询，工资大于A的所有员工信息，注意“所有”这两个字，说明需要用到ALL运算符，代码为：

```
SELECT deptno,ename,sal FROM emp WHERE sal > ALL(A);
```

③ 将步骤②中的A替换成步骤①中的SQL语句即可完成实例要求，代码如下：

```
SELECT deptno,ename,sal FROM emp WHERE sal > ALL
(SELECT sal FROM emp WHERE deptno = 20);
```

在SQL Developer中输入，查询结果如图7.9所示。

| | DEPTNO | ENAME | SAL |
|---|---|---|---|
| 1 | 10 | KING | 5000 |

图7.9 ALL运算符查询结果

# 7.4 操作数据库（数据操纵语言）

使用SQL语言操作数据库，除了查询操作之外，还包括插入、更新和删除等。后3种数据操作使用的SQL语言也称为数据操纵语言（Data Manipulation Language，DML），它们分别对应INSERT、DELETE和UPDATE 3种语句。在Oracle 11g中，DML除了包括上面提到的3种语句之外，还包括TRUNCATE、CALL、LOCKTABLE和MERGE等语句。本节主要对INSERT、UPDATE、DELETE、TRUNCATE等常用DML语句进行介绍。

## 7.4.1 插入数据（INSERT语句）

插入数据就是将数据记录添加到已经存在的数据表中。Oracle数据库通过INSERT语句来实现插入数据记录。该语句既可以实现向数据表中一次插入一行记录，也可以使用SELECT子句将查询结果集批量插入数据表。

使用INSERT语句有以下注意事项：

- 当为数字列增加数据时，可以直接提供数字值，或者用单引号引上。
- 当为字符列或日期列增加数据时，必须用单引号引上。
- 当增加数据时，数据必须要满足约束规则，并且必须为主键列和NOT NULL列提供数据。
- 当增加数据时，数据必须与列的个数和顺序保持一致。

### （1）单行插入数据

单行插入数据是INSERT语句最基本的用法，其语法格式如下：

```
INSERT INTO table_name [(column_name1[,column_name2]…)]
VALUES(express1[,express2]…);
```

- table_name：表示要插入数据的表名。
- column_name1和column_name2：指定表的完全或部分列名称，称为列或字段列表，如果指定多个列，那么列之间用逗号分开。
- express1和express2：表示要插入的值列表。

当使用INSERT语句插入数据时，既可以指定列列表，也可以不指定列列表。如果不指定列列表，那么在VALUES子句中必须为每个列提供数据，并且数据顺序必须与表的列顺序完全一致。如果指定列列表，则只需要为相应列提供数据。下面通过实例来说明插入单行数据的方法。

[实例 7.6]

（源码位置：资源包 \Code\07\06）

**向部门表中插入一条数据**

在部门信息表 dept 中，使用 INSERT 语句添加一行记录，用下面的两种方式来实现。

① 使用列列表增加数据，具体代码如下：

```
INSERT INTO dept(deptno,dname,loc)
VALUES(50,'design','shanghai');
```

单击按钮或通过快捷键 <F5> 来执行此 SQL 代码，运行结果出现在脚本输出的界面中，如图 7.10 所示。

**说明：**

为什么不单击按钮来运行此 SQL 代码呢？因为单击按钮执行语句看不到运行结果，所以单击按钮，这样在脚本输出界面中就可以看到运行结果了，这样便于观察。

在 INSERT 语句中指定添加数据的列时，既可以是数据表的全部列，也可以是部分列。

在指定部分列时，需要注意不许为空（NOT NULL）的列必须被指定出来，并且在 VALUES 子句中对应的赋值也不许为 NULL，否则系统显示“无法将 NULL 插入”的错误提示。例如，修改上面的例子，在 INSERT 语句中不指定 deptno 列，代码如下：

```
INSERT INTO dept(dname,loc)
VALUES('design', 'shanghai');
```

单击按钮或通过快捷键 <F5> 来执行此 SQL 代码，运行结果如图 7.11 所示。

图 7.10　使用列列表向部门信息表中插入一行数据

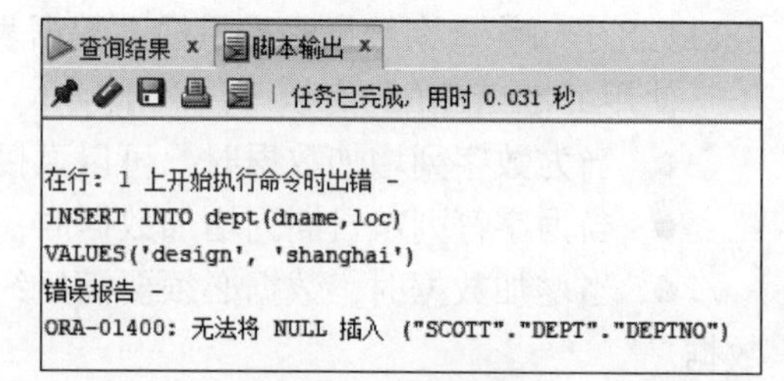


图 7.11　错误提示

**说明：**

在使用 INSERT 语句为表的部分列添加数据时，为了防止产生不许为空值的错误，可以首先使用 DESC 命令查看数据表中的哪些列不许为空，然后再进行插入操作。对于可以为空的列，用户可以不指定其值。

② 不使用列列表增加数据。在向表的所有列添加数据时，也可以省略 INSERT 语句中表名后面的列列表。使用这种方法时，必须根据表中定义列的顺序为所有的列提供数据。用户可以使用 DESC 命令来查看表中定义列的顺序。具体代码如下：

```
DESC dept
INSERT INTO dept
VALUES(60,'finance','beijing');
```

单击按钮或通过快捷键 <F5> 来执行此 SQL 代码，运行结果出现在脚本输出的界面中，如图 7.12 所示。

说明：

不建议使用省略列列表的方式来增加数据。因为在使用这种方式来增加数据的时候，必须要知道表中字段的顺序，如果不知道，表结构简单还可以，要是表结构非常复杂，就是一件很麻烦的事情了，而且其他程序员对数据库进行维护的时候，清楚地写上要操作的数据字段比省略列列表更加方便。

在编写插入语句的时候，应该明确地写上要插入字段的名称，这是一种良好的编程习惯。

常见错误：

重复插入相同的数据。在设计数据表时，为了保证数据的完整性和唯一性，除了需要设置某些列不许为空的约束条件外，还会设置其他一些约束条件。例如，在部门信息表 dept 中，为了保证表中每行记录的唯一性，为 deptno 列定义了主键约束条件，这就要求该列的值不允许重复。对于上面的实例代码，如果再次单击按钮，将出现如图 7.13 所示的错误提示。这种情况的解决办法就是必须重新换一个与现有 deptno 的值不重复的值。

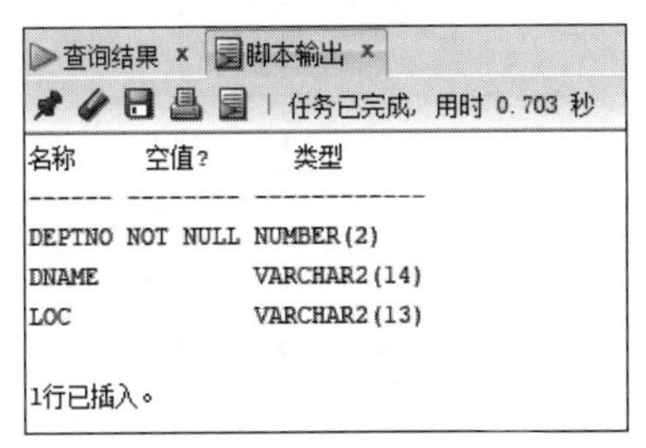


图 7.12　不使用列列表向 dept 插入一行数据

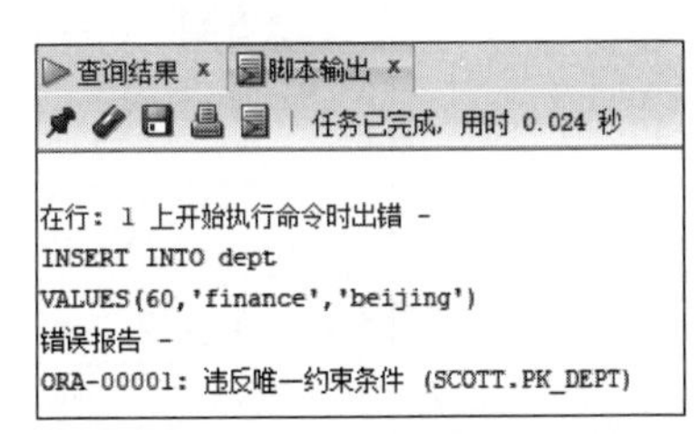


图 7.13　主键重复的错误提示

## （2）批量插入数据

INSERT 语句还有一种强大的用法，就是可以一次向表中添加一组数据，即批量插入数据。用户可以使用 SELECT 语句替换掉 VALUES 子句，这样由 SELECT 语句提供添加的数值。其语法格式如下：

```
INSERT INTO table_name [(column_name1[,column_name2]…)] SELECT Subquery;
```

- table_name：表示要插入的表名称。
- column_name1 和 column_name2：表示指定的列名。
- SELECT Subquery：任何合法的 SELECT 语句，其所选列的个数和类型要与语句中的列数一致。

[实例 7.7]　（源码位置：资源包 \Code\07\07）

### 批量向表 emp_temp 中插入数据

首先创建一个与 emp 结构类似的表 emp_temp，然后将 emp 中工资大于 2000 的记录插入到新表 emp_temp 中，具体步骤如下。

① 创建与员工信息表 emp 结构类似的表 emp_temp，代码如下：

```
CREATE TABLE emp_temp(
empno number(4) primary key,
ename varchar2(10),
job varchar2(9),
mgr number(4),
hiredate date,
sal number(7,2),
comm number(7,2),
deptno number(2));
```

② 批量插入操作。将emp中工资大于2000的记录插入到新表emp_temp中，代码如下：

```
INSERT INTO emp_temp(empno,ename,job,mgr,hiredate,sal,comm,deptno)
SELECT * FROM emp
WHERE sal > 2000;
```

③ 查看 emp_temp 表中是否存在插入的数据，代码如下：

```
SELECT * FROM emp_temp;
```

单击按钮或通过快捷键<F5>来执行此SQL代码，运行结果出现在脚本输出的界面中，如图 7.14 所示。

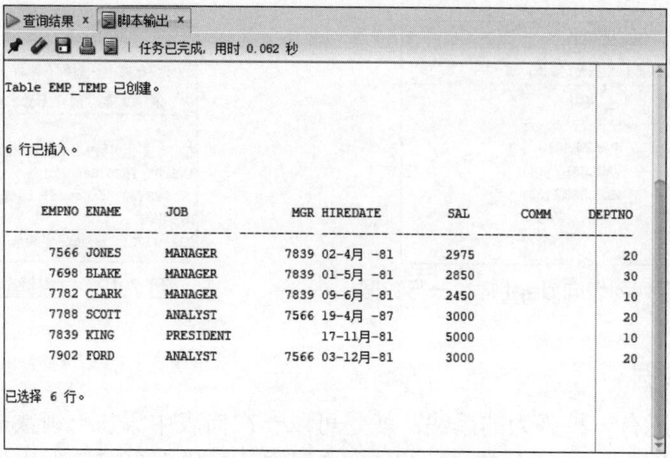

```
查询结果 × 脚本输出 ×
任务已完成，用时 0.062 秒

Table EMP_TEMP 已创建。


6 行已插入。

     EMPNO ENAME      JOB              MGR HIREDATE          SAL       COMM     DEPTNO
---------- ---------- --------- ---------- ---------- ---------- ---------- ----------
      7566 JONES      MANAGER         7839 02-4月 -81       2975                    20
      7698 BLAKE      MANAGER         7839 01-5月 -81       2850                    30
      7782 CLARK      MANAGER         7839 09-6月 -81       2450                    10
      7788 SCOTT      ANALYST         7566 19-4月 -87       3000                    20
      7839 KING       PRESIDENT            17-11月-81       5000                    10
      7902 FORD       ANALYST         7566 03-12月-81       3000                    20

已选择 6 行。
```

图 7.14　创建表和批量插入数据的结果

从上面的运行结果可以看出，使用 INSERT 语句和 SELECT 语句的组合可以一次性向指定的数据表中插入多行记录（这里是 6 行记录）。需要注意的是，在使用这种组合语句实现批量插入数据时，INSERT 语句指定的列名可以与 SELECT 子句指定的列名不同，但它们之间的数据类型必须是兼容的，即 SELECT 子句返回的数据必须满足表中列的约束。

### 7.4.2　更新数据（UPDATE 语句）

如果表中的数据不正确或不符合需求，那么就需要对其进行修改。Oracle 数据库通过 UPDATE 语句来实现修改现有的数据记录。

在更新数据时，更新的列数可以由用户自己指定，列与列之间用逗号（“,”）分隔；更新的行数可以通过 WHERE 子句来加以限制，使用 WHERE 子句时，系统只更新符合 WHERE 条件的记录信息。UPDATE 语句的语法格式如下：

```
UPDATE table_name
SET {column_name1=express1[,column_name2=express2...]
| (column_name1[,column_name2…])=(SELECT Subquery)}
[WHERE condition];
```

- table_name：表示要修改数据的表名。
- column_name1 和 column_name2：指定要更新的列名。
- SELECT Subquery：任何合法的 SELECT 语句，其所选列的个数和类型要与语句中的 column 对应。

- condition：筛选条件表达式，只有符合筛选条件的记录才被更新。

### （1）更新单列数据

当使用 UPDATE 语句修改表行数据时，既可以修改一列，也可以修改多列，也就是说 SET 子句中可以有一个列名或者是多个列名。当修改多列时，列之间用逗号分隔。

**[实例 7.8]** （源码位置：资源包 \Code\07\08）

**将工资低于公司平均工资的员工的工资上涨 20%**

由于公司业绩提升，经理决定将工资低于公司平均工资的员工的工资上涨 20%，对员工信息表 emp 做出修改，具体代码如下：

```
UPDATE emp
SET sal = sal*1.2
WHERE sal<(SELECT avg(sal) FROM emp);
```

单击按钮或通过快捷键 <F5> 来执行此 SQL 代码，运行结果出现在脚本输出的界面中，如图 7.15 所示。

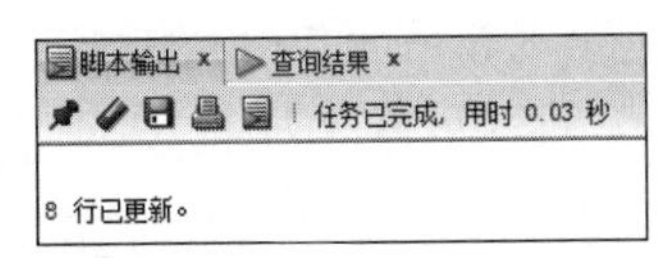


图 7.15　员工的工资上调 20%

在脚本输出界面中显示“8 行已更新”，则说明修改了 8 行数据，已将 8 名工资低于公司平均工资的员工的工资上涨 20%，通过下面的步骤可以验证数据是否修改。

验证数据是否修改的方法为：在 UPDATE 语句前后分别使用“SELECT empno，ename，sal FROM emp WHERE sal<(SELECT avg(sal) FROM emp);”查询语句来验证员工信息表中的工资字段是否改变。从图 7.16 中可知，工资低于平均工资的员工的工资已被修改。

工资调整前

| | EMPNO | ENAME | SAL |
|---|---|---|---|
| 1 | 7369 | SMITH | 800 |
| 2 | 7499 | ALLEN | 1600 |
| | | ARD | 1250 |
| | | ARTIN | 1250 |
| 5 | 7844 | TURNER | 1500 |
| 6 | 7876 | ADAMS | 1100 |
| 7 | 7900 | JAMES | 950 |
| 8 | 7934 | MILLER | 1300 |

工资调整

工资调整后

| | EMPNO | ENAME | SAL |
|---|---|---|---|
| 1 | 7369 | SMITH | 960 |
| 2 | 7499 | ALLEN | 1920 |
| | | | 1500 |
| | | TIN | 1500 |
| | | | 1800 |
| 6 | 7876 | ADAMS | 1320 |
| 7 | 7900 | JAMES | 1140 |
| 8 | 7934 | MILLER | 1560 |

图 7.16　修改低于公司平均工资的员工的工资

在实例 7.8 中，UPDATE 语句更新记录的数量是通过 WHERE 子句控制的，这里限制只更新低于平均工资的员工的工资，若取消 WHERE 子句的限制，则系统会将 emp 中所有人员的工资都上调 20%。

注意：

在开发中应该尽量避免更新全部的数据，因为会降低系统性能，所以需要使用 WHERE 子句来限制修改的条件。

### （2）更新日期列数据

当更新日期列数据时，数据格式要与日期格式和日期语言匹配，否则会显示错误信息。如果希望使用习惯方式指定日期值，那么可以使用 TO_DATE 函数进行转换。

[实例 7.9]　　（源码位置：资源包 \Code\07\09）

### 修改员工号为 7900 的入职时间

把 emp 中员工编号为 7900 的员工的入职时间进行调整，入职时间变为 1984 年 1 月 1 日，具体代码如下：

```
UPDATE emp
SET hiredate = TO_DATE('1984/01/01', 'YYYY/MM/DD')
WHERE empno=7900;
```

图 7.17　修改员工的入职时间

单击按钮或通过快捷键 <F5> 来执行此 SQL 代码，运行结果出现在脚本输出的界面中，如图 7.17 所示。

验证数据是否修改：

在 UPDATE 语句前后分别使用“SELECT empno,ename, hiredate FROM emp WHERE empno = 7900; ”查询语句来验证员工编号为 7900 的员工的入职时间是否更改，从图 7.18 中可知，入职时间已由 1981 年 12 月 3 日修改为了 1984 年 1 月 1 日。

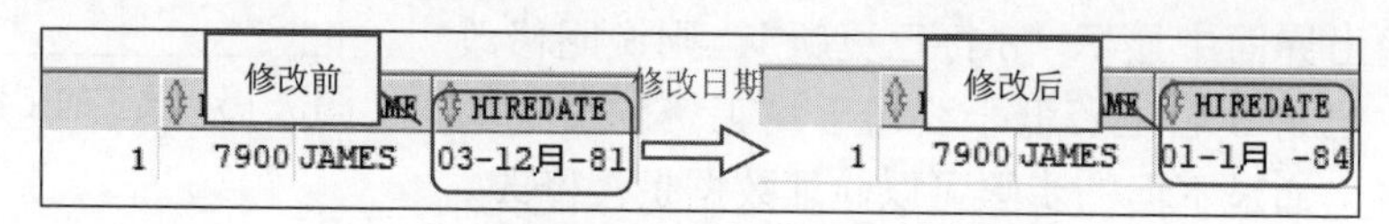


图 7.18　修改 7900 号员工的入职时间

**说明：**

在使用 INSERT 语句插入日期型的数据时，同样需要使用 TO_DATE 函数进行转换。

#### （3）使用子查询更新数据

同 INSERT 语句一样，UPDATE 语句也可以与 SELECT 语句组合使用来达到更新数据的目的。

[实例 7.10]　　（源码位置：资源包 \Code\07\10）

### 调整低薪员工的工资

把 emp 中工资低于 2000 的员工的工资调整为管理者（MANAGER）的平均工资水平，具体代码如下：

```
UPDATE emp
SET sal = (SELECT AVG(sal)
FROM emp WHERE job = 'MANAGER')
WHERE sal < 2000;
```

单击按钮或通过快捷键 <F5> 来执行此 SQL 代码，运行结果出现在脚本输出的界面中，如图 7.19 所示。

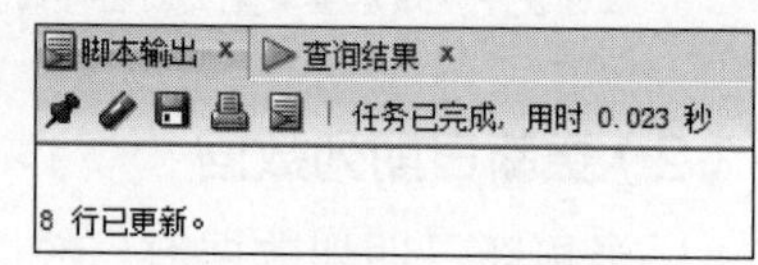


图 7.19　调整低薪员工的工资

在脚本输出界面中显示“8 行已更新”，说明修改了 8 行数据，即已将 8 名工资低于 2000 的员工工资做出修改，通过下面的步骤可以验证数据是否修改。

首先通过“SELECT AVG(sal) FROM emp WHERE job = ‘MANAGER’;”语句查询可知职位为管理者的平均工资，这里为 2758.33，然后使用“SELECT empno,ename,sal FROM emp WHERE sal < 2000;”（在 UPDATE 语句之前查询）和“SELECT empno,ename,sal FROM emp WHERE sal = 2758.33;”（在 UPDATE 语句之后查询）两条查询语句来验证低于 2000 的工资是否调整，查询结果如图 7.20 所示。从图 7.20 中可知，工资低于 2000 的员工经过数据更新后，工资变为了 2758.33。

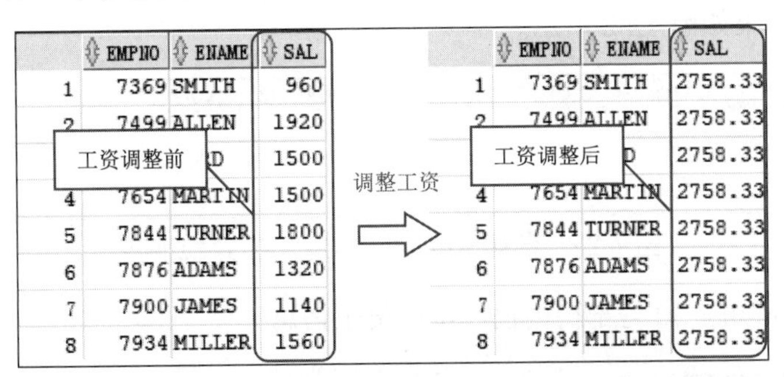


图 7.20　修改工资低于 2000 的员工工资

**注意：**

在将 UPDATE 语句与 SELECT 语句组合使用时，必须保证 SELECT 语句返回单一的值，否则会出现错误提示，导致更新数据失败。

### 7.4.3　删除数据（DELETE 语句和 TRUNCATE 语句）

Oracle 系统提供了向数据库添加记录的功能，自然也提供了从数据库删除记录的功能。从数据库中删除记录可以使用 DELETE 语句和 TRUNCATE 语句，但这两种语句还是有很大区别的，下面分别进行讲解。

#### （1）DELETE 语句

DELETE 语句用来删除数据库中的所有记录和指定范围的记录。若要删除指定范围的记录，同 UPDATE 语句一样，要通过 WHERE 子句进行限制，其语法格式如下：

```
DELETE FROM table_name [WHERE condition];
```

- table_name：表示要删除记录的表名。
- condition：可选项，筛选条件表达式，当该筛选条件存在时，只有符合筛选条件的记录才被删除。

[实例 7.11]　（源码位置：资源包 \Code\07\11）

**删除 30 号部门内的所有员工信息**

删除 30 号部门内的所有员工信息，删除之后查看 30 号部门内是否还有员工信息，具体代码如下：

```
DELETE FROM emp WHERE deptno = 30;
```

单击按钮或通过快捷键<F5>来执行此 SQL 代码，运行结果出现在脚本输出的界面中，如图 7.21 所示。

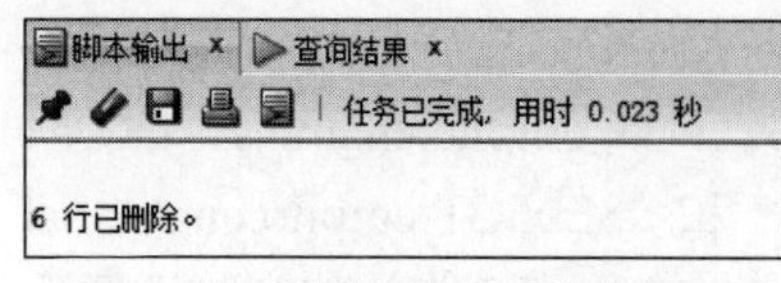


图 7.21　删除销售员的数据记录

上面的代码中，DELETE 语句删除记录的数量是通过删除条件来控制的，即 WHERE 子句。在此实例中删除条件为 30 号部门内的所有员工，若取消 WHERE 子句的限制，则系统会将 emp 中所有人员的记录都删除。

接下来再使用 “SELECT * FROM emp WHERE deptno = 30;” 语句来查看 30 号部门内是否还有员工，结果如图 7.22 所示。

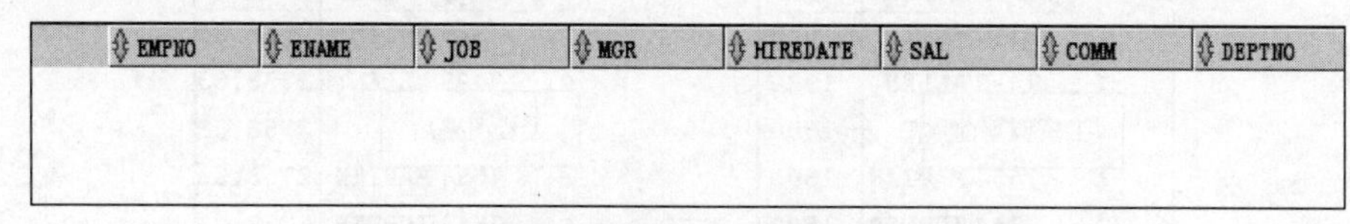

| EMPNO | ENAME | JOB | MGR | HIREDATE | SAL | COMM | DEPTNO |
|---|---|---|---|---|---|---|---|

图 7.22　查看 30 号部门内是否还有员工信息

从图 7.22 中可知，30 号部门内已经没有员工信息了。

## （2）TRUNCATE 语句

如果用户确定要删除表中的所有记录，则建议使用 TRUNCATE 语句。使用 TRUNCATE 语句删除数据时，通常要比 DELETE 语句快许多。TRUNCATE 语句的语法格式如下：

```
TRUNCATE FROM table_name;
```

**注意：**

在 TRUNCATE 语句中是没有删除条件的。

例如，要删除 emp_temp 中所有的数据记录，代码如下：

```
TRUNCATE TABLE emp_temp;
```

# 本章知识思维导图

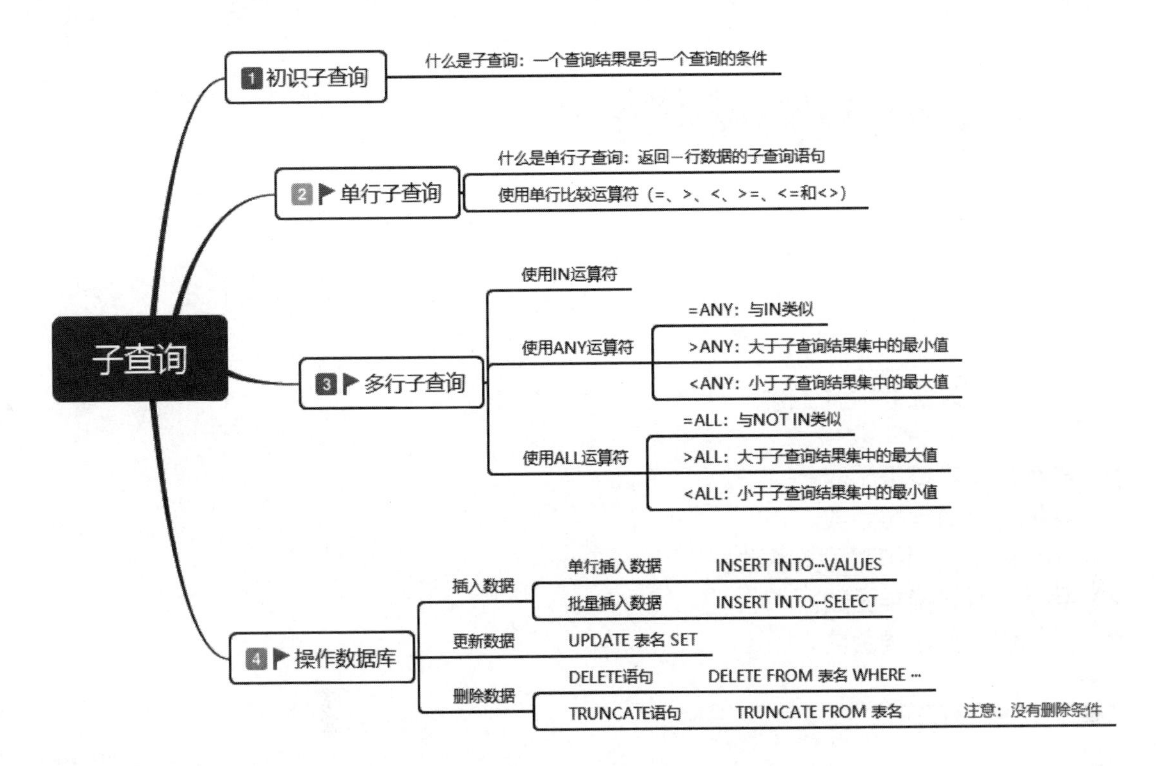
子查询
1 初识子查询
什么是子查询：一个查询结果是另一个查询的条件
2 单行子查询
什么是单行子查询：返回一行数据的子查询语句
使用单行比较运算符（=、>、<、>=、<=和<>）
3 多行子查询
使用IN运算符
使用ANY运算符
=ANY：与IN类似
>ANY：大于子查询结果集中的最小值
<ANY：小于子查询结果集中的最大值
使用ALL运算符
=ALL：与NOT IN类似
>ALL：大于子查询结果集中的最大值
<ALL：小于子查询结果集中的最小值
4 操作数据库
插入数据
单行插入数据
INSERT INTO…VALUES
批量插入数据
INSERT INTO…SELECT
更新数据
UPDATE 表名 SET
删除数据
DELETE语句
DELETE FROM 表名 WHERE …
TRUNCATE语句
TRUNCATE FROM 表名
注意：没有删除条件

# 第 8 章 常用系统函数

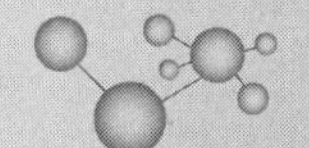

## 本章学习目标

- 熟练使用字符类函数。
- 熟练使用数字类函数。
- 熟练使用日期和时间类函数。
- 熟练使用转换类函数。
- 熟练使用聚集类函数。

# 8.1 字符类函数

SQL 语言是一种脚本语言，它提供了大量内置函数，使用这些内置函数可以大大增强 SQL 语言的运算和判断功能。本节将对 Oracle 中的一些常用函数进行介绍，如字符类函数、数字类函数、日期和时间类函数、转换类函数和聚集类函数。

字符类函数是专门用于字符处理的函数，处理的对象可以是字符或字符串常量，也可以是字符类型的列，常用的字符类函数如表 8.1 所示。

表 8.1 常用字符类函数

| 序号 | 函数语法 | 函数功能 |
|---|---|---|
| 1 | ASCII(字符) | 返回与指定字符对应的十进制数字（即 ASCII 码值） |
| 2 | CHR(数字) | 给出一个数字，返回与之对应的字符，与 ASCII() 函数功能互逆 |
| 3 | CONCAT(列1 \| 字符串1，列2 \| 字符串2) | 将字符串2连接到字符串1的后面，并返回结果 |
| 4 | INITCAP(列 \| 字符串) | 将字符串中每个单词的开头首字母大写，其他字母小写 |
| 5 | INSTR(列 \| 字符串，要查找的字符串，开始位置，出现位置) | 查找一个子字符串是否在指定的位置上出现 |
| 6 | LENGTH(列 \| 字符串) | 返回字符串长度 |
| 7 | LOWER(列 \| 字符串) | 将字符串的内容全部转小写 |
| 8 | UPPER(列 \| 字符串) | 将字符串的内容全部转大写 |
| 9 | REPLACE(列 \| 字符串1，字符串2) | 使用字符串2替换字符串1 |
| 10 | SUBSTR(列 \| 字符串，开始点 i [, 长度 j]) | 从字符串的第 i 个位置开始截取长度为 j 的子字符串 |

下面通过实例来详细讲解字符类函数，由于篇幅有限，本节中只介绍几种比较常用的字符类函数。

**[实例 8.1]** （源码位置：资源包 \Code\08\01）

### 连接两个字符串

将员工信息表 emp 中的员工编号和员工姓名连接后进行输出，具体代码如下：

```
SELECT CONCAT(empno,ename) 员工的编号和姓名 FROM emp;
```

在 SQL Developer 中输入，查询结果如图 8.1 所示。

想要连接字符串，可以使用 CONCAT() 函数。在 CONCAT() 函数中有两个参数，用于指定要连接的字符串，通过此函数可以实现将这两个参数进行连接。

需要注意的是，CONCAT() 函数中的参数不仅可以是字符串，还可以是数据表中的列，例如 CONCAT( 列 1，列 2) 实现了将列 1 和列 2 进行连接。

| | 员工的编号和姓名 |
|---|---|
| 1 | 7369SMITH |
| 2 | 7499ALLEN |
| 3 | 7521WARD |
| 4 | 7566JONES |
| 5 | 7654MARTIN |
| 6 | 7698BLAKE |
| 7 | 7782CLARK |
| 8 | 7788SCOTT |
| 9 | 7839KING |
| 10 | 7844TURNER |
| 11 | 7876ADAMS |
| 12 | 7900JAMES |
| 13 | 7902FORD |
| 14 | 7934MILLER |

图 8.1 连接员工编号和员工姓名

[实例 8.2]　（源码位置：资源包 \Code\08\02）

### 查询姓名前 3 个字母是 ALL 的员工信息

由于只知道姓名的前 3 个字母，所以可以使用 SUBSTR() 函数进行截取后判断，代码如下：

```
SELECT * FROM emp
WHERE SUBSTR(ename,0,3) = 'ALL';
```

在 SQL Developer 中输入，查询结果如图 8.2 所示。

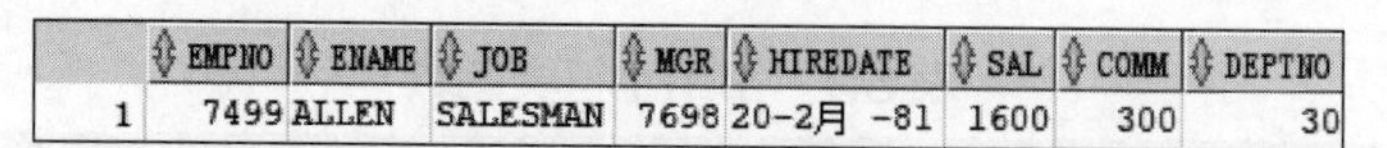

| | EMPNO | ENAME | JOB | MGR | HIREDATE | SAL | COMM | DEPTNO |
|---|---|---|---|---|---|---|---|---|
| 1 | 7499 | ALLEN | SALESMAN | 7698 | 20-2月 -81 | 1600 | 300 | 30 |

图 8.2　查询姓名前 3 个字母是 ALL 的员工信息

SUBSTR() 函数中有三个参数，语法为 SUBSTR( 列 | 字符串 , 开始点 i [, 长度 j])。第一个参数是要截取的字符串，也可以是数据列；第二个参数是要截取的起始位置；第三个参数为截取的长度，可以省略，如果省略则表示直接截取到字符串尾部。

在本实例中，要截取的是员工信息表 emp 的姓名 ename 列，从第一个字符处开始截取，截取 3 个字母。在字符串中第一个字符的下标为 0，所以第二个参数为 0；要截取 3 个字母，所以第三个参数为 3。

## 8.2　数字类函数

数字类函数主要用于执行各种数据计算，所有的数字类函数都有数字参数并返回数字值。Oracle 系统提供了大量的数字类函数，这些函数大大增强了 Oracle 系统的科学计算能力。下面就列出 Oracle 系统中常用的数字类函数，如表 8.2 所示。

表 8.2　常用数字类函数

| 序号 | 函数语法 | 函数功能 |
|---|---|---|
| 1 | ABS(n) | 返回 n 的绝对值 |
| 2 | CEIL(n) | 返回大于或等于数值 n 的最小整数 |
| 3 | EXP(n) | 返回 e 的 n 次幂，e=2.71828183 |
| 4 | FLORR(n) | 返回小于或等于 n 的最大整数 |
| 5 | LOG(n1,n2) | 返回以 n1 为底 n2 的对数 |
| 6 | MOD(n1,n2) | 取模，即返回 n1 除以 n2 的余数 |
| 7 | POWER(n1,n2) | 返回 n1 的 n2 次方 |
| 8 | SIGN(n) | 若 n 为负数，则返回 -1；若 n 为正数，则返回 1；若 n=0，则返回 0 |
| 9 | COS(n) | 返回 n 的余弦值，n 为弧度 |
| 10 | SIN(n) | 返回 n 的正弦值，n 为弧度 |
| 11 | SQRT(n) | 返回 n 的平方根，n 为非负实数 |
| 12 | ROUND(数字 [,保留位数]) | 对数字进行四舍五入，可以指定保留位数。如果不指定，则表示将小数点之后的数字全部进行四舍五入 |
| 13 | TRUNC(数字 [,截取位数]) | 保留指定位数的小数，如果不指定，则表示不保留小数 |

在表 8.2 中列举了若干三角函数，这些三角函数的操作数和返回值都是弧度，而不是角度，这一点需要读者注意。下面对表 8.2 中常用的几个函数进行举例说明。

（源码位置：资源包 \Code\08\03）

[实例 8.3]

### 查询员工的基本信息和日基本工资

在员工信息表 emp 中查询员工的基本信息和日基本工资情况，以每月 30 天来计算日基本工资，代码如下：

```
SELECT empno,ename,job,sal,sal/30,ROUND(sal/30,2) 日工资
FROM emp;
```

在 SQL Developer 中输入，查询结果如图 8.3 所示。

| | EMPNO | ENAME | JOB | SAL | SAL/30 | 日工资 |
|---|---|---|---|---|---|---|
| 1 | 7499 | ALLEN | SALESMAN | 1600 | 53.33333333333333333333333333333333333333 | 53.33 |
| 2 | 7521 | WARD | SALESMAN | 1250 | 41.66666666666666666666666666666666666667 | 41.67 |
| 3 | 7369 | SMITH | CLERK | 800 | 26.66666666666666666666666666666666666667 | 26.67 |
| 4 | 7566 | JONES | MANAGER | 2975 | 99.16666666666666666666666666666666666667 | 99.17 |
| 5 | 7654 | MARTIN | SALESMAN | 1250 | 41.66666666666666666666666666666666666667 | 41.67 |
| 6 | 7698 | BLAKE | MANAGER | 2850 | 95 | 95 |
| 7 | 7782 | CLARK | MANAGER | 2450 | 81.66666666666666666666666666666666666667 | 81.67 |
| 8 | 7788 | SCOTT | ANALYST | 3000 | 100 | 100 |
| 9 | 7839 | KING | PRESIDENT | 5000 | 166.6666666666666666666666666666666666667 | 166.67 |
| 10 | 7844 | TURNER | SALESMAN | 1500 | 50 | 50 |
| 11 | 7876 | ADAMS | CLERK | 1100 | 36.66666666666666666666666666666666666667 | 36.67 |
| 12 | 7900 | JAMES | CLERK | 950 | 31.66666666666666666666666666666666666667 | 31.67 |
| 13 | 7902 | FORD | ANALYST | 3000 | 100 | 100 |
| 14 | 7934 | MILLER | CLERK | 1300 | 43.33333333333333333333333333333333333333 | 43.33 |

图 8.3　查询员工的基本信息和日基本工资

如果使用公式“sal/30”进行计算的话，会出现小数位过多的情况，这时可以使用 ROUND() 函数进行处理，四舍五入之后保留 2 位小数。

**说明：**

ROUND() 函数有两个参数，第一个参数为要进行四舍五入的数值，第二个参数可以设置为 0，那么则表示从数字的整数位开始截取，返回的是整数位。

（源码位置：资源包 \Code\08\04）

[实例 8.4]

### 使用 TRUNC() 函数求日基本工资

在实例 8.3 中，通过 ROUND() 函数使得日工资数值保留 2 位小数，但是在本实例中要求使用 TRUNC() 函数保留 2 位小数，那么查询结果又会有什么不同呢？首先编写如下代码：

```
SELECT empno,ename,job,sal,sal/30,TRUNC(sal/30,2) 日工资
FROM emp;
```

在 SQL Developer 中输入，查询结果如图 8.4 所示。

通过图 8.4 与图 8.3 的对比可以发现，ROUND() 函数是采用四舍五入的形式对数字进行截取，而 TRUNC() 函数是直接截取两位小数，不考虑四舍五入的情况。

| | EMPNO | ENAME | JOB | SAL | SAL/30 | 日工资 |
|---|---|---|---|---|---|---|
| 1 | 7499 | ALLEN | SALESMAN | 1600 | 53.333333333333333333333333333333333333 | 53.33 |
| 2 | 7521 | WARD | SALESMAN | 1250 | 41.666666666666666666666666666666666667 | 41.66 |
| 3 | 7369 | SMITH | CLERK | 800 | 26.666666666666666666666666666666666667 | 26.66 |
| 4 | 7566 | JONES | MANAGER | 2975 | 99.166666666666666666666666666666666667 | 99.16 |
| 5 | 7654 | MARTIN | SALESMAN | 1250 | 41.666666666666666666666666666666666667 | 41.66 |
| 6 | 7698 | BLAKE | MANAGER | 2850 | 95 | 95 |
| 7 | 7782 | CLARK | MANAGER | 2450 | 81.666666666666666666666666666666666667 | 81.66 |
| 8 | 7788 | SCOTT | ANALYST | 3000 | 100 | 100 |
| 9 | 7839 | KING | PRESIDENT | 5000 | 166.66666666666666666666666666666666667 | 166.66 |
| 10 | 7844 | TURNER | SALESMAN | 1500 | 50 | 50 |
| 11 | 7876 | ADAMS | CLERK | 1100 | 36.666666666666666666666666666666666667 | 36.66 |
| 12 | 7900 | JAMES | CLERK | 950 | 31.666666666666666666666666666666666667 | 31.66 |
| 13 | 7902 | FORD | ANALYST | 3000 | 100 | 100 |
| 14 | 7934 | MILLER | CLERK | 1300 | 43.333333333333333333333333333333333333 | 43.33 |

图 8.4　使用 TRUNC() 函数求日基本工资

**说明：**

TRUNC() 函数与 ROUND() 函数的功能类似，也可以将第二个参数设置为 0，表示返回整数。

# 8.3　日期和时间类函数

在 Oracle 中，系统提供了许多用于处理日期和时间的函数，通过这些函数可以实现计算需要的特定日期和时间，常用的日期和时间函数如表 8.3 所示。

表 8.3　常用的日期和时间类函数

| 序号 | 函数语法 | 函数功能 |
|---|---|---|
| 1 | ADD_MONTHS(d,i) | 返回日期 d 加上 i 个月之后的结果。其中，i 为任意整数 |
| 2 | LAST_DAY(d) | 返回 d 月份的最后一天 |
| 3 | MONTHS_BETWEEN(d1,d2) | 返回 d1 和 d2 之间的月份数，若 d1 和 d2 的日期相同，或者都是该月的最后一天，则返回一个整数，否则返回一个小数 |
| 4 | NEW_TIME(d1,t1,t2) | 返回 t1 时区中的日期和时间、d1 在 t2 时区中对应的日期和时间。其中，d1 是一个日期类型数据，t1 和 t2 是字符串 |
| 5 | SYSDATE | 返回系统当前的日期 |

在 Oracle 中，日期类型的默认格式是“日 - 月 - 年”即“DD-MON-YY”，其中“DD”表示 2 位数字的“日”，MON 表示 3 位的“月份”，YY 表示 2 位数字的“年份”。例如，“01-10 月 -11”表示 2011 年 10 月 1 日。下面看几个常用函数的具体应用。

## 8.3.1　SYSDATE 函数

如果想要获取系统当前的日期，可以使用 SYSDATE 函数，代码如下：

```
SELECT SYSDATE AS 系统日期 FROM dual;
```

在 SQL Developer 中输入，查询结果如图 8.5 所示。

| | 系统日期 |
|---|---|
| 1 | 07-6月 -21 |

图 8.5　获得系统当前的日期

### 8.3.2 ADD_MONTHS(d,i) 函数

该函数返回日期 d 加上 i 个月之后的结果。其中，i 为任意整数。

[实例 8.5]　（源码位置：资源包 \Code\08\05）

**使用 ADD_MONTHS() 函数计算日期值**

使用 ADD_MONTHS() 函数计算三个月之后的日期和三个月之前的日期，代码如下：

```
SELECT SYSDATE 当前日期，
ADD_MONTHS(sysdate,3) 三个月之后的日期，
ADD_MONTHS(sysdate,-3) 三个月之前的日期
FROM dual;
```

在 SQL Developer 中输入，查询结果如图 8.6 所示。

| | 当前日期 | 三个月之后的日期 | 三个月之前的日期 |
|---|---|---|---|
| 1 | 07-6月 -21 | 07-9月 -21 | 07-3月 -21 |

图 8.6　使用 ADD_MONTHS() 函数计算日期值

通过图 8.6 可知，当前日期为“2021 年 6 月 7 日”，那么三个月之后的日期就是“2021 年 9 月 7 日”。如果 ADD_MONTHS() 函数的第二个参数为负数，则表明计算的是当前日期之前的日期值。

## 8.4　转换类函数

在操作表中的数据时，经常需要将某个数据从一种类型转换为另外一种类型，这时就需要转换类函数。比如常见的有把具有“特定格式”字符串转换为日期、把数字转换成字符等。常用的转换函数如表 8.4 所示。

表 8.4　常用转换类函数

| 序号 | 函数语法 | 函数功能 |
|---|---|---|
| 1 | TO_CHAR(x[,format]) | 该函数实现将表达式转换为字符串，format 表示字符串格式 |
| 2 | TO_DATE(s[,format[lan]]) | 该函数将字符串 s 转换成日期类型，format 表示字符串格式，lan 表示所使用的语言 |
| 3 | TO_NUMBER(s[,format[lan]]) | 该函数将返回字符串 s 代表的数字，返回值按照 format 格式进行显示，format 表示字符串格式，lan 表示所使用的语言 |

由于篇幅问题，本节只介绍 TO_CHAR() 函数的主要用法。

TO_CHAR() 函数的功能为将表达式转换为字符串。

在默认情况下，如果查询一个日期，则日期默认的显示格式为“01-10 月 -11”，而这样的显示效果让人看起来不习惯，所以此时可以通过 TO_CHAR() 函数对这个日期数据进行格式化（格式化之后的数据是字符串）。如果要完成这种格式化，就需要了解格式化日期的替代标记，如表 8.5 所示。

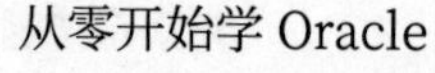


表 8.5　日期格式化标记

| 序号 | 函数语法 | 函数功能 |
|---|---|---|
| 1 | YYYY | 表示完整的年份，年有4位，所以使用4个Y |
| 2 | Y,YYY | 带逗号的年，如2,017 |
| 3 | YYY | 年的后3位 |
| 4 | YY | 年的后2位 |
| 5 | Y | 年的最后一位 |
| 6 | YEAR | 表示年份的文字，直接显示4位的年 |
| 7 | MONTH | 表示月份的文字，直接显示2位的月 |
| 8 | MM | 用2位数字来表示月份，月有2位，所以使用2个M |
| 9 | DAY | 表示天数的文字 |
| 10 | DDD | 表示一年里的天数（001 ～ 366） |
| 11 | DD | 表示一个月里的天数（01 ～ 31） |
| 12 | D | 表示一周里的天数（1 ～ 7） |
| 13 | DY | 用文字表示星期几 |
| 14 | WW | 表示一年里的周数 |
| 15 | W | 表示一个月里的周数 |
| 16 | HH | 表示12小时制，小时是2位数字，使用2个HH |
| 17 | HH24 | 表示24小时制 |
| 18 | MI | 表示分钟 |
| 19 | SS | 表示秒，秒是2位数字，使用两个S |
| 20 | SSSSS | 午夜之后的秒数字表示（0 ～ 86399） |
| 21 | AM\|PM | 表示上午或下午 |

[实例 8.6]　　（源码位置：资源包 \Code\08\06）

### 以“YYYY-MM-DD”格式输出当前日期

使用 TO_CHAR() 函数转换系统日期为“YYYY-MM-DD”格式，代码如下：

```
SELECT SYSDATE AS 默认格式日期 , TO_CHAR(SYSDATE,'YYYY-MM-DD') AS 转换后日期
FROM dual;
```

在 SQL Developer 中输入，查询结果如图 8.7 所示。

|  | 默认格式日期 | 转换后日期 |
|---|---|---|
| 1 | 07-6月 -21 | 2021-06-07 |

图 8.7　以“YYYY-MM-DD”格式输出当前日期

说明：

Oracle 中的格式化标记不区分大小写。例如，年的格式化标记可以是“YYYY”，也可以为“yyyy”。

## 8.5　聚集类函数

使用聚合类函数可以针对一组数据进行计算，并得到相应的结果。常用的有计算平均

值、统计记录数、计算最大值等。Oracle 所提供的主要聚合函数如表 8.6 所示。

表 8.6 常用聚合类函数

| 序号 | 函数语法 | 函数功能 |
|---|---|---|
| 1 | AVG(x[DISTINCT\|ALL]) | 计算选择列的平均值，可以是一个列或多个列的表达式 |
| 2 | COUNT(x[DISTINCT\|ALL]) | 返回查询结果中的记录数 |
| 3 | MAX(x[DISTINCT\|ALL]) | 返回选择列中的最大数，可以是一个列或多个列的表达式 |
| 4 | MIN(x[DISTINCT\|ALL]) | 返回选择列中的最小数，可以是一个列或多个列的表达式 |
| 5 | SUM(x[DISTINCT\|ALL]) | 返回选择列的数值总和，可以是一个列或多个列的表达式 |
| 6 | VARIANCE(x[DISTINCT\|ALL]) | 返回选择列的统计方差，可以是一个列或多个列的表达式 |
| 7 | STDDEV(x[DISTINCT\|ALL]) | 返回选择列的标准偏差，可以是一个列或多个列的表达式 |

在实际的应用系统开发中，聚合函数应用比较广泛，比如统计平均值、记录总数等，如果要计算员工总数及平均工资的话，代码为：

```
SELECT COUNT(empno) AS 员工总数 ,ROUND(AVG(sal),2) AS 平均工资 FROM emp;
```

在 SQL Developer 中输入，查询结果如图 8.8 所示。

使用 COUNT() 函数计算员工总数，使用 AVG() 函数计算平均工资。

|  | 员工总数 | 平均工资 |
|---|---|---|
| 1 | 14 | 2073.21 |

图 8.8 计算员工总数及平均工资

## 本章知识思维导图

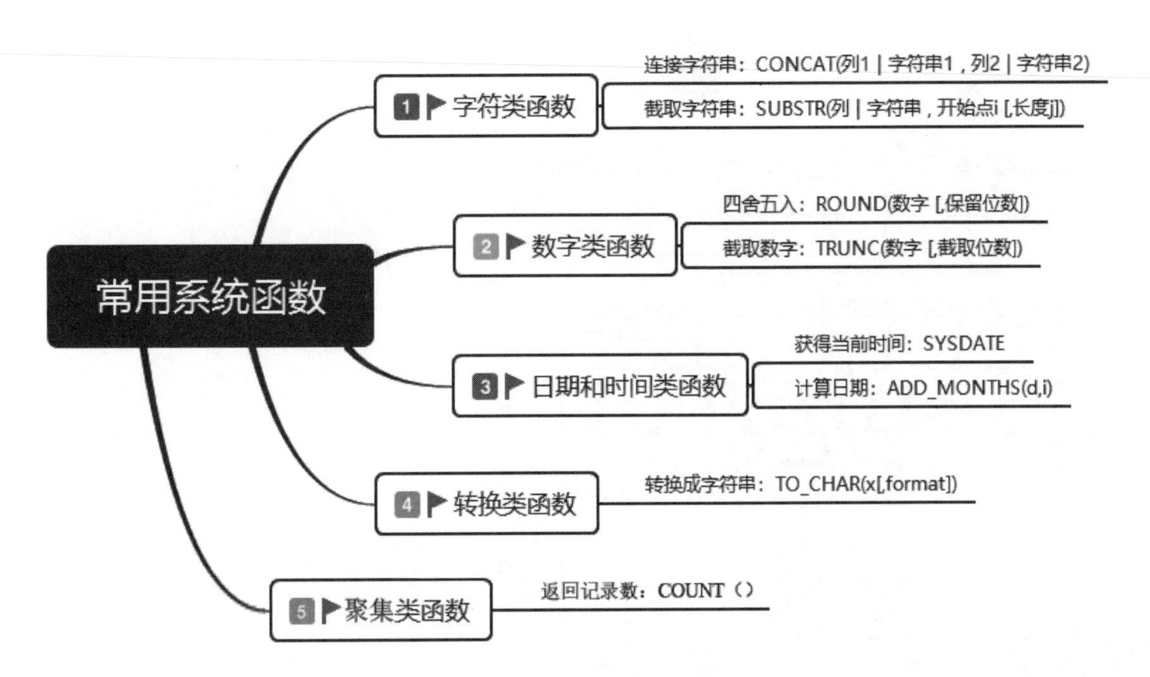

</>
Oracle

Oracle

从零开始学 Oracle

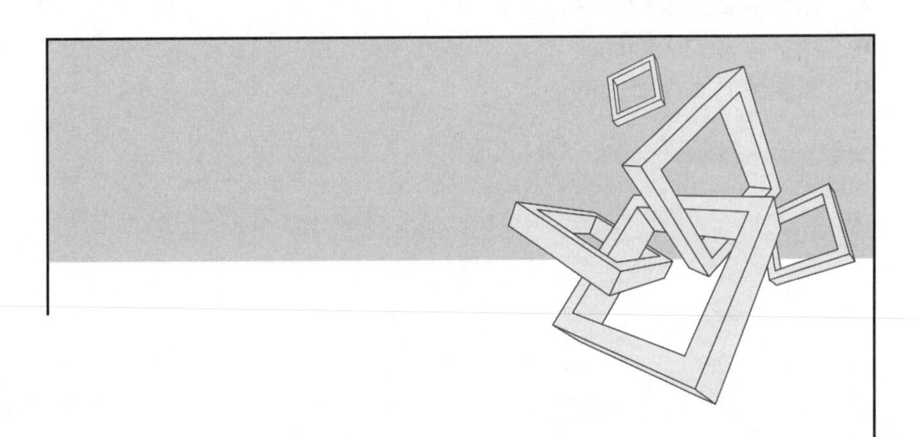

# 第2篇 数据库编程篇

# 第 9 章

# PL/SQL 语言编程

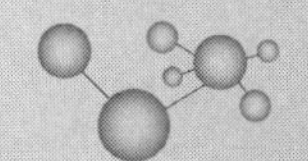

## 本章学习目标

- 了解 PL/SQL 的概念。
- 熟练掌握 PL/SQL 的数据类型和变量。
- 熟悉掌握流程控制语句。
- 熟悉常量的应用场景。
- 掌握数据类型转换的使用。

# 9.1 PL/SQL 简介

PL/SQL(Procedural Language/SQL) 是一种过程化语言，在 PL/SQL 中可以通过 IF 语句或 LOOP 语句实现控制程序的执行流程，甚至可以定义变量，以便在语句之间传递数据信息，这样 PL/SQL 语言就能够实现操控程序处理的细节过程，不像普通的 SQL 语句（如 DML 语句、DQL 语句）没有流程控制，也不存在变量，因此使用 PL/SQL 语言可以实现比较复杂的业务逻辑。

PL/SQL 是 Oracle 的专用语言，它是对标准 SQL 语言的扩展，它允许在其内部嵌套普通的 SQL 语句，这样就将 SQL 语句的数据操纵能力、数据查询能力和 PL/SQL 的过程处理能力结合在一起，达到各自取长补短的目的。

## 9.1.1 PL/SQL 块结构

PL/SQL 程序都是以块（BLOCK）为基本单位，整个 PL/SQL 块分三部分：声明部分（以 DECLARE 开头）、执行部分（以 BEGIN 开头）和异常处理部分（以 EXCEPTION 开头）。其中执行部分是必须的，其他两个部分可选。无论 PL/SQL 程序段的代码量有多大，其基本结构都是由这三部分组成。标准 PL/SQL 块的语法格式如下：

```
[DECLARE]   -- 声明部分，可选
BEGIN       -- 执行部分，必须
[EXCEPTION] -- 异常处理部分，可选
END;
/
```

接下来对 PL/SQL 块的三个组成部分进行详细说明。

① 声明部分（DECLARE）：包含变量定义、用户定义的 PL/SQL 类型、游标、引用的函数或过程。

**注意：**

**在某个 PL/SQL 块中声明的内容只能在当前块中使用，而在其他 PL/SQL 块中是无法引用的。**

② 执行部分（BEGIN）：执行部分是整个 PL/SQL 程序块的主体，主要的逻辑控制和运算都在这部分完成，包含变量赋值、对象初始化、条件结构、循环结构、嵌套的 PL/SQL 匿名块，以及对局部或存储 PL/SQL 命名块的调用。

③ 异常处理部分（EXCEPTION）：包含错误处理语句，该语句可以像执行部分一样使用所有项。

④ 结束部分（END）：程序执行到 END 表示结束，不要忘记 END 后的分号，分号用于结束匿名块，而斜杠（/）用于执行块程序。

**说明：**

**PL/SQL 支持两种类型的程序，一种是匿名块程序，另一种是命名块程序。这两种程序都由声明、执行和异常处理 3 个部分组成。匿名块支持批脚本执行，而命名块提供存储编程单元。**

对于 PL/SQL 块中的语句，需要注意的是：

- 每条 SQL 语句可以写成多行的形式，但必须使用分号来结束。
- 一行中可以有多条 SQL 语句，但是它们之间必须以分号分隔。

下面编写一个简单的 PL/SQL 程序。

[实例 9.1]　（源码位置：资源包 \Code\09\01）

**输出变量值**

定义一个 PL/SQL 代码块，在此代码块中，定义一个变量 num，为变量赋值后输出此变量值，代码如下：

```
01   SET serveroutput on
02   DECLARE
03     num NUMBER;                  -- 定义一个变量 num
04   BEGIN
05     num:=30;                     -- 设置变量 num 的内容
06     DBMS_OUTPUT.put_lINe('num 变量的内容是 :'||num);
07   END;
08   /
```

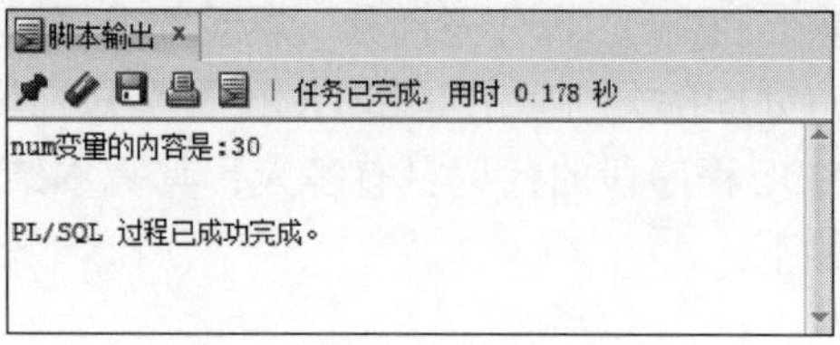

脚本输出 ×
任务已完成，用时 0.178 秒
num变量的内容是:30

PL/SQL 过程已成功完成。

图 9.1　输出变量 num 的值

单击按钮或通过快捷键 <F5> 来执行此 PL/SQL 代码，运行结果出现在脚本输出的界面中，如图 9.1 所示。

在本程序中，首先在 DECLARE 部分定义了一个整型变量 num，然后在 BEGIN 部分中为这个整型变量赋值为 30，再进行输出。

**注意：**

默认情况下使用“DBMS_OUTPUT.put_lINe()”操作是无法输出结果的。如本实例中，如果没有第一行代码的话，运行之后，只会显示“anonymous block completed”，而不会输出结果。这是因为在默认情况下 Oracle 将输出显示关闭了，需要用户首先输入“SET serveroutput on”语句将其打开，这样就可以正常显示输出结果了。

## 9.1.2　代码注释

注释用于对程序代码的解释说明，它能够增强程序的可读性，使程序更易于理解。注释在编译时被 PL/SQL 编译器忽略掉。注释有单行注释和多行注释两种情况。

### （1）单行注释

单行注释由两个连字符“-”开始，后面紧跟着注释内容。

在实例 9.1 中就用到了单行注释，代码如下：

```
03     num NUMBER;                  -- 定义一个变量 num
04   BEGIN
05     num:=30;                     -- 设置变量 num 的内容
```

**注意：**

如果注释超过一行，就必须在每一行的开头都使用连字符（--）。

### （2）多行注释

多行注释由“/*”开头，由“*/”结尾，这种注释的方法在大多数的编程语言中是相同的。

如果将实例 9.1 中的注释改为多行注释，代码如下：

```
01  SET serveroutput on                                   /* 显示输出结果 */
02  DECLARE
03    num NUMBER;                                         /* 定义一个变量 num*/
04  BEGIN
05    num:=30;                                            /* 设置变量 num 的内容 */
06    /* 输出
07    变量值 */
08    DBMS_OUTPUT.put_lINe('num 变量的内容是 :'||num);
09  END;
10  /
```

在代码的第 06、07 行使用了多行注释，此注释与单行注释不同的是，在两行的位置上只是用一对 "/*" "*/"；而单行注释每行都要使用连字符（--）。



## 9.1.3 标识符

就像人都有名字一样，PL/SQL 块单元和程序项的名字就叫做标识符（identIFier）。通过使用标识符，可以定义常量、变量、异常、显式游标、游标变量、参数、子程序及包的名称。当使用标识符定义 PL/SQL 块或程序单元时，需要满足以下规则：

- 当定义变量、常量时，每行只能定义一个变量或者常量（每行以分号 ";" 结束）。
- 当定义变量、常量时，名称必须以英文字符（A ～ Z、a ～ z）开始，并且最大长度为 30 个字符。
- 当定义变量、常量时，名称只能使用符号 A ～ Z、a ～ z、0 ～ 9、_、$ 和 #。
- 当定义变量、常量时，名称不能使用 Oracle 关键字。例如，不能使用 SELECT 或 UPDATE 等作为变量名。

说明：

由于 Oracle 中关键字过多，所以在本书中不列出。如果想要了解全部关键字，可以通过查询 v$reserved_words 数据字典来查看。

### （1）合法的标识符

所有的 PL/SQL 程序元素（比如关键字、变量名、常量名等）都是由一些字符序列组合而成的，而这些字符序列中的字符都必须取自 PL/SQL 语言所允许使用的字符集，这些合法的字符集主要包括以下内容：

① 大写和小写字母：A ～ Z 或 a ～ z。

② 数字：0 ～ 9。

③ 非显示的字符：制表符、空格和回车。

④ 数学符号：+、-、*、/、>、< 和 = 等。

⑤ 间隔符：包括 ()、{}、[]、?、!、;、:、@、#、%、$ 和 & 等。

只有上面列出的这些符合要求的字符才可以在 PL/SQL 程序中使用，其他的字符都是非法的，不可以使用。类似于 SQL，除了由引号引起来的字符串以外，PL/SQL 不区分字母的大小写。标准 PL/SQL 字符集是 ASCII 字符集的一部分。ASCII 是一个单字节字符集，即每个字符表示为一个字节的数据，该性质将字符总数限制在最多为 256 个。

下面定义的标识符是合法的。

```
01   v_ename   VARCHAR2(10);
02   v$sal     NUMBER(6,2);
03   v#sal     NUMBER(6,2);
04   v#error    EXCEPTION;
05   "1234"    VARCHAR2(20);      -- 以数字开始，带有双引号
06   "变量A"   NUMBER(10,2);      -- 包含汉字，带有双引号
```

### （2）非法的标识符

下面定义的标识符都是错误的。

```
01   v%ename   VARCHAR2(10);     -- 非法符号（%）
02   2sal     NUMBER(6,2);      -- 以数字开始非法
03   #vl    EXCEPTION;     -- 以#开始非法
04   v1,v2    VARCHAR2(20);     -- 每行只能定义一个变量
05   变量A   NUMBER(10,2);   -- 不能以汉字开始
06   SELECT  NUMBER(10,2);   -- 不能使用关键字作为变量名
```

## 9.1.4 分界符

分界符（delimiter）是对PL/SQL有特殊意义的符号（单字符或者字符序列），用来将标识符分隔开。表9.1列出了在PL/SQL中可以使用的分界符。

表9.1 PL/SQL分界符

| 符号 | 意义 | 符号 | 意义 |
|---|---|---|---|
| + | 加法操作符 | <> | 不等于操作符 |
| − | 减法操作符 | != | 不等于操作符 |
| * | 乘法操作符 | ～= | 不等于操作符 |
| / | 除法操作符 | ^= | 不等于操作符 |
| = | 等于操作符 | <= | 小于等于操作符 |
| > | 大于操作符 | >= | 大于等于操作符 |
| < | 小于操作符 | := | 赋值操作符 |
| ( | 起始表达式操作符 | => | 链接操作符 |
| ) | 终结表达式操作符 | .. | 范围操作符 |
| ; | 语句终结符 | \|\| | 范围操作符 |
| % | 属性指示符 | << | 起始标签操作符 |
| , | 项目分隔符 | >> | 终结标签分界符 |
| @ | 数据库链接指示符 | -- | 单行注释指示符 |
| / | 字符串分界符 | /* | 多行注释起始符 |
| : | 绑定变量指示符 | <space> | 空格 |
| ** | 指数操作符 | <tab> | 制表符 |

# 9.2 数据类型

在了解了PL/SQL的语法结构之后，就需要来了解Oracle中的数据类型了。数据类型是

程序组成的重要部分，任何变量定义的时候都要为其设置数据类型，例如，在前面用过的VARCHAR2 和 NUMBER 都属于数据类型。只有存在对应的数据类型后才可以定义专门的变量来保存数据。

在 Oracle 中数据类型可以分为 4 种，分别为：

- 基本数据类型：用于保存单个值，例如数值型、字符型、日期型和布尔型。
- 复合类型：复合类型可以在内部存放多个数值，类似于多个变量的集合，例如记录类型、索引表、可变数组等都被称为复合类型。
- 引用类型：用于指向另一不同的对象，例如 REF CURSOR、REF。
- LOB 类型：大数据类型，最多可以存储 4GB 的信息，主要用于处理二进制数据。

本书主要介绍基本数据类型，下面进行详细讲解。

## 9.2.1 基本数据类型

基本数据类型是建立数据表时常见的类型，例如 NUMBER、VARCHAR2 和 DATE 等，常见的基本数据类型如表 9.2 所示。

表 9.2 常见的基本数据类型

| 类型 | 说明（8 位等于 1 字节） | 范围 |
| --- | --- | --- |
| 数值型 | NUMBER(数据总长度[,小数位长度]) | 可用来表示整数或是小数，占32个字节 |
| | PLS_INTEGER | 有符号的整数，范围是-231～231。与NUMBER相比，PLS_INTEGER占用空间小，性能更好 |
| | BINARY_INTEGER | 不存储在数据库中，只能在PL/SQL中使用的带符号整数，范围是-231～231。如果运算发生溢出，则自动变为NUMBER型整数。 |
| 字符型 | CHAR(长度) | 定长字符串，如果所设置的内容不足定义的长度，则自动补充空格，可以保存32767个字节的数据。 |
| | VARCHAR2(长度) | 变长字符串，可按照字节或字符来存储可变长度的字符串，可以保存1～21767个字节的数据 |
| | NCAHR(长度) | 定长字符串，存储UNICODE编码数据 |
| | NVARCHAR2(长度) | 变长字符串，存储UNICODE编码数据 |
| | LONG | 变长字符串，当存储超过4000个字符时使用，最多可以存储2GB大小的数据，这是一个可能会被取消的类型，替代它的类型为LOB |
| 日期型 | DATE | DATE是一个7字节的列，可以保存日期和时间，不包含毫秒 |
| | TIMESTAMP | DATE子类型，包含日期和时间，时间部分包含毫秒，有TIMESTAMP WITH TIME ZONE和TIMESTAMP WITH LOCAL TIME ZONE两种子类型 |
| 布尔型 | BOOLEAN | 布尔类型，可以设置的内容有TRUE、FALSE、NULL |

下面详细讲解每种基本数据类型的使用。

## 9.2.2 数值型

数值类型主要包括 NUMBER、PLS_INTEGER 和 BINARY_INTEGER 三种基本类型。其中，NUMBER 类型的变量可以存储整数或浮点数；而 BINARY_INTEGER 或 PLS_INTEGER 类型的变量只存储整数。因为 NUMBER 类型比较常用，所以下面只详细介绍 NUMBER 数据类型。

NUMBER 数据类型既可以定义整型［NUMBER(n)］，也可以定义浮点型［NUMBER(n,m)］。其中，参数 n 表示精度，参数 m 表示刻度范围。精度是指数值中所有有效数字的个数，而刻度范围是指小数点右边小数位的个数。

说明：
浮点型数据即包括小数位的数，如 6.34、0.1314。

[实例 9.2]　　（源码位置：资源包 \Code\09\02）

**定义 NUMBER 型数据变量**

定义一个 PL/SQL 代码块，在此代码块中定义一个整数和一个浮点数，并输出两数之和，代码如下：

```
01   SET serveroutput on
02   DECLARE
03     a NUMBER(3);    -- 定义一个变量 a，最多只能为 3 位数的整数
04     b NUMBER(5,2);  -- 定义一个变量 b，最多只有 3 位整数，2 位小数
05   BEGIN
06     a:=33;              -- 设置变量 a 的内容
07     b:=5.55;            -- 设置变量 b 的内容
08     DBMS_OUTPUT.put_lINe('a = '||a);
09     DBMS_OUTPUT.put_lINe('b = '||b);
10     DBMS_OUTPUT.put_lINe('a + b = '||(a+b));
11   END;
12   /
```

单击按钮或通过快捷键 <F5> 来执行此 PL/SQL 代码，运行结果出现在脚本输出的界面中，如图 9.2 所示。

在本程序中，定义了两个 NUMBER 类型的数字，一个为整数，一个为浮点数，然后为其分别赋值。从图 9.2 结果中也可以看出，两种不同数据类型相加之后的结果为浮点数。

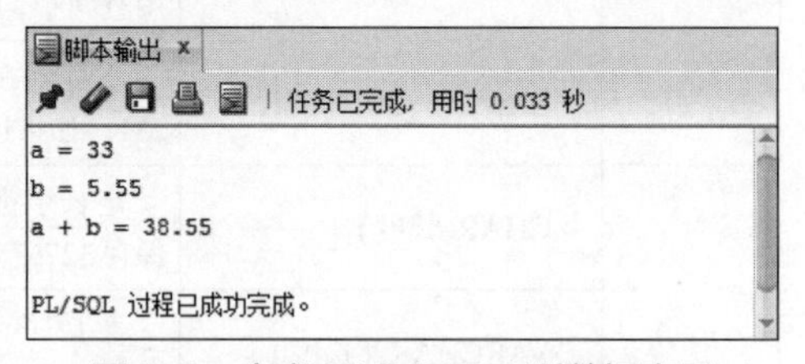


图 9.2　定义 NUMBER 型数据变量

## 9.2.3　字符型

字符是用来保存字符串的，字符串指的是括在单引号“'”里面的内容，常用的字符类型为 VARCHAR2。除此之外，在 Oracle 中还提供了许多的其他字符串类型。下面分别进行讲解。

### （1）CHAR 与 VARCHAR2

CHAR 数据类型是使用定长方式来保存字符串的，如果设置的内容不足其定义的长度，则会自动补充空格。VARCHAR2 是变长字符串，如果为其设置的内容不足其长度，则不会为其补充内容。

分别使用 CHAR 与 VARCHAR2 类型来定义两个变量 a 和 b，字符长度都为 5，为 a 和 b 赋值为 ming。在数据库中变量 a 和 b 的存储形式如图 9.3 所示。

因为 CHAR 类型是定长的，定义变量 a 的字符长度为 5，可是为 a 赋值 ming 长度是 4，

不足其定义的长度，所以最后一位需要使用空格来进行填充。VARCHAR2 类型是变长的，长度会随着赋值的长度而变化，但是需要注意的是，定义变量 b 的字符长度为 5，如果赋值字符串的长度大于 5 的话，变量 b 的长度是不会增加的。

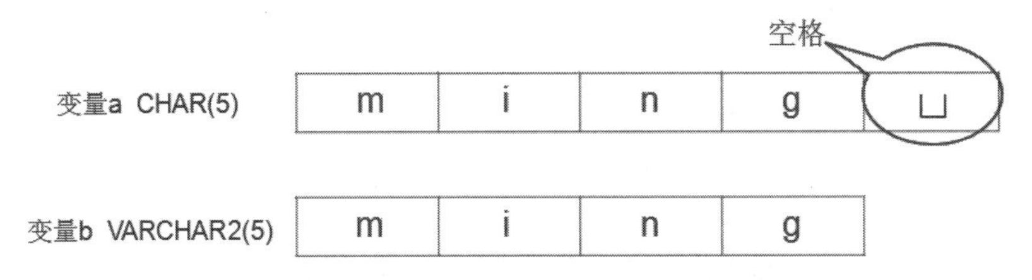


图 9.3 CHAR 与 VARCHAR2 类型的区别

下面通过一个实例来详细进行说明。

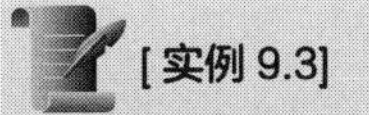

[实例 9.3]（源码位置：资源包 \Code\09\03）

**输出 CHAR 和 VARCHAR2 类型变量的长度**

定义一个 PL/SQL 代码块，在此代码块中，定义两个字符串，分别定义为 CHAR 类型和 VARCHAR2 类型，赋相同的值之后，输出各自的字符串长度，代码如下：

```
01    SET serveroutput on
02    DECLARE
03      a CHAR(10);        -- 定义一个 CHAR 型变量 a，长度为 10
04      b VARCHAR2(10);   -- 定义一个 VARCHAR2 型变量 b，长度为 10
05    BEGIN
06      a:='mINgri';       -- 设置变量 a 的内容
07      b:='mINgri';     -- 设置变量 b 的内容
08      DBMS_OUTPUT.put_lINe(' 变量 a 的字符长度为： '||LENGTH(a));
09      DBMS_OUTPUT.put_lINe(' 变量 b 的字符长度为： '||LENGTH(b));
10    END;
11    /
```

单击按钮或通过快捷键 <F5> 来执行此 PL/SQL 代码，运行结果出现在脚本输出的界面中，如图 9.4 所示。

从运行结果中可以发现，使用 CHAR 定义的字符串，如果设置内容的长度不足其定义长度，会自动以空格进行补充，所以字符串长度为定义的长度 10；而 VARCHAR2 只保存需要的内容，不补充空格。

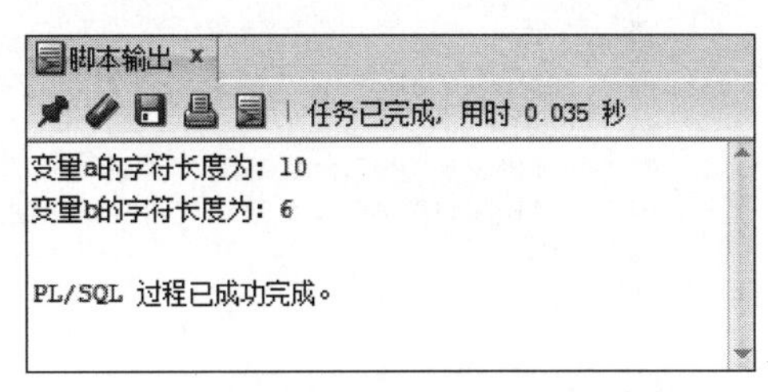


图 9.4 输出 CHAR 和 VARCHAR2 类型变量的长度

## （2）NCHAR 和 NVARCHAR2

NCHAR 和 NVARCHAR2 的操作特点与 CHAR 和 VARCHAR2 一样，唯一不同的是，NCHAR 和 NVARCHAR2 保存的数据为 UNICODE 编码，即中文或英文都会变成十六进制编码保存。

## （3）LONG

LONG 类型表示一个可变的字符串，最大长度可达 2GB，所以几乎任何字符串变量都可以赋值给它。

### 9.2.4 日期型

在 Oracle 中，日期型的数据主要保存为 DATE 和 TIMESTAMP 两种类型，可以通过这两种类型来操作日期、时间和时间间隔，下面分别进行讲解。

#### （1）DATE

DATE 数据类型的主要功能是存储日期数据，日期范围从公元前 4712 年 1 月 1 日到公元 9999 年 12 月 31 日。DATE 数据类型的主要组成如表 9.3 所示。

表 9.3　DATE 数据类型的主要组成

| 序号 | 字段名称 | 有效范围 |
|---|---|---|
| 1 | YEAR | -4712 ～ 9999（不包含公元0年） |
| 2 | MONTHS | 01 ～ 12 |
| 3 | DAY | 01 ～ 31（具体看月份） |
| 4 | HOUR | 00 ～ 23 |
| 5 | MINUTE | 00 ～ 59 |
| 6 | SECOND | 00 ～ 59 |

下面通过一个实例来了解 DATE 类型的使用。

[实例 9.4]　（源码位置：资源包 \Code\09\04）

**输出当前日期值和指定的日期值**

定义一个 PL/SQL 代码块，在此代码块中，定义两个日期型变量，分别用来输出当前的日期值和指定的日期值，代码如下：

```
01  SET serveroutput on
02  DECLARE
03    day1 DATE := SYSDATE;          -- 定义 day1 变量，赋值为当前日期值
04    day2 DATE := '01-6 月 -2000';   -- 定义 day2 变量，赋予指定的日期值
05  BEGIN
06    DBMS_OUTPUT.put_lINe(' 当前日期为：'||TO_CHAR(day1,'yyyy-mm-dd hh24:mi:ss'));
07    DBMS_OUTPUT.put_lINe(' 指定的日期为：'||TO_CHAR(day2,'yyyy-mm-dd hh24:mi:ss'));
08  END;
09  /
```

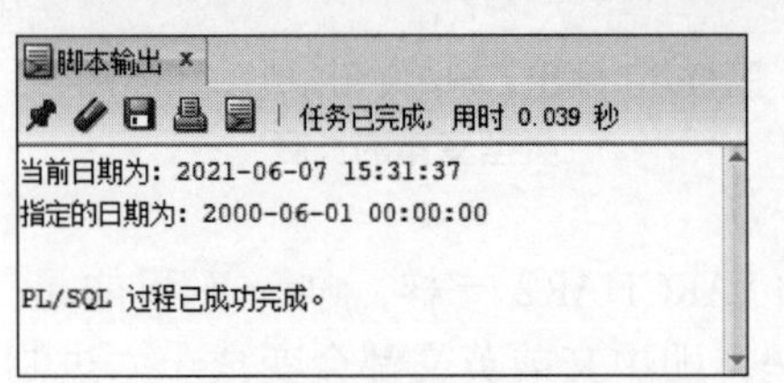


图 9.5　输出当前日期值和指定的日期值

单击按钮或通过快捷键 <F5> 来执行此 PL/SQL 代码，运行结果出现在脚本输出的界面中，如图 9.5 所示。

从运行结果中可以发现，当前的日期值中存在日期和时间，而采用字符串指定的 DATE 变量里不包含时间。

#### （2）TIMESTAMP

TIMESTAMP 与 DATE 类型相同，相比 DATE 类型而言，TIMESTAMP 可以提供更为精确的时间，不过必须使用 SYSTIMESTAMP 伪列来为其赋值，如果使用的是 SYSDATE，那么 TIMESTAMP 与 DATE 没有任何区别。

例如，定义两个 TIMESTAMP 类型变量，分别赋值为 SYSDATE 和 SYSTIMESTAMP，然后输出这两个日期变量，代码如下：

```
01    SET serveroutput on
02    DECLARE
03      timestamp1 TIMESTAMP := SYSDATE;          -- 定义 timestamp1 变量，赋值为当前日期值
04      timestamp2 TIMESTAMP := SYSTIMESTAMP;     -- 定义 timestamp2 变量，赋值为当前日期值
05    BEGIN
06      DBMS_OUTPUT.put_lINe('当前日期为：'||timestamp1);
07      DBMS_OUTPUT.put_lINe('更为精确的当前日期为：'|| timestamp2);
08    END;
09    /
```

输出结果如图 9.6 所示。

使用 SYSDATE 和 SYSTIMESTAMP 分别为 TIMESTAMP 类型的变量赋值，通过图 9.6 的运行结果可以发现，使用 SYSTIMESTAMP 赋值后可以保存的信息更加精确。

在实际应用中，一般将日期值定义为 DATE 类型。

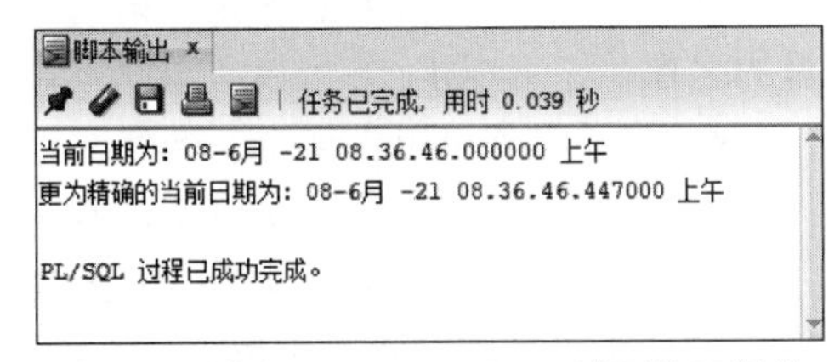


图 9.6　输出 TIMESTAMP 类型的日期值

## 9.2.5　布尔型

在 PL/SQL 编程中，为了方便进行逻辑处理，提供了布尔型数据，即 BOOLEAN 型数据。该数据可以保存 TRUE、FALSE 和 NULL 中的一种。

下面介绍一下布尔型变量的使用。例如，定义一个布尔型的变量 result，通过一个分支语句对布尔型变量进行判断输出，代码如下。

```
01    SET serveroutput on
02    DECLARE
03      result BOOLEAN;              -- 定义布尔型变量 result
04    BEGIN
05      result := TRUE;              -- 对布尔型变量 result 赋值
06      IF result THEN               -- 如果 result 为 TRUE，则进行如下输出
07        DBMS_OUTPUT.put_lINe('结果为 TRUE');
08      END IF;
09    END;
10    /
```

输出结果如图 9.7 所示。

**说明：**

因为现在还没有学到 PL/SQL 的分支语句，所以在这个例子中只需要了解布尔型变量的使用即可。

图 9.7　输出布尔型变量

# 9.3　变量的声明与赋值

变量是程序的重要组成部分，而在 Oracle 中定义变量的方式有四种，分别为：

① 定义一般变量。

② 使用 %TYPE 声明变量类型。

③ 使用 RECORD 声明变量类型。

④ 使用 %ROWTYPE 声明变量类型。

下面进行详细介绍。

**说明：**

**变量在程序运行的过程中，其值可以发生变化；与变量对应的就是常量，常量就是指在程序运行的过程中，其值不会发生变化的量。**

### 9.3.1 定义一般变量

PL/SQL 是一种强类型的编程语言，所有的变量都必须在声明之后才可以使用。对于变量的名称有如下规定：

- 变量名称可以由字母、数字、_、$ 和 # 等组成。
- 所有的变量名称要求以字母开头，不能是 Oracle 中的保留字（关键字）。
- 变量的长度最多只能为 30 个字符。

所有的变量都要求在 DECLARE 部分中进行定义，在定义变量的时候也可以为其赋值，变量声明的语法如下：

```
变量名称 [CONSTANT] 类型 [NOT NULL] [:=value];
```

- CONSTANT：用来定义常量，必须在声明时为其赋值。
- NOT NULL：表示此变量不允许设置为 NULL。
- :=value：表示在变量声明时，对变量进行赋值。

**说明：**

**PL/SQL 中的变量不区分大小写，例如 result 和 RESULT 表示的是同一个变量，但是为了阅读方便，变量一般使用小写形式。**

（源码位置：资源包 \Code\09\05）

**输出两个数之和**

定义一个 PL/SQL 代码块，在此代码块中，定义两个变量分别为 numA 和 numB，并输出两个变量的和，代码如下：

```
01  SET serveroutput on
02  DECLARE
03    numA NUMBER NOT NULL:=150;       -- 定义一个非空变量 numA，同时赋值
04    numB NUMBER;                     -- 定义一个变量 numB，没有进行赋值
05  BEGIN
06    numb:=30;                        -- 设置变量 numB 的内容，注意变量名没有区分大小写
07    DBMS_OUTPUT.put_lINe(' 两数之和为 :'||(numA + numB));
08  END;
09  /
```

单击按钮或通过快捷键 <F5> 来执行此 PL/SQL 代码，运行结果出现在脚本输出的界面中，如图 9.8 所示。

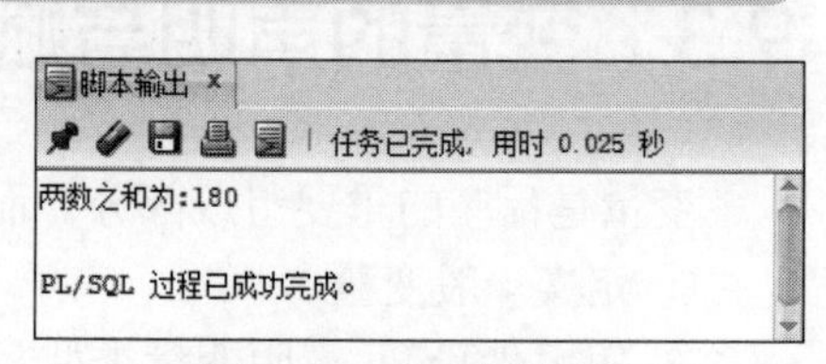


图 9.8 求两个数的和

在本实例中，采用了两种方式为变量赋值。

① 在 DECLARE 中定义变量的时候直接赋值：“numA NUMBER NOT NULL:=150;”。

② 在 DECLARE 中定义变量，在 BEGIN 中为变量赋值："numb:=30;"

因为 PL/SQL 中不区分大小写，所以将变量 numB 写成 numb 是没有问题的。

## 9.3.2 使用 %TYPE 声明变量类型

在编写 PL/SQL 程序时，如果希望某一个变量与指定数据表中某一列的数据类型相同，则可以采用如下格式进行变量定义，这样此变量就具备了与指定的字段相同的类型。

```
变量定义 表名称 . 字段名称 %TYPE
```

下面通过一个实例来演示如何使用 %TYPE 定义变量。

[实例 9.6]　　　　（源码位置：资源包 \Code\09\06）

**根据员工编号得到对应的员工姓名**

定义一个 PL/SQL 代码块，在此代码块中定义两个变量，它们的数据类型分别与员工信息表 emp 中的员工编号列和员工姓名列的数据类型相同，然后根据输入的员工编号得到对应的员工姓名，代码如下：

```
01    SET serveroutput on
02    DECLARE
03      eno emp.empno%TYPE;                -- 定义员工编号变量，与员工表中 empno 列的数据类型相同
04      ena emp.ename%TYPE;                -- 定义员工姓名变量，与员工表中 ename 列的数据类型相同
05    BEGIN
06      eno := &empno;                     -- 从键盘中输入员工编号
07      SELECT ename INTO ena FROM emp WHERE empno = eno;
08      DBMS_OUTPUT.put_lINe(' 编号为: '||eno||' 的员工名称为: '||ena);
09    END;
10    /
```

单击按钮或通过快捷键 F5 来执行此 PL/SQL 代码，首先出现如图 9.9 所示的对话框，在此对话框中输入要查询的员工编号，单击“确定”按钮即可在脚本输出界面出现查询结果，如图 9.10 所示。

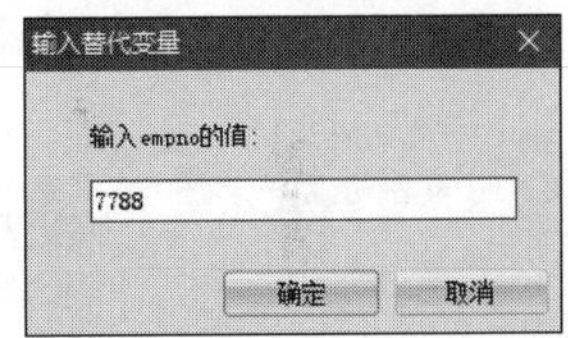


图 9.9　输入要查询的员工编号

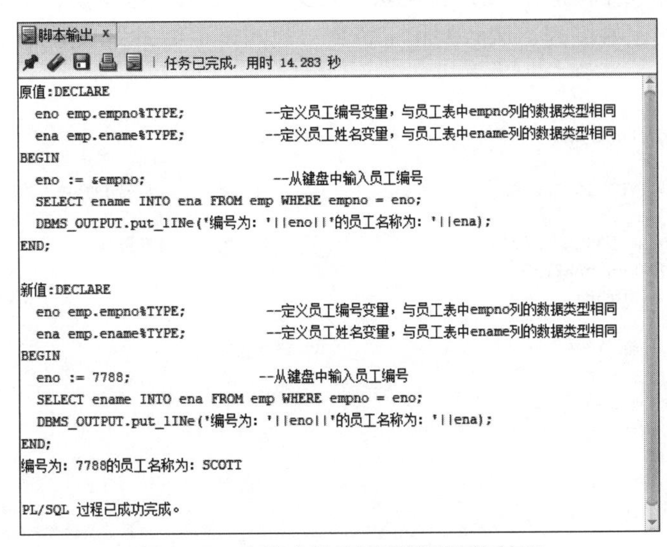


图 9.10　在脚本输出界面得到查询结果

在本程序中，变量 eno 和 ena 的数据类型与员工信息表 emp 中的 empno 和 ename 这两个字段的数据类型一致。另外，在代码中使用了 INTO 子句，它位于 SELECT 子句的后面，作用为将从数据库查询出的数据存储到其后的变量中。

**注意:**

由于 INTO 子句中的变量只能存储一个单独的值，所以要求 SELECT 子句只能返回一行数据，这个由 WHERE 子句进行了限定。若 SELECT 子句返回多行数据，则代码运行后会返回错误信息。

## 9.3.3 使用 RECORD 声明变量类型

单词 RECORD 有“记录”之意，因此 RECORD 类型也称作“记录类型”，该类型的变量可以存储由多个列值组成的一行数据。在声明记录类型变量之前，首先需要定义记录类型。记录类型是一种结构化的数据类型，它使用 TYPE 语句进行定义。在记录类型的定义结构中包含成员变量及数据类型，其语法格式如下:

```
TYPE record_TYPE IS RECORD
(
var_member1 data_TYPE [not NULL] [:=default_value],
…
var_membern data_TYPE [not NULL] [:=default_value]
);
```

- record_TYPE：表示要定义的记录类型名称。
- var_member1：表示该记录类型的成员变量名称。
- data_TYPE：表示成员变量的数据类型。

从上面的语法结构中可以看出，记录类型的声明类似于 C 或 C++ 中的结构类型，并且成员变量的声明与普通 PL/SQL 变量的声明相同。

下面通过一个实例来看一下如何声明和使用 RECORD 类型。

**[实例 9.7] 使用 RECORD 类型变量查询员工编号为 7369 的员工信息**

（源码位置：资源包 \Code\09\07）

定义一个 PL/SQL 代码块，在此代码块中定义一个记录类型变量，在此变量中包含员工信息表 emp 中的员工姓名列、职务列和工资列。已知员工编号为 7369，查询出记录变量的值，代码如下:

```
01  SET serveroutput on
02  DECLARE
03    TYPE emp_TYPE IS RECORD                    -- 声明 record 类型 emp_TYPE
04    (
05      var_ename VARCHAR2(20),                  -- 定义字段 / 成员变量
06      var_job VARCHAR2(20),
07      var_sal NUMBER
08    );
09    empINfo  emp_TYPE;                         -- 定义变量
10  BEGIN
11    SELECT ename,job,sal
12    INTO empINfo
13    FROM emp
14    WHERE empno=7369;                          -- 检索数据
15     /* 输出雇员信息 */
```

```
16        dbms_output.put_lINe('员工'||empINfo.var_ename||'的职务是'||empINfo.var_job||',工资
      是'||empINfo.var_sal);
17    END;
18    /
```

单击按钮或通过快捷键< F5 >来执行此 PL/SQL 代码，运行结果出现在脚本输出的界面中，如图 9.11 所示。

脚本输出 ×
任务已完成，用时 0.033 秒
员工SMITH的职务是CLERK,工资是800

PL/SQL 过程已成功完成。

图 9.11　定义和使用记录类型变量

从上面的代码中可以看出，要想定义一个记录类型的变量，首先需要定义记录类型 emp_TYPE，然后再定义变量 empINfo，此变量的数据类型为记录类型。

在记录类型变量 empINfo 中定义了三个成员变量，分别为员工姓名变量、职务变量和工资变量。需要注意的是，在最后输出记录类型变量时，需要引用里面的成员变量，格式为："记录类型变量名 . 成员变量名"。

注意：
不能使用语句 dbms_output.put_lINe(empINfo) 来直接输出记录类型变量，需要引用到里面的成员变量。

## 9.3.4　使用 %ROWTYPE 声明变量

%ROWTYPE 类型的变量结合了"%TYPE 类型"和"记录类型"变量的优点，它可以用来存储表中一行数据记录。它的语法形式很简单，如下所示：

```
rowVar_name table_name%ROWTYOE;
```

- rowVar_name：表示可以存储一行数据的变量名。
- table_name：指定的表名。

在上面的语法结构中，可以把"table_name%ROWTYPE"看做是一种能够存储表中一行数据的特殊类型。

下面通过一个实例来看一下如何声明和使用 %ROWTYPE 类型。

[实例 9.8]　（源码位置：资源包 \Code\09\08）

**使用 %ROWTYPE 类型的变量输出部门信息表中部门编号为 20 的部门信息**

定义一个 PL/SQL 代码块，在此代码块中，定义一个 %ROWTYPE 类型变量，在此变量中包含员工表 dept 中的部门名称和部门位置。已知部门编号为 20，查询出记录变量的值，代码如下：

```
01    SET serveroutput on
02    DECLARE
03      ROWVAR_dept dept%ROWTYPE;
04    BEGIN
05      SELECT *
06      INTO rowVar_dept
07      FROM dept
08      WHERE deptno=20;                  --检索数据
09       /*输出部门信息*/
10      dbms_output.put_line('20号部门的部门名称为：'||rowVar_dept.dname||'，位于'||rowVar_dept.loc);
11    end;
12    /
```

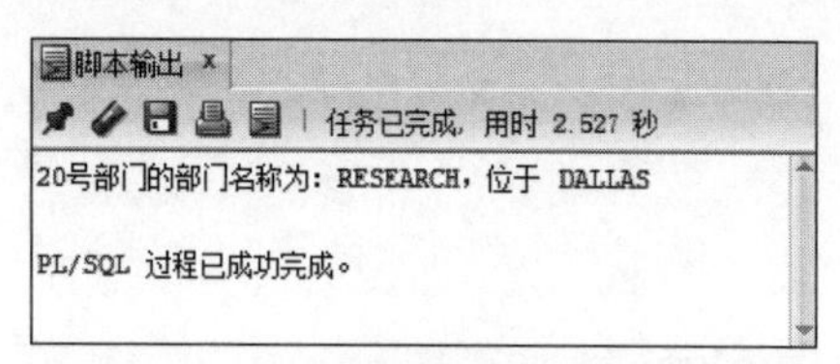

图 9.12　定义和使用 %ROWTYPE 类型变量

单击按钮或通过快捷键 <F5> 来执行此 PL/SQL 代码，运行结果出现在脚本输出的界面中，如图 9.12 所示。

从上面的运行结果可以看出，变量 row Var_dept 的存储结构与 dept 的数据结构相同，这时完全可以使用 row Var_dept 变量来代替 dept 的某一行数据进行编程操作，所以可以使用“*”来查询表中全部的数据。如果使用的是 RECORD 类型变量则不允许使用“*”。

总的来说，%ROWTYPE 类型变量比 RECORD 类型变量要方便得多，在解决相同问题时，可以优先考虑使用 %ROWTYPE 类型变量。

# 9.4　流程控制语句

流程控制语句是所有过程性程序设计语言的关键，因为只有能够进行结构控制才能灵活地实现各种操作和功能，PL/SQL 也不例外，其主要控制语句如表 9.4 所示。

表 9.4　PL/SQL 控制语句列表

| 编号 | 控制语句 | 描述 |
|---|---|---|
| 01 | IF…THEN | 判断 IF 正确则执行 THEN |
| 02 | IF…THEN…ELSE | 判断 IF 正确则执行 THEN，否则执行 ELSE |
| 03 | IF…THEN…ELSIF | 嵌套式判断 |
| 04 | CASE | 有逻辑地从数值中作出选择 |
| 05 | LOOP…EXIT…END | 循环控制，用判断语句执行 EXIT |
| 06 | LOOP…EXIT WHEN…END | 同上，当 WHEN 为真时执行 EXIT |
| 07 | WHILE…LOOP…END | 当 WHILE 为真时循环 |
| 08 | FOR…IN…LOOP…END | 已知循环次数的循环 |
| 09 | GOTO | 无条件转向控制 |

若要在 PL/SQL 中实现控制程序的执行流程和实现复杂的业务逻辑计算，就必须使用流程控制语句，因为只有能够进行结构控制才能灵活地实现各种复杂操作和功能。PL/SQL 中的流程控制语句主要包括选择语句和循环语句两大类，下面将对这两类控制语句进行详细讲解。

## 9.4.1　选择语句

选择语句也称之为条件语句，它的主要作用是根据条件的变化选择执行不同的代码，主要可以分为 IF 语句和 CASE 语句两种，下面分别进行介绍。

### (1) IF 语句

IF 语句有三种语法格式，分别是 IF…THEN、IF…THEN…ELSE 和 IF…THEN…ELSIF 语句，这 3 种语法的结构如表 9.5 所示。

表 9.5　IF 语句的三种语法结构

| IF…THEN 语句 | IF…THEN…ELSE 语句 | IF…THEN…ELSIF 语句 |
|---|---|---|
| IF 判断条件 THEN<br>　　满足条件时执行的语句;<br>END IF; | IF 判断条件 THEN<br>满足条件时执行的语句;<br>ELSE<br>　　不满足条件时执行的语句;<br>END IF; | IF 判断条件 1 THEN<br>　　满足条件 1 时执行的语句;<br>ELSIF 判断条件 2 THEN<br>　　满足条件 2 时执行的语句;<br>　　…<br>ELSE<br>　　所有条件都不满足时执行的语句;<br>END IF; |

**注意：**

**在 IF…THEN…ELSIF 语句中，需要注意单词 ELSIF 的写法，拼写里只有一个 E，不是 ELSEIF。**

IF 语句的 3 种语法结构的执行流程如图 9.13 ～图 9.15 所示。

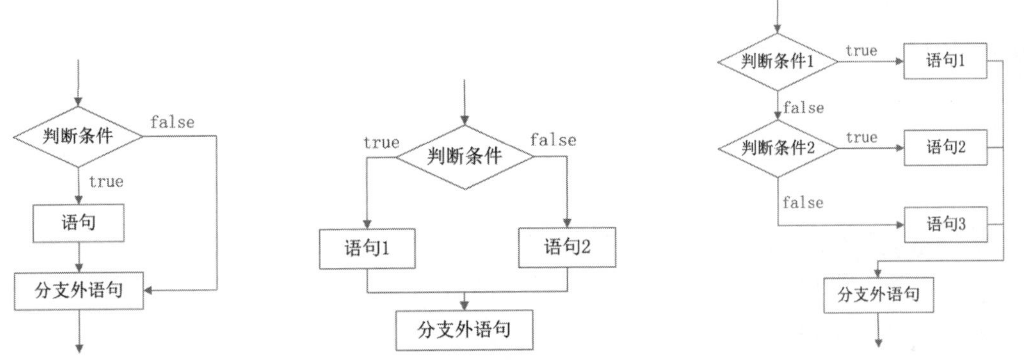


图 9.13　IF…THEN 语句　　图 9.14　IF…THEN…ELSE 语句　　图 9.15　IF…THEN…ELSIF 语句

因为 IF…THEN…ELSIF 语句较复杂，所以下面以 IF…THEN…ELSIF 语句的使用为例，来详细讲解 IF 语句。

## [实例 9.9]　指定月份数值，使用 IF…THEN…ELSIF 语句判断它所属的季节，并输出季节信息

（源码位置：资源包 \Code\09\09）

定义一个 PL/SQL 代码块，在此代码块中实现用户输入任意的月份数值，可以得到此月份数值所对应的季节，代码如下：

```
01  SET serveroutput on
02  DECLARE
03    month INT;                              -- 定义整型变量并赋值
04  BEGIN
05    month := &INputmonth;
06    IF month >= 1 and month <= 3 THEN       -- 判断春季
07      dbms_output.put_lINe('这是春季');
08    ELSIF  month >= 4 and month <= 6 THEN   -- 判断夏季
09      dbms_output.put_lINe('这是夏季');
10    ELSIF  month >= 7 and month <= 9 THEN   -- 判断秋季
11      dbms_output.put_lINe('这是秋季');
```

```
12      ELSIF  month >= 10 and month <= 12 THEN  --判断冬季
13        dbms_output.put_lINe('这是冬季');
14      ELSE
15        dbms_output.put_lINe('对不起，月份不合法！');
16      END IF;
17    END;
18    /
```

单击按钮或通过快捷键< F5 >来执行此 PL/SQL 代码，首先出现如图 9.16 所示的对话框，在此对话框中输入要查询的月份数值，例如输入“8”，单击“确定”按钮即可在脚本输出界面出现查询结果，如图 9.17 所示。

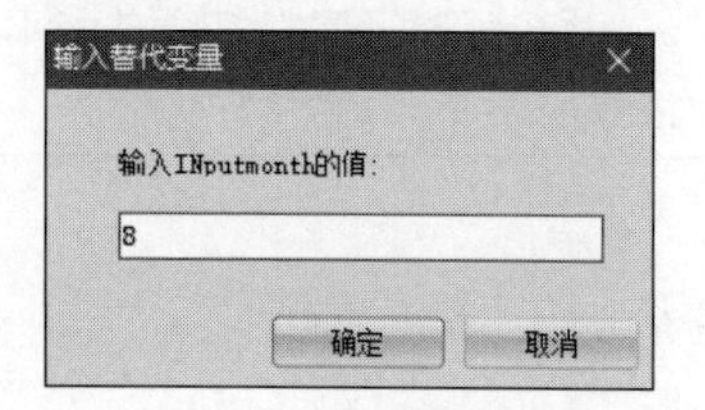

图 9.16　输入要查询的月份数值

图 9.17　在脚本输出界面得到月份所对应的季节

在本程序中，首先定义了月份变量 month，用来接收用户输入的月份数值，之后根据 IF 选择语句判断此月份所对应的季节。

**注意：**

**在 IF…THEN…ELSIF 语句中，多个条件表达式之间不能存在逻辑上的冲突，否则程序将判断出错！例如，将实例 9.9 中第 06 ～ 09 行代码修改为如下代码：**

```
06      IF month >= 1 and month <= 5  THEN          --判断春季
07        dbms_output.put_lINe('这是春季');
08      ELSIF  month >= 4 and month <= 6 THEN       --判断夏季
09        dbms_output.put_lINe('这是夏季');
```

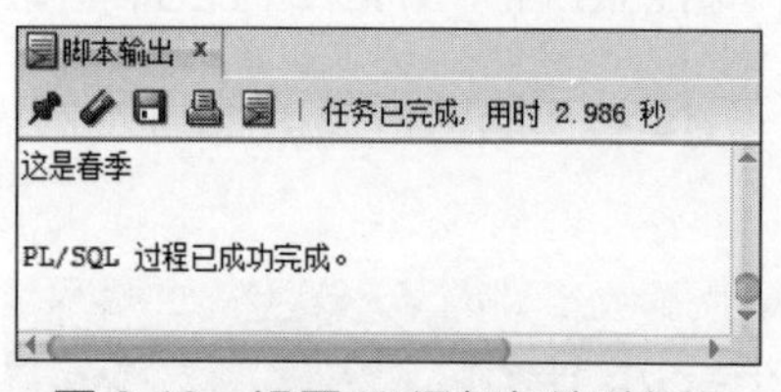

图 9.18　设置 IF 语句条件时忽视逻辑的错误

代码中第一个分支条件是 month 在 1 ～ 5 之间，第二个分支条件是 month 在 4 ～ 6 之间，这样就会有逻辑上的冲突了，如果输入的月份数值是 5，应该是“夏季”，但是输出结果如图 9.18 所示。

从图 9.18 中可知，得到的结果是“春季”，这是不符合实际情况的。这是因为程序是按照从上至下的顺序执行的，首先会进入到第一个条件分支中，5 是符合第一个条件的，所以会直接输出“这是春季”，而 IF 或 ELSIF 后只要出现了表达式的值为 true，那么其他的分支就不会再执行了，而会直接跳出 IF 语句去执行 IF 语句下面的 PL/SQL 语句。

所以，在设置 IF 语句的分支条件时，一定要注意不要出现逻辑冲突。

如果月份值在 1 ～ 3 之间，那么输出“这是春季”；如果月份值在 4 ～ 6 之间，那么输出“这是夏季”；如果月份值在 7 ～ 9 之间，那么输出“这是秋季”；如果月份值在 10 ～ 12 之间，那么输出“这是冬季”。

**说明：**

**全国各地的季节划分并不一致，本实例中不考虑实际情况，只是对一年中的四季进行了简单的划分。**

如果 IF 后面的条件表达式存在“并且”“或者”“非”等逻辑运算，则可以使用

“AND”“OR”“NOT”等逻辑运算符。另外，如果要判断 IF 后面的条件表达式的值是否为空值，则需要在条件表达式中使用“IS”和“NULL”关键字，比如下面的代码：

```
01  IF last_name IS NULL THEN
02  …;
03  END IF;
```

### （2）CASE 语句

从 Oracle 9i 以后，PL/SQL 语言也可以像其他编程语言一样使用 CASE 语句。CASE 语句是一种多条件的判断语句，它的功能与 IF…THEN…ELSIF 语句类似，基本语法如下：

```
CASE <变量>
WHEN <表达式 1> THEN
语句块 1;
WHEN <表达式 2> THEN
语句块 2;
…
WHEN <表达式 n> THEN
语句块 n;
  ELSE
    条件都不满足时执行的语句块 ;
END CASE;
```

在 CASE 关键字的后面有一个变量，程序就从这个变量开始执行，如果符合某一 WHEN 子句后面的变量或表达式，就会执行对应的 PL/SQL 语句块。如果值与 WHEN 子句后的任意表达式都不匹配，那么会执行 ELSE 下面的语句块。

CASE 语句的执行流程如图 9.19 所示。

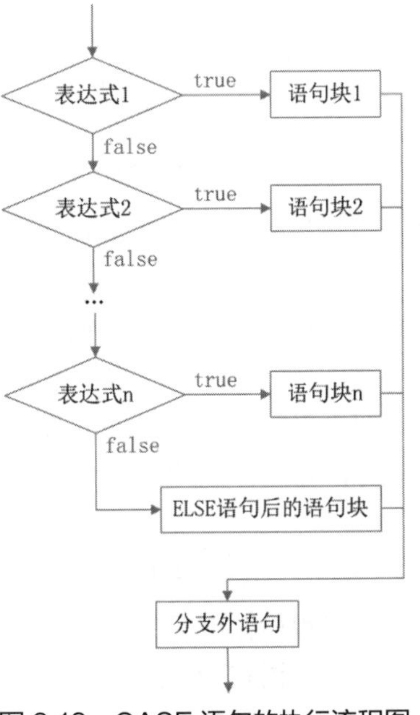


图 9.19　CASE 语句的执行流程图

下面通过一个实例来详细讲解 CASE 语句。

**[实例 9.10]　指定一个季度数值，然后使用 CASE 语句判断它所包含的月份信息并输出**

（源码位置：资源包 \Code\09\10）

定义一个 PL/SQL 代码块，在此代码块中实现用户输入 1 ～ 4 任意的季度数值可以得到对应的季度信息，代码如下：

```
01  SET serveroutput on
02  DECLARE
03    season INT:=&INputseason;                      -- 定义整型变量并赋值
04     aboutINfo VARCHAR2(50);                       -- 存储月份信息
05  BEGIN
06    CASE season                                    -- 判断季度
07    WHEN 1 THEN                                    -- 如果变量 season 的值为 1，也就是 1 季度
08      aboutINfo := season||' 季度包括 1，2，3 月份 ';
09    WHEN 2 THEN                                    -- 如果变量 season 的值为 2，也就是 2 季度
10      aboutINfo := season||' 季度包括 4，5，6 月份 ';
11    WHEN 3 THEN                                    -- 如果变量 season 的值为 3，也就是 3 季度
12      aboutINfo := season||' 季度包括 7，8，9 月份 ';
13    WHEN 4 THEN                                    -- 如果变量 season 的值为 4，也就是 4 季度
14      aboutINfo := season||' 季度包括 10，11，12 月份 ';
15    ELSE                                           -- 如果输入的季度不合法
```

```
16        aboutINfo := season||'季度不合法';
17      END CASE;
18      dbms_output.put_lINe(aboutINfo);                    --输出该季度所包含的月份信息
19    END;
20    /
```

单击按钮或通过快捷键 <F5> 来执行此 PL/SQL 代码，首先出现如图 9.20 所示的对话框，在此对话框中输入要查询的季度数值，例如输入“2”，单击“确定”按钮即可在脚本输出界面出现查询结果，如图 9.21 所示。

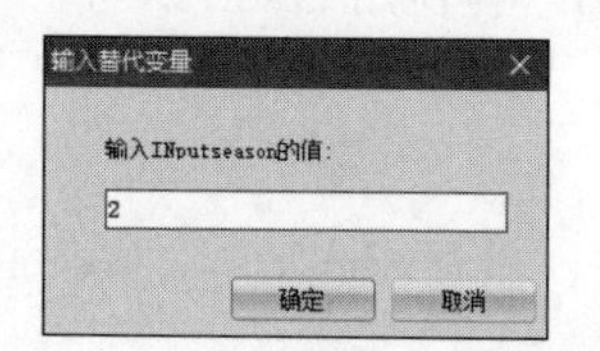


图 9.20　输入要查询的季度数值

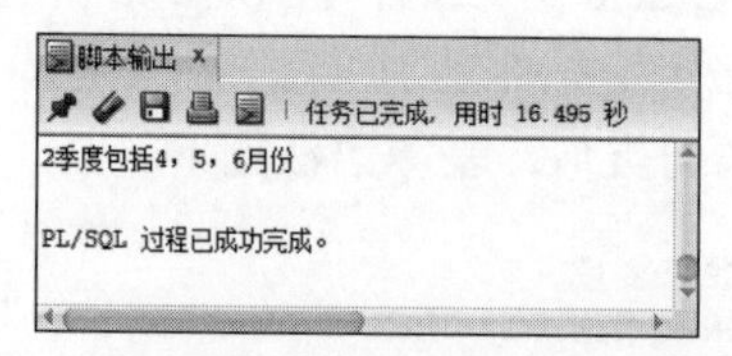


图 9.21　在脚本输出界面得到季度信息

在本程序中，定义了两个变量，一个变量为整型的 season，用来接收用户输入的季度数值；另一个变量为字符型的 aboutINfo，用来保存季度信息。

当程序接收到用户输入的季度数值 season 之后，会进入到 CASE 语句中进行判断，依次与 WHEN 子句后面的数值进行对比，如果符合，则执行对应的语句块。如果 season 与 WHEN 子句后的数值都不符合，那么则会执行 ELSE 下的语句块。最后将季度信息 aboutINfo 进行输出。

## 9.4.2　循环语句

当程序需要反复执行某一操作时，就必须使用循环结构。PL/SQL 中的循环语句主要包括 LOOP 语句和 FOR 语句两种。本节将对这两种循环语句分别进行介绍。

### （1）LOOP 语句

LOOP 语句有两种循环形式，分别为 LOOP 和 WHILE…LOOP，下面介绍一下它们各自的语法格式，如表 9.6 所示。

表 9.6　两种 LOOP 语句的语法格式

| LOOP 循环语句 | WHILE…LOOP 循环语句 |
|---|---|
| LOOP<br>　　循环执行的语句块;<br>　　EXIT WHEN 循环结束条件;<br>　　循环结束条件修改;<br>END LOOP; | WHILE(循环结束条件) LOOP<br>　　循环执行的语句块;<br>　　循环结束条件修改;<br>END LOOP; |

LOOP 语句和 WHILE…LOOP 语句的执行流程如图 9.22 和图 9.23 所示。

一般 LOOP 语句和 EXIT 语句联合使用，因为 LOOP 循环可以使得循环能够在某个条件下退出，而使用 EXIT 语句就可以退出包含它的最内层循环体。WHILE…LOOP 语句与 LOOP 语句不同，它可以在循环之前先进行判断，满足条件之后再执行循环体语句。

下面通过一个实例来讲解两种 LOOP 语句的使用。

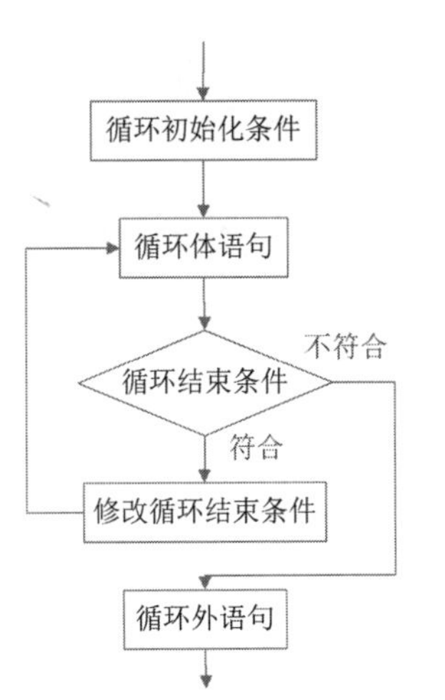


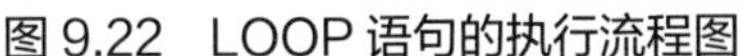

图 9.22　LOOP 语句的执行流程图

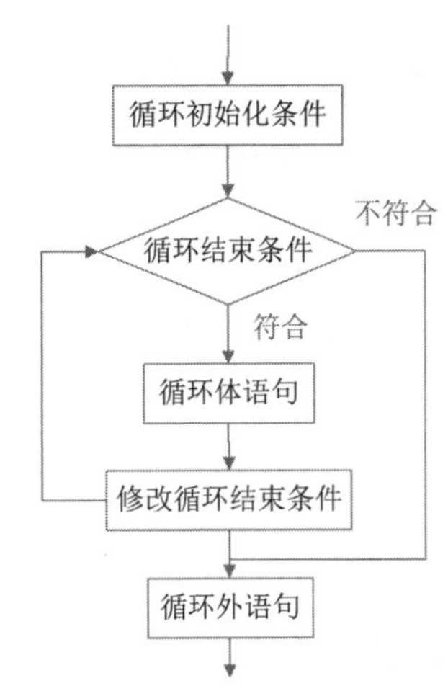


图 9.23　WHILE…LOOP 语句的执行流程图

[实例 9.11]　（源码位置：资源包 \Code\09\11）

## 实现前 100 个自然数求和运算

定义一个 PL/SQL 代码块，在此代码块中实现自然数 1 ～ 100 的求和运算，代码如下：

```
01   SET serveroutput on
02   DECLARE
03     sum_i INT:= 0;                              -- 定义整数变量，存储整数和
04     i INT:= 0;                                  -- 定义整数变量，存储自然数
05   BEGIN
06     LOOP                                        -- 循环累加自然数
07       i:=i+1;                                   -- 得出自然数
08       sum_i:= sum_i+i;                          -- 计算前 i 个自然数的和
09       EXIT WHEN i = 100;                        -- 当循环 100 次时，程序退出循环体
10     END LOOP;
11     dbms_output.put_lINe(' 前 100 个自然数的和是：'||sum_i); -- 计算前 100 个自然数的和
12   END;
13   /
```

单击按钮或通过快捷键< F5 >来执行此 PL/SQL 代码，运行结果出现在脚本输出的界面中，如图 9.24 所示。

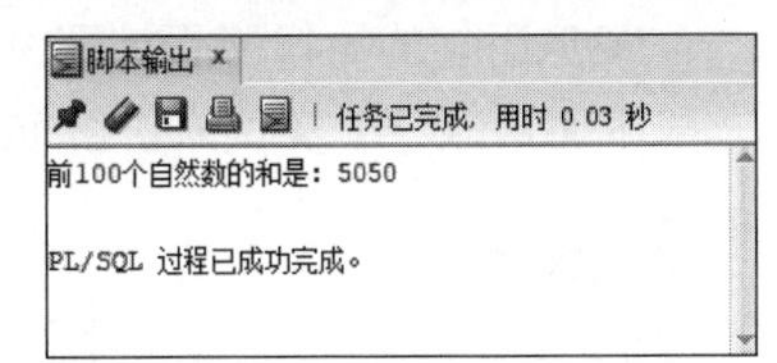


图 9.24　1 ～ 100 求和的结果

在本程序中，循环三大组成部分的代码分别为：

- 循环的初始条件：sum_i INT:= 0; i INT:= 0;。
- 每次循环的判断条件：i = 100;。
- 循环条件的修改：i:=i+1; sum_i:= sum_i+i;。

每一次循环 i 的值都会自增 1，变成一个新的自然数，然后使用 sum_i 这个变量存储前 i 个自然数的和，当 i 的值为 100 时，结束循环，输出 sum_i 变量的值，即 1 ～ 100 的整数和。

本实例中使用的是 LOOP 循环语句，如果使用 WHILE…LOOP 循环来实现此实例，代码如下：

```
01   SET serveroutput on
02   DECLARE
03     sum_i INT:= 0;                    -- 定义整型变量，存储整数和
04     i INT:= 0;                        -- 定义整型变量，存储自然数
05   BEGIN
```

```
06    WHILE(i < 100) LOOP              -- 如果 i 的值小于 100 就继续执行循环，当 i=100 时跳出循环
07      i:=i+1;                        -- 得出自然数
08      sum_i:= sum_i+i;               -- 计算前 i 个自然数的和
09    END LOOP;
10    dbms_output.put_lINe('前 100 个自然数的和是：'||sum_i);  -- 计算前 100 个自然数的和
11  END;
12  /
```

在上面的代码中，只要 i 的值小于 100，程序就会反复地执行循环体，这样 i 的值就会自增 1，从而得到一个新的自然数，然后使用 sum_i 变量存储前 i 个自然数的和，当 i 的值增加到 100 时，条件表达式的值就为 false，导致 WHILE 循环结束。

运行结果如图 9.24 所示。

### （2）FOR 语句

FOR 语句是一个可指定循环次数的循环控制语句，它有一个循环计数器，通过这个循环计数器来控制循环执行的次数。另外，计数器值的合法性由上限值和下限值控制，若计数器值在上限值和下限值的范围内，则程序执行循环，否则终止循环。其语法格式如下：

```
FOR 循环计数器 IN [REVERSE] 循环下限值 .. 循环上限值 LOOP
循环语句块 ;
END LOOP;
```

- 循环计数器：表示一个变量，通常为整数类型，用来作为计数器。默认情况下计数器的值会循环递增，当在循环中使用 REVERSE 关键字时，计数器的值会随循环递减。
- 循环下限值：当计数器的值小于下限值时，程序终止 FOR 循环。
- 循环上限值：当计数器的值大于上限值时，程序终止 FOR循环。
- 循环语句块：表示 PL/SQL 语句，作为 FOR 语句的循环体。

FOR 语句的执行流程如图 9.25 所示。

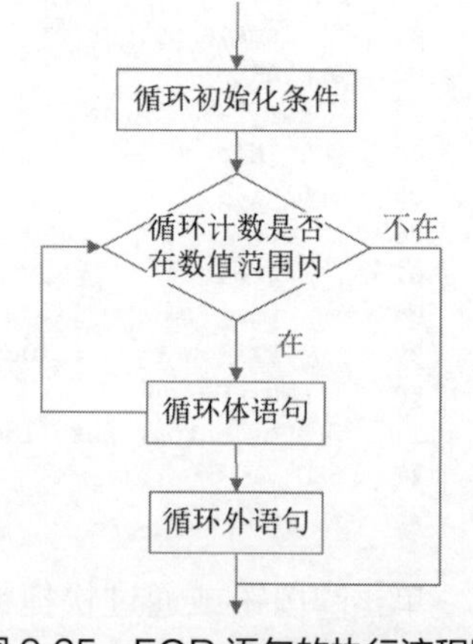


图 9.25　FOR 语句的执行流程图

下面通过一个实例来讲解 FOR 循环语句的使用。

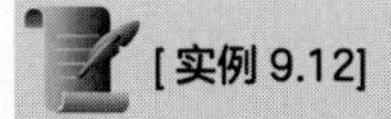

[实例 9.12]　（源码位置：资源包 \Code\09\12）

#### 求得前 100 个自然数中奇数之和

定义一个 PL/SQL 代码块，在此代码块中求得前 100 个自然数中奇数之和，代码如下：

```
01  SET serveroutput on
02  DECLARE
03    sum_i INT:= 0;                   -- 定义整型变量，存储整数和
04  BEGIN
05    FOR i IN REVERSE 1..100 LOOP     -- 遍历前 100 个自然数
06      IF mod(i,2)!=0 THEN            -- 判断是否为奇数
07        sum_i:=sum_i+i;              -- 计算奇数和
08      END IF;
09    END LOOP;
10    dbms_output.put_lINe('前 100 个自然数中奇数之和是：'||sum_i);
11  END;
12  /
```

单击▣按钮或通过快捷键< F5 >来执行此 PL/SQL 代码，运行结果出现在脚本输出的界面中，如图 9.26 所示。

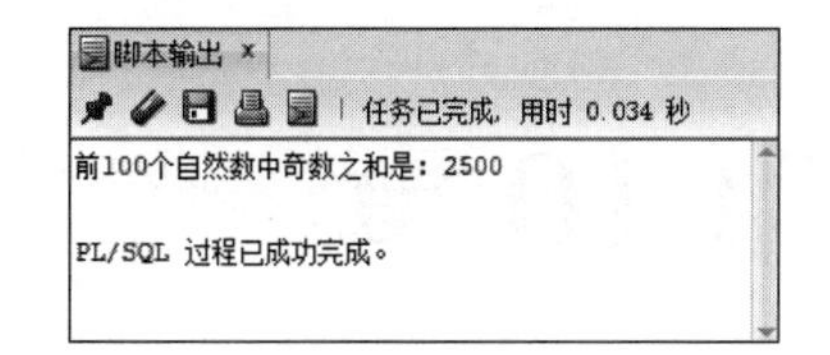


图 9.26　前 100 个自然数中奇数之和

在本程序中，循环计数器为变量 i，由于使用了关键字 REVERSE，表示计数器 i 的值为递减状态，即 i 的初始值为 100，随着循环每次递减 1，最后一次循环时 i 的值变为 1。如果在 FOR 语句中不使用关键字 REVERSE，则表示计数器 i 的值为递增状态，即 i 的初始值为 1。

## 本章知识思维导图

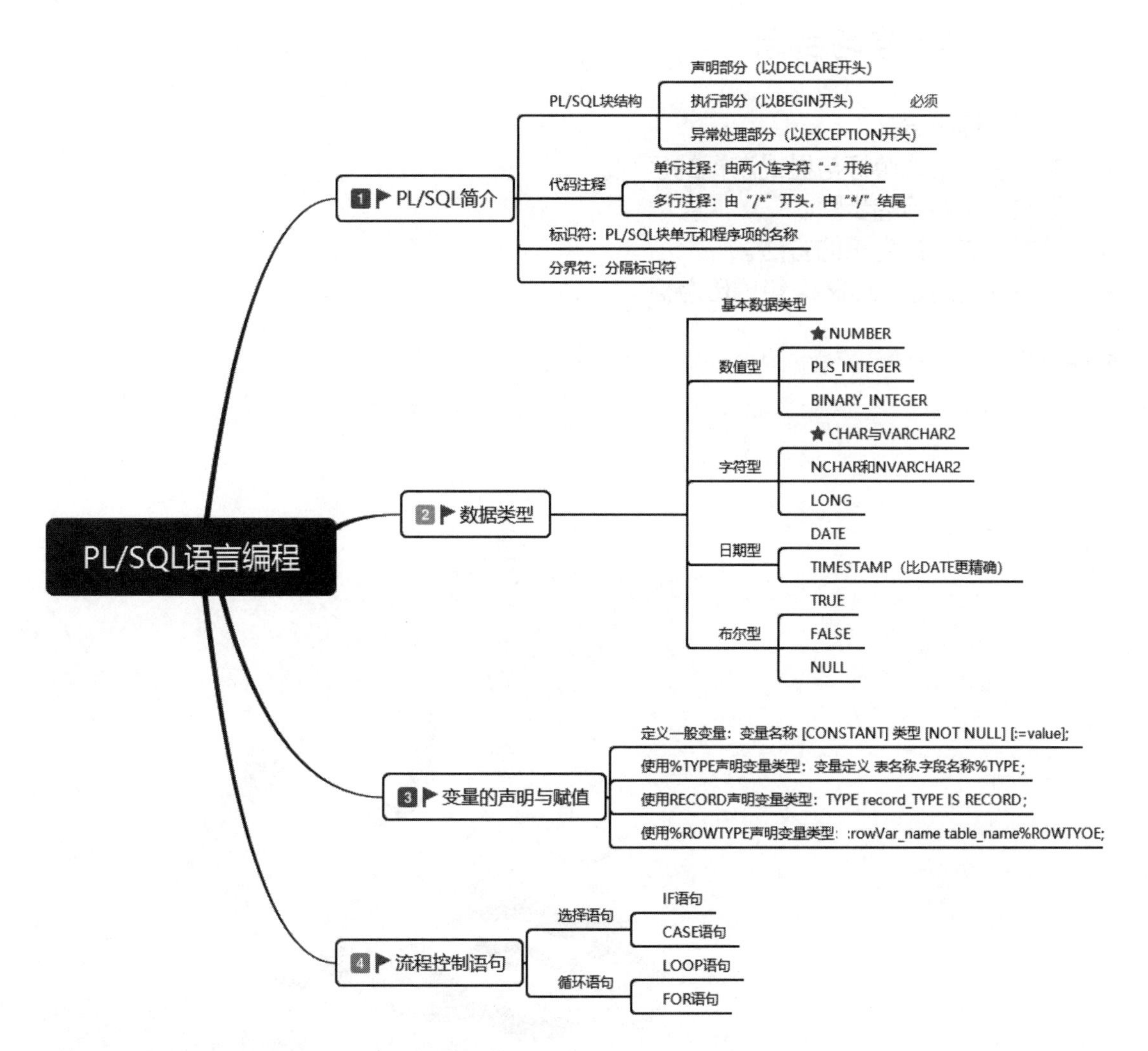

# 第 10 章
# 游标

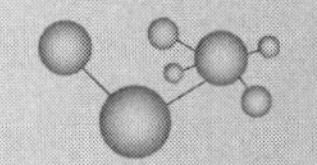

## 本章学习目标

- 掌握游标概念。
- 熟练掌握隐式游标与显式游标的区别。
- 掌握定义游标的步骤。
- 掌握定义游标变量的方法。
- 掌握使用通过 FOR 语句遍历游标。

# 10.1 游标简介

在 PL/SQL 块中执行 SELECT、INSERT、UPDATE 和 DELETE 语句时，Oracle 会在内存中为其分配上下文区（Context Area），即一个缓冲区。游标是指向该区的一个指针，或是命名一个工作区（Work Area），或是一种结构化数据类型。它为应用程序提供了一种对多行数据查询结果集中的每一行数据进行单独处理的方法，游标的原理如图 10.1 所示。

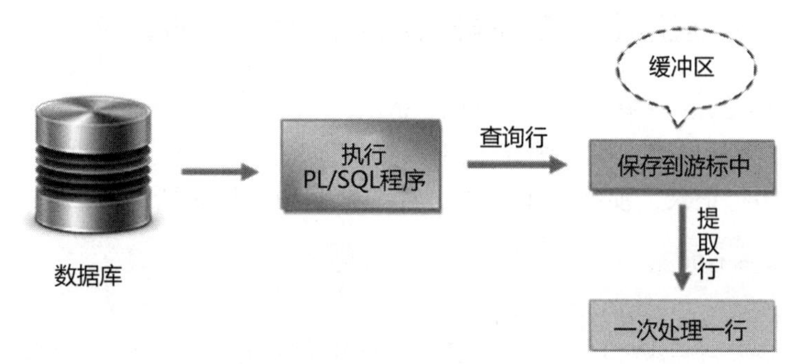


图 10.1 游标原理

游标类似于编程语言中的“指针”。当获取到查询结果集后，可以将其封装到游标变量中。游标变量可以利用自身的属性来实现记录的访问。例如，初始化的游标变量总是指向结果集中的第一行数据。当游标下移时，便指向“当前记录”的下一条记录，此时游标变量的“当前记录”也指向了新的记录，如此循环，便可利用游标来访问结果集中的每行记录了。

游标可以分为静态游标和动态游标两种。其中，静态游标包括隐式游标和显式游标。隐式游标是 Oracle 为所有数据操纵语句（包括只返回单行数据的查询语句）自动声明和操作的一种游标；显式游标是由用户声明和操作的一种游标。动态游标又称为 REF 游标，可以动态关联结果集的临时对象。游标分类如图 10.2 所示。

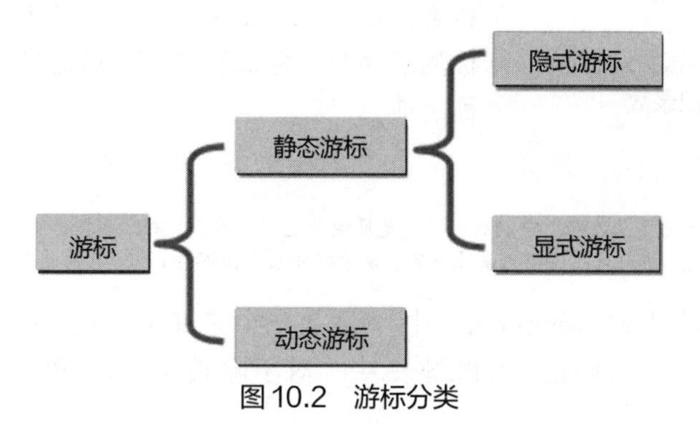


图 10.2 游标分类

说明：

游标在 PL/SQL 中作为对数据库操作的必备部分，读者应该熟练掌握，灵活地使用游标才能深刻地领会程序控制数据库操作的内涵。

# 10.2 隐式游标

在执行一个 PL/SQL 语句时，Oracle 会自动创建一个隐式游标，这个游标是内存中处理该语句的工作区域。隐式游标主要是处理数据操纵语句（如 UPDATE、DELETE 语句）的执行结果，当然特殊情况下，也可以处理 SELECT 语句的查询结果。隐式游标也有属性，当使用隐式游标的属性时，需要在属性前面加上隐式游标的默认名称——SQL。

在实际的 PL/SQL 编程中，经常使用隐式游标来判断更新数据行或删除数据行的情况，下面就来看一个实例。

[实例 10.1]　（源码位置：资源包 \Code\10\01）

### 应用隐式游标输出调整工资的员工的数量

把员工信息表 emp 中销售员（即 SALESMAN）的工资上调 50%，然后使用隐式游标 sql 的 %rowcount 属性输出上调工资的员工数量（如果用户在程序中执行了数据更新操作，并且同时更新了多行记录，那么使用 sql%rowcount 可以返回更新的行数），代码如下：

```
01   SET serveroutput on
02   BEGIN
03     UPDATE emp SET sal=sal*(1+0.5)
04     WHERE job='SALESMAN';                    -- 把销售员的工资上调 50%
05     IF sql%notfound THEN                     -- 若 UPDATE 语句没有影响到任何一行数据
06       dbms_output.put_line(' 没有员工需要上调工资 ');
07     ELSE                                     -- 若 UPDATE 语句至少影响到一行数据
08       dbms_output.put_line(' 有 '||sql%rowcount||' 个员工工资上调 50%');
09    END IF;
10   END;
11   /
```

单击按钮或通过快捷键< F5 >来执行此 PL/SQL 代码，运行结果出现在脚本输出的界面中，如图 10.3 所示。

脚本输出
任务已完成，用时 0.044 秒
有4个员工工资上调50%
PL/SQL 过程已成功完成。

图 10.3　使用隐式游标输出更新数据的记录数

在上面的代码中，标识符“sql”就是 UPDATE 语句在更新数据过程中所使用的隐式游标，它通常处于隐藏状态，是由 Oracle 系统自动创建的。当需要使用隐式游标的属性时，标识符“sql”就必须显式地添加到属性名称之前。

**注意：**

无论是隐式游标，还是显式游标，它们的属性总是反映最近的一条 PL/SQL 语句的处理结果。因此，在一个 PL/SQL 块中出现多个 PL/SQL 语句时，游标的属性值只能是紧挨着它上面那条 PL/SQL 的处理结果。

本程序中用到的“sql%rowcount”中，sql 是一个关键字，表示任意的一个隐式游标，而 rowcount 是 sql 的一个属性。在 PL/SQL 中，对于隐式游标 sql 可用的属性一共有 4 个，如表 10.1 所示。

表 10.1　隐式游标属性

| 属性 | 说明 |
| --- | --- |
| %found | 当用户使用 DML 操作数据时，该属性返回 TRUE |
| %isopen | 判断游标是否打开，该属性对任何的隐式游标总是返回 FALSE，表示已经打开 |
| %notfound | 当执行 DML 操作没有返回的数据行时，返回 TRUE，否则返回 FALSE |
| %rowcount | 返回更新操作的行数或 SELECT INTO 返回的行数 |

# 10.3 显式游标

显式游标是由用户声明和操作的一种游标，通常用于操作查询结果集（即由 SELECT 语句返回的查询结果）。使用它处理数据的步骤包括：声明游标、打开游标、读取游标和关闭游标 4 个步骤。其中，读取游标可能是个反复操作的步骤，因为游标每次只能读取一行数据，所以对于多行记录，需要反复读取，直到游标读取不到数据为止，其操作过程如图 10.4 所示。

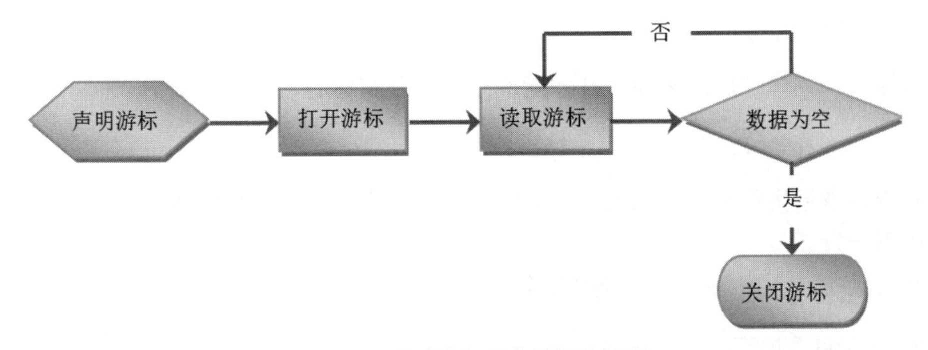


图 10.4　显式游标操作数据的过程

声明游标需要在块的声明部分进行，其他 3 个步骤在执行部分或异常处理部分中进行。

## 10.3.1 声明游标

声明游标主要包括游标名称和为游标提供结果集的 SELECT 语句。因此，在声明游标时，必须指定游标名称和游标所使用的 SELECT 语句，声明游标的语法格式如下：

```
CURSOR 游标名称 ([ 参数列表 ])
[RETURN 返回值类型 ]
IS 查询语句 ;
```

需要注意的是，游标操作的是查询结果集，所以在定义显式游标时，需要明确定义出要使用的 PL/SQL 查询语句。

**注意：**
**与声明变量一样，定义游标也应该放在 PL/SQL 块的 DECLARE 部分。**

下面通过实例来了解如何声明游标。

**[实例 10.2]**　（源码位置：资源包 \Code\10\02）

**声明游标 cur_emp**

声明一个游标 cur_emp，用来读取 emp 中职务为销售员（SALESMAN）的员工信息，代码如下：

```
01   DECLARE
02     CURSOR cur_emp(var_job IN VARCHAR2:='SALESMAN')
03     IS SELECT empno,ename,sal
04       FROM emp
05       WHERE job=var_job;
```

在上面的代码中，声明了一个名称为 cur_emp 的游标，并定义一个输入参数 var_job（类型为 VARCHAR2，这里不可以指定长度，如 VARCHAR2(10)，否则程序报错），该参数用来存储员工的职务（初始值为 SALESMAN），然后使用 SELECT 语句查询职务是销售员的结果集，以等待游标逐行读取它。

**说明：**

此 PL/SQL 代码不能执行，这是不完整的代码，只是用来声明游标。

## 10.3.2 打开游标

在游标声明完毕之后，必须打开才能使用，打开游标的语法格式如下：

```
OPEN 游标名称 ([ 参数列表 ]);
```

打开游标就是执行定义的 SELECT 语句。执行完毕后，查询结果装入内存，指针指向结果集中的第一行。

打开实例 10.2 中声明的游标的代码如下：

```
OPEN cur_emp('MANAGER');
```

上面这条语句表示打开游标 cur_emp，然后给游标的输入参数赋值为“MANAGER”。当然这里可以省略“(‘MANAGER’)”，如果省略表示输入参数的值仍然使用其初始值（即 SALESMAN）。

## 10.3.3 读取游标

当打开一个游标之后，就可以读取游标中的数据了。读取游标就是逐行将结果集中的数据保存到变量中。读取游标使用 FETCH…INTO 语句，其语法格式如下：

```
FETCH 游标名称 INTO {RECORD 类型变量 };
```

**说明：**

Oracle 使用 RECORD 类型变量来存储游标中的数据，要比使用变量列表方便得多。

在游标中包含一个数据行指针，用来指向当前数据行。刚刚打开游标时，指针指向结果集中的第一行，当使用 FETCH…INTO 语句读取数据完毕之后，游标中的指针将自动指向下一行数据。这样，就可以在循环结构中使用 FETCH…INTO 语句来读取数据，每一次循环都会从结果集中读取一行数据，直到指针指向结果集的最后一行记录之后为止（实际上，最后一行记录之后是不存在的，是空的，这里只是表示遍历完所有的数据行），这时游标的 %found 属性值为 FALSE。

## 10.3.4 关闭游标

当所有的结果集都被查询以后，游标就应该被关闭。PL/SQL 程序将被告知对于游标的处理已经结束，与游标相关联的资源可以被释放了。这些资源包括用来存储结果集的存储空间，以及用来存储结果集的临时空间。

关闭游标的语法格式如下：

```
CLOSE 游标名称;
```

一旦关闭了游标，也就关闭了 SELECT 操作，释放了占用的内存区。

下面通过一个具体的实例来演示游标的声明、打开、读取和关闭全过程。

（源码位置：资源包\Code\10\03）

[实例10.3]

## 使用游标读取员工信息

声明一个查询员工信息表 emp 中员工信息的游标，然后打开游标，并指定查询职务是“MANAGER”的员工信息，接着使用 FETCH…INTO 语句和 WHILE 循环读取游标中的所有员工信息，最后输出读取的员工信息，代码如下：

```
01  SET serveroutput on
02  DECLARE
03    /* 声明游标，查询员工信息 */
04    CURSOR cur_emp (var_job IN VARCHAR2:='SALESMAN')
05    IS SELECT empno,ename,sal
06       FROM emp
07       WHERE job=var_job;
08    TYPE record_emp IS RECORD          -- 声明一个记录类型（RECORD 类型）
09    (
10      /* 定义当前记录的成员变量 */
11      var_empno emp.empno%TYPE,
12      var_ename emp.ename%TYPE,
13      var_sal emp.sal%TYPE
14    );
15    emp_row record_emp;                -- 声明一个 record_emp 类型的变量
16  BEGIN
17    OPEN cur_emp('MANAGER');           -- 打开游标
18    FETCH cur_emp INTO emp_row;        -- 先让指针指向结果集中的第一行，并将值保存到 emp_row 中
19    WHILE cur_emp%found LOOP
20        dbms_output.put_line(emp_row.var_ename||' 的编号是 '||emp_row.var_empno||'，工资是 '||emp_
row.var_sal);
21      FETCH cur_emp INTO emp_row;    -- 让指针指向结果集中的下一行，并将值保存到 emp_row 中
22   END LOOP;
23    CLOSE cur_emp;                     -- 关闭游标
24  END;
25  /
```

单击按钮或通过快捷键 <F5> 来执行此 PL/SQL 代码，运行结果出现在脚本输出的界面中，如图 10.5 所示。

本程序在声明部分定义了一个显式游标 cur_emp，在进行游标操作之前，首先使用 OPEN 语句来打开此显式游标，之后使用 FETCH 语句取得游标中的一行数据，并将这行数据的内容放到 emp_row 变量中。如果数据存在，则使用 WHILE 循环继续取出游标中下一行的数据记录，并且使用 FETCH 语句改变 emp_row 变量的内容。本程序的流程如图 10.6 所示。

在 WHILE 语句之前，首先使用 FETCH…INTO 语句将游标中的指针移动到结果集中的第一行，这样属性 %found 的值就为 TRUE，从而保证 WHILE 语句的循环判断条件成立。

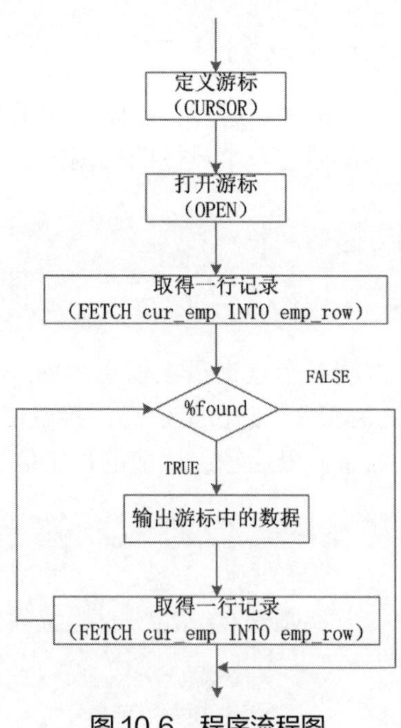


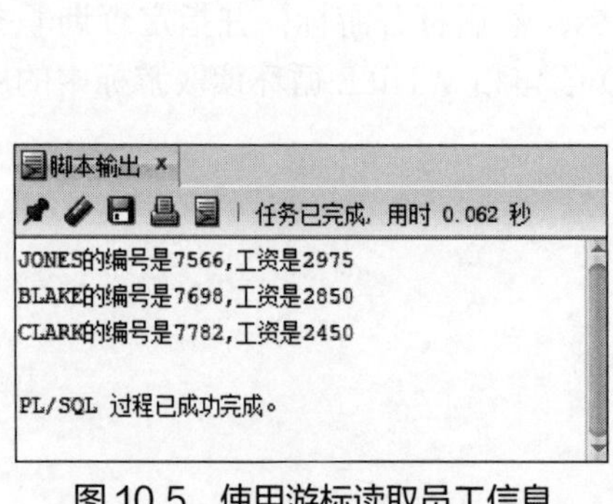


图 10.5　使用游标读取员工信息

图 10.6　程序流程图

### 10.3.5　显式游标的属性

显式游标同隐式游标一样，同样拥有 4 种属性，如表 10.2 所示。

表 10.2　显式游标属性

| 属性 | 说明 |
|---|---|
| %found | 布尔型属性，光标打开后未执行FETCH语句，则值为NULL；如果执行了FETCH语句并返回一行数据，则值为TRUE，否则为FALSE |
| %isopen | 布尔型属性，当游标已经打开时返回TRUE，游标关闭时则为FALSE |
| %notfound | 布尔型属性，如果执行了FETCH语句没有返回数据，则值为TRUE，否则为FALSE；如果还未执行FETCH语句，则为NULL |
| %rowcount | 数值型属性，执行FETCH语句所返回的行数。光标打开时，%rowcount的初始值为0，每执行一次FETCH语句，如果返回一行数据，则%rowcount增加1 |

## 10.4　游标变量

前面所讲的游标都是与一个 PL/SQL 语句相关联，并且在编译该块的时候此语句已经是可知的，是静态的，而游标变量可以在运行时与不同的语句关联，是动态的。

**说明：**
游标变量又称为动态游标。

游标变量被用于处理多行的查询结果集。在同一个 PL/SQL 块中，游标变量不同于特定的查询绑定，而是在打开游标时才确定所对应的查询。因此，游标变量可以一次对应多个查询。

**注意：**

使用游标变量之前，必须先声明，然后在运行时必须为其分配存储空间。

## 10.4.1 声明游标变量

游标变量是一种引用类型。当程序运行时，它们可以指向不同的存储单元。如果要使用游标类型，首先要声明该变量，然后必须为其分配相应的存储单元。PL/SQL 中的游标变量通过下述的语法进行声明：

```
TYPE 游标变量类型名称 IS REF CURSOR [RETURN 数据类型 ]
```

其中，“游标变量类型名称”是新的引用类型的名字，而“RETURN 数据类型”返回一个记录类型，它指明了最终由游标变量返回的选择列表的类型。

游标变量的返回类型必须是一个记录类型，它可以被显式声明为一个用户定义的记录，或者隐式使用 %ROWTYPE 进行声明。

RETURN 语句是可选的，如果在定义类型时没有加上 RETURN，则表示此游标变量属于弱类型的游标变量，可以保存任何的查询结果；如果加上了 RETURN，则此游标变量属于强类型的游标变量，表示此游标只能是特定的类型，用于匹配指定的查询返回结果。游标变量的分类如图 10.7 所示。

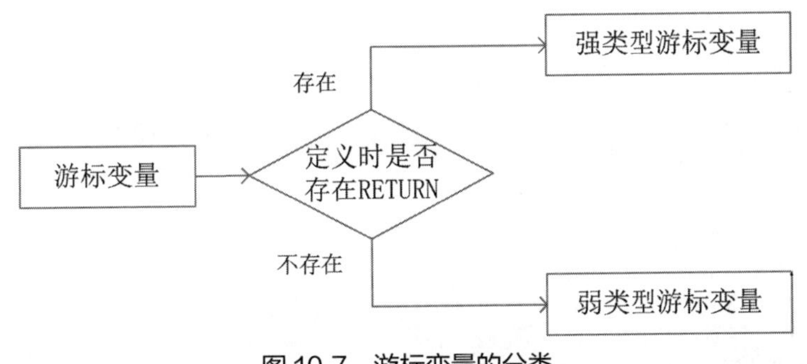


图 10.7 游标变量的分类

在定义了游标变量类型以后，就可以声明该游标变量了。下面通过一个实例来了解如何声明游标变量。

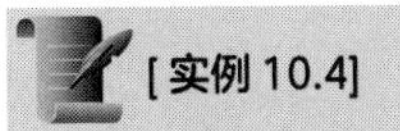

（源码位置：资源包 \Code\10\04）

[实例 10.4]

### 定义一个 dept 类型的游标变量

代码如下：

```
01  DECLARE
02    TYPE ref_dept IS REF CURSOR              -- 定义游标类型 ref_dept
03    RETURN dept%ROWTYPE;
04    cur_dept ref_dept;                       -- 定义游标变量 cur_dept
05    deptRow dept%ROWTYPE;                    -- 定义行类型
```

**说明：**

此 PL/SQL 不能执行，这是不完整的代码，只是用来声明游标变量。

在此程序中，首先定义了一个可以包含部门信息表 dept 结构的强类型游标变量，所以在程序主题打开游标时所指定的查询语句必须是 dept 的返回结构。

### 10.4.2 打开游标变量

如果要将一个游标变量与一个特定的SELECT语句相关联，需要使用OPEN…FOR语句，其语法格式如下：

```
OPEN 游标变量 FOR SELECT 语句 ;
```

### 10.4.3 关闭游标变量

游标变量的关闭和静态游标的关闭类似，都是使用 CLOSE 语句。关闭游标变量会释放查询所使用的空间。关闭已经关闭的游标变量是非法的。

下面通过一个实例来了解游标变量的声明、打开和关闭的全过程。

[实例 10.5]　（源码位置：资源包 \Code\10\05）

**使用游标变量读取部门信息**

代码如下：

```
01   SET serveroutput on
02   DECLARE
03     TYPE ref_dept IS REF CURSOR                        -- 定义游标类型 ref_dept
04     RETURN dept%ROWTYPE;
05     cur_dept ref_dept;                                 -- 定义游标变量 cur_dept
06     deptRow dept%ROWTYPE;                              -- 定义行类型
07   BEGIN
08     OPEN cur_dept FOR SELECT * FROM dept;              -- 打开游标
09     LOOP
10       FETCH cur_dept INTO deptRow;                     -- 取得游标数据
11       EXIT WHEN cur_dept%notfound;                     -- 当没有数据时退出循环，不再读取数据
12       dbms_output.put_line('部门编号为：'||deptRow.deptno||'，部门名称为：'||deptRow.dname||'，
   位于'||deptRow.loc);
13     END LOOP;
14     CLOSE cur_dept;                                    -- 关闭游标
15   END;
16   /
```

单击按钮或通过快捷键<F5>来执行此 PL/SQL 代码，运行结果出现在脚本输出的界面中，如图 10.8 所示。

在定义了一个包含 dept 结构的强类型游标变量之后，可以使用 LOOP 循环，通过 FETCH…INTO 语句取得游标中的每一行数据进行操作。

```
脚本输出 ×
任务已完成，用时 0.043 秒
部门编号为：10，部门名称为：ACCOUNTING，位于NEW YORK
部门编号为：20，部门名称为：RESEARCH，位于DALLAS
部门编号为：30，部门名称为：SALES，位于CHICAGO
部门编号为：40，部门名称为：OPERATIONS，位于BOSTON
部门编号为：50，部门名称为：design，位于shanghai
部门编号为：60，部门名称为：finance，位于beijing

PL/SQL 过程已成功完成。
```

图 10.8　使用游标变量读取部门信息

**说明：**

如果将 RETURN 语句取消，定义的就是弱类型游标了。

静态游标和游标变量（动态游标）都已经介绍完了，下面总结一下这两种游标类型的区别。

对于各种游标类型，可以按照声明时是否指定了查询定义和返回类型来进行区分，如图 10.9 所示。

图 10.9　各种类型的游标之间的关系

# 10.5　通过 FOR 语句遍历游标

在使用隐式游标或显式游标处理具有多行数据的结果集时，用户可以配合使用 FOR 语句来完成。在使用 FOR 语句遍历游标中的数据时，可以把它的循环计数器看做是一个自动的 RECORD 类型的变量。

根据隐式游标和显式游标的不同，FOR 语句的使用方法也不同，下面分别进行介绍。

## 10.5.1　隐式游标中使用 FOR 语句

在 FOR 语句中遍历隐式游标中的数据时，通常在关键字“IN”的后面提供由 SELECT 语句查询的结果集，在查询结果集的过程中，Oracle 系统会自动提供一个隐式的游标 sql。

（源码位置：资源包 \Code\10\06）

**[实例 10.6]**

**查询出职务是销售员的员工信息并输出**

使用隐式游标和 FOR 语句查询出职务是销售员（SALESMAN）的员工信息并输出，代码如下：

```
01  SET serveroutput on
02  BEGIN
03    FOR emp_record IN (SELECT empno,ename,sal FROM emp WHERE job='SALESMAN') -- 遍历隐式游标中的记录
04    LOOP
05      dbms_output.put(' 员工编号：'||emp_record.empno);                    -- 输出员工编号
06      dbms_output.put(',员工名称：'||emp_record.ename);                    -- 输出员工名称
07      dbms_output.put_line(', 员工工资：'||emp_record.sal);                -- 输出员工工资
08    END LOOP;
09  END;
10  /
```

单击按钮或通过快捷键 <F5> 来执行此 PL/SQL 代码，运行结果出现在脚本输出的界面中，如图 10.10 所示。

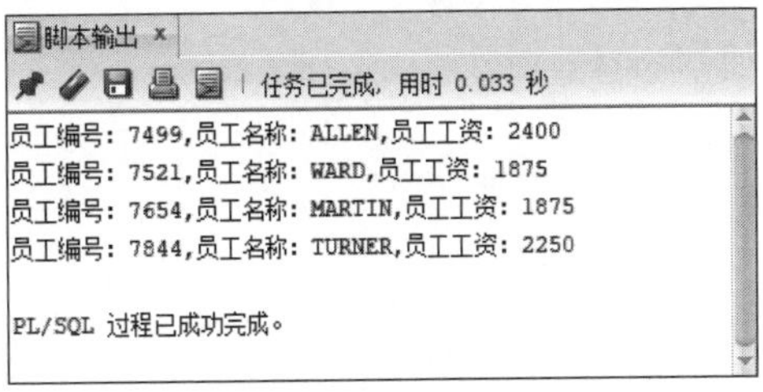

```
脚本输出 ×
任务已完成，用时 0.033 秒
员工编号：7499,员工名称：ALLEN,员工工资：2400
员工编号：7521,员工名称：WARD,员工工资：1875
员工编号：7654,员工名称：MARTIN,员工工资：1875
员工编号：7844,员工名称：TURNER,员工工资：2250

PL/SQL 过程已成功完成。
```

图 10.10　使用隐式游标处理多行记录

## 10.5.2　显式游标中使用 FOR 语句

在 FOR 语句中遍历显式游标中的数据时，通常在关键字“IN”的后面提供游标的名称，其语法格式如下：

```
FOR 自动的 RECORD 类型的变量 IN 游标名称 LOOP
PL/SQL 语句；
END LOOP;
```

[实例 10.7]　　（源码位置：资源包 \Code\10\07）

## 查询出部门编号是 10 的员工的员工信息

使用显式游标和 FOR 语句查询出部门编号是 10 的员工的员工信息并输出，代码如下：

```
01  SET serveroutput on
02  DECLARE
03    CURSOR cur_emp IS
04    SELECT * FROM emp
05    WHERE deptno = 10;                                    -- 查询部门编号为 10 的员工的员工信息
06  BEGIN
07    FOR emp_record IN cur_emp                             -- 遍历员工信息
08    LOOP
09      dbms_output.put('员工编号：'||emp_record.empno);           -- 输出员工编号
10      dbms_output.put(',员工名称：'||emp_record.ename);          -- 输出员工名称
11      dbms_output.put_line(',员工职务：'||emp_record.job);       -- 输出员工职务
12    END LOOP;
13  END;
14  /
```

单击按钮或通过快捷键 <F5> 来执行此 PL/SQL 代码，运行结果出现在脚本输出的界面中，如图 10.11 所示。

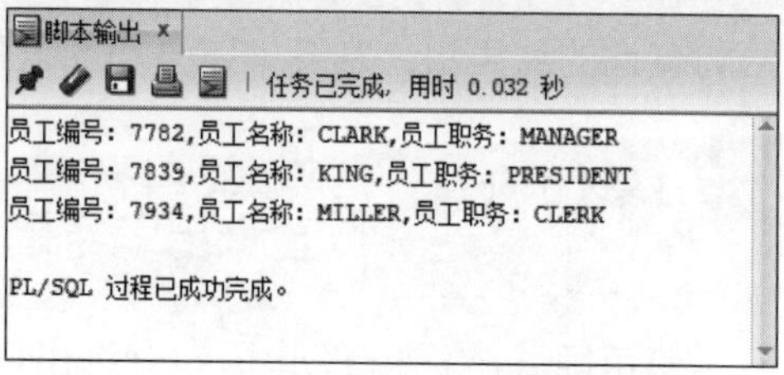

```
脚本输出 ×
任务已完成，用时 0.032 秒
员工编号: 7782,员工名称: CLARK,员工职务: MANAGER
员工编号: 7839,员工名称: KING,员工职务: PRESIDENT
员工编号: 7934,员工名称: MILLER,员工职务: CLERK

PL/SQL 过程已成功完成。
```

图 10.11　使用显式游标处理多行记录

**说明：**

在使用游标（包括显式和隐式）的 FOR 循环中，可以声明游标，但不用进行打开游标、读取游标和关闭游标等操作，这些由 Oracle 系统内部自动完成。

# 本章知识思维导图

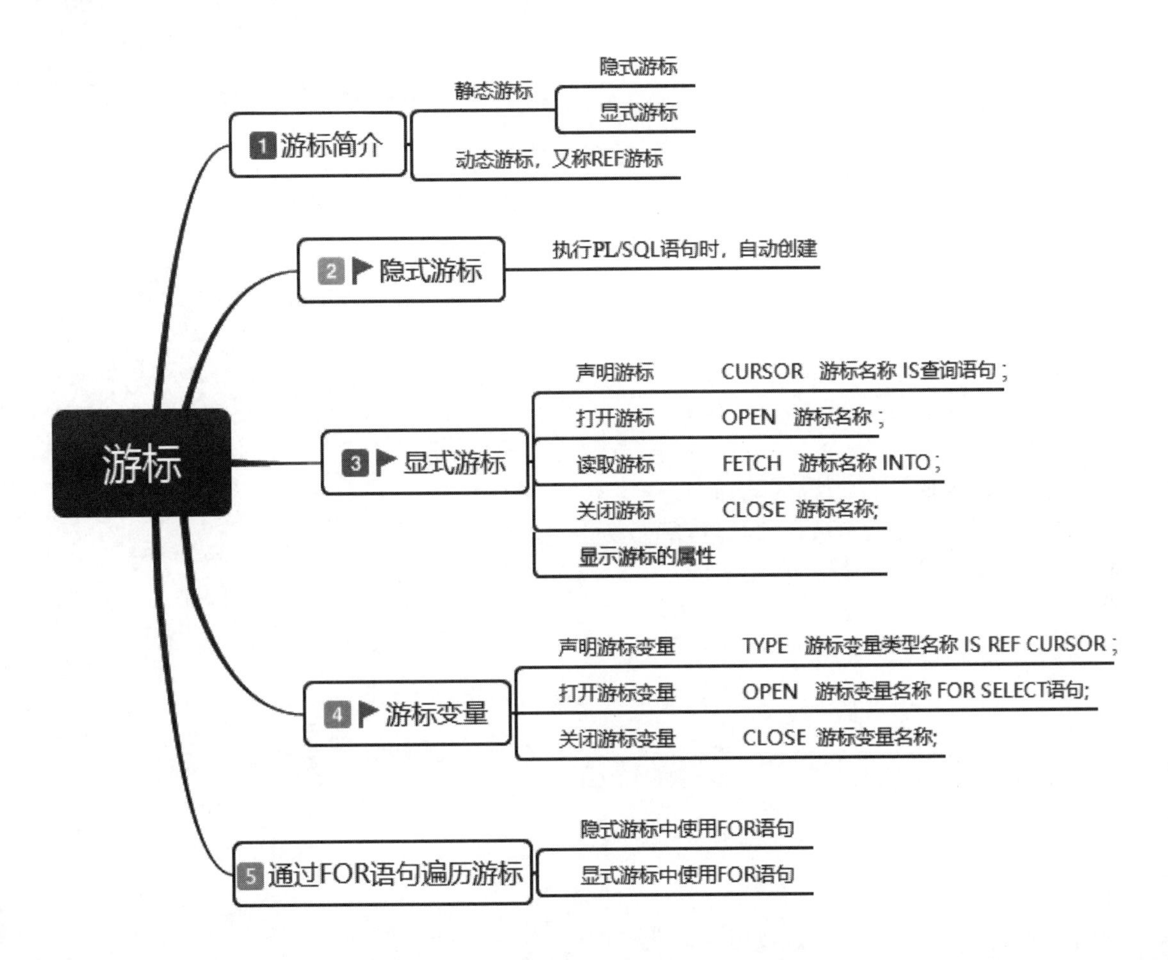
游标
1 游标简介
静态游标
隐式游标
显式游标
动态游标，又称REF游标
2 隐式游标
执行PL/SQL语句时，自动创建
3 显式游标
声明游标 CURSOR 游标名称 IS查询语句；
打开游标 OPEN 游标名称；
读取游标 FETCH 游标名称 INTO；
关闭游标 CLOSE 游标名称;
显示游标的属性
4 游标变量
声明游标变量 TYPE 游标变量类型名称 IS REF CURSOR；
打开游标变量 OPEN 游标变量名称 FOR SELECT语句;
关闭游标变量 CLOSE 游标变量名称;
5 通过FOR语句遍历游标
隐式游标中使用FOR语句
显式游标中使用FOR语句

# 第 11 章

# 存储过程与函数

扫码领取

- 配套视频
- 配套素材
- 学习指导
- 交流社群

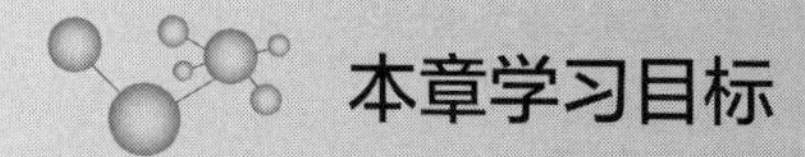

## 本章学习目标

- 掌握创建与执行存储过程的方法。
- 掌握创建与执行带参数存储过程的方法。
- 掌握创建与调用函数的方法。

# 11.1 存储过程

在实际开发过程中，经常会出现一些重复的代码块，Oracle 为了便于管理，会将这些代码块封装到一个特定的结构体当中，这样的结构体就称为存储过程。由于存储过程是已经编译好的代码，所以被调用或引用时，其执行效率非常高。

## 11.1.1 创建存储过程

存储过程指的是专门定义的一组 SQL 语句的集合，它可以定义用户操作参数，并且存在于数据库中，当使用时直接调用即可。在 Oracle 中，可以使用如下的语法来定义存储过程：

```
CREATE [OR REPLACE] PROCEDURE 过程名称 [( 参数…)] IS|AS
BEGIN
  PL/SQL 语句
[EXCEPTION]
  异常处理
END;
/
```

- 过程名称：如果数据库中已经存在了此名称，则可以指定“OR REPLACE”关键字，这样新的存储过程将覆盖掉原来的存储过程。
- 参数：若是输入参数，则需要在其后指定“IN”关键字；若是输出参数，则需要在其后面指定“OUT”关键字。在 IN 或 OUT 关键字的后面是参数的数据类型，但不能指定该类型的长度。

**说明：**

存储过程与 PL/SQL 程序块的关系为：存储过程 = 存储过程声明 + PL/SQL 程序块。

存储过程与普通的 PL/SQL 程序块有很多相似和不同的地方，下面通过表 11.1 一一列出。

表 11.1 存储过程与普通的 PL/SQL 程序块的异同点

| 相同点 | 不同点 |
|---|---|
| 都有声明部分、执行部分和异常处理部分 | 创建存储过程需要使用PROCEDURE关键字，在关键字后面就是过程名和参数列表 |
| | 创建存储过程使用的是CREATE或REPLACE关键字，而PL/SQL程序块使用的是DECLARE关键字 |

下面通过实例来了解如何创建存储过程。

[实例 11.1] 创建存储过程 pro_SELECTEmp （源码位置：资源包 \Code\11\01）

创建一个存储过程 pro_SELECTEmp，实现根据员工编号找到员工姓名，代码如下：

```
01   CREATE OR REPLACE PROCEDURE pro_SELECTEmp(eno emp.empno%type) IS
02     ena emp.ename%type;
03   BEGIN
```

```
04      SELECT ename INTO ena FROM emp WHERE empno = eno;
05      dbms_output.put_line('员工号为：'||eno||'的员工姓名为：'||ena);
06    END;
07    /
```

单击按钮或通过快捷键 <F5> 来执行此 PL/SQL 代码，运行结果出现在脚本输出的界面中，如图 11.1 所示。

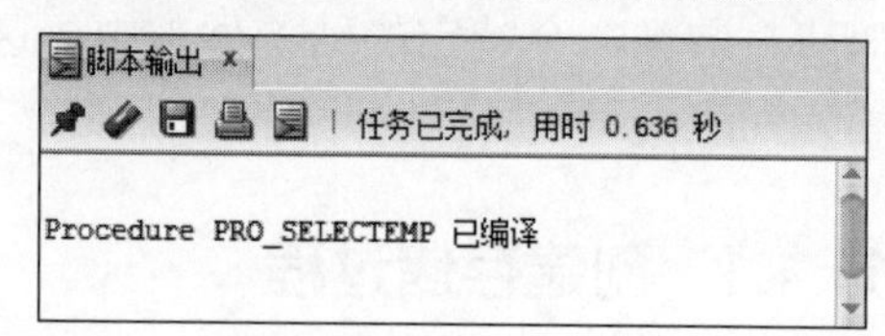


图 11.1　创建存储过程 pro_SELECTEmp

**说明：**

在创建存储过程的语法中，IS 关键字也可以使用 AS 关键字来替代，效果是相同的。

出现如图 11.1 所示的运行结果表示已经成功创建了一个存储过程 pro_SELECTEmp，那么在数据库中就已经存在名称为 pro_SELECTEmp 的存储过程。如果还需要创建一个存储过程，名称也为 pro_SELECTEmp，要如何处理呢？

方法有两种：第一种是修改现有的存储过程名称，重新创建；第二种是使用“OR REPLACE”关键字覆盖掉原有的存储过程，例如：

```
01    CREATE OR REPLACE PROCEDURE pro_SELECTEmp IS
02      ena emp.ename%type;
03    BEGIN
04      SELECT ename INTO ena FROM emp WHERE empno = eno;
05      dbms_output.put_line('员工号为：'||eno||'的员工姓名为：'||ena);
06    END;
07    /
```

此代码的运行结果和实例 11.1 的运行结果一致，无论在数据库中是否存在名称为 pro_SELECTEmp 的存储过程，通过上面的代码都可以成功地创建一个存储过程。

**技巧：**

在定义存储过程时，一般使用“CREATE OR REPLACE PROCEDURE 存储过程名”语法格式，因为在创建此存储过程的时候，不知道数据库中是否有重名的，这么写可以避免出错和节省查询存储过程的时间。

## 11.1.2　执行存储过程

在实例 11.1 中已经创建了一个存储过程，这个存储过程的主体代码实现了根据员工编号找员工姓名，但主体代码 SELECT 语句仅仅是被编译了，并没有被执行。若要执行这个 SELECT 语句，则需要再使用 EXECUTE 命令来执行该存储过程，或者在 PL/SQL 程序块中调用该存储过程。

使用 EXECUTE 命令的执行方式比较简单，只需要在该命令后面输入存储过程名即可，下面来看一个实例。

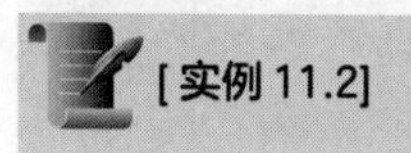

[实例 11.2]　（源码位置：资源包 \Code\11\02）

**执行 pro_SELECTEmp 存储过程**

创建一个存储过程，该存储过程实现根据员工编号找员工姓名，代码如下：

```
EXECUTE pro_SELECTEmp(7788);
```

单击按钮或通过快捷键 <F5> 来执行此 PL/SQL 代码，运行结果出现在脚本输出的界面中，如图 11.2 所示。

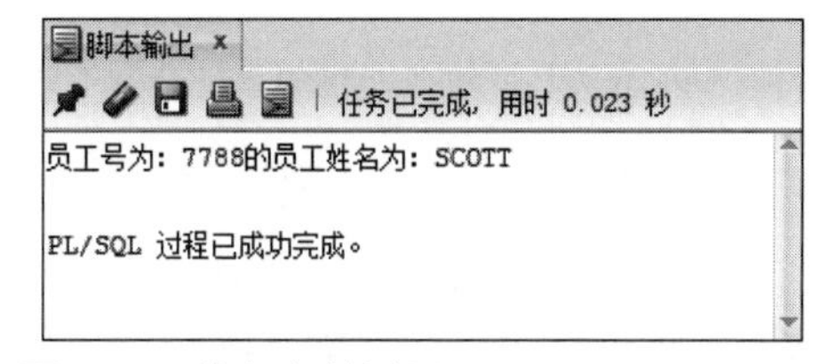


图 11.2 执行存储过程 pro_SELECTEmp

运行结果可以看出，执行存储过程是成功的。另外，代码中的“EXECUTE”命令也可简写为“EXEC”。但有时候需要在一个 PL/SQL 程序块中调用某个存储过程，例如：

```
01   set serverOUTput on
02   BEGIN
03     pro_SELECTEmp(7788);
04   END;
05   /
```

此代码的运行结果与实例 11.2 的运行结果一致，同样可以实现存储过程 pro_SELECTEmp 的执行。

### 11.1.3 存储过程的参数

前面所创建的存储过程是简单的存储过程，没有涉及参数，但在定义存储过程的时候往往需要接收参数。参数是一种向程序单元输入和输出数据的机制，存储过程可以接收多个参数。在 Oracle 中，参数的定义分为 3 种模式，分别是 IN、OUT 和 IN OUT，这 3 种模式参数的定义如下。

① IN（默认，数值传递）：在存储过程中所作的修改不会影响原始参数内容。

② OUT（空进带值出）：不带任何数值到存储过程中，但存储过程可以通过此变量将数值返回给调用方。

③ IN OUT（地址传递）：可以将值传递到存储过程中，同时也会将存储过程中对变量的修改返回到调用处。

下面分别介绍这三种模式的参数。

#### （1）IN 模式参数

这是一种输入模式的参数，表示这个参数值输入给存储过程，供存储过程使用。这种参数是最常用的，也是默认的参数模式，关键字 IN 位于参数名称之后。

下面将声明一个带有 IN 模式参数的存储过程。

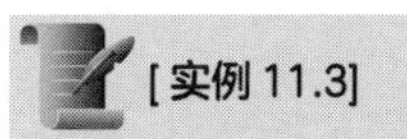

[实例 11.3]　（源码位置：资源包 \Code\11\03）

**声明一个带有 IN 模式参数的存储过程**

创建一个存储过程，并定义 3 个 IN 模式的变量，然后将这 3 个变量的值插入到部门信息表 dept 中，代码如下：

```
01   CREATE OR REPLACE PROCEDURE INSERT_dept
02     (num_deptno IN NUMBER,          -- 定义 IN 模式的变量 num_deptno，用来存储部门编号
03      var_dname IN VARCHAR2,         -- 定义 IN 模式的变量 var_dname，用来存储部门名称
04      var_loc IN VARCHAR2) IS        -- 定义 IN 模式的变量 var_loc，用来存储部门位置
05   BEGIN
06     INSERT INTO dept
```

```
07      VALUES(num_deptno,var_dname,var_loc);   -- 向 dept 表中插入记录
08    END;
09    /
```

单击按钮或通过快捷键 <F5> 来执行此 PL/SQL 代码，运行结果出现在脚本输出的界面中，如图 11.3 所示。

存储过程 INSERT_dept 的作用为向部门信息表 dept 中插入一行数据，定义了三个参数，分别是部门编号、部门名称和部门位置。

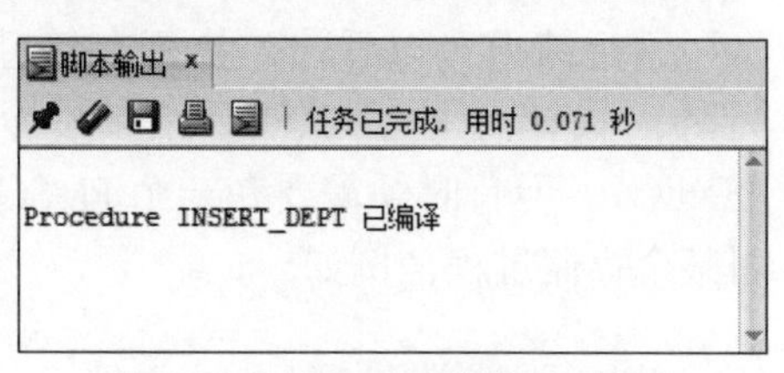


图 11.3　声明一个带有 IN 模式参数的存储过程

**说明：**
*声明 IN 模式参数的存储过程的时候，参数的类型不能指定长度。*

在调用或执行这种 IN 模式的存储过程时，用户需要向存储过程中传递若干参数值，以保证执行部分（即 BEGIN 部分）有具体的数值参与数据操作。

例如，可通过如下代码调用实例 11.3 中创建的存储过程 INSERT_dept。

```
EXEC INSERT_dept(70, '测试部','南京');
```

单击按钮或通过快捷键 <F5> 可执行此 PL/SQL 代码，在此代码中为参数 num_deptno 赋值为 70，为参数 var_dname 赋值为“测试部”，为参数 var_loc 赋值为“南京”，并且向部门信息表 dept 中插入由这三个参数所组成的数据。

然后通过 SQL 语句“SELECT * FROM dept;”查看部门信息表 dept，可以发现表中已经存在执行存储过程后插入的数据，即部门编号为 70 的部门信息，如图 11.4 所示。

|   | DEPTNO | DNAME | LOC |
|---|---|---|---|
| 1 | 10 | ACCOUNTING | NEW YORK |
| 2 | 20 | RESEARCH | DALLAS |
| 3 | 30 | SALES | CHICAGO |
| 4 | 40 | OPERATIONS | BOSTON |
| 5 | 50 | design | shanghai |
| 6 | 60 | finance | beijing |
| 7 | 70 | 测试部 | 南京 |

图 11.4　部门信息表 dept 中存在执行存储过程后插入的数据

**说明：**
*在执行带有 IN 参数的存储过程时，需要注意参数的个数和顺序，如果不匹配会提示出错。*

### （2）OUT 模式参数

这是一种输出模式的参数，表示这个参数在存储过程中已经被赋值，可以传给存储过程以外的部分或环境，关键字 OUT 位于参数名称之后。

下面将声明一个带有模式参数的存储过程。

**[实例 11.4]**　（源码位置：资源包 \Code\11\04）

**声明一个带有 OUT 模式参数的存储过程**

创建一个存储过程 SELECT_dept，要求定义两个 OUT 模式的字符类型的参数，然后将在 dept 中查询到的部门信息存储到这两个参数中，代码如下：

```
01   CREATE OR REPLACE PROCEDURE SELECT_dept
02     (num_deptno IN NUMBER,                   -- 定义 IN 模式变量，要求输入部门编号
03     var_dname OUT dept.dname%TYPE,           -- 定义 OUT 模式变量，可以存储部门名称并输出
```

```
04     var_loc OUT dept.loc%TYPE) IS
05   BEGIN
06     SELECT dname,loc
07     INTO var_dname,var_loc
08     FROM dept
09     WHERE deptno = num_deptno;                          -- 查询某个部门编号的部门信息
10   EXCEPTION
11     WHEN no_data_found THEN                             -- 若 SELECT 语句无返回记录
12       dbms_OUTput.put_lINe('该部门编号的不存在');          -- 输出信息
13   END;
14   /
```

单击按钮或通过快捷键 <F5> 来执行此 PL/SQL 代码，运行结果出现在脚本输出的界面中，如图 11.5 所示。

此存储过程可以实现输入部门编号，查询出部门名称和部门位置。在程序中定义了一个 IN 模式的参数 num_deptno 和两个 OUT 模式的参数 var_dname 和 var_loc，因为 IN 模式参数是输入模式参数，所以用户需要对 num_deptno 进行赋值。而 OUT 模式的参数是输出模式参数，所以在输入了部门编号（num_deptno）的值之后，就可以得到部门名称（var_dname）和部门位置（var_loc）。

下面来看一下要如何调用或执行带有 OUT 参数的存储过程。

由于存储过程要通过 OUT 参数返回值，所以当调用或执行这个存储过程时，都需要定义变量来保存这两个 OUT 参数值，例如在调用存储过程 SELECT_dept 的同时，将定义的变量传入到该存储过程中，以便接收 OUT 参数的返回值，代码如下：

```
01   DECLARE
02     var_dname dept.dname%TYPE;               -- 声明变量，对应存储过程中的 OUT 模式的 var_dname
03     var_loc dept.loc%TYPE;                   -- 声明变量，对应存储过程中的 OUT 模式的 var_loc
04   BEGIN
05     SELECT_dept(70,var_dname,var_loc);       -- 传入部门编号，然后输出部门名称和位置信息
06     dbms_OUTput.put_lINe(var_dname||'位于：'||var_loc); -- 输出部门信息
07   END;
08   /
```

单击按钮或通过快捷键 <F5> 来执行此 PL/SQL 代码，运行结果出现在脚本输出的界面中，如图 11.6 所示。

脚本输出 ×
任务已完成，用时 0.103 秒
Procedure SELECT_DEPT 已编译

图 11.5　声明一个带有 OUT 模式参数的存储过程

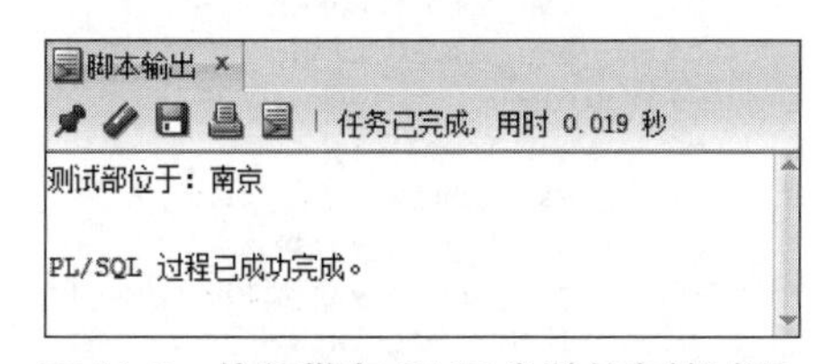


图 11.6　执行带有 OUT 参数的存储过程

此代码中，把声明的两个变量传入到存储过程中，当存储过程执行时，其中的 OUT 参数会被赋值，当存储过程执行完毕（即代码 06 行），OUT 参数的值会在调用处返回，这样定义的两个变量就可以得到 OUT 参数被赋予的值了，通过输出语句将这两个变量进行输出。

**说明：**

如果在存储过程中声明了 OUT 模式的参数，则在执行这个存储过程时，必须为 OUT 参数提供变量，以便接收 OUT 参数的返回值，否则，程序执行后将出现错误。

### （3）IN OUT 模式参数

IN OUT 模式参数相当于 IN 和 OUT 两种模式参数的集合，在调用存储过程时，可以从外界向该模式的参数传入值，在执行完存储过程之后可以将该参数的返回值传给外界。

下面将声明一个带有 IN OUT 模式参数的存储过程。

（源码位置：资源包 \Code\11\05）

**[实例 11.5]**

**声明一个带有 IN OUT 模式参数的存储过程**

创建一个存储过程 pro_square，在其中定义一个 IN OUT 参数，该存储过程用来计算这个参数的平方或平方根，代码如下：

```
01  CREATE OR REPLACE PROCEDURE pro_square
02    (num IN OUT NUMBER,              -- 计算它的平方或平方根，这是一个 "IN OUT" 参数
03    flag IN BOOLEAN) IS              -- 计算平方或平方根的标识，这是一个 "IN" 参数
04    i INT := 2;                      -- 表示计算平方，这是一个内部变量
05  BEGIN
06    IF flag THEN                     -- 若为 true
07      num := power(num,i);           -- 计算平方
08    ELSE
09      num := sqrt(num);              -- 计算平方根
10    END IF;
11  END;
12  /
```

单击按钮或通过快捷键 <F5> 来执行此 PL/SQL 代码，运行结果出现在脚本输出的界面中，如图 11.7 所示。

在此存储过程中，定义一个 IN OUT 参数，该参数在存储过程被调用时会传入一个数值，然后与另外一个 IN 参数相结合来判断所要进行的运算（平方或平方根），最后将计算后的平方或平方根再保存到这个 IN OUT 参数中。

下面来看一下 pro_square 存储过程的执行情况，调用存储过程 pro_square，计算 8 的平方或平方根，代码如下：

```
01  DECLARE
02    var_NUMBER NUMBER;               -- 存储要进行运算的值和运算后的结果
03    var_temp NUMBER;                 -- 存储要进行运算的值
04    boo_flag BOOLEAN;                -- 平方或平方根的逻辑标记
05  BEGIN
06    var_temp :=8;                    -- 变量赋值
07    var_NUMBER :=var_temp;
08    boo_flag := false;               --false 表示计算平方根；true 表示计算平方
09    pro_square(var_NUMBER,boo_flag);-- 调用存储过程 pro_square
10    IF boo_flag THEN
11      dbms_OUTput.put_lINe(var_temp ||' 的平方是：'||var_NUMBER);      -- 输出计算结果
12    ELSE
13      dbms_OUTput.put_lINe(var_temp ||' 平方根是：'||var_NUMBER);
14    END IF;
15  END;
16  /
```

单击按钮或通过快捷键 <F5> 来执行此 PL/SQL 代码，运行结果出现在脚本输出的界面中，如图 11.8 所示。

从此代码中可以看出，变量 var_NUMBER 在调用存储过程之前是 8，而存储过程执行完毕之后，该变量的值变为其平方根，这是因为该变量作为存储过程的 IN OUT 参数被传入和返回。

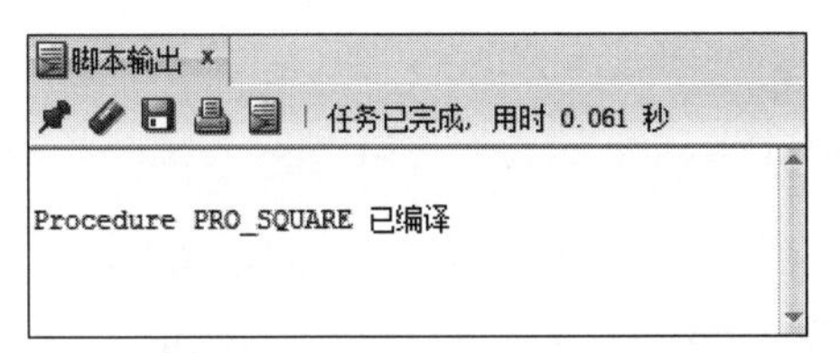


图 11.7　声明一个带有 IN OUT 模式的存储过程

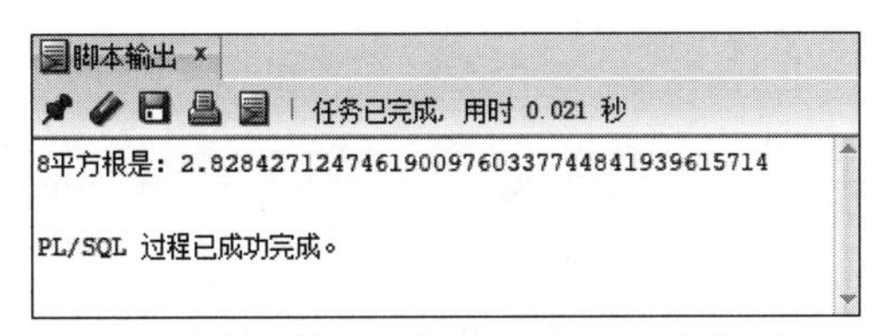


图 11.8　执行带有 IN OUT 参数的存储过程

## 11.1.4　删除存储过程

当一个存储过程不再需要时，要将此存储过程从内存中删除，以释放相应的内存空间。删除存储过程可以使用下面的语句：

```
DROP PROCEDURE count_num;
```

例如，删除存储过程 INSERT_dept，代码如下：

```
DROP PROCEDURE INSERT_dept;
```

单击按钮或通过快捷键 <F5> 来执行此 PL/SQL 代码，运行结果出现在脚本输出的界面中，如图 11.9 所示。

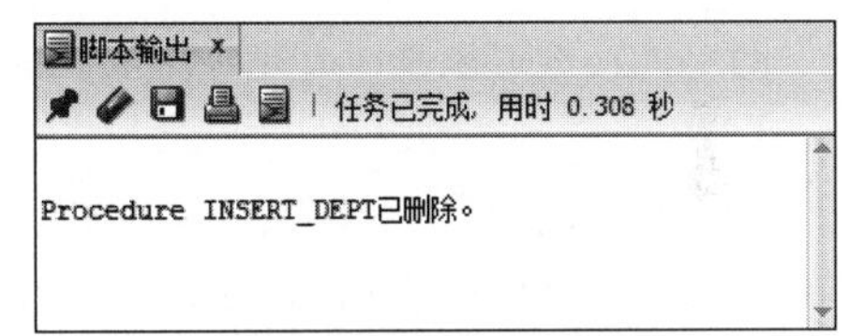


图 11.9　删除存储过程 INSERT_dept

# 11.2　函数

在数学中，函数一般用于计算和返回一个值。在 Oracle 数据库中，函数也具有相同的作用，我们可以将经常使用的计算或功能写成函数。

## 11.2.1　创建函数

函数的创建语法与存储过程类似，也是一种存储在数据库中的命名程序块。函数可以接收零或多个输入参数，并且必须有返回值（而这一点存储过程是没有要求的），其定义语法格式如下：

```
CREATE [OR REPLACE] FUNCTION 函数名 [( 参数…) RETURN 返回值类型 IS|AS
  变量声明部分
BEGIN
  程序部分
  [RETURN 返回值 ;]
[EXCEPTION]
  异常处理
END [ 函数名 ];
/
```

由于函数有返回值，所以在函数主体部分（即 BEGIN 部分）必须使用 RETURN 语句返回函数值，并且要求返回值的类型要与函数声明时的返回值类型（即 data_TYPE）相同。

根据语法分析，下面来创建一个函数。

**[实例 11.6]**　**定义函数，用于计算某个部门的员工最高工资**　（源码位置：资源包 \Code\11\06）

定义一个函数 get_MAX_pay，用于计算员工信息表 emp 中指定部门的员工最高工资，

代码如下:

```
01   CREATE OR REPLACE FUNCTION get_MAX_pay (num_deptno NUMBER) RETURN NUMBER IS  --创建一个函数，该函数实现计算某个部门的最高工资，传入部门编号参数
02      num_MAX_pay NUMBER;                        -- 保存最高工资的内部变量
03   BEGIN
04      SELECT MAX(sal) INTO num_MAX_pay FROM emp WHERE deptno=num_deptno;-- 某个部门的最高工资
05      RETURN(round(num_MAX_pay,2));              -- 返回最高工资
06   EXCEPTION
07      WHEN no_data_found THEN                    -- 若此部门编号不存在
08        dbms_OUTput.put_lINe(' 该部门编号不存在 ');
09        RETURN(0);                               -- 返回最高工资为 0
10   END;
11   /
```

脚本输出 ×
任务已完成，用时 0.068 秒
Function GET_MAX_PAY 已编译

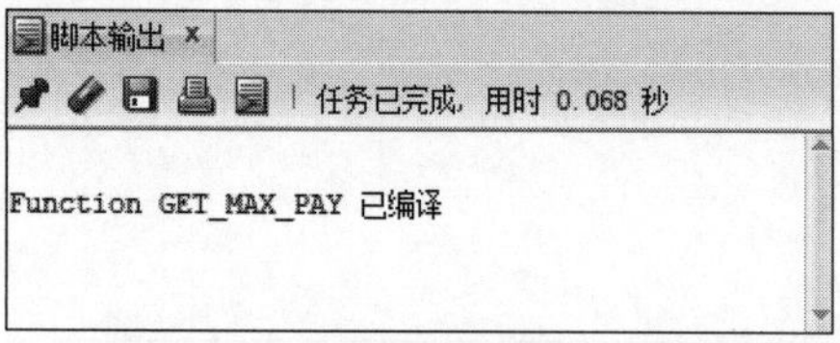

图 11.10　创建函数 get_avg_pay

单击按钮或通过快捷键 <F5> 来执行此 PL/SQL 代码，运行结果出现在脚本输出的界面中，如图 11.10 所示。

本实例中创建了一个函数，名为 get_MAX_pay，该函数中有一个参数 num_deptno，为部门编号，有一个返回值 num_MAX_pay，用于保存计算出的最高工资。

因为参数是部门编号，如果在调用此函数的时候输入的是一个员工信息表 emp 中不存在的部门编号值就会出错，所以在此函数中定义了异常处理。进入异常的条件是输入的部门编号在员工信息表 emp 中不存在。异常的解决方法为输出提示信息“该部门编号不存在”。

## 11.2.2　调用函数

由于函数有返回值，所以在调用函数时，必须使用一个变量来保存函数的返回值，这样函数和这个变量就组成了一个赋值表达式。

以实例 11.6 的 get_MAX_pay 函数为例，学习如何调用函数。

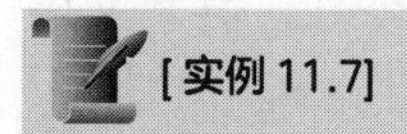

[实例 11.7]　（源码位置：资源包 \Code\11\07）

### 调用函数，计算 10 号部门的员工最高工资

定义一个函数，用于计算员工信息表 emp 中指定部门的员工最高工资，代码如下:

```
01   DECLARE
02     AVG_pay NUMBER;                              -- 定义变量，存储函数返回值
03   BEGIN
04     AVG_pay:=get_MAX_pay(10);                    -- 调用函数，并获取返回值
05     dbms_OUTput.put_lINe(' 最高工资是: '||AVG_pay);  -- 输出返回值，即员工最高工资
06   END;
07   /
```

单击按钮或通过快捷键<F5>来执行此PL/SQL代码，运行结果出现在脚本输出的界面中，如图 11.11 所示。

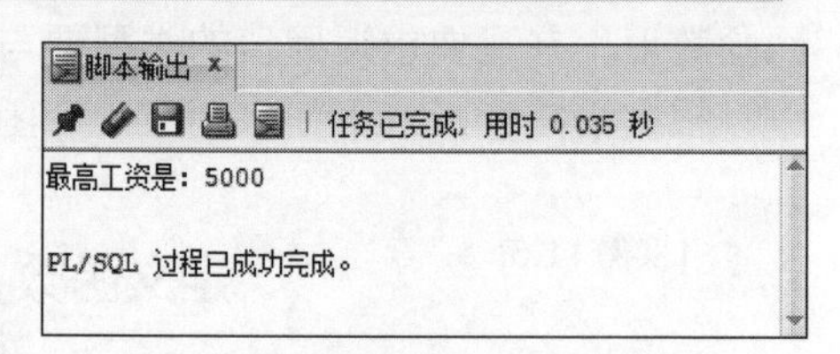


图 11.11　使用函数计算最高工资

在此代码中，首先定义了一个变量 AVG_pay，用来保存函数 get_MAX_pay 的返回值，即某个部门的员工最高工资。同时定义函数 get_MAX_pay 中的参

数为 10，也就是计算部门编号为 10 的部门的员工最高工资。

### 11.2.3 删除函数

删除函数的操作比较简单，使用 DROP FUNCTION 命令，其后面为要删除的函数名称，语法格式如下：

```
DROP FUNCTION 函数名；
```

例如，删除 get_AVG_pay 函数，代码如下：

```
DROP FUNCTION get_AVG_pay;
```

单击按钮或通过快捷键 <F5> 来执行此 PL/SQL 代码，运行结果出现在脚本输出的界面中，如图 11.12 所示。

图 11.12 删除函数 get_AVG_pay

这样，函数 get_AVG_pay 就已经删除成功了。

## 本章知识思维导图

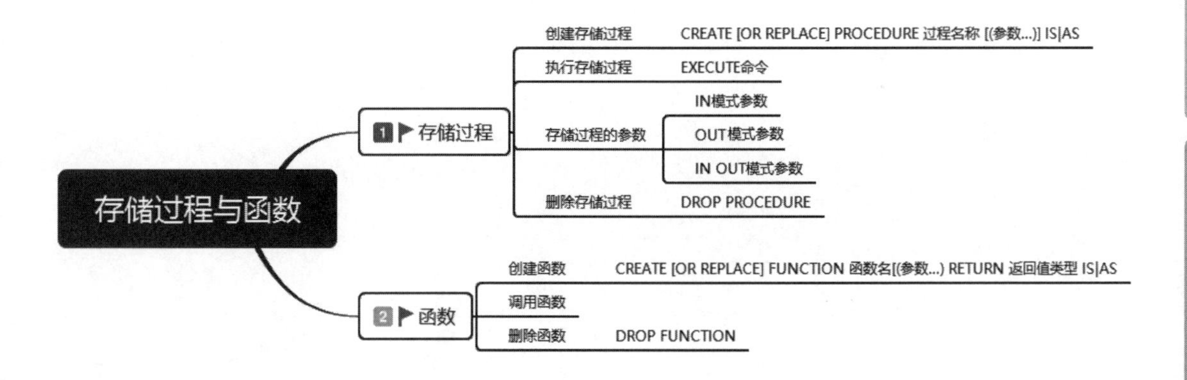

# 第 12 章
# 触发器

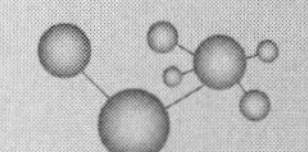

## 本章学习目标

- 了解触发器的定义和分类。
- 熟练掌握语句级触发器的创建与使用。
- 熟练掌握行级触发器的创建与使用。
- 了解替换触发器。

# 12.1 触发器简介

触发器可以看做是一种“特殊”的存储过程，它定义了一些与数据库相关事件（如 INSERT、UPDATE 和 CREATE 等事件）发生时应执行的“功能代码块”，可以实现数据库对用户所发出的操作进行跟踪，并及时做出反应。

在触发器中有一个不得不提的概念——触发事件，触发器正是通过“触发事件”来运行的，能够引起触发器运行的操作就被称为“触发事件”，如:

- 执行 DML 语句（使用 INSERT、UPDATE、DELETE 语句对表或视图执行数据处理操作）;
- 执行 DDL 语句（使用 CREATE、ALTER、DROP 语句在数据库中创建、修改、删除模式对象）;
- 引发数据库系统事件（如系统启动或退出、产生异常错误等）;
- 引发用户事件（如登录或退出数据库操作）。

以上这些操作都可以引起触发器的运行。

**说明:**

触发器与存储过程的区别：定义触发器的语法形式与存储过程和函数类似，但不同的是，存储过程和函数需要用户显式调用，而触发器是由“触发事件”隐式调用的。

触发器的关键字为 TRIGGER，TRIGGER 翻译成中文是“扳机”的意思，如图 12.1 所示，当扣下枪的扳机后，子弹就会射出。在数据库中也是一样，当发生了某些事情也就是遇到触发事件的时候，就会自动执行触发器中设置的操作。

图 12.1 扣扳机

创建触发器的语法如下：

```
CREATE [OR REPLACE] TRIGGER 触发器名称
  [before | after | instead of] 触发事件
  ON [ 表名 | 视图名 | 用户模式名 | 数据库名 ]
   [for each row] [WHEN 触发条件 ]
[DECLARE]
  [ 变量声明 ]
BEGIN
程序代码部分
END [ 触发器名称 ];
/
```

语法中出现了很多与存储过程不一样的关键字，首先来了解一下这些陌生的关键字:

① TRIGGER：表示创建触发器的关键字，就如同创建存储过程的关键字“PROCEDURE”一样。

② before | after | instead of：表示“触发事件”的关键字。

- before 表示在执行 DML 等操作之前触发，这种方式能够防止某些错误操作发生而便于回滚;
- after 表示在执行 DML 等操作之后发生，这种方式便于记录该操作或做某些事后处理工作的信息;
- instead of 表示触发器为替代触发器。

③ ON：表示操作的数据表、视图、用户模式和数据库等，对它们执行某种数据操作

（比如，对表执行 INSERT、ALTER、DROP 等操作），将引起触发器的运行。

④ for each row：指定触发器为行级触发器，当 DML 语句对每一行数据进行操作时都会引起该触发器的运行。如果未指定该条件，则表示创建语句级触发器，这时无论数据操作影响多少行，触发器都只会执行一次。

在了解了语法中的这些陌生的关键字之后，接下来看一下语法中的参数及其说明：

① 触发器名称：触发器的名称，如果数据库中已经存在了此名称，则可以指定“OR REPLACE”关键字，表示新的触发器会覆盖原来的触发器。

② 触发事件：用于指定触发事件，常用的有 INSERT、UPDATE、DELETE、CREATE、ALTER、DROP 等。

③ 表名 | 视图名 | 用户模式名 | 数据库名：分别表示操作的数据表、视图、用户模式和数据库，对它们的某些操作将引起触发器的运行。

④ WHEN 触发条件：这是一个触发条件子句，其中 WHEN 是关键字，当触发条件表达式的值为 true 时，遇到触发事件才会自动执行触发器，否则即便是遇到触发事件也不会执行触发器。

Oracle 的触发事件相对于其他数据库比较复杂，比如，前面提到的 DML 操作、DDL 操作，甚至是一些数据库系统的自身事件等都会引起触发器的运行。为此，这里根据触发器的触发事件和触发器的执行情况，将 Oracle 所支持的触发器分为以下 5 种类型。

① 语句级触发器：无论 DML 语句影响多少行数据，它所引起的触发器都仅执行一次。

② 行级触发器：当 DML 语句对每一行数据进行操作时都会引起该触发器的运行。

③ 替换触发器：该触发器是定义在视图上的，而不是定义在表上，它是用来替换所使用实际语句的触发器。

④ 用户事件触发器：是指与 DDL 操作或用户登录、退出数据库等事件相关的触发器，如用户登录到数据库或使用 ALTER 语句修改表结构等。

⑤ 系统事件触发器：是指在 Oracle 数据库系统的事件中触发的触发器，如 Oracle 实例的启动与关闭。

下面主要介绍语句级触发器、行级触发器和替换触发器。

## 12.2 语句级触发器

语句级触发器是针对一条 DML 语句而执行的触发器。在语句级触发器中，不使用 for each row 子句，也就是说无论数据操作影响多少行，触发器都只执行一次。下面通过实例来看一下创建和执行一个语句级触发器的实现过程。

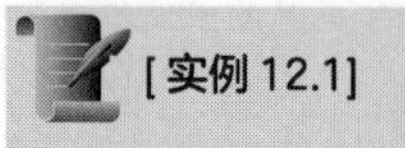

[实例 12.1]

（源码位置：资源包 \Code\12\01）

**创建语句级触发器并执行此触发器**

本实例的主要功能是使用触发器对部门信息表 dept 的各种操作进行监控。

① 创建一个日志表 dept_log，用于存储对部门信息表 dept 的各种数据操作信息，比如操作种类（如插入、修改、删除操作）和操作时间等。创建日志信息表的代码如下：

```
01    CREATE TABLE dept_log
02    (
```

```
03    operate_tag VARCHAR(10),        -- 定义字段，存储操作种类信息
04    operate_time DATE               -- 定义字段，存储操作日期
05  );
```

单击按钮或通过快捷键 <F5> 来执行此 SQL 代码，运行结果出现在脚本输出的界面中，如图 12.2 所示。

图 12.2　创建表 dept_log

② 创建一个触发器 tri_dept，该触发器在 INSERT、UPDATE 和 DELETE 事件下都可以被触发，将用户对 dept 表的操作信息保存到 dept_log 表中，然后在触发器执行时输出对 dept 表所做的具体操作，代码如下：

```
01  CREATE OR REPLACE TRIGGER tri_dept
02    before INSERT or UPDATE or delete
03    ON dept                    -- 创建触发器，当 dept 发生插入、修改和删除操作时引起该触发器的执行
04  DECLARE
05    var_tag VARCHAR2(10); -- 声明一个变量，存储对 dept 执行的操作类型
06  BEGIN
07    IF INSERTINg THEN       -- 当触发事件是 INSERT 时
08      var_tag := '插入';   -- 标识插入操作
09    ELSIF updatINg THEN     -- 当触发事件是 UPDATE 时
10      var_tag := '修改';   -- 标识修改操作
11    ELSIF deletINg THEN     -- 当触发事件是 DELETE 时
12      var_tag := '删除';   -- 标识删除操作
13    END IF;
14    INSERT INTO dept_log VALUES(var_tag,sysDATE);     -- 向日志表中插入对 dept 的操作信息
15  END tri_dept;
16  /
```

单击按钮或通过快捷键 <F5> 来执行此 PL/SQL 代码，运行结果出现在脚本输出的界面中，如图 12.3 所示。

图 12.3　创建触发器 tri_dept

在代码中，使用 before 关键字来指定当前的触发器在 DML 语句执行之前被触发，这使得它非常适合用于强化安全性、启用业务逻辑和进行日志信息记录。

**说明：**

当然也可以使用 after 关键字，用于记录该操作或者做某些事后处理工作。具体使用哪一种关键字，要根据实际需要而定。

另外，为了具体判断对部门信息表 dept 执行了何种操作，即具体引发了哪种“触发事件”，代码中还使用了条件谓词，它由条件关键字（IF 或 ELSIF）和触发器谓词（INSERTINg、updatINg、deletINg）组成，这 3 个谓词的作用如图 12.4 所示。

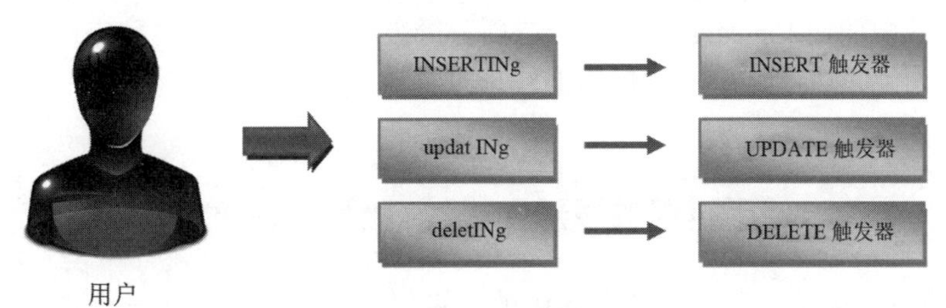


图 12.4　触发器谓词的作用

由图 12.16 中可知，如果触发器谓词为“INSERTINg”，则触发 INSERT 触发器；如果

触发器谓词为“updatINg”，则触发 UPDATE 触发器；如果触发器谓词为“deletINg”，则触发 DELETE 触发器。

如果相应类型的 DML 语句（INSERT、UPDATE 和 DELETE）引起了触发器的运行，那么条件谓词的值就为 true。

③ 在触发器创建完毕之后，接下来就执行触发器。在数据表 dept 中实现插入、修改和删除三种操作，以便引起触发器 tri_dept 的执行，代码如下：

```
01   INSERT INTO dept VALUES(66,'业务咨询部','长春');
02   UPDATE dept SET loc = '沈阳' WHERE deptno = 66;
03   DELETE FROM dept WHERE deptno = 66;
```

单击按钮或通过快捷键 <F5> 来执行此 PL/SQL 代码，运行结果出现在脚本输出的界面中，如图 12.5 所示。

代码对 dept 执行了 3 次 DML 操作，根据 tri_dept 触发器自身的设计情况，它会被触发 3 次，并且会向 dept_log 表中插入 3 行操作记录。

④ 使用 SELECT 语句查看 dept_log 日志信息表，代码如下：

```
SELECT * FROM dept_log;
```

单击按钮执行此 PL/SQL 查询语句，在结果界面显示查询结果，如图 12.6 所示。

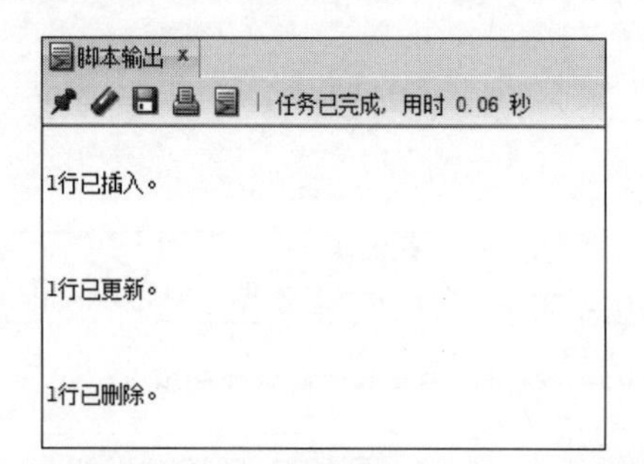


图 12.5　在数据表 dept 中实现插入、修改、删除三种操作

| | OPERATE_TAG | OPERATE_TIME |
|---|---|---|
| 1 | 修改 | 22-6月 -21 |
| 2 | 删除 | 22-6月 -21 |
| 3 | 插入 | 22-6月 -21 |
| 4 | 修改 | 22-6月 -21 |
| 5 | 删除 | 22-6月 -21 |

图 12.6　查看 dept_log 日志信息表

从上面的运行结果可以看到有 3 条不同“操作种类”的日志记录，这说明不但触发器成功执行了 3 次，而且条件谓词的判断也是成功的。

## 12.3　行级触发器

行级触发器会针对 DML 操作所影响的每一行数据都执行一次触发器。创建这种触发器时，必须在语法中使用 for each row 这个选项。行级触发器的一个典型应用就是给数据表生成主键值，下面就来讲解这个典型应用的实现过程。

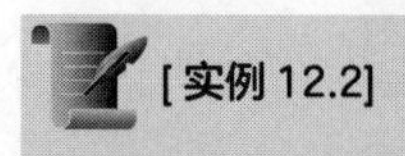

[实例 12.2]　　（源码位置：资源包 \Code\12\02）

### 使用行级触发器生成数据表中的主键值

① 为了使用行级触发器生成数据表中的主键值，首先需要创建一个带有主键列的数据表，创建一个用于存储商品种类的数据表 commodity，其中包括商品序号列和商品名称列，代码如下：

```
01   CREATE TABLE commodity
02   (
03     id INT primary key,            -- 定义字段，存储商品 ID，主键
04     good_name VARCHAR2(50)         -- 定义字段，存储商品名称
05   );
```

单击按钮或通过快捷键 <F5> 来执行此 PL/SQL 代码，运行结果出现在脚本输出的界面中，如图 12.7 所示。

在代码中，id 列就是 commodity 表的主键，因为在创建该列时指定了“primary key”关键字，主键列的值要求不能重复，这一点很重要。

② 为了给 commodity 表的 id 列生成不能重复的有序值，这里需要创建一个序列（一种数据库对象）。使用 CREATE SEQUENCE 语句创建一个序列，命名为 seq_id，代码如下：

```
CREATE SEQUENCE seq_id;
```

单击按钮或通过快捷键 <F5> 来执行此 PL/SQL 代码，运行结果出现在脚本输出的界面中，如图 12.8 所示。

图 12.7　创建表 commodity

图 12.8　创建序列 seq_id

代码创建了序列 seq_id，用户可以在 PL/SQL 程序中调用它的 nextval 属性来获取一系列有序的数值，这些数值就可以作为 commodity 表的主键值。

③ 在创建了数据表 commodity 和序列 seq_id 之后，再来创建一个触发器，用于为 commodity 表的 id 列赋值。

创建一个行级触发器 tri_INSERT_comm，该触发器在向数据表 commodity 中插入数据时被触发，并且在该触发器的主体中实现设置 commodity 表的 id 列的值，代码如下：

```
01   CREATE OR REPLACE TRIGGER tri_INSERT_comm
02     before INSERT
03     ON commodity             -- 关于数据表 commodity，在向其插入新记录之前，引起该触发器的运行
04     for each row             -- 创建行级触发器
05   BEGIN
06     SELECT seq_id.nextval
07     INTO :new.id
08     FROM dual;               -- 从序列中生成一个新的数值，赋值给当前插入行的 id 列
09   END;
10   /
```

单击按钮或通过快捷键 <F5> 来执行此 PL/SQL 代码，运行结果出现在脚本输出的界面中，如图 12.9 所示。

图 12.9　创建行级触发器 tri_INSERT_good

在代码中，为了创建行级的触发器，使用了 for each row 选项；为了给 commodity 表的当前插入行的 id 列赋值，这里使用了“:new.id”关键字——也称为“列标识符”，用来指向新行的 id 列，给它赋值就相当于给当前行的 id 列赋值。下面对这个“列标识符”的相关知识进行讲解。

在行级触发器中，可以访问当前正在受到影响（进行添加、删除或修改等操作）的数

据行，这是通过“列标识符”来实现的。列标识符可以分为“原值标识符”和“新值标识符”。原值标识符用于标识当前行某个列的原始值，记作“:old.column_name”（如 :old.id），通常在 UPDATE 语句和 DELETE 语句中使用，在 INSERT 语句中新插入的行没有原始值；新值标识符用于标识当前行某个列的新值，记作“:new.column_name”（如 :new.id），通常在 INSERT 语句和 UPDATE 语句中被使用，DELETE 语句中被删除的行无法产生新值。

④ 在触发器创建完毕之后，用户可以通过向 commodity 表中插入数据来验证触发器是否被执行，同时也能够验证该行级触发器是否使用序列为表的主键赋值。

向 commodity 表中插入两行记录，其中一行记录不指定 id 列的值，由序列 seq_id 来产生，另一条记录指定 id 的值，代码如下：

```
01    INSERT INTO commodity(good_name) VALUES('香蕉');
02    INSERT INTO commodity(id,good_name) VALUES(9,'西瓜');
```

单击按钮或通过快捷键 <F5> 来执行此 PL/SQL 代码，运行结果出现在脚本输出的界面中，如图 12.10 所示。

通过运行结果可以看到，无论是否指定 id 列的值，数据的插入都是成功的。

⑤ 最后使用 SELECT 语句来查询 commodity 表中的数据行，从而验证设计本实例的初衷。代码如下：

```
SELECT * FROM commodity;
```

单击按钮执行此 PL/SQL 查询语句，在结果界面显示查询结果，如图 12.11 所示。

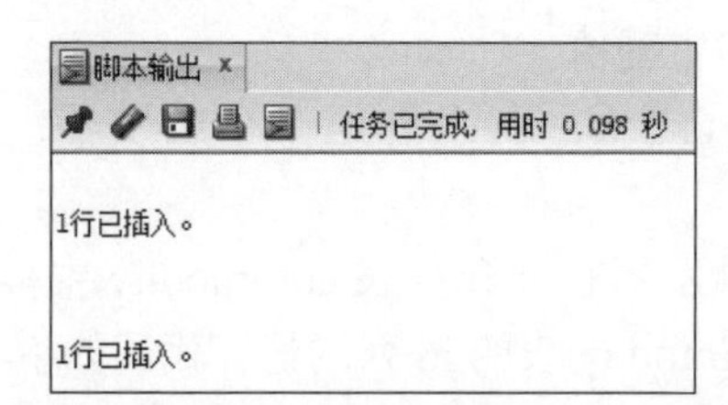


图 12.10　向 commodity 表中插入两行记录

| | ID | GOOD_NAME |
|---|---|---|
| 1 | 1 | 香蕉 |
| 2 | 2 | 西瓜 |

图 12.11　检索 commodity 表

从运行结果中可以看到两行完整的数据记录，而且还可以看到主键 id 的值是连续的自然数。虽然在第二次插入数据行时指定了 id 的值（即 9），但这并没有起任何作用，这是因为在触发器中将序列 seq_id 的 nextval 属性值赋给了“:new.id”列标识符，这个列标识符的值就是当前插入行的 id 列的值，并且 nextval 属性值是连续不间断的。

可以通过标识符“:old. 字段”和“:new. 字段”来实现访问触发器内部正在处理中的行数据，而这两个标识符只有当 DML 语句触发表中字段时才有效，表 12.1 列出了“:old. 字段”和“:new. 字段”这两个标识符的操作。

表 12.1　“:old. 字段”和“:new. 字段”

| 触发语句 | :old. 字段 | :new. 字段 |
|---|---|---|
| INSERT | 未定义，字段内容均为 NULL | INSERT 操作后，记录新增加的数据值 |
| UPDATE | 更新数据前的原始值 | UPDATE 操作后，记录更新数据后的新值 |
| DELETE | 删除前的原始值 | 未定义，字段内容均为 NULL |

注意：

① ":old. 字段"和":new. 字段"只对行级触发器有效。也就是说，如果在创建触发器的时候没有写 for each row，则无法使用":old. 字段"和":new. 字段"。

② 在使用":old. 字段"和":new. 字段"标识符访问数据时，不能修改":old. 字段"标记的数值，但是":new. 字段"标记的数值可以修改。

## 12.4 替换触发器

替换触发器，又称为 instead of 触发器，它的"触发时机"关键字是 instead of。与其他类型触发器不同是，替换触发器是定义在视图（一种数据库对象）上的，而不是定义在表上。由于视图是由多个基表连接组成的逻辑结构，所以一般不允许用户进行 DML 操作（如 INSERT、UPDATE、DELETE 等操作），这样当用户为视图编写替换触发器后，用户对视图的 DML 操作实际上就变成了执行触发器中的 PL/SQL 语句块，这样就可以通过在替换触发器中编写适当的代码对构成视图的各个基表进行操作。

下面就通过一系列连续的例子来看一下创建和运行一个替换触发器的实现过程。

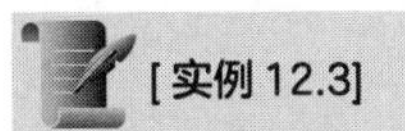

（源码位置：资源包\Code\12\03）

### 创建并使用替换触发器

① 为了创建并使用替换触发器，首先需要创建一个视图，创建视图的步骤如下。

a. 在 system_ora 连接中，给 SCOTT 用户授予"CREATE VIEW"（创建视图）权限。

```
grant CREATE VIEW to SCOTT;
```

单击按钮或通过快捷键 <F5> 来执行此 PL/SQL 代码，运行结果出现在脚本输出的界面中，如图 12.12 所示。

b. 然后在 SOCTT 用户模式下创建一个查询员工信息的视图 view_emp_dept，该视图的基表包括 dept（部门信息表）和 emp（员工信息表），代码如下：

```
01   CREATE VIEW view_emp_dept
02     AS SELECT empno,ename,dept.deptno,dname,job,hireDATE
03        FROM emp,dept
04        WHERE emp.deptno = dept.deptno;
```

单击按钮或通过快捷键 <F5> 来执行此 PL/SQL 代码，运行结果出现在脚本输出的界面中，如图 12.13 所示。

图 12.12 赋予 SCOTT 用户创建视图的权限

图 12.13 创建视图 view_emp_dept

注意：

对于所创建的 view_emp_dept 视图，在没有创建关于它的"替换触发器"之前，如果尝试向该视图中插入数据，则会显示如图 12.14 所示的错误提示信息，读者自己可以尝试一下。

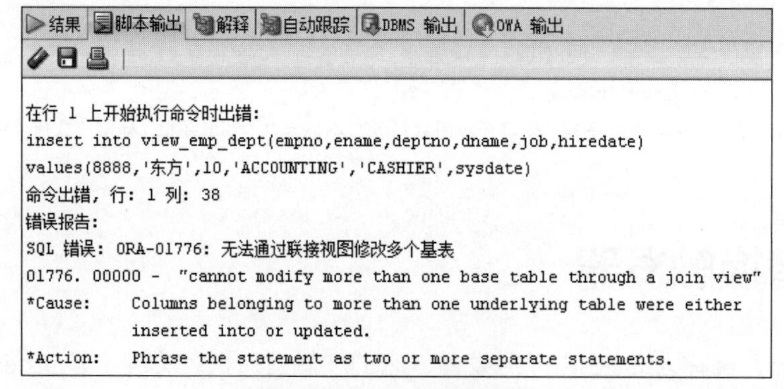


图 12.14 错误信息提示

② 创建一个关于 view_emp_dept 视图的替换触发器，作用于 INSERT 事件上，在该触发器的主体中实现向 emp 表和 dept 表中插入两行相互关联的数据，代码如下：

```
01  CREATE OR REPLACE TRIGGER tri_INSERT_view
02    instead of INSERT
03    ON view_emp_dept                        -- 创建一个关于 view_emp_dept 视图的替换触发器
04    for each row                            -- 是行级视图
05  DECLARE
06    row_dept dept%rowTYPE;
07  BEGIN
08    SELECT * INTO row_dept FROM dept WHERE deptno = :new.deptno;-- 查询指定部门编号的记录行
09    IF sql%notfound THEN                    -- 未查询到该部门编号的记录
10       INSERT INTO dept(deptno,dname)
11       VALUES(:new.deptno,:new.dname);      -- 向 dept 表中插入数据
12    END IF;
13    INSERT INTO emp(empno,ename,deptno,job,hireDATE)
14    VALUES(:new.empno,:new.ename,:new.deptno,:new.job,:new.hireDATE);-- 向 emp 表中插入数据
15  END tri_INSERT_view;
16  /
```

单击按钮或通过快捷键 <F5> 来执行此 PL/SQL 代码，运行结果出现在脚本输出的界面中，如图 12.15 所示。

图 12.15 创建触发器 tri_INSERT_view

在触发器的主体代码中，如果新插入行的部门编号（deptno）不在 dept 表中，则首先向 dept 表中插入关于新部门编号的数据行，然后再向 emp 表中插入记录行，这是因为 emp 表的外键值（emp.deptno）是 dept 表的主键值（dept.deptno）。

首先向视图 view_emp_dept 插入一条记录，代码如下：

```
01  INSERT INTO view_emp_dept(empno,ename,deptno,dname,job,hireDATE)
02  VALUES(8888,'Mary',10,'ACCOUNTING','CASHIER',sysDATE);
```

然后在该视图中查询插入的记录行，代码如下：

```
SELECT * FROM view_emp_dept WHERE empno = 8888;
```

单击按钮执行此 PL/SQL 查询语句，在结果界面显示查询结果，如图 12.16 所示。

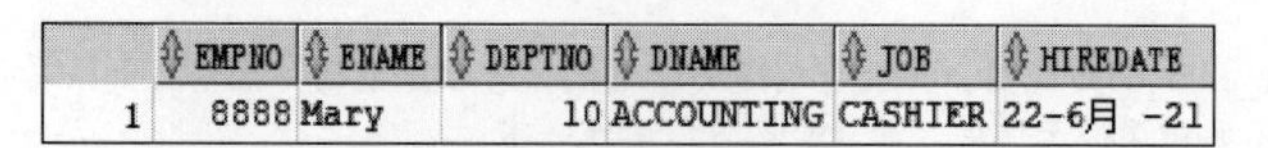

| | EMPNO | ENAME | DEPTNO | DNAME | JOB | HIREDATE |
|---|---|---|---|---|---|---|
| 1 | 8888 | Mary | 10 | ACCOUNTING | CASHIER | 22-6月 -21 |

图 12.16 数据插入成功

在代码的 INSERT 语句中，由于在 dept 表中已经存在部门编码（deptno）为 10 的记录，所以触发器中的程序只向 emp 表中插入一行记录；若指定的部门编码不存在，则首先要向 dept 表中插入一行记录，然后再向 emp 表中插入一行记录。

**说明：**

当触发器 tri_INSERT_view 成功创建之后，再向 view_emp_dept 视图中插入数据时，Oracle 就不会产生错误信息了，而是引起触发器“tri_INSERT_view”的运行，从而实现向 emp 表和 dept 表中插入两行数据。

## 12.5 删除触发器

当一个触发器不再使用时，可以删除它。删除触发器的语法格式如下：

```
DROP TRIGGER 触发器名称 ;
```

例如，要删除触发器 tri_dept，代码如下：

```
DROP TRIGGER tri_dept;
```

单击按钮或通过快捷键 <F5> 来执行此 PL/SQL 代码，运行结果出现在脚本输出的界面中，如图 12.17 所示。

图 12.17 删除触发器 tri_dept

## 本章知识思维导图

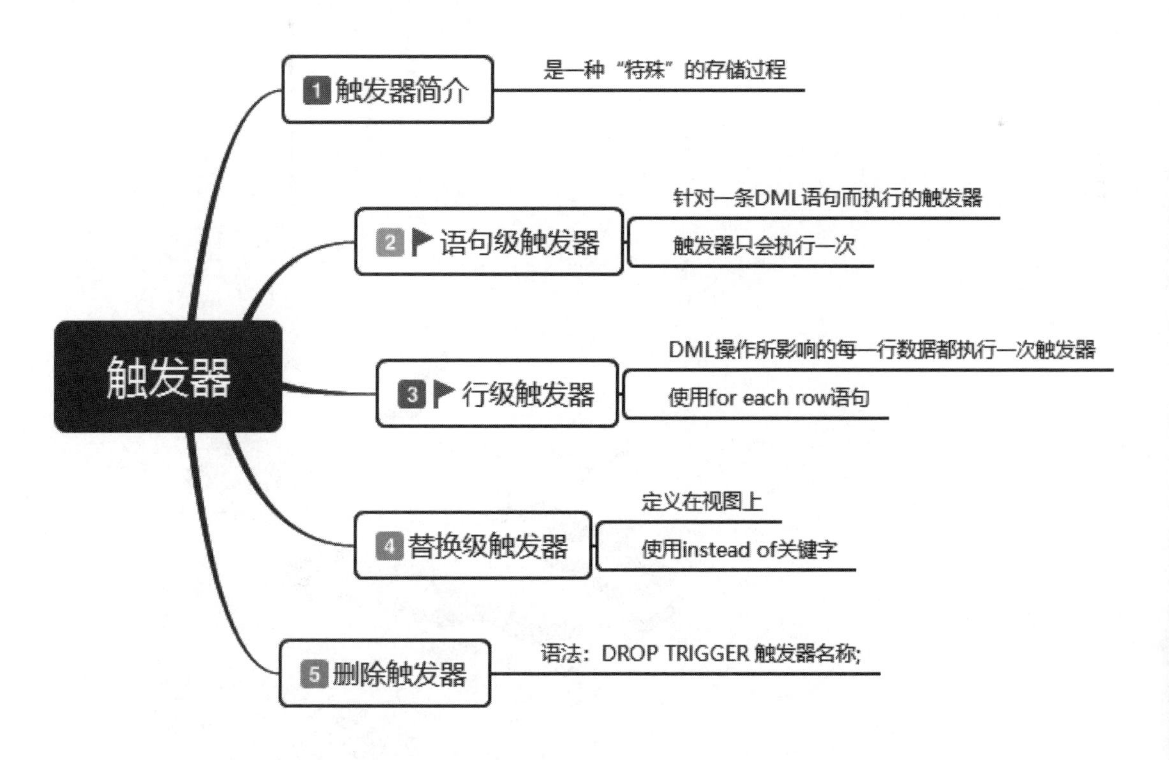

# 第 13 章
# 索引和视图

## 本章学习目标

- 掌握索引的创建。
- 掌握索引的合并和重建方法。
- 掌握视图的创建。
- 掌握管理视图的方法。

# 13.1 索引对象

在关系型数据库中，用户查找数据与行的物理位置没有关系。为了能够找到数据，表中的每一行均用一个 ROWID 来标识。ROWID 能够标识数据库中某一行的具体位置。当 Oracle 数据库中存储海量的记录时，就意味着有大量的 ROWID 标识，那么 Oracle 如何能够快速找到指定的 ROWID 呢？这时就需要使用索引对象，它可以提供让服务器在表中快速查找记录的功能。

## 13.1.1 索引概述

如果一个数据表中存有海量的数据记录，当对表执行指定条件的查询时。常规的查询方法会将所有的记录都读取出来，然后再把读取的每一行记录与查询条件进行比对，最后返回满足条件的记录。这样操作的时间开销和 I/O 开销都十分大。对于这种情况，就可以考虑通过建立索引来减小系统开销。

如果要在表中查询指定的记录，在没有索引的情况下，必须遍历整个表，而有了索引之后，只需要在索引中找到符合查询条件的索引字段值，就可以通过保存在索引中的 ROWID 快速找到表中对应的记录。举个例子，如果将表看作一本书，索引的作用则类似于书的目录。在没有目录的情况下，要在书中查找指定的内容必须阅读全书，而有了目录之后，只需要通过目录就可以快速找到包含所需内容的页码（相当于 ROWID）。

Oracle 系统对索引与表的管理有很多相同的地方，不仅需要在数据字典中保存索引的定义，还需要在表空间中为索引分配实际的存储空间。创建索引时，Oracle 会自动在用户的默认表空间或指定的表空间中创建一个索引段，为索引数据提供空间。

技巧：

将索引和对应的表分别放在不同硬盘的不同表空间中能够提高查询速度，因为 Oracle 能够并行读取不同硬盘的数据，这样可以避免产生 I/O 冲突。

用户可以在 Oracle 中创建多种类型的索引，以适应各种表的特点。按照索引数据的存储方式可以将索引分为 B 树索引、位图索引、反向键索引和基于函数的索引；按照索引列的唯一性又可以分为唯一索引和非唯一索引；按照索引列的个数又可以分为单列索引和复合索引。

建立和规划索引时，必须选择合适的表和列，如果选择的表和列不合适，不仅无法提高查询速度，反而会降低 DML 操作的速度，所以建立索引必须要注意以下几点：

- 索引应该建立在 WHERE 子句频繁引用的列上，如果在大表上频繁使用某列或某几个列作为条件执行检索操作，并且检索行数低于总行数 15%，那么应该考虑在这些列上建立索引。
- 如果经常需要基于某列或某几个列执行排序操作，那么在这些列上建立索引可以加快数据排序速度。
- 限制表的索引个数。索引主要用于加快查询速度，但会降低 DML 操作的速度。索引越多，DML 操作速度越慢，尤其会极大地影响 INSERT 和 DELETE 操作的速度。因此，规划索引时，必须仔细权衡查询和 DML 的需求。
- 指定索引块空间的使用参数。基于表建立索引时，Oracle 会将相应表的列数据添加到索引块。为索引块添加数据时，Oracle 会按照 PCTFREE 参数在索引块上预留部分空间，该预留空间是为将来的 INSERT 操作准备的。如果将来在表上执行大量 INSERT 操作，那么应该在建立索引时设置较大的 PCTFREE。

- 将表和索引部署到相同的表空间，可以简化表空间的管理；将表和索引部署到不同的表空间，可以提高访问性能。
- 当在大表上建立索引时，使用 NOLOGGING 选项可以最小化重做记录；使用 NOLOGGING 选项可以节省重做日志空间、降低索引建立时间、提高索引并行建立的性能。
- 不要在小表上建立索引。
- 为了提高多表连接的性能，应该在连接列上建立索引。

## 13.1.2 创建索引

在创建索引时，Oracle 首先对将要建立索引的字段进行排序，然后将排序后的字段值和对应记录的 ROWID 存储在索引段中。建立索引可以使用 CREATE INDEX 语句，通常由表的所有者来建立索引。

### （1）建立 B 树索引

B 树索引是 Oracle 数据库最常用的索引类型（也是默认的），它是以 B 树组织结构并存放索引数据的。默认情况下，B 树索引中的数据是以升序方式排列的。如果表包含的数据非常多，并且经常在 WHERE 子句中引用某列或某几个列，则应该基于该列或这几个列建立 B 树索引。B 树索引由根块、分支块和叶块组成，其中主要数据都集中在叶子节点，如图 13.1 所示。

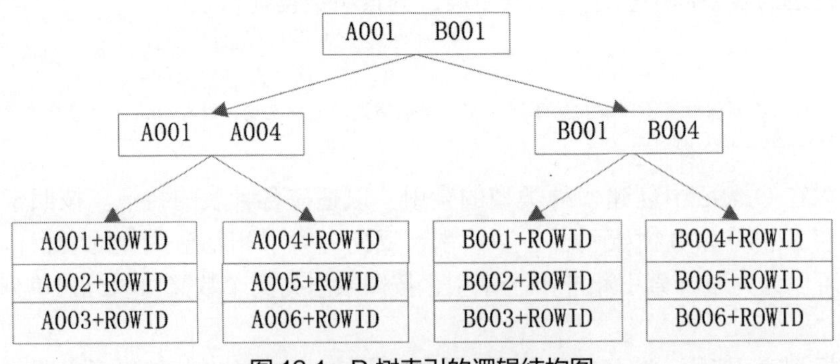


图 13.1 B 树索引的逻辑结构图

- 根块：索引顶级块，它包含指向下一级节点的信息。
- 分支块：它包含指向下一级节点（分支块或叶块）的信息。
- 叶块：通常也称叶子，它包含索引入口数据，索引入口包含索引列的值和记录行对应的物理地址 ROWID。

在 B 树索引中无论用户要搜索哪个分支的叶块，都可以保证所经过的索引层次是相同的。Oracle 采用这种方式的索引，可以确保无论索引条目位于何处，都只需要花费相同的 I/O 即可获取它，这就是为什么被称为 B 树索引（B 是英文 balanced 的缩写）。

例如，使用这个 B 树索引搜索编号为“A004”的节点时，首先要访问根节点，从根节点中可以发现，下一步应该搜索左边的分支，由于值 A004 小于值 B001，因此不需第二次读取数据，而直接读取左边的分支节点。从左边的分支节点可以判断出，要搜索的索引条目位于右侧的第一个叶子节点中，在那里可以很快找到要查询的索引条目，并根据索引条目中的 ROWID 找到所有要查询的记录。

下面来看一个例子。

**[实例 13.1]　为员工信息表 emp 的部门编号列 deptno 创建索引**（源码位置：资源包 \Code\13\01）

为 emp 表的 deptno 列创建索引，代码如下：

```
01  CREATE INDEX emp_deptno_index ON emp(deptno)
02  PCTFREE 25
03  TABLESPACE users;
```

单击按钮或通过快捷键 <F5> 来执行此 PL/SQL 代码，运行结果出现在脚本输出的界面中，如图 13.2 所示。

图 13.2　创建索引

如上所示，子句 PCTFREE 指定为将来 INSERT 操作所预留的空闲空间，子句 TABLESPACE 用于指定索引段所在的表空间。假设表已经包含了大量数据，那么在建立索引时应该仔细规划 PCTFREE 的值，以便为以后的 INSERT 操作预留空间。

## （2）建立位图索引

索引的作用简单地说就是能够通过给定的索引列值快速地找到对应的记录。在 B 树索引中，通过在索引中保存排序的索引列的值以及记录的物理地址 ROWID 来实现快速查找。但是对于一些特殊的表，B 树索引的效率可能会很低。

例如，在某个具有性别列的表中，该列的所有取值只能是男或女。如果在性别列上创建 B 树索引，那么创建的 B 树只有两个分支，如图 13.3 所示，使用该索引对该表进行检索时，将返回接近一半的记录，这样也就失去了索引的基本作用。

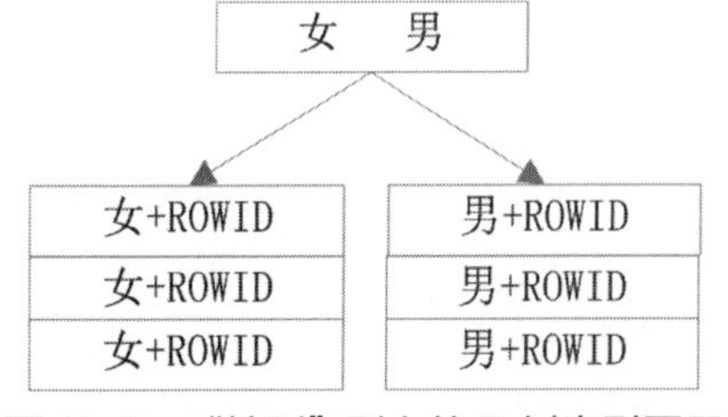


图 13.3　“性别”列上的 B 树索引图示

当列的基数很低时，为其建立 B 树索引显然不合适。“基数低”表示在索引列中，所有取值的数量比表中行的数量少。如“性别”列只有 2 个取值；比如在某个拥有 10000 行的表中，它的一个列包含有 100 个不同的取值，则该列仍然是基数低，因为该列与行数的比例为 1%。Oracle 推荐当一个列的基数小于 1% 时，就不适合建立 B 树索引，而适用于位图索引。

在表中低基数的列上建立位图索引的时候，系统将对表进行一次全面扫描，为遇到的各个取值构建“图表”，下面通过一个例子来介绍如何创建位图索引。

**[实例 13.2]　为部门信息表 dept 的 dname 字段设置位图索引**（源码位置：资源包 \Code\13\02）

为 dept 表的 dname 列创建位图索引，代码如下：

```
01  CREATE BITMAP INDEX dept_dname_index
02  ON dept(dname)
03  TABLESPACE users;
```

单击按钮或通过快捷键 <F5> 来执行此 PL/SQL 代码，运行结果出现在脚本输出的界面中，如图 13.4 所示。

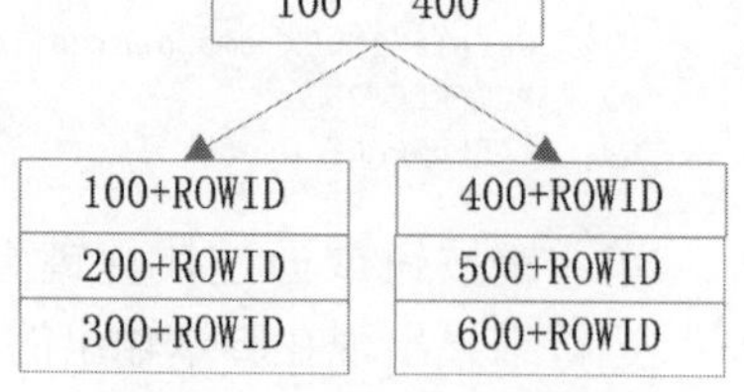

图 13.4　创建位图索引

### （3）建立反向键索引

在 Oracle 中，系统会自动为表的主键列建立索引，默认为 B 树索引。通常情况，用户会希望表的主键是一个自动增长的序列编号，这样的列就是所谓的单调递增序列编号列。当在这种顺序递增的列上建立 B 树索引时，如果表的数据量非常大，将导致索引数据分布不均。为了分析原因，可以考虑常规的 B 树索引，如图 13.5 所示。

100　400

100+ROWID　200+ROWID　300+ROWID

400+ROWID　500+ROWID　600+ROWID

图 13.5　常规的 B 树索引

从图 13.5 可以看出，这是一个典型的常规 B 树索引。如果要为其添加新的数据，由于主键列的单调递增性，那么就不需要重新访问早先的叶子节点，接下来的数据获得的主键为 700，下一组数据的主键为 800，以此类推。

这种方法在某些方面是具有优势的，由于它不需要在已经存在的表项之间嵌入新的表项，所以不会发生叶子节点的数据块分割。这意味着单调递增序列上的索引能够完全利用它的叶子节点，非常紧密地存放数据块，这样可以有效地利用存储空间。然而这种优势是需要付出代价的，每行记录都会占据最后的叶子节点，即使删除了先前的节点，也会导致同样的问题，这最终会导致对某一边的叶子节点的大量争用。

所以需要设计一个规则，阻止用户在单调递增序列上建立索引后使用叶子节点偏向某一个方向。遗憾的是，序列编号通常是用来做表的主键的，每个主键都需要建立索引，如果用户没有建立索引，Oracle 也会自动建立。但是，Oracle 提供了另一种索引机制，即反向键索引，它可以将添加的数据随机分散到索引中。

反向键索引是一种特殊类型的 B 树索引，在顺序递增列上建立索引时非常有用。反向键索引的工作原理非常简单，在存储结构方面它与常规的 B 树索引相同。但是，如果用户使用序列在表中输入记录，则反向键索引首先将记录中的数值进行反转，然后在反向后的新数据上进行索引。例如，如果用户输入的索引列为 2011，则反向转换后为 1102; 9527 反向转换后为 7259。需要注意，这里提及的两个序列编号是递增的，但是当进行反向键索引时却是非递增的，这样如果将其添加到叶子节点，可能会在任意的叶子节点中进行，从而使得新数据在值的范围上的分布通常比原来的有序数更均匀。

举个例子，对于 emp 表的 empno 列，由于该列是顺序递增的，所以为了均衡索引数据的分布，应在该列上建立反向键索引。创建反向键索引时只需要在 CREATE INDEX 语句中指定关键字 REVERSE 即可。下面来看一个例子。

[实例 13.3]　（源码位置：资源包 \Code\13\03）

**为员工信息表 emp 的 job 列创建反向键索引**

为 emp 表的 job 列创建反向键索引，代码如下：

```
01   CREATE INDEX emp_job_reverse
02   ON emp(job) REVERSE
03   TABLESPACE users;
```

单击按钮或通过快捷键 <F5> 来执行此 PL/SQL 代码，运行结果出现在脚本输出的界面中，如图 13.6 所示。

如果在某个列上已经建立了 B 树索引，那么可以使用 ALTER INDEX…REBUILD 将其重新建立为反向键索引。

例如，为 emp 表的 deptno 列创建反向键索引（其 B 树索引为 emp_deptno_index），代码如下：

```
01   ALTER INDEX emp_deptno_index
02   REBUILD REVERSE;
```

运行结果出现在脚本输出的界面中，如图 13.7 所示。

图 13.6　创建反向键索引

图 13.7　重新建立反向键索引

## （4）基于函数的索引

用户在使用 Oracle 数据库时，最常遇到的问题之一就是它对字符大小写敏感。例如，在 emp 表中存有职位（job）为 MANAGER 的记录，当用户使用小写搜索时，将无法找到该行记录，如图 13.8 所示。

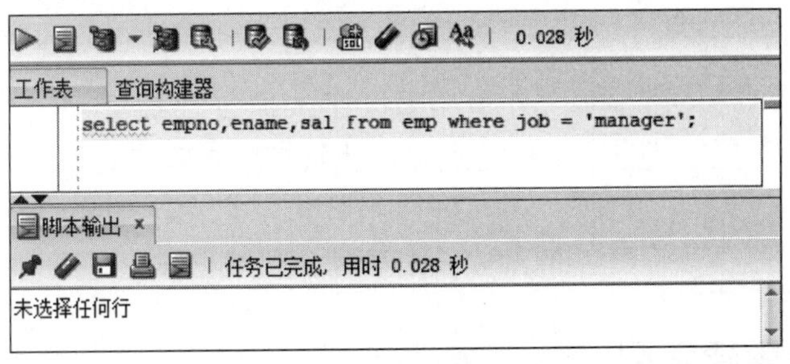


图 13.8　无法找到该行记录

对于这种情况，可以使用 Oracle 字符串函数对其进行转换，然后再使用转换后的数据进行检索。下面来看一个例子。

查询员工信息表 emp 中职位是“manager”的记录，并使用 UPPER 函数把“manager”字符串转换成大写格式，代码如下：

```
01   SELECT empno, ename, sal FROM emp WHERE job = UPPER('manager');
```

查询结果如图 13.9 所示。

采用这种方法后，无论用户输入数据时所使用的字符的大小写如何组合，都可以检索到数据。但是，这样的查询，用户不是基于表中存储的记录进行搜索的，即如果搜索的值不存在于表中，那么它就一定也不会在索引中，所以即使在 job 列上建立索引，Oracle 也会被迫执行全表搜索，并为所遇到的各个行计算 upper 函数。

为了解决这个问题，Oracle 提供了一种新的索引类型——基于函数的索引。基于函数的索引只是常规 B 树索引，但它存放的数据是由表中的数据应用函数后所得到的，而不是直接存放在表中的数据本身。

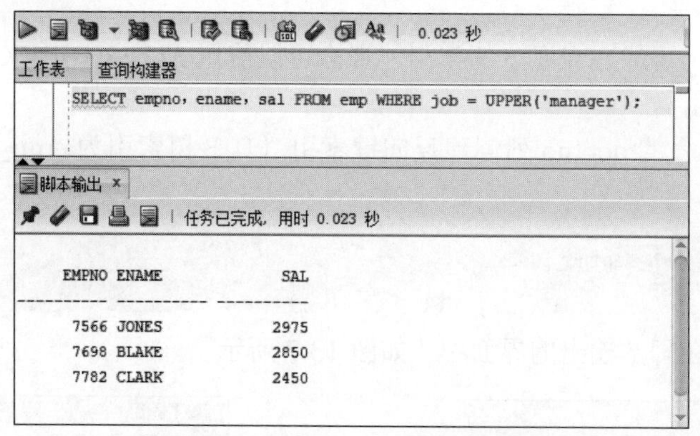


图 13.9 使用 upper 函数查询记录

由于在 SQL 语句中经常使用小写字符串，所以为了加快数据访问速度，应基于 LOWER 函数建立函数索引。下面来看一个例子。

[实例 13.4] （源码位置：资源包 \Code\13\04）

### 为员工信息表 emp 的职位 job 列创建函数索引

为 emp 表的 job 列创建函数索引，代码如下。

```
01    CREATE INDEX emp_job_fun
02    ON emp(LOWER(job));
```

图 13.10 创建函数索引

单击按钮或通过快捷键 <F5> 来执行此 PL/SQL 代码，运行结果出现在脚本输出的界面中，如图 13.10 所示。

在创建函数索引之后，如果在查询条件中包含相同的函数，则系统会利用它来提高查询的执行效率。

## 13.1.3 合并和重建索引

为表建立索引后，随着对表不断进行更新、插入和删除操作，索引中会产生越来越多的存储碎片，这对索引的工作效率会产生负面影响。这时可以采取两种方式来清除碎片——重建索引或合并索引。合并索引只是将 B 树中叶子节点的存储碎片合并在一起，并不会改变索引的物理组织结构。合并索引使用 ALTER INDEX 语句完成。下面来看一个例子。

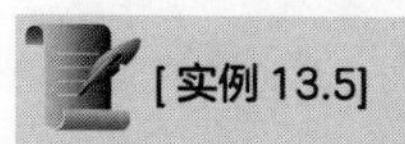

[实例 13.5] （源码位置：资源包 \Code\13\05）

### 对索引 emp_deptno_index 执行合并操作

对索引 emp_deptno_index 执行合并操作，代码如下：

```
01    ALTER INDEX emp_deptno_index
02    COALESCE DEALLOCATE UNUSED;
```

单击按钮或通过快捷键 <F5> 来执行此 PL/SQL 代码，运行结果出现在脚本输出的界面中，如图 13.11 所示。

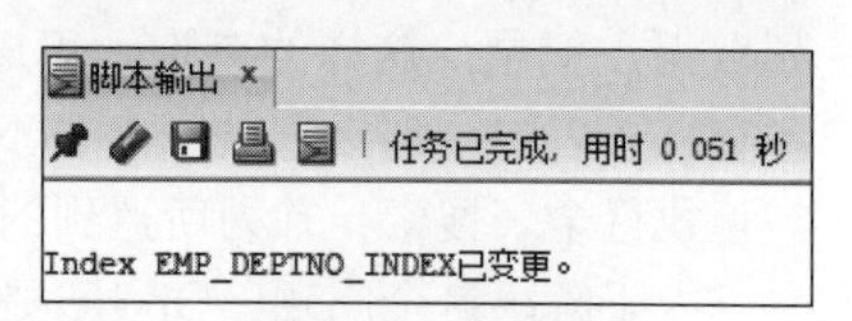


图 13.11 合并索引

假设在执行该操作之前，B 树索引的前两个叶块分别有 70% 和 30% 的空闲空间。合并索引后，可以将它们的数据合并到一个索引叶子块中。图 13.12 显示了对索引执行合并操作后的效果。

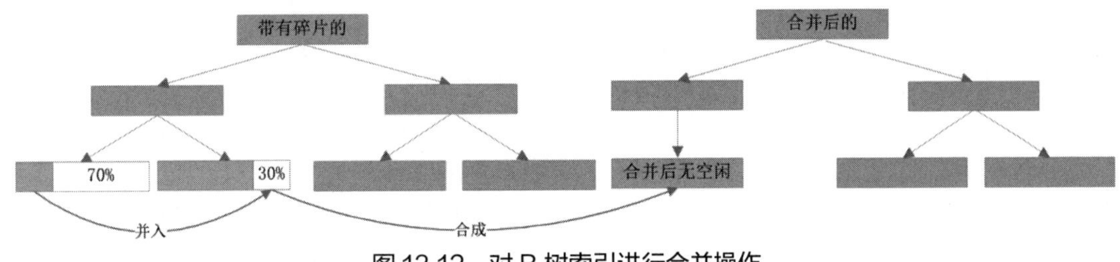


图 13.12　对 B 树索引进行合并操作

消除索引碎片的另一个方法是重建索引。重建索引可以使用 ALTER INDEX…REBUILD 语句。重建操作不仅可以消除存储碎片，还可以改变索引的全部存储参数设置，以及改变索引的存储表空间。重建索引实际上是在指定的表空间中重新建立一个新的索引，然后再删除原来的索引。

例如，对索引 emp_deptno_index 重建，代码如下：

```
ALTER INDEX emp_deptno_index REBUILD;
```

运行结果如图 13.13 所示。

在使用 ALTER INDEX…REBUILD 语句重建索引时，还可以在其中使用 REVERSE 子句将一个反向键索引更改为普通 B 树索引，反之可以将一个普通的 B 树索引转换为反向键索引。另外，也可以使用 TABLESPACE 子句指定重建索引的存放位置，如下面的例子。

对索引 emp_deptno_index 重建，并重新指定该索引对象的表空间，代码如下：

```
ALTER INDEX emp_deptno_index REBUILD TABLESPACE USERS;
```

运行结果如图 13.14 所示。

图 13.13　重建索引

图 13.14　重建索引并重新指定所在表空间

## 13.1.4　删除索引

删除索引使用 DROP INDEX 语句完成。通常在如下情况下需要删除某个索引。

- 如果移动了表中的数据，导致索引中包含过多的存储碎片，此时需要删除并重建索引。
- 通过一段时间的监视，发现很少有查询会使用到该索引。
- 索引不再需要时应该删除，以释放其所占用的空间。

索引被删除后，它所占用的所有盘区都将返还给包含它的表空间，并可以被表空间中的其他对象使用。索引的删除方式与索引的创建方式有关，如果使用 CREATE INDEX 语句显式创建的索引，则可以用 DROP INDEX 语句删除。

例如，删除函数索引 emp_job_fun，代码如下：

```
DROP INDEX emp_job_fun;
```

图 13.15　删除索引

运行结果如图 13.15 所示。

如果索引是定义约束时由 Oracle 系统自动建立的，则必须禁用或删除该约束本身才可以。另外，在删除一个表时，Oracle 也会删除所有与该表有关的索引。

关于索引还需要注意一点，虽然一个表可以拥有任意数目的索引，但是表中的索引数据越多，维护索引所需要的开销也就越大。每当向表中插入、删除和更新一行记录时，Oracle 都必须对该表的所有索引进行更新。因此，用户还需要在表的查询速度和更新速度之间找到一个合适的平衡点。也就是说，应该根据表的实际情况限制在表中创建索引的数量。

## 13.1.5　显示索引信息

为了显示索引的信息，Oracle 提供了一系列的数据字典视图。通过查询这些数据字典视图，用户可以了解索引的各方面信息。

### (1) 显示表的所有索引

索引是用于加速数据存取的数据库对象。通过查询数据字典视图 DBA_INDEXES，可以显示数据库的所有索引；通过查询数据字典视图 ALL_INDEXES，可以显示当前用户可访问的所有索引；查询数据字典视图 USER_INDEXES，可以显示当前用户的索引信息。

在 SQL Developer 中，通过数据字典 DBA_INDEXES 查询 SCOTT 的全部索引对象，代码如下：

```
01    SELECT index_name,index_type
02    FROM DBA_INDEXES
03    WHERE owner = 'SCOTT';
```

使用快捷键<F9>运行此语句，结果如图 13.16 所示。

| | INDEX_NAME | INDEX_TYPE |
|---|---|---|
| 1 | PK_DEPT | NORMAL |
| 2 | DEPT_DNAME_INDEX | BITMAP |
| 3 | PK_EMP | NORMAL |
| 4 | EMP_DEPTNO_INDEX | NORMAL/REV |
| 5 | EMP_JOB_REVERSE | NORMAL/REV |
| 6 | SYS_C007587 | NORMAL |
| 7 | MEM_PK | NORMAL |
| 8 | QQ_UK | NORMAL |
| 9 | DEPTTEMP_PK | NORMAL |

图 13.16　查询用户 SCOTT 的全部索引对象

在图 13.16 所示的查询结果中，INDEX_NAME 用于标识索引名; INDEX_TYPE 用于标识索引类型，NORMAL 表示普通 B 树索引，REV 表示反向键索引，BITMAP 表示位图索引，FUNCTION 表示基于函数的索引。

### (2) 显示索引列

创建索引时，需要提供相应的表列。通过查询数据字典视图 DBA_IND_COLUMNS，可以显示所有索引的列信息；通过查询数据字典视图 ALL_IND_COLUMNS，可以显示当前用户可访问的所有索引的列信息；通过查询数据字典视图 USER_IND_COLUMNS，可以显示当前用户索引的列信息。

例如，在 SQL Developer 中，连接 scott_ora，查询 SCOTT 用户的 EMP_DEPTNO_INDEX 索引的列信息，代码如下：

```
01    SELECT column_name ,column_length
02    FROM USER_IND_COLUMNS
03    WHERE index_name = 'EMP_DEPTNO_INDEX';
```

使用快捷键 <F9> 运行此语句，结果如图 13.17 所示。

在如图 13.17 所示的查询结果中，column_name 用于标识索引列的名称，column_length 用于标识索引列的长度。

| | COLUMN_NAME | COLUMN_LENGTH |
|---|---|---|
| 1 | DEPTNO | 22 |

图 13.17　查询 EMP_DEPTNO_INDEX 索引的列的信息

### （3）显示索引段位置及大小

建立索引时，Oracle 会为索引分配相应的索引段，索引数据被存放在索引段中，并且段名与索引名完全相同。通过查询数据字典视图 DBA_SEGMENTS，可以显示数据库所有索引段位置及大小；通过查询数据字典 USER_SEGMENTS，可以显示当前用户函数索引段位置及大小。

例如，在 SQL Developer 中，连接 scott_ora，查询索引段 EMP_DEPTNO_INDEX 的位置、类型和大小，代码如下：

```
01    SELECT tablespace_name,segment_type,bytes
02    FROM USER_SEGMENTS
03    WHERE segment_name = 'EMP_DEPTNO_INDEX';
```

使用快捷键 <F9> 运行此语句，结果如图 13.18 所示。

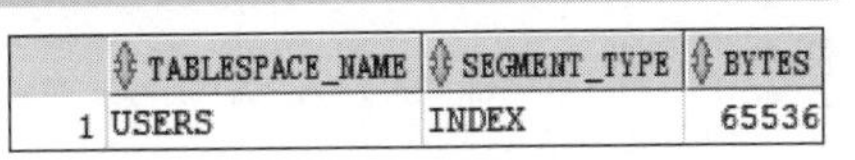

| | TABLESPACE_NAME | SEGMENT_TYPE | BYTES |
|---|---|---|---|
| 1 | USERS | INDEX | 65536 |

图 13.18　查询索引段的信息

### （4）显示函数索引

建立函数索引时，Oracle 会将函数索引的信息存放到数据字典中。通过查询数据字典视图 DBA_IND_EXPRESSIONS，可以显示数据库所有函数索引所对应的函数或表达式；通过查询数据字典 USER_IND_EXPRESSIONS，可以显示当前用户函数索引所对应的函数或表达式。下面来看一个例子。

例如，在 SQL Developer 中，连接 scott_ora，查询函数索引 EMP_JOB_FUN 的函数信息，代码如下：

```
01    SELECT column_expression
02    FROM USER_IND_EXPRESSIONS
03    WHERE index_name = 'EMP_JOB_FUN';
```

使用快捷键 <F9> 运行此语句，结果如图 13.19 所示。

| | COLUMN_EXPRESSION |
|---|---|
| 1 | LOWER("JOB") |

图 13.19　查询函数索引 EMP_JOB_FUN 的函数信息

## 13.2　视图对象

视图是一个虚拟表，由存储的“查询”构成。视图同真实表一样，也可以包含一系列带有名称的列和行数据。但是，视图并不在数据库中存储数据值，其数据值来自定义视图的查询语句所引用的表，数据库只在数据字典中存储视图的定义信息。

视图建立在关系表上，也可以建立在其他视图上，或者同时建立在两者之上。视图看上去非常像数据库中的表，甚至可以在视图中进行 INSERT、UPDATE 和 DELETE 操作。通过视图修改数据时，实际上就是在修改基本表中的数据。与之相对应，改变基本表中的数据也会反映到由该表组成的视图中。

## 13.2.1 创建视图

创建视图是使用 CREATE VIEW 语句完成的。创建视图最基本的语法如下：

```
CREATE [or replace] VIEW 视图名称 [(别名1,别名2,…)]
AS
子查询
```

在创建视图时，如果不提供视图列别名，Oracle 会自动使用子查询的列名或列别名；如果视图子查询包含函数或表达式，则必须定义列别名。

### （1）简单视图

简单视图是指基于单个表建立的，不包含任何函数、表达式和分组数据的视图。下面来看一个例子。

[实例 13.6]　　（源码位置：资源包\Code\13\06）

**创建一个查询部门编号为 10 的视图**

基于员工信息表 emp，创建一个查询部门编号为 10 的视图，代码如下：

```
01    CREATE OR REPLACE VIEW emp_view
02    AS
03    SELECT empno,ename,job,deptno
04    FROM emp
05    WHERE deptno = 10;
```

单击按钮或通过快捷键 <F5> 来执行此 PL/SQL 代码，运行结果出现在脚本输出的界面中，如图 13.20 所示。

实例 13.6 中的语句建立了一个名为 emp_view 的视图。因为建立视图时没有提供列别名，所以视图的列名分别为 empno、ename、job 和 deptno，用户可以通过 SELECT 语句像查询普通的数据表一样查询视图的信息。

例如，可以通过 SELECT 语句查询视图 emp_view，代码如下：

```
SELECT * FROM emp_view;
```

使用快捷键 <F9> 运行此语句，结果如图 13.21 所示。

图 13.20　创建简单视图

|  | EMPNO | ENAME | JOB | DEPTNO |
|---|---|---|---|---|
| 1 | 7782 | CLARK | MANAGER | 10 |
| 2 | 7839 | KING | PRESIDENT | 10 |
| 3 | 7934 | MILLER | CLERK | 10 |
| 4 | 8888 | Mary | CASHIER | 10 |

图 13.21　查询视图 emp_view

对于简单视图而言，不仅可以执行 SELECT 操作，而且还可以执行 INSERT、UPDATE、DELETE 等操作。

### （2）只读视图

建立视图时可以指定 WITH READ ONLY 选项，该选项用于定义只读视图。定义了只读视图后，数据库用户只能在该视图上执行 SELECT 语句，而不能执行 INSERT、UPDATE 和 DELETE 语句。下面来看一个例子。

[实例 13.7]　　（源码位置：资源包 \Code\13\07）

### 建立只读视图 emp_VIEW_readonly

创建一个只读视图，要求该视图可以获得部门编号不等于 88 的所有部门信息，代码如下：

```
01    CREATE OR REPLACE VIEW emp_VIEW_readonly AS
02    SELECT * FROM dept
03    WHERE deptno != 88
04    WITH READ ONLY;
```

单击按钮或通过快捷键 <F5> 来执行此 PL/SQL 代码，运行结果出现在脚本输出的界面中，如图 13.22 所示。

脚本输出 ×
任务已完成，用时 0.095 秒
View EMP_VIEW_READONLY 已创建。

图 13.22　建立只读视图

用户只可以在该视图上执行 SELECT 操作，禁止任何 DML 操作，否则 Oracle 将提示错误信息。

例如，通过只读视图 emp_VIEW_readonly 将所有部门的位置修改为"长春"，代码如下：

```
UPDATE emp_VIEW_readonly SET loc = ' 长春 ';
```

使用快捷键 <F9> 运行此语句，结果如图 13.23 所示。

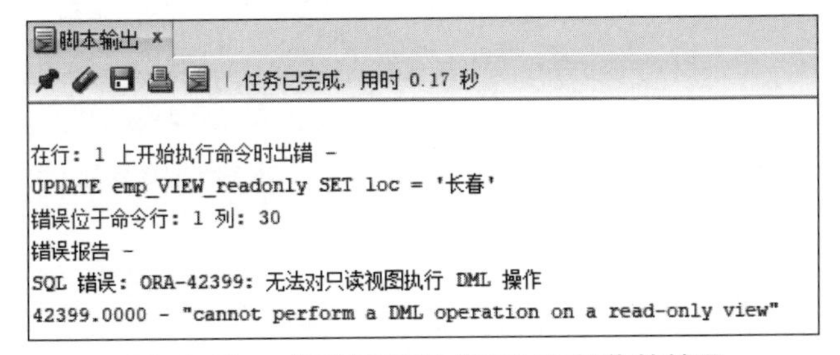

脚本输出 ×
任务已完成，用时 0.17 秒
在行: 1 上开始执行命令时出错 -
UPDATE emp_VIEW_readonly SET loc = '长春'
错误位于命令行: 1 列: 30
错误报告 -
SQL 错误: ORA-42399: 无法对只读视图执行 DML 操作
42399.0000 - "cannot perform a DML operation on a read-only view"


图 13.23　对只读视图执行 DML 操作的结果

### （3）复杂视图

复杂视图是指包含函数、表达式或分组数据的视图，使用复杂视图的主要目的是简化查询操作。需要注意，当视图子查询包含函数或表达式时，必须为其定义列别名。复杂视图主要用于执行查询操作，下面来看一个例子。

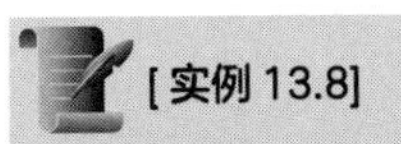
[实例 13.8]　　（源码位置：资源包 \Code\13\08）

### 建立复杂视图 emp_VIEW_ complex

创建一个视图，要求能够查询每个部门的工资情况，代码如下：

```
01    CREATE OR REPLACE VIEW emp_VIEW_complex AS
02    SELECT deptno 部门编号 ,MAX(sal) 最高工资 ,MIN(sal) 最低工资 ,AVG(sal) 平均工资
03    FROM emp
04    GROUP BY deptno;
```

单击按钮或通过快捷键 <F5> 来执行此 PL/SQL 代码，运行结果出现在脚本输出的界面中，如图 13.24 所示。

对于所创建的视图，用户可以通过 SELECT 语句查询所有部门的工资统计信息。

例如，通过 emp_VIEW_complex 视图查询部门员工的工资信息，代码如下：

```
SELECT * FROM emp_VIEW_complex ORDER BY 部门编号；
```

使用快捷键 <F9> 运行此语句，结果如图 13.25 所示。

图 13.24　建立复杂视图

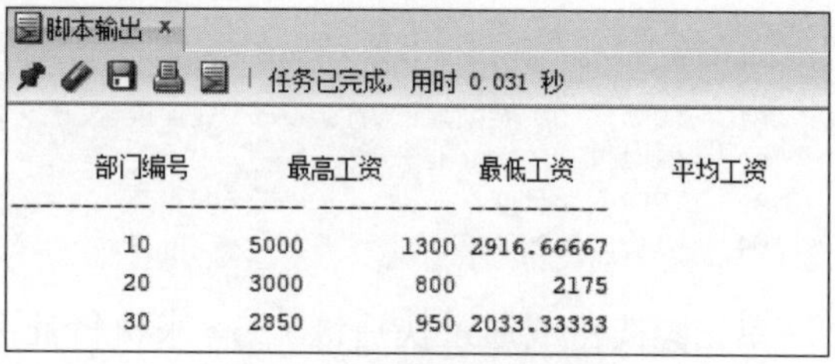

脚本输出　任务已完成，用时 0.031 秒

| 部门编号 | 最高工资 | 最低工资 | 平均工资 |
|---|---|---|---|
| 10 | 5000 | 1300 | 2916.66667 |
| 20 | 3000 | 800 | 2175 |
| 30 | 2850 | 950 | 2033.33333 |

图 13.25　查询复杂视图

## （4）连接视图

连接视图是指基于多个表所建立的视图。使用连接视图的主要目的是简化连接查询。需要注意，建立连接视图时，必须使用 WHERE 子句指定有效的连接条件，否则结果就是毫无意义的笛卡儿积，下面来看一个例子。

[实例 13.9]　（源码位置：资源包 \Code\13\09）

### 建立连接视图 emp_VIEW_union

创建一个 dept 表与 emp 表相互关联的视图，并要求该视图只能查询部门编号为 10 的部门的记录信息，代码如下：

```
01    CREATE OR REPLACE VIEW emp_VIEW_union AS
02    SELECT d.dname,d.loc,e.empno,e.ename
03    FROM emp e,dept d
04    WHERE e.deptno = d.deptno AND d.deptno = 10;
```

单击按钮或通过快捷键 <F5> 来执行此 PL/SQL 代码，运行结果出现在脚本输出的界面中，如图 13.26 所示。

建立了连接视图 emp_VIEW_union 后，为了获取部门编号为 10 的部门的部门及员工信息，可以直接查询该视图。

例如，通过 SELECT 语句查询 emp_VIEW_union 视图的信息，代码如下：

```
SELECT * FROM emp_VIEW_union;
```

使用快捷键 <F9> 运行此语句，结果如图 13.27 所示。

图 13.26　建立连接视图

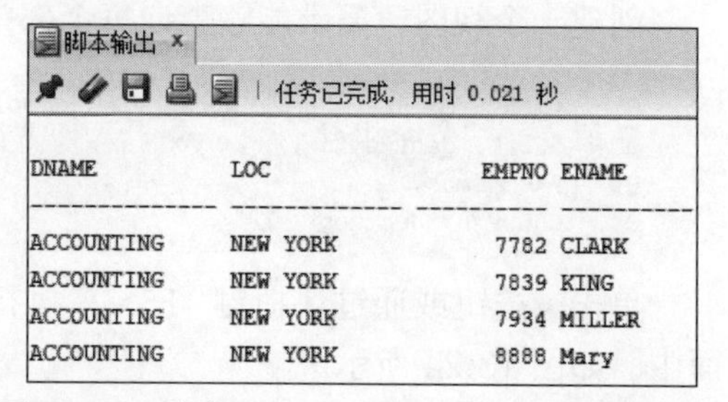
脚本输出　任务已完成，用时 0.021 秒

| DNAME | LOC | EMPNO | ENAME |
|---|---|---|---|
| ACCOUNTING | NEW YORK | 7782 | CLARK |
| ACCOUNTING | NEW YORK | 7839 | KING |
| ACCOUNTING | NEW YORK | 7934 | MILLER |
| ACCOUNTING | NEW YORK | 8888 | Mary |

图 13.27　查询 emp_VIEW_union 视图的信息

## 13.2.2 管理视图

在创建视图后，用户还可以对视图进行管理，主要包括查看视图定义、修改视图定义、重新编译视图和删除视图。

### （1）查看视图定义

数据库并不存储视图中的数值，而是存储视图的定义信息。用户可以通过查询数据字典视图 USER_VIEWS 获得视图的定义信息。

查看 USER_VIEWS 的结构可以使用 DESC 命令，代码如下：

```
DESC USER_VIEWS;
```

本例运行结果如图 13.28 所示。

脚本输出 ×
任务已完成，用时 0.171 秒

| 名称 | 空值? | 类型 |
|---|---|---|
| VIEW_NAME | NOT NULL | VARCHAR2(128) |
| TEXT_LENGTH | | NUMBER |
| TEXT | | LONG |
| TEXT_VC | | VARCHAR2(4000) |
| TYPE_TEXT_LENGTH | | NUMBER |
| TYPE_TEXT | | VARCHAR2(4000) |
| OID_TEXT_LENGTH | | NUMBER |
| OID_TEXT | | VARCHAR2(4000) |
| VIEW_TYPE_OWNER | | VARCHAR2(128) |
| VIEW_TYPE | | VARCHAR2(128) |
| SUPERVIEW_NAME | | VARCHAR2(128) |
| EDITIONING_VIEW | | VARCHAR2(1) |
| READ_ONLY | | VARCHAR2(1) |
| CONTAINER_DATA | | VARCHAR2(1) |
| BEQUEATH | | VARCHAR2(12) |
| ORIGIN_CON_ID | | NUMBER |
| DEFAULT_COLLATION | | VARCHAR2(100) |
| CONTAINERS_DEFAULT | | VARCHAR2(3) |
| CONTAINER_MAP | | VARCHAR2(3) |
| EXTENDED_DATA_LINK | | VARCHAR2(3) |
| EXTENDED_DATA_LINK_MAP | | VARCHAR2(3) |
| HAS_SENSITIVE_COLUMN | | VARCHAR2(3) |
| ADMIT_NULL | | VARCHAR2(3) |
| PDB_LOCAL_ONLY | | VARCHAR2(3) |

图 13.28　USER_VIEWS 的结构

在 USER_VIEWS 视图中，TEXT 列存储了用户视图的定义信息，即构成视图的 SELECT 语句。

例如，通过数据字典 USER_VIEWS 查看视图 emp_VIEW_union 的定义，可以使用以下代码：

```
01    SELECT TEXT FROM USER_VIEWS
02    WHERE VIEW_name = UPPER('emp_VIEW_union');
```

运行结果如图 13.29 所示。

| | TEXT |
|---|---|
| 1 | SELECT d.dname,d.loc,e.empno,e.enameFROM emp e,dept dWHERE e.deptno = d.deptno AND d.deptno = 10 |

图 13.29　查看视图 emp_VIEW_union 的定义

### （2）修改视图定义

建立视图后，如果要改变视图所对应的子查询语句，可以执行 CREATE OR REPLACE VIEW 语句，来看下面的例子。

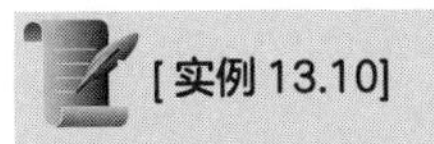

[实例 13.10]　（源码位置：资源包 \Code\13\10）

**修改视图 emp_VIEW_union**

修改视图 emp_VIEW_union，使该视图实现查询部门编号为 30 的部门的记录（原查询信息是部门编号为 20 的部门的记录），代码如下：

```
01    CREATE OR REPLACE VIEW emp_VIEW_union AS
02    SELECT d.dname,d.loc,e.empno,e.ename
03    FROM emp e,dept d
04    WHERE e.deptno = d.deptno AND d.deptno = 30;
```

单击按钮或通过快捷键 <F5> 来执行此 PL/SQL 代码，运行结果出现在脚本输出的界面中，如图 13.30 所示。

图 13.30　修改视图 emp_VIEW_union

**说明：**

本实例中，起到至关重要作用的关键字是 REPLACE，它表示使用新的视图定义替换掉旧的视图定义。

### （3）重新编译视图

视图被创建后，如果用户修改了视图所依赖的基本表定义，则该视图会被标记为无效状态。当用户访问视图时，Oracle 会自动重新编译视图。除此之外，用户也可以用 ALTER VIEW 语句手动编译视图。

例如，通过手动方式重新编译视图 emp_VIEW_union，代码如下：

```
ALTER VIEW emp_VIEW_union compile;
```

单击按钮或通过快捷键 <F5> 来执行此 PL/SQL 代码，运行结果出现在脚本输出的界面中，如图 13.31 所示。

图 13.31　重新编译视图 emp_VIEW_union

### （4）删除视图

当视图不再需要时，用户可以执行 DROP VIEW 语句删除视图。

例如，删除视图 emp_VIEW_union，代码如下：

```
DROP VIEW emp_VIEW_union;
```

单击按钮或通过快捷键 <F5> 来执行此 PL/SQL 代码，运行结果出现在脚本输出的界面中，如图 13.32 所示。

图 13.32　删除视图 emp_VIEW_union

执行 DROP VIEW 语句后，视图的定义将被删除，这对视图内所有的数据没有任何影响，它们仍然存储在基本表中。

# 本章知识思维导图

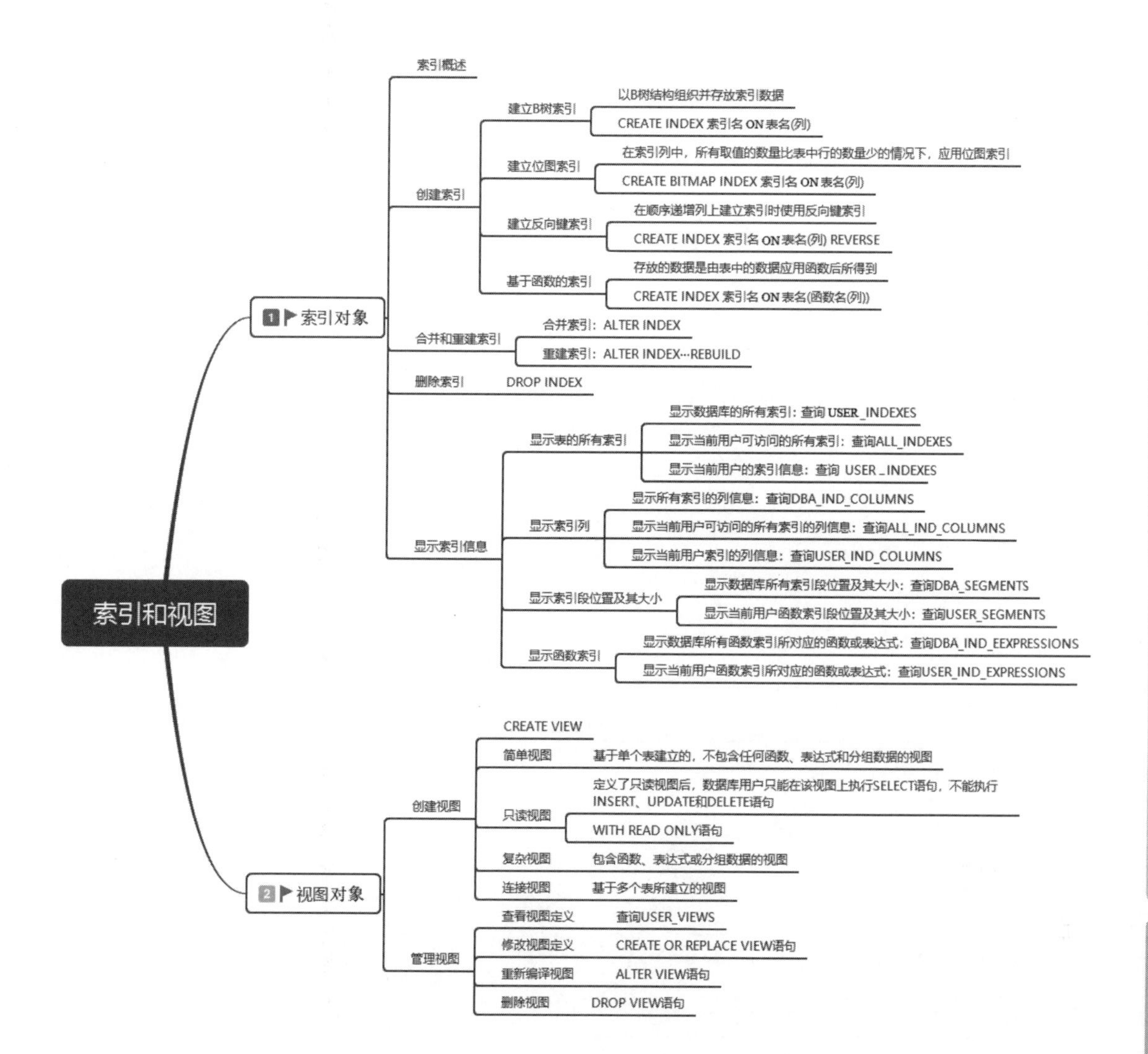
索引和视图
1 索引对象
索引概述
创建索引
建立B树索引
以B树结构组织并存放索引数据
CREATE INDEX 索引名 ON 表名(列)
建立位图索引
在索引列中，所有取值的数量比表中行的数量少的情况下，应用位图索引
CREATE BITMAP INDEX 索引名 ON 表名(列)
建立反向键索引
在顺序递增列上建立索引时使用反向键索引
CREATE INDEX 索引名 ON 表名(列) REVERSE
基于函数的索引
存放的数据是由表中的数据应用函数后所得到
CREATE INDEX 索引名 ON 表名(函数名(列))
合并和重建索引
合并索引：ALTER INDEX
重建索引：ALTER INDEX···REBUILD
删除索引
DROP INDEX
显示索引信息
显示表的所有索引
显示数据库的所有索引：查询 USER_INDEXES
显示当前用户可访问的所有索引：查询ALL_INDEXES
显示当前用户的索引信息：查询 USER_INDEXES
显示索引列
显示所有索引的列信息：查询DBA_IND_COLUMNS
显示当前用户可访问的所有索引的列信息：查询ALL_IND_COLUMNS
显示当前用户索引的列信息：查询USER_IND_COLUMNS
显示索引段位置及其大小
显示数据库所有索引段位置及其大小：查询DBA_SEGMENTS
显示当前用户函数索引段位置及其大小：查询USER_SEGMENTS
显示函数索引
显示数据库所有函数索引所对应的函数或表达式：查询DBA_IND_EEXPRESSIONS
显示当前用户函数索引所对应的函数或表达式：查询USER_IND_EXPRESSIONS
2 视图对象
创建视图
CREATE VIEW
简单视图
基于单个表建立的，不包含任何函数、表达式和分组数据的视图
只读视图
定义了只读视图后，数据库用户只能在该视图上执行SELECT语句，不能执行INSERT、UPDATE和DELETE语句
WITH READ ONLY语句
复杂视图
包含函数、表达式或分组数据的视图
连接视图
基于多个表所建立的视图
管理视图
查看视图定义
查询USER_VIEWS
修改视图定义
CREATE OR REPLACE VIEW语句
重新编译视图
ALTER VIEW语句
删除视图
DROP VIEW语句

Oracle

Oracle

从零开始学　Oracle

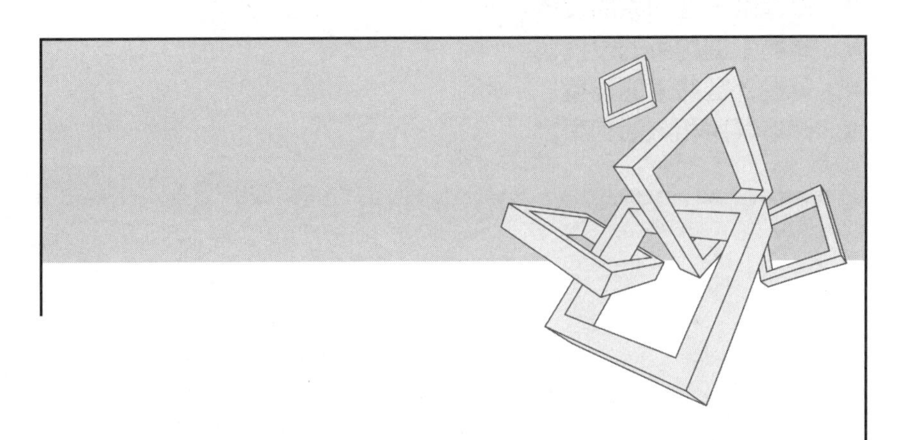

# 第3篇
# 核心技术篇

# 第 14 章
# 完整性约束

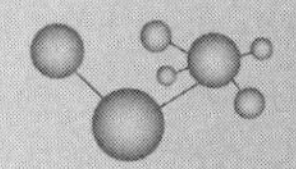

## 本章学习目标

- 掌握完整性约束的种类。
- 掌握非空约束的设置。
- 掌握唯一性约束的设置。
- 掌握主键约束的设置。
- 掌握外键约束的设置。
- 熟悉禁用和激活约束。

# 14.1 完整性约束简介

数据库不仅仅是存储数据，它还必须保证所存储数据的正确性，因为只有正确的数据才能提供有价值的信息。如果数据不准确或不一致，那么数据表的完整性就可能受到了破坏，从而给数据库本身的可靠性带来问题。为了维护数据库中数据的完整性，在创建表时常常需要定义一些约束。

约束可以限制列的取值范围，强制列的取值来自合理的范围等。在 Oracle 系统中，约束的类型包括非空约束、唯一性约束、主键约束、外键约束和检查约束，图 14.1 中介绍了这 5 种约束的作用，本章主要介绍前 4 种约束。

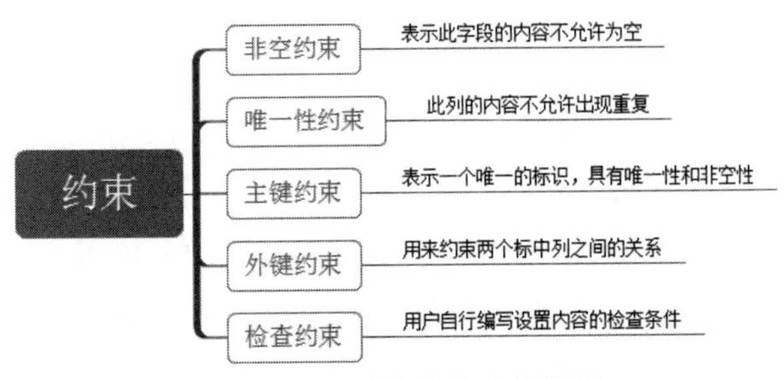


图 14.1　5 种约束各自的作用

# 14.2 非空约束

非空约束就是限制必须为某个列提供值。空值（NULL）是不存在的值，它既不是数字 0，也不是空字符串，而是不存在、未知的情况。

在表中，若某些字段的值是不可缺少的，那么就可以为该列定义非空约束。这样，当插入数据时，如果没有为该列提供数据，那么系统就会出现错误消息。

## 14.2.1 设置非空约束

如果某些列的值是可有可无的，那么可以定义这些列允许空值。这样，在插入数据时，就可以不向该列提供具体的数据（在默认情况下，表中的列是允许为 NULL 的）。如果某个列的值不许为 NULL，那么就可以使用 NOT NULL 来标记该列，下面来看一个具体的实例。

[实例 14.1]　（源码位置：资源包 \Code\14\01）

**创建图书表 Books，其中含有非空约束的列**

创建 Books 表，要求 BookNo（图书编号）、ISBN 和 PublisherNo（出版社编号）不能为空值，代码如下：

```
01  CREATE TABLE Books
02  (
03    BookNo NUMBER(4) NOT NULL,              -- 图书编号，不为空
04    BookName VARCHAR2(30),                  -- 图书名称
05    Author VARCHAR2(10),                    -- 作者
06    SalePrice NUMBER(9,2),                  -- 定价
07    PublisherNo VARCHAR2(4) NOT NULL,       -- 出版社编号，不为空
```

```
08    PublishDATE DATE,                        -- 出版日期
09    ISBN VARCHAR2(20) NOT NULL               --ISBN，不为空
10  );
```

单击按钮或通过快捷键< F5 >来执行此 PL/SQL 代码，运行结果出现在脚本输出的界面中，如图 14.2 所示。

脚本输出 ×
任务已完成，用时 0.045 秒
Table BOOKS 已创建。

图 14.2 创建表时同时设置非空约束

### 14.2.2 修改非空约束

在创建完表之后，可以使用 ALTER TABLE…MODIFY 语句为已经创建的表删除或重新定义 NOT NULL 约束，例如下面的代码：

```
ALTER TABLE Books MODIFY BookName NOT NULL;
```

说明：

为表中的列定义了非空约束后，当用户向表中插入数据时，如果未给相应的列提供值，则添加数据的操作将返回一个"无法将 NULL 插入…"的错误提示信息。

如果使用 ALTER TABLE…MODIFY 为表添加 NOT NULL 约束，并且表中该列数据已经存在 NULL 值，则向该列添加 NOT NULL 约束将失败。列应用非空约束时，Oracle 会试图检查表中所有的行，以验证所有行在对应的列是否存在 NULL 值。

### 14.2.3 删除非空约束

使用 ALTER TABLE…MODIFY 语句还可以删除表的非空约束，实际上也可以理解为修改某个列的值为空，例如下面的代码：

```
ALTER TABLEBooks MODIFY BookName NULL;
```

## 14.3 唯一性约束

唯一性约束强调所在的列不允许有相同的值。但是，它的定义要比主键约束弱，即它所在的列允许空值（主键约束列是不允许为空值的）。唯一性约束的主要作用是保证除主键列外其他列值的唯一性。

### 14.3.1 设置唯一性约束

在一个表中，根据实际情况可能有多个列的数据都不允许存在相同值。例如，各种"会员表"的 QQ 或 Email 等列的值是不允许重复的（用户可能不提供，这样就必须允许为空值）。由于在一个表中最多只能有一个主键约束存在，那么如何解决这种多个列都不允许重复数据存在的问题呢？

这就是唯一性约束的作用。若要设置某个列为唯一性约束，通常使用 CONSTRAINT…unique 标记该列，下面来看一个具体的实例。

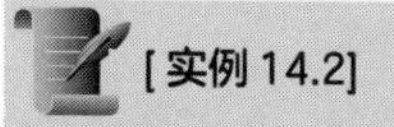
[实例 14.2]

（源码位置：资源包 \Code\14\02）

**创建会员表 Members，其中含有唯一性约束的列**

创建一个会员表 Members，并要求为该表的 QQ 列定义唯一性约束，代码如下：

```
01    CREATE TABLE Members
02    (
03      MemNo NUMBER(4) NOT NULL,                    -- 会员编号
04      MemName VARCHAR2(20) NOT NULL,               -- 会员名称
05      Phone VARCHAR2(20),                          -- 联系电话
06      Email VARCHAR2(30),                          -- 电子邮箱地址
07      QQ VARCHAR2(20) CONSTRAINT QQ_UK unique,     --QQ 号，并设置为唯一性约束
08      ProvCode VARCHAR2(2) NOT NULL,               -- 省份代码
09      OccuCode VARCHAR2(2) NOT NULL,               -- 职业代码
10      InDATE DATE default sysDATE,                 -- 入会日期
11      CONSTRAINT Mem_PK PRIMARY KEY (MemNo)        -- 主键约束列为 MemNo
12    );
```

单击按钮或通过快捷键< F5 >来执行此 PL/SQL 代码，运行结果出现在脚本输出的界面中，如图 14.3 所示。

如果唯一性约束的列有值，则不允许重复，但是可以插入多个 NULL 值，即该列的空值可以重复。例如以下代码：

```
01    INSERT INTO members(memno,memname,phone,email,qq,provcode,occucode)
02           VALUES(0001,'东方','12345','dognfang@mr.com',NULL,'01','02');
03    INSERT INTO members(memno,memname,phone,email,qq,provcode,occucode)
04           VALUES(0002,'明日','4006751066','mingrisoft@mingrisoft.com',NULL,'03','01');
```

单击按钮或通过快捷键< F5 >来执行此 PL/SQL 代码，运行结果出现在脚本输出的界面中，如图 14.4 所示。

图 14.3　创建表同时设置唯一性约束

图 14.4　插入数据

**说明：**

由于唯一性约束列可以存在重复的 NULL 值，为了防止这种情况发生，可以在该列上添加 NOT NULL 约束。如果向唯一性约束列添加 NOT NULL 约束，那么这种唯一性约束相当于主键 PRIMARY KEY 约束。

除了可以在创建表时定义唯一性约束，还可以使用 ALTER TABLE…NOT CONSTRAINT…唯一性语句为现有的表添加唯一性约束。

例如，为 Members 表的 Email 列添加唯一性约束，代码如下：

```
ALTER TABLE Members NOT CONSTRAINT Email_UK UNIQUE (Email);
```

**说明：**

如果要为现有表的多个列同时添加唯一性约束，则在括号内使用逗号分隔。

## 14.3.2　删除唯一性约束

能够为某个列创建唯一性约束，当然也可以删除某个列的唯一性约束限制，通常使用 ALTER TABLE…DROP CONSTRAINT 语句来删除唯一性约束。

例如，删除 Members 表的唯一性约束 Email_UK，代码如下：

```
ALTER TABLE Members DROP CONSTRAINT Email_UK;
```

# 14.4 主键约束

主键约束用于唯一地标识表中的每一行记录。在一个表中，最多只能有一个主键约束。主键约束既可以由一个列组成，也可以由两个或两个以上的列组成（称为联合主键）。对于表中的每一行数据，主键约束列都是不同的。主键约束同时也具有非空约束的特性。

如果主键约束由一列组成，该主键约束被称为行级约束。如果主键约束由两个或两个以上的列组成时，则该主键约束被称为表级约束。

## 14.4.1 创建表的同时设置主键约束

若要设置某个或某些列为主键约束，通常使用 CONSTRAINT…PRIMARY KEY 语句来定义，下面来看一个具体的实例。

[实例 14.3] 创建教师个人信息表 teacher，并定义主键约束 （源码位置：资源包 \Code\14\03）

创建一个教师个人信息表 teacher，包括教师编号、教师姓名、所教学科，并为教师编号列设置主键约束，代码如下：

```
01   CREATE TABLE teacher
02   (
03     teacherid NUMBER(6) NOT NULL,                  -- 教师编号
04     teaname VARCHAR2(20),                          -- 教师姓名
05     subject VARCHAR2(10),                          -- 所教学科
06     CONSTRAINT TEACHER_PK PRIMARY KEY (teacherid)  -- 创建主键和主键约束
07   );
```

单击按钮或通过快捷键< F5 >来执行此 PL/SQL 代码，运行结果出现在脚本输出的界面中，如图 14.5 所示。

```
脚本输出 ×
任务已完成，用时 0.029 秒
Table TEACHER 已创建。
```

图 14.5 创建表时同时设置主键约束

说明：

如果构成主键约束的列有多个（即创建表级约束），则多个列之间使用英文半角的逗号 (,) 分隔。

注意：

一般在一个表中只会设置一个主键，但是也允许为一个表设置多个主键，这种情况称为复合主键。在复合主键中，只有两个主键字段的内容完全一样才会发生违反约束的错误。尽量不要使用复合主键。

## 14.4.2 创建表之后添加主键约束

如果表在创建时未定义主键约束，用户可以使用 ALTER TABLE…ADD CONSTRAINT…PRIMARY KEY 语句为该表添加主键约束。

例如，使用 ALTER TABLE…ADD CONSTRAINT…PRIMARY KEY 语句为 Books 表添加主键约束，代码如下：

```
ALTER TABLE Books ADD CONSTRAINT Books_PK PRIMARY KEY (BookNo);
```

在代码中，由于为PRIMARY KEY约束指定名称，这样就必须使用CONSTRAINT关键字。如果要使用系统自动为其分配的名称（即不指定主键约束的名称），则可以省略CONSTRAINT关键字，并且在指定列的后面直接使用PRIMARY KEY标记就可以。来看下面的例子。

创建Books表时，在BookNo列上定义了一个由系统自动分配名称的主键约束，代码如下：

```
01  CREATE TABLE Books
02  (
03    BookNo NUMBER(4) PRIMARY KEY,           --图书编号，设置为由系统自动分配名称的主键约束
04    BookName VARCHAR2(30),                  --图书名称
05    Author VARCHAR2(10),                    --作者
06    SalePrice NUMBER(9,2),                  --定价
07    PublisherNo VARCHAR2(4) NOT NULL,       --出版社编号
08    PublishDATE DATE,                       --出版日期
09    ISBN VARCHAR2(20) NOT NULL              --ISBN
10  );
```

注意：

在代码中，BookNo列的后面可以不使用NOT NULL标记其不许为NULL，因为PRIMARY KEY约束本身就不允许列值为NULL。

同样，也可以使用ALTER TABLE…ADD语句添加由系统自动分配名称的主键约束。

例如，使用ALTER TABLE…ADD语句为Books表在BookNo列上添加由系统自动分配名称的主键约束，代码如下：

```
ALTER TABLE Books ADD PRIMARY KEY (BookNo);
```

说明：

如果表中已经存在主键约束，那么当试图为该表再增加一个主键约束时，系统就会产生错误信息。即使在不同的列上增加约束也是如此。例如，当在Books表的ISBN列上再增加一个约束时，系统将产生“表只能具有一个主键”的错误消息。

注意：

与NOT NULL约束相同，当为表添加主键约束时，如果该表中已经存在数据，并且主键列具有相同的值或存在NULL值，则添加主键约束的操作将失败。

## 14.4.3 删除主键约束

既然可以为表添加主键约束，那么也应该可以删除主键约束。删除主键约束通常使用ALTER TABLE…DROP CONSTRAINT语句来完成。

例如，删除teacher表的主键约束TEACHER_PK，代码如下：

```
ALTER TABLE teacher DROP CONSTRAINT TEACHER_PK;
```

说明：

在表中增加主键约束时，一定要根据实际情况确定。例如，在Books表的BookNo列上增加主键约束是合理的，因为图书编号是不允许重复的，但是在Author、SalePrice等列上创建主键约束是不合理的，因为作者和图书售价很有可能重复。

# 14.5 外键约束

前文介绍的约束都是在一个表中设置的，如果要设置两个关系表的约束，则可以通过外键约束来完成。

外键约束比较复杂，一般的外键约束会使用两个表进行关联（当然也存在同一个表自连接的情况）。外键是指一个表中含有与另外一个表的主键相同的列或列组，而“另外一个表”中被引用的列必须具有主键约束或者唯一性约束。在“另外一个表”中，被引用列中不存在的数据不能出现在“当前表”对应的列中。一般情况下，当删除被引用表中的数据时，该数据也不能出现在外键表的外键列中。如果外键列存储了被引用表中将要删除的数据，那么对被引用表的删除操作将失败。

## 14.5.1 设置外键约束

本节典型的外键约束是为员工信息表 emp 和部门信息表 dept 设置的外键约束，在该外键约束中，外键表 emp 中的外键列 deptno 将引用被引用表 dept 中的 deptno 列，而该列也是 dept 表的主键。

下面通过一个实例介绍如何设置外键约束。

[实例 14.4]　（源码位置：资源包 \Code\14\04）

设置外键约束

创建新表 emp_temp（该表的结构复制自 emp）和 dept_temp（该表的结构复制自 dept），并为 emp_temp 添加一个与 dept_temp 表之间的外键约束。

① 创建表 emp_temp 和 dept_temp，代码如下：

```
01   CREATE TABLE emp_temp
02   AS SELECT * FROM emp
03   WHERE deptno=10;                  -- 创建一个新表 emp_temp，并将部门编号为 10 的员工记录插入
04
05   CREATE TABLE dept_temp
06   AS SELECT * FROM dept;            -- 创建一个新表 dept_temp
```

单击按钮或通过快捷键< F5 >来执行此 PL/SQL 代码，运行结果出现在脚本输出的界面中，如图 14.6 所示。

② 为表 dept_temp 的 deptno 列设置主键，代码如下：

```
ALTER TABLE dept_temp ADD CONSTRAINT depttemp_PK PRIMARY KEY (deptno);
```

③ 为表 emp_temp 的 deptno 列创建外键约束，代码如下：

```
01   ALTER TABLE emp_temp
02   ADD CONSTRAINT emp_dept_fk
03   FOREIGN KEY(deptno)
04   REFERENCES dept_temp(deptno);     -- 创建外键约束，外键列为 deptno
```

单击按钮或通过快捷键< F5 >来执行此 PL/SQL 代码，运行结果出现在脚本输出的界面中，如图 14.7 所示。

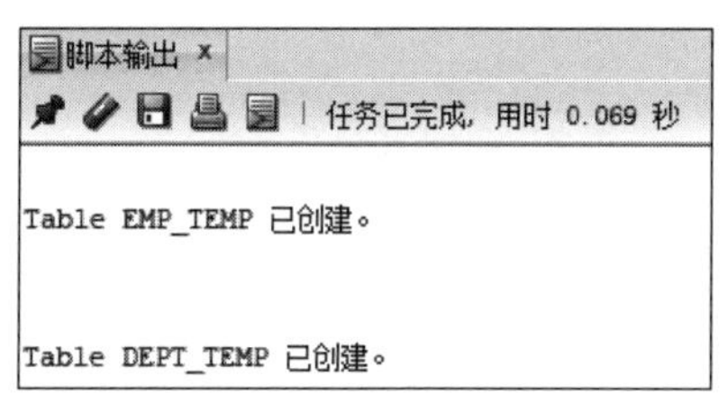


图 14.6　创建表 emp_temp 和 dept_temp

图 14.7　为表 emp_temp 的 deptno 创建外键约束

在本程序中，外键表和被引用表分别为 emp_temp 表和 dept_temp 表，如图 14.8 所示。

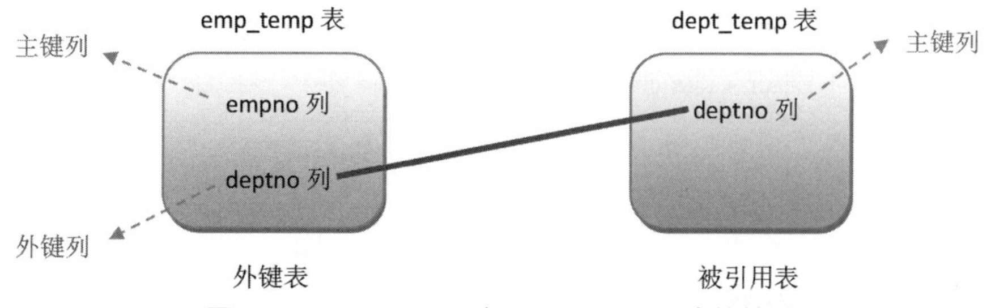


图 14.8　emp_temp 表和 dept-temp 表的关联

**说明：**

外键列在被引用表中必须具有主键约束或唯一性约束才能设置成功，否则无法设置。

如果外键表的外键列与被引用表的被引用列列名相同，如实例 14.4 所示，则为外键表定义外键列时可以省略“REFERENCES”关键字后面的列名称。例如，实例 14.4 中创建外键约束的代码也可以写成如下形式：

```
01   ALTER TABLE emp_temp
02   ADD CONSTRAINT emp_dept_fk
03   FOREIGN KEY(deptno)
04   REFERENCES dept_temp;                  -- 创建外键约束，外键列为 deptno
```

## 14.5.2　删除具有外键约束的表

使用外键约束可以解决两个表的数据统一问题。如果要删除外键约束的两个关联表或是表中数据的时候，需要注意两点：

① 删除被引用表的数据前，应先删除外键表所对应的数据。

② 删除被引用表之前，应先将外键表删除。

**常见错误：**

直接删除被引用表，如删除表 dept_temp，代码如下，运行之后出现的错误提示如图 14.9 所示。

```
DROP TABLE dept_temp;
```

可以使用关键字 CASCADE CONSTRAINT 来强制删除被引用表，代码如下：

```
DROP TABLE dept_temp CASCADE CONSTRAINT;
```

单击按钮或通过快捷键< F5 >来执行此 PL/SQL 代码，运行结果出现在脚本输出的界面中，如图 14.10 所示。

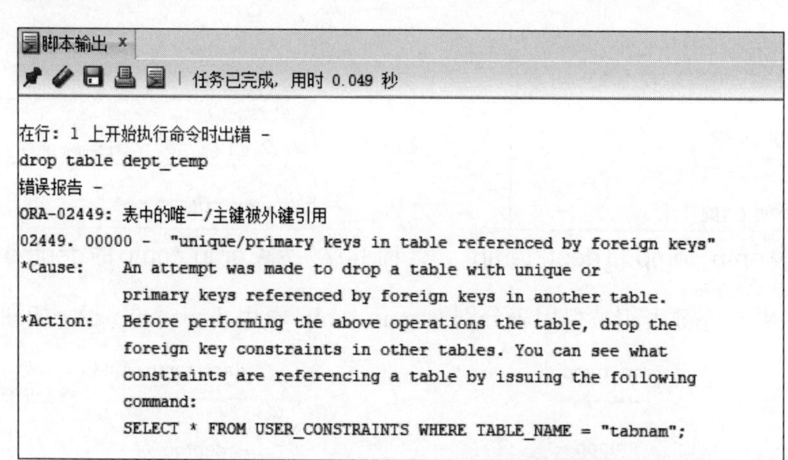


图 14.9 直接删除被引用表出现的错误提示

此时，被引用表已经被删除成功。

脚本输出
任务已完成，用时 0.058 秒
Table DEPT_TEMP已删除。

图 14.10 删除被引用表

### 14.5.3 删除外键约束

在创建完外键约束之后，如果想要删除外键约束，可以使用 ALTER TABLE…DROP CONSTRAINT 语句。

例如，删除 emp_temp 表和 dept_temp 表之间的外键约束 emp_dept_fk，代码如下：

```
ALTER TABLE emp_temp DROP CONSTRAINT emp_dept_fk;
```

单击按钮或通过快捷键< F5 >来执行此 PL/SQL 代码，运行结果出现在脚本输出的界面中，如图 14.11 所示。

图 14.11 删除外键约束

## 14.6 禁用和激活约束

约束创建之后，如果没有经过特殊处理，就一直起作用。可以根据实际需要，临时禁用某个约束。当某个约束被禁用后，该约束就不再起作用了，但它还存在于数据库中。

那么为什么要禁用约束呢？这是因为约束的存在会降低插入和更改数据的效率，系统必须确认这些数据是否满足定义的约束条件。当执行一些特殊操作时，比如使用 SQL*Loader 从外部数据源向表中导入大量数据，并且事先知道这些数据是满足约束条件的，为提高运行效率，就可以禁用约束。

禁用约束操作，不但可以对现有的约束执行，而且还可以在定义约束时执行，下面分别来说明这两种情况。

### 14.6.1 在定义约束时禁用

在使用 CREATE TABLE 或 ALTER TABLE 语句定义约束时（默认情况下约束是激活的），如果使用关键字 DISABLE，则约束是被禁用的。

下面通过一个实例介绍如何在定义约束时禁用约束。

（源码位置：资源包 \Code\14\05）

**[实例 14.5]**

### 在定义约束时禁用约束

创建一个公司资产管理表 asset，包括的数据列有 ID、名称、使用寿命和所属员工编号，并为寿命列定义一个 DISABLE 状态的 CHECK 约束（要求使用年限的数值在 1 ～ 100 之间），代码如下：

```
01  CREATE TABLE asset
02  (
03    id NUMBER(4) NOT NULL,
04    name VARCHAR2(10) NOT NULL,
05    lifetime INT CONSTRAINT Life_CK CHECK (lifetime > 1 and lifetime <100) DISABLE,
06    empno NUMBER(4)
07  );
```

单击按钮或通过快捷键< F5 >来执行此 PL/SQL 代码，运行结果出现在脚本输出的界面中，如图 14.12 所示。

图 14.12　在定义约束时禁用约束

多学两招：

CHECK 约束即检查约束，它的作用为对表中的数据进行过滤，在更新数据时，数据只有满足指定的过滤条件，才可以更新成功，否则不能更新。

## 14.6.2　禁用已经存在的约束

对于已存在的约束，可以使用 ALTER TABLE…DISABLE CONSTRAINT 语句禁止。

例如，禁用 teacher 表的主键约束 TEACHER_PK（在实例 14.3 中创建），代码如下：

```
ALTER TABLE teacher DISABLE CONSTRAINT TEACHER_PK;
```

单击按钮或通过快捷键< F5 >来执行此 PL/SQL 代码，运行结果出现在脚本输出的界面中，如图 14.13 所示。

图 14.13　禁用已经存在的约束

此时，主键约束 TEACHER_PK 已经被禁用了，如果向表 teacher 中插入两行 teacherid 相同的数据，则会插入成功，代码如下：

```
01  INSERT INTO teacher VALUES(1012,'刘峰','物理');
02  INSERT INTO teacher VALUES(1012,'刘峰','物理');
```

单击按钮或通过快捷键< F5 >来执行此 PL/SQL 代码，运行结果出现在脚本输出的界面中，如图 14.14 所示。

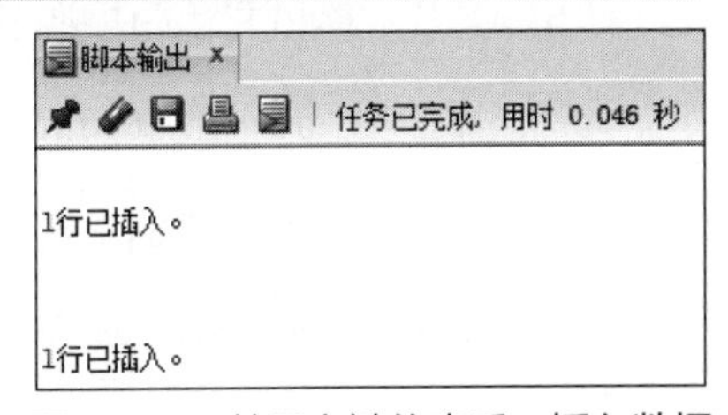


图 14.14　禁用主键约束后，插入数据

通过运行结果可以看出，由于在禁用 TEACHER_PK 主键之后不受主键约束条件的限制，可以给 teacherid 列添加重复值。

说明：

在禁用主键约束时，Oracle 会默认删除约束对应的唯一索引，而在重新激活约束时，Oracle 将会重新建立唯一索引。如果希望在删除约束时保留对应的唯一索引，可以在禁用约束时使用关键字 KEEP INDEX（通常放在约束名称的后面）。

### 14.6.3 激活约束

禁用约束只是一种暂时现象，在特殊需求处理完毕之后，还应该及时激活约束。如果希望激活被禁用的约束，可以在 ALTER TABLE 语句中使用 ENABLE CONSTRAINT 子句。激活约束的语法形式如下：

```
ALTER TABLE 表名 ENABLE  CONSTRAINT con_name;
```

下面通过一个例子来演示如何激活一个被禁用的约束。

在实例 14.5 中，已经禁用了 teacher 表的主键约束 TEACHER_PK，并且插入了两条 teacherid 列相同的数据，那么在本实例中，激活此主键约束，代码如下：

```
ALTER TABLE teacher ENABLE CONSTRAINT TEACHER_PK;
```

单击▶按钮执行此 PL/SQL 代码，运行结果如图 14.15 所示。

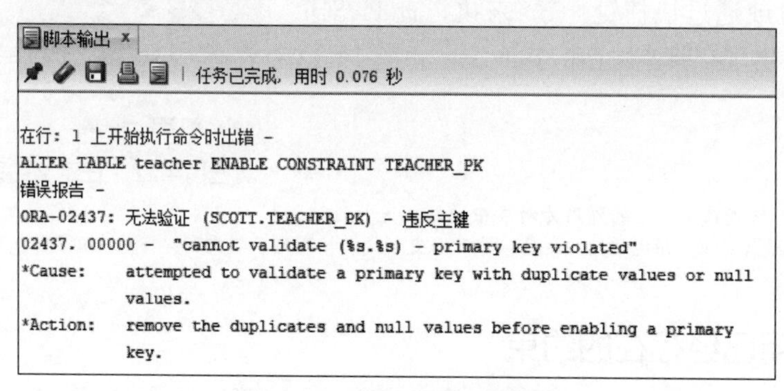


图 14.15 激活约束出现错误

由于 teacherid 列的现有值中存在重复的情况，这导致主键约束的作用存在冲突，所以激活约束的操作一定是失败的。对于这种情况的解决方法，通常是更正表中不满足约束条件的数据。

## 14.7 删除约束

如果不再需要某个约束，可以使用带 DROP CONSTRAINT 子句的 ALTER TABLE 语句删除约束。删除约束与禁用约束不同，禁用的约束是可以激活的，但是删除的约束在表中就完全消失了。

使用 ALTER TABLE 语句删除约束的语法格式如下：

```
ALTER TABLE 表名 DROP CONSTRAINT 约束名；
```

例如，删除 teacher 表的主键约束 TEACHER_PK（在实例 14.3 中创建），代码如下：

```
ALTER TABLE teacher DROP CONSTRAINT TEACHER_PK;
```

# 本章知识思维导图

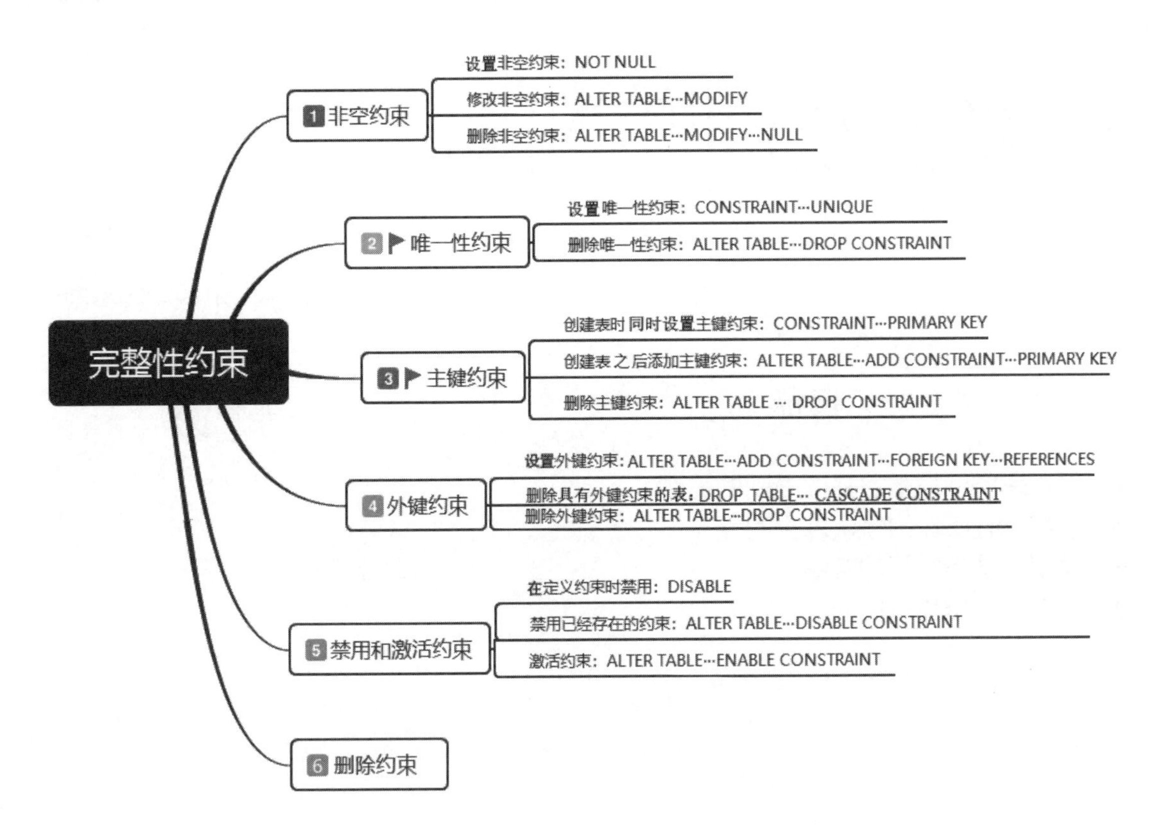
完整性约束
1 非空约束
设置非空约束：NOT NULL
修改非空约束：ALTER TABLE…MODIFY
删除非空约束：ALTER TABLE…MODIFY…NULL
2 唯一性约束
设置唯一性约束：CONSTRAINT…UNIQUE
删除唯一性约束：ALTER TABLE…DROP CONSTRAINT
3 主键约束
创建表时 同时设置主键约束：CONSTRAINT…PRIMARY KEY
创建表之后添加主键约束：ALTER TABLE…ADD CONSTRAINT…PRIMARY KEY
删除主键约束：ALTER TABLE … DROP CONSTRAINT
4 外键约束
设置外键约束：ALTER TABLE…ADD CONSTRAINT…FOREIGN KEY…REFERENCES
删除具有外键约束的表：DROP TABLE… CASCADE CONSTRAINT
删除外键约束：ALTER TABLE…DROP CONSTRAINT
5 禁用和激活约束
在定义约束时禁用：DISABLE
禁用已经存在的约束：ALTER TABLE…DISABLE CONSTRAINT
激活约束：ALTER TABLE…ENABLE CONSTRAINT
6 删除约束

# 第 15 章
# 管理表空间和数据文件

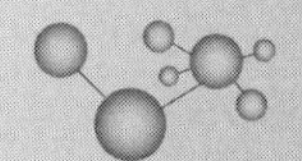

## 本章学习目标

- 掌握表空间与数据文件之间的关系。
- 了解 Oracle 的默认表空间。
- 了解创建表空间的方法。
- 了解如何维护表空间。

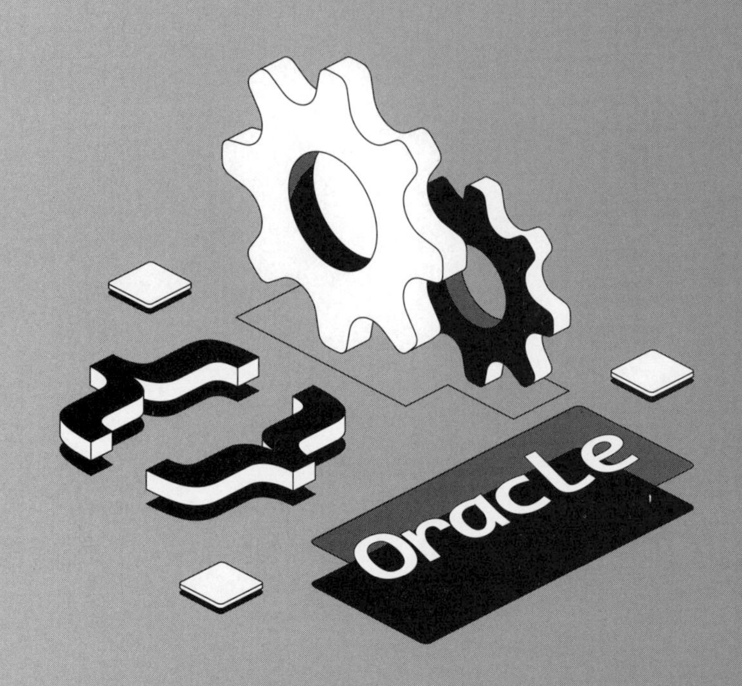

# 15.1 表空间与数据文件的关系

在 Oracle 数据库中，表空间与数据文件之间的关系非常密切，这二者之间相互依存着，也就是说，创建表空间时必须创建数据文件，增加数据文件时也必须指定表空间。

Oracle 磁盘空间管理中的最高逻辑层是表空间（TABLESPACE），它的下一层是段（SEGMENT），并且一个段只能驻留在一个表空间内。段的下一层就是盘区（EXTENT），一个或多个盘区可以组成一个段，并且每个盘区只能驻留在一个数据文件中。如果一个段跨越多个数据文件，它就只能由多个驻留在不同数据文件中的盘区构成。盘区的下一层是数据块，它也是磁盘空间管理中逻辑划分的最底层，一组连续的数据块可以组成一个盘区。图 15.1 展示了数据库、表空间、数据文件、段、盘区、数据块及操作系统块之间的相互关系。

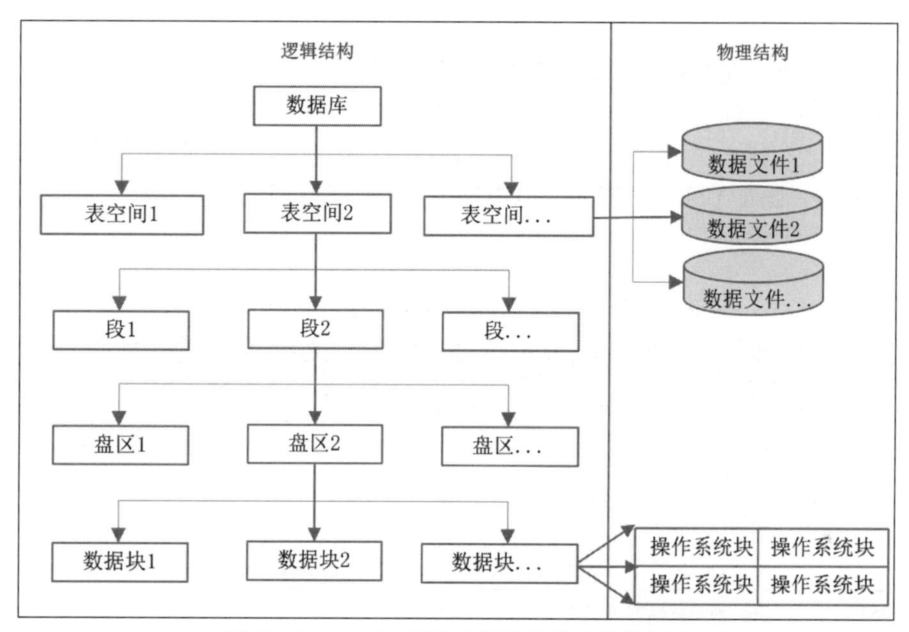


图 15.1　Oracle 磁盘空间管理的逻辑结构图

**说明：**
Oracle 数据库是通过表空间来存储物理表的，一个数据库实例可以有 *N* 个表空间，一个表空间下可以有 *N* 个表。

如果要查询表空间与对应的数据文件的相关信息，可以从 DBA_DATA_FILES 数据字典获得。

例如，在 SQL Developer 中，连接 system_ora，从 DBA_DATA_FILES 数据字典中查询表空间及其包含的数据文件，代码如下：

```
SELECT tablespace_name,file_name,bytes FROM DBA_DATA_FILES ORDER BY tablespace_name;
```

查询结果如图 15.2 所示。

从查询所列的结果来看，一个数据库包括多个表空间，比如 SYSTEM 表空间、USERS 表空间、SYSAUX 表空间等。每一个表空间又包含一个或多个数据文件，比如 USERS 表包括一个数据文件 USERS01.DBF。表空间可以看作是 Oracle 数据库的逻辑结构，而数据文件可以看作是 Oracle 数据库的物理结构。

| | TABLESPACE_NAME | FILE_NAME | BYTES |
|---|---|---|---|
| 1 | SYSAUX | F:\ORACLE19\ORADATA\ORCL19C\SYSAUX01.DBF | 870318080 |
| 2 | SYSTEM | F:\ORACLE19\ORADATA\ORCL19C\SYSTEM01.DBF | 954204160 |
| 3 | UNDOTBS1 | F:\ORACLE19\ORADATA\ORCL19C\UNDOTBS01.DBF | 68157440 |
| 4 | USERS | F:\ORACLE19\ORADATA\ORCL19C\USERS01.DBF | 5242880 |

图 15.2　查询表空间及其包含的数据文件

## 15.2　Oracle 的默认表空间

默认表空间是指在创建 Oracle 数据库时，系统自动创建的表空间。这些表空间通常用于存放 Oracle 系统内部数据和提供样例所需要的逻辑空间。在 Oracle 数据库中一般有下面两类表空间。

- 系统表空间：是数据库创建时与数据库一起建立的，例如用于撤销事务处理的表空间，或者保存数据字典的表空间，例如 SYSTEM 或 SYSAUX 表空间。
- 非系统表空间：由具备管理员权限的数据库用户创建，主要用于保存用户数据、索引等数据库对象，例如 USERS、TEMP、UNDOTBS1 等表空间。

如表 15.1 所示显示了 Oracle 数据库中的表空间及说明。

表 15.1　Oracle 数据库中的表空间及说明

| 表空间 | 说明 |
|---|---|
| SYSTEM | 存放数据字典，包括表、视图、存储过程的定义等 |
| SYSAUX | SYSTEM 表空间的辅助表空间。一些数据库的可选组件和工具都存放在此表内，这样可以减轻 SYSTEM 表空间的负担 |
| USERS | 存储用户数据 |
| TEMP | 存放 Oracle 数据库运行中需要临时存放的数据，如排序的中间结果等 |
| UNDOTBS1 | 存放撤销数据的表空间 |

**说明：**

**非系统表空间一般可以分为 4 类：永久表空间、临时表空间、大文件表空间和撤销表空间。**

### 15.2.1　SYSTEM 表空间

Oracle 数据库的每个版本都使用 SYSTEM 表空间存放内部数据和数据字典，SYSTEM 表空间主要存放 SYS 用户的各个对象和其他用户的少量对象。用户可以从 DBA_SEGMENTS 数据字典中查询到某个表空间所存放的数据对象及其类型（如索引、表、簇等）和拥有者。

在 SQL Developer 中，连接 system_ora，查询 USERS 表空间内存放的数据对象及其类型和拥有者，代码如下：

```
SELECT segment_type,segment_name,owner FROM DBA_SEGMENTS WHERE tablespace_name='USERS';
```

部分查询结果如图 15.3 所示。

从查询结果中可以看出，USERS 表空间存放了 SCOTT 用户的表和索引等数据对象。

| | SEGMENT_TYPE | SEGMENT_NAME | OWNER |
|---|---|---|---|
| 1 | TABLE | TB_MONTH | MR |
| 2 | TABLE | SI_IMAGE_FORMATS_TAB | ORDSYS |
| 3 | TABLE | SI_FEATURES_TAB | ORDSYS |
| 4 | TABLE | SI_VALUES_TAB | ORDSYS |
| 5 | TABLE | ORDDCM_INTERNAL_TAGS | ORDDATA |
| 6 | TABLE | ORDDCM_DOC_TYPES | ORDDATA |
| 7 | TABLE | ORDDCM_INSTALL_DOCS | ORDDATA |
| 8 | TABLE | ORDDCM_VR_DT_MAP | ORDDATA |

图 15.3　USERS 表空间内存放的数据对象

### 15.2.2　SYSAUX 表空间

SYSTEM 表空间主要用于存放 Oracle 系统内部的数据字典，而 SYSAUX 表空间充当 SYSTEM 的辅助表空间，主要用于存储除数据字典以外的其他数据对象，它在一定程度上降低了 SYSTEM 表空间的负担。

下面通过 DBA_SEGMENTS 数据字典来查询 SYSAUX 表空间所存放的用户及其所拥有的对象数量。首先在 SQL Developer 中连接 system_ora，输入以下代码：

```
01    SELECT owner AS 用户 ,COUNT(segment_name) AS 对象数量
02    FROM DBA_SEGMENTS
03    WHERE tablespace_name='SYSAUX' GROUP BY owner;
```

部分查询结果如图 15.4 所示。

注意：

用户可以对 SYSAUX 表空间进行增加数据文件和监视等操作，但不能对其执行删除、重命名或设置只读（READ ONLY）等操作。

| | 用户 | 对象数量 |
|---|---|---|
| 1 | SYS | 1811 |
| 2 | SYSTEM | 200 |
| 3 | DBSNMP | 8 |
| 4 | HR | 25 |
| 5 | CTXSYS | 44 |
| 6 | DVSYS | 73 |
| 7 | AUDSYS | 7 |
| 8 | GSMADMIN_INTERNAL | 13 |
| 9 | MDSYS | 124 |
| 10 | XDB | 705 |
| 11 | WMSYS | 99 |

图 15.4　查询 SYSAUX 表空间的信息

## 15.3　创建表空间

表空间就像一个文件夹，是存储数据库对象的容器。如果要创建表，首先要创建能够存储表的表空间，表空间可以通过 OEM 图形界面方式或者 PL/SQL 命令方式创建。

表空间由数据文件组成，这些数据文件是数据库实际存放数据的地方，数据库的所有系统数据和用户数据都必须放在数据文件中。每一行数据创建的时候，系统都会默认地为它创建一个“SYSTEM”表空间，以存储系统信息。一个数据库至少有一个表空间（即 SYSTEM 表空间）。一般情况下，用户数据应该存放在单独的表空间中，所以必须创建和使用自己的表空间。

为了简化表空间的管理并提高系统性能，Oracle 建议将不同类型的数据对象存放到不同的表空间中，因此，在创建数据库后，数据库管理员还应该根据具体应用的情况，建立不同类型的表空间，例如建立专门用于存放表数据的表空间、建立专门用于存放索引或簇数据的表空间等，因此创建表空间的工作十分重要。在创建表空间时必须考虑以下几点：

① 创建小文件表空间，还是大文件表空间（默认是小文件表空间）。

② 是使用局部盘区管理方式，还是使用传统的目录盘区管理方式（默认为局部盘区管理）。

③ 是手工管理段空间，还是自动管理段空间（默认为自动）。

④ 是否是用于临时段或撤销段的特殊表空间。

创建表空间的语法如下：

```
CREATE [SMALLFILE/BIGFILE] TABLESPACE 表空间名
DATAFILE '/path/filename' SIZE num[k/m] reuse
         [autoextend [on | off] next num[k/m]
         [maxSIZE [unlimited | num[k/m]]]]
         [mininum extent num[k/m]]
         [default storage storage]
         [online | offline]
         [logging | nologging]
         [permanent | temporary]
         [extent management dictionary | local [autoallocate | uniform [SIZE num[k/m]]]]
```

语法中出现了大量的关键字和参数，为了让读者比较清晰地理解这些内容，下面对这两方面的内容分开进行讲解。创建表空间语法的参数说明如表 15.2 所示。

表 15.2　创建表空间语法的参数说明

| 参数 | 说明 |
| --- | --- |
| SMALLFILE/BIGFILE | 表示创建的是小文件表空间还是大文件表空间 |
| DATAFILE | 保存表空间的磁盘路径 |
| autoextend [on \| off] next | 数据文件为自动扩展（ON）或非自动扩展（OFF），如果是自动扩展，则需要设置next的值。next指定当需要更多盘区时分配给数据文件的磁盘空间 |
| maxSIZE | 当数据文件自动扩展时，允许数据文件扩展的最大长度的字节数，如果指定UNLIMITED关键字，表示对分配给数据文件的磁盘空间没有设置限制，不需要指定字节长度 |
| minimun extent | 将现有文件复制到新文件 |
| online | 在创建表空间后，使授权访问该表空间的用户立即可用该表空间。这是默认设置 |
| offline | 在创建表空间后，该表空间不可用 |
| logging \| nologging | 指定该表空间内的表在加载数据时是否产生日志，默认为产生日志（logging）。即使设置为nologging，在进行INSERT、UPDATE和DELETE操作时，Oracle仍会将操作信息记录到Redo Log Buffer中 |
| permanent | 指定表空间，用于保存永久对象，这是默认设置 |
| temporary | 指定表空间，用于保存临时对象 |
| dictionary | 指定使用数据字典表来管理表空间，这是默认值 |
| local | 指定本地管理表空间 |
| autoallocate | 指定表空间由系统管理，用户不能指定盘区尺寸 |
| uniform | 指定使用SIZE字节的统一盘区来管理表空间。默认的SIZE为1MB。如果既没指定autoallocate又没指定uniform，那么默认为autoallocate |
| '/path/filename' | 该参数表示数据文件的路径与名字。reuse表示若该文件存在，则清除该文件再重新建立该文件；若该文件不存在，则创建该文件 |
| default storage storage | 指定以后要创建的表、索引及簇的存储参数值，这些参数将影响以后表索引等的存储参数值 |

**注意：**

如果指定了 local，就不能指定 default storage_clause。

## 15.3.1 通过本地化管理方式创建表空间

本地化表空间管理使用位图跟踪表空间所对应的数据文件的自由空间和块的使用状态，位图中的每个单元对应一个块或一组块。当分配或释放一个扩展时，Oracle 会改变位图的值以指示该块的状态。这些位图值的改变不会产生回滚信息，因为它们不更新数据字典的任何表。本地管理表空间具有以下优点。

① 使用本地化的扩展管理功能（包括自动大小和等同大小两种），可以避免发生重复的空间管理操作。

② 本地化管理的自动扩展（autoallocate）能够跟踪临近的自由空间，这样可以消除结合自由空间的麻烦。本地化的扩展大小可以由系统自动确定，也可以选择所有扩展有同样的大小（uniform）。通常使用 EXTENT MANAGEMENT LOCAL 子句创建本地化的可变表空间。

下面来看一个创建表空间的例子。

**注意：**
本章的实例需要在 SQL Developer 中的 system_ora 连接下编写，如图 15.5 所示。

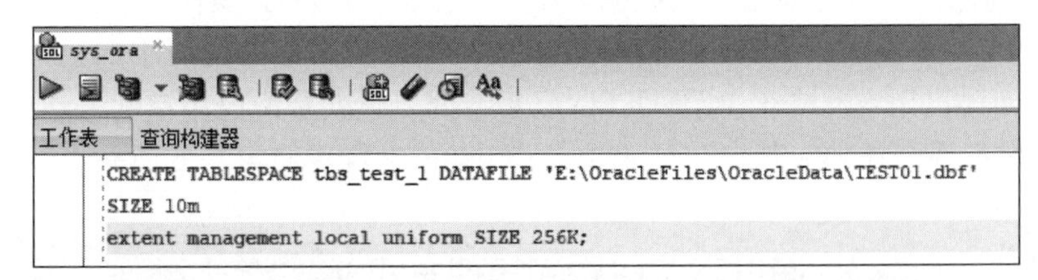


图 15.5 在 SQL Developer 中的 system_ora 连接下编写

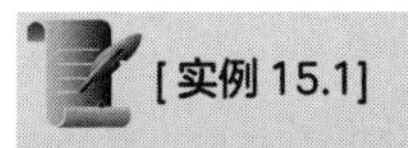

[实例 15.1]（源码位置：资源包 \Code\15\01）

### 通过本地管理创建表空间 tbs_test_1

通过本地化管理方式（LOCAL）创建一个表空间，里面包含两个数据文件，大小都为 2MB，代码如下：

```
01    CREATE TABLESPACE tbs_test_1 DATAFILE
02    'E:\OracleFiles\OracleData\TEST01.dbf' SIZE 2m,
03    'E:\OracleFiles\OracleData\TEST02.dbf' SIZE 2m
04    EXTENT MANAGEMENT LOCAL uniform SIZE 256K;
```

单击按钮或通过快捷键 <F5> 来执行此 PL/SQL 代码，运行结果出现在脚本输出的界面中，如图 15.6 所示。

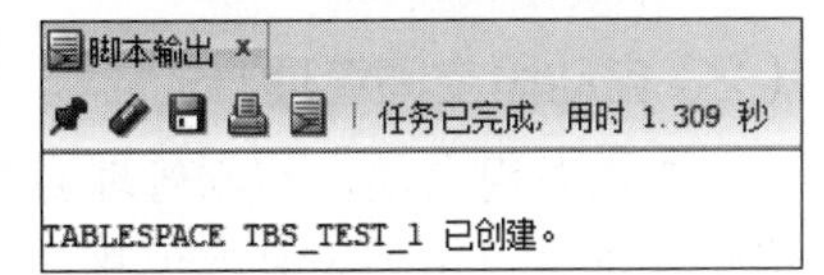


图 15.6 创建表空间 tbs_test_1

在例子中，由于创建的是本地化管理方式的表空间，所以使用 EXTENT MANAGEMENT LOCAL 子句。当创建扩展大小等同的表空间时，可以使用 uniform 关键字，并指定每次扩展时的大小；当创建扩展大小为自动管理时，可以使用 autoallocate 关键字，并且不需要指定扩展时的大小。

**说明：**
在文件说明前必须使用 DATAFILE 子句说明这是一个永久表空间。对于临时表空间，必须使用 TEMPFILE 子句。

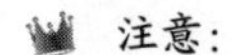 注意：

**文件目录要存在。在进行数据文件创建的时候请保证目录存在，否则程序执行时会出现“ORA_01119: 创建数据库文件‘E:\OracleFiles\OracleData\TEST01.dbf’时出错”的错误提示信息。**

## 15.3.2 通过段空间管理方式创建表空间

段空间管理方式是建立在本地化空间管理方式基础之上的，即只有本地化管理方式的表空间，才能在其基础上进一步建立段空间管理方式，它使用“SEGMENT SPACE MANAGEMENT MANUAL/AUTO”语句来实现。段空间管理又可分为手工段和自动段两种空间管理方式。

### （1）手工段空间管理方式

手工段空间管理方式是为了往后兼容而保留的，它使用自由块列表和 PCT_FREE 与 PCT_USED 参数来标识可供插入操作使用的数据块。

在每个 INSERT 或 UPDATE 操作后，数据库都会比较该数据块中的剩余自由空间与该段的 PCT_FREE 设置。如果数据块的剩余自由空间少于 PCT_FREE 自由空间（也就是说剩余空间已经进入系统的下限设置），则数据库就会从自由块列表上将其取下，不再对其进行插入操作。空余空间保留给可能会增大该数据块中行大小的 UPDATE 操作。

在每个 UPDATE 操作或 DELETE 操作后，数据库会比较该数据块中的已用空间与 PCT_USED 设置，如果已用空间少于 PCT_USED 已用空间（也就是说已用空间未达到系统的上限设置），则该数据块会被加入到自由列表中，供 INSERT 操作使用。下面来看一个实例。

**[实例 15.2]** （源码位置：资源包 \Code\15\02）

**通过手工段空间管理方式创建表空间 tbs_mr_1**

通过手工段空间管理方式创建表空间 tbs_mr_1，包含数据文件 mr01.dbf 和 mr02.dbf，其大小分别为 10MB 和 20MB，此表空间扩展大小为自动管理，其段空间管理方式为手工，代码如下：

```
01   CREATE TABLESPACE tbs_mr_1 DATAFILE 'E:\OracleFiles\OracleData\mr01.dbf' SIZE 10m,
02   'E:\OracleFiles\OracleData\mr02.dbf' SIZE 20m
03   EXTENT MANAGEMENT LOCAL autoallocate
04   SEGMENT SPACE MANAGEMENT MANUAL;
```

单击按钮或通过快捷键 <F5> 来执行此 PL/SQL 代码，运行结果出现在脚本输出的界面中，如图 15.7 所示。

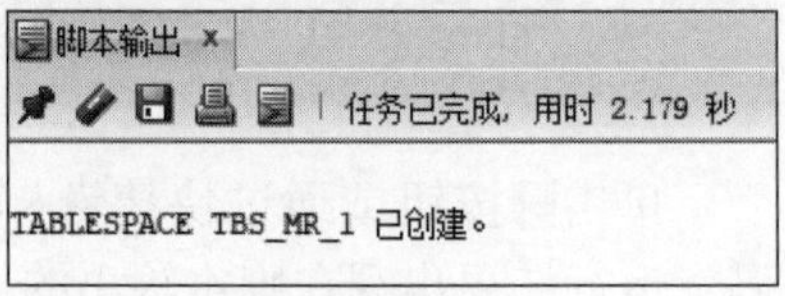

脚本输出 ×
任务已完成，用时 2.179 秒
TABLESPACE TBS_MR_1 已创建。

图 15.7 创建表空间 tbs_test_2

### （2）自动段空间管理方式

如果采用自动段空间管理方式，那么数据库会使用位图而不是自由列表来标识哪些数据块可以用于插入操作，哪些数据块需要从自由块列表上将其取下。此时，表空间段的 PCT_FREE 和 PCT_USED 参数会被自动忽略。

由于自动段空间管理方式比手工段空间管理方式具有更好的性能，所以它是创建表空间时的首选方式。

创建一个采用自动段空间管理的表空间与创建一个采用手工段空间管理的表空间类似，只是将 MANUAL 换成了 AUTO。例如，通过本地化管理方式（LOCAL）创建一个表空间，其扩展大小为自动管理，段空间管理方式为自动，代码如下：

```
01   CREATE TABLESPACE tbs_test_2 DATAFILE 'E:\OracleFiles\OracleData\TEST02.dbf' SIZE 20m
02   EXTENT MANAGEMENT LOCAL autoallocate
03   SEGMENT SPACE MANAGEMENT AUTO;
```

单击按钮或通过快捷键 <F5> 来执行此 PL/SQL 代码，运行结果出现在脚本输出的界面中，如图 15.8 所示。

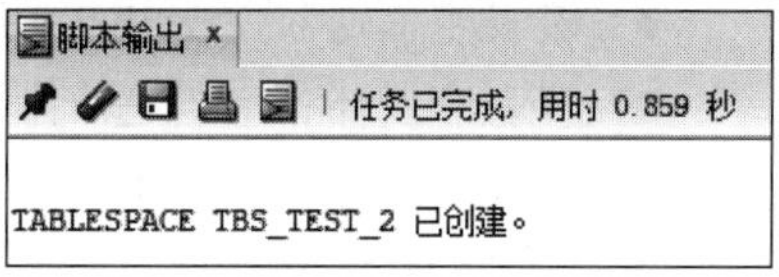

脚本输出 ×
任务已完成，用时 0.859 秒
TABLESPACE TBS_TEST_2 已创建。

图 15.8　创建表空间 tbs_test_3

使用自动段空间管理方式，用户需要注意以下两种情况：

① 自动段空间管理方式不能用于创建临时表空间和系统表空间。

② Oracle 本身推荐使用自动段空间管理方式管理永久表空间，但其默认情况下却是 MANUAL（手工）管理方式，所以在创建表空间时需要明确指定为 AUTO。

# 15.4　维护表空间与数据文件

在创建完各种表空间后，还需要数据库管理员经常对它们进行维护。比如，常见的操作有改变表空间的可用性与读写性、重命名表空间、删除表空间、向表空间中添加新数据文件等。

## 15.4.1　设置默认表空间

在 Oracle 数据库中创建用户（使用 CREATE USER 语句）时，如果不指定表空间，则默认的临时表空间是 TEMP，默认的永久表空间是 SYSTEM，这样就导致应用系统与 Oracle 系统竞争使用 SYSTEM 表空间，会极大地影响 Oracle 系统的执行效率。为此，Oracle 建议将非 SYSTEM 表空间设置为应用系统的默认永久表空间，并且将非 TEMP 临时表空间设置为应用系统的临时表空间。这样有利于数据库管理员根据应用系统的运行情况适时调整默认表空间和临时表空间。

更改默认临时表空间需要使用 ALTER DATABASE DEFAULT TEMPORARY TABLESPACE 语句，更改默认永久表空间需要使用 ALTER DATABASE DEFAULT TABLESPACE 语句，下面来看两个例子。

例如，将临时表空间 temp_1 设置为默认的临时表空间，代码如下：

```
ALTER DATABASE DEFAULT TEMPORARY TABLESPACE TEMP_1
```

例如，将表空间 tbs_example 设置为默认的永久表空间，代码如下：

```
ALTER DATABASE DEFAULT TABLESPACE TBS_EXAMPLE
```

## 15.4.2　更改表空间的状态

表空间有只读和可读写两种状态。若设置某个表空间为只读状态，则用户不能对该表空间中的数据进行 DML 操作（INSERT、UPDATE 或 DELETE），但对某些对象的删除操作还是可以进行的，比如索引和目录就可以被删除；若设置某个表空间为可读写状态，则用户可以对表空间中的数据进行任何正常的操作，这是表空间的默认状态。

设置表空间为只读状态，可以保证表空间数据的完整性。通常在进行数据库的备份、恢复及历史数据的完整性保护时，可将指定的表空间设置成只读状态。但设置表空间为只读状态并不是可以随意进行的，必须要满足下列条件。

- 该表空间必须为 online 状态。
- 该表空间不能包含任何回滚段。
- 该表空间不能在归档模式下。

更改表空间的读写状态需要使用 ALTER TABLESPACE…READ ONLY WRITE 语句。下面通过两个例子来查看如何更改表空间的读写状态。

例如，修改 tbs_test_3 表空间为只读状态，代码如下：

```
ALTER TABLESPACE tbs_test_3 READ ONLY
```

例如，修改 tbs_test_3 表空间为可读写状态，代码如下：

```
ALTER TABLESPACE tbs_test_3 READ WRITE
```

### 15.4.3 重命名表空间

Oracle 11g 以前的版本，表空间无法重命名，但 Oracle 11g 提供了对表空间进行重命名的新功能，这对于一般的管理和移植来说是非常方便的。

但要注意的是：数据库管理员只能对普通的表空间进行重命名，不能对 SYSTEM 和 SYSAUX 表空间进行重命名，也不能对已经处于 offline 状态的表空间进行重命名。

重命名表空间需要使用 ALTER TABLESPACE…RENAME TO 语句，下面通过一个例子来查看如何重命名表空间。

例如，把 tbs_test_3 表空间重命名为 tbs_test_3_new，代码如下：

```
ALTER TABLESPACE tbs_test_3 RENAME TO tbs_test_3_new;
```

**说明：**

**在修改完表空间名称后，原表空间中所存放的数据库对象（表、索引或簇等）会被存放到新表空间下。**

### 15.4.4 删除表空间

当某个表空间中的数据不再需要时，或者新创建的表空间不符合要求时，可以考虑删除这个表空间。若要删除表空间，需要用户具有 DROP TABLESPACE 权限。

在默认情况下，Oracle 系统不采用 Oracle Managed Files 方式管理文件，这样删除表空间实际上仅是从数据字典和控制文件中将该表空间的有关信息清除掉，并没有真正删除该表空间包含的所有物理文件。因此，要想彻底删除表空间来释放磁盘空间，那么在执行删除表空间的命令之后，还需要手工删除该表空间包含的所有物理文件。

当 Oracle 系统采用 Oracle Managed Files 方式管理文件时，删除某个表空间后，Oracle 系统将自动删除该表空间包含的所有物理文件。删除表空间需要使用 DROP TABLESPACE 命令，其语法格式如下：

```
DROP TABLESPACE 表空间名称 [including contents] [cascade constraints]
```

● including contents：表示删除表空间的同时删除表空间中的数据。如果不指定 including contents 参数，而该表空间又存在数据时，则 Oracle 会提示错误。

● cascade constraints：表示当删除当前表空间时也删除相关的完整性限制。完整性限制包括主键及唯一索引等。如果完整性存在，而没有 cascade constraints 参数，则 Oracle 会提示错误，并且不会删除该表空间。

下面通过一个例子来演示如何删除一个表空间。

[实例 15.3]　（源码位置：资源包 \Code\15\03）

删除表空间 tbs_test_2

删除表空间 tbs_test_2 及其包含的所有内容，代码如下：

```
01  DROP TABLESPACE tbs_test_2
02  including contents
03  cascade constraints;
```

单击按钮或通过快捷键 <F5> 来执行此 PL/SQL 代码，运行结果出现在脚本输出的界面中，如图 15.9 所示。

在代码中，不但删除了表空间 tbs_test_2，而且也删除了表空间中的数据（including contents）和完整性约束（cascade constraints）。

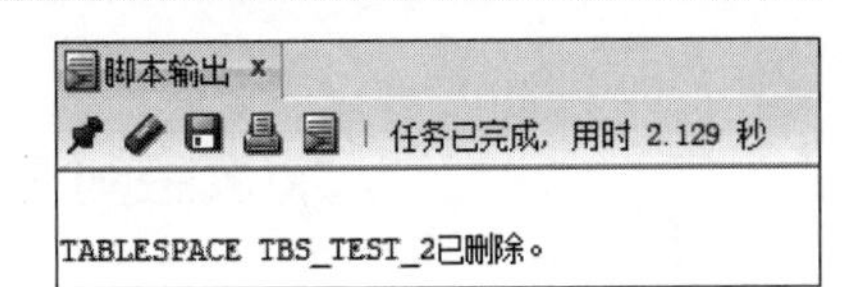


图 15.9　删除表空间 tbs_test_2

## 15.4.5　维护表空间中的数据文件

维护表空间中的数据文件主要包括向表空间中添加数据文件、从表空间中删除数据文件和对表空间中的数据文件进行自动扩展设置，下面分别进行讲解。

### （1）向表空间中添加数据文件

当某个非自动扩展表空间的扩展能力不能满足新的扩展需求时，数据库管理员就需要向表空间中添加新的数据文件（比如添加一个能够自动扩展的数据文件），以满足数据对象的扩展需要。

例如，向 users 表空间中添加一个新的数据文件 USERS02.dbf，该文件支持自动扩展，扩展能力为每次扩展 5MB，并且该文件的最大空间不受限制，代码如下：

```
01  ALTER TABLESPACE users ADD DATAFILE 'E:\app\Administrator\oradata\orcl\USERS02.dbf'
02  SIZE 10m autoextend on next 5m maxSIZE unlimited;
```

### （2）从表空间中删除数据文件

Oracle 11g R2 以前的版本，一直只允许增加数据文件到表空间，而不允许从表空间中删除数据文件。从 Oracle 11g R2 开始，允许从表空间中删除无数据的数据文件。要实现从表空间中删除数据文件，需要使用 ALTER TABLESPACE…DROP DATAFILE 语句。

例如，删除 users 表空间中的 USERS02.dbf 数据文件，代码如下：

```
ALTER TABLESPACE users DROP DATAFILE 'E:\app\Administrator\oradata\orcl\USERS02.dbf';
```

### （3）对数据文件的自动扩展设置

Oracle 数据库的数据文件可以设置为具有自动扩展的功能，当数据文件剩余的自由空间不足时，它会按照设定的扩展量自动扩展到指定的值。这样可以避免由于剩余表空间不足而导致数据对象需求空间扩展失败的现象。

可以使用 autoextend on 命令使数据文件在使用中能根据需求自动扩展。用户可以通过以下 4 种方式设置数据文件的自动扩展功能。

- 在 CREATE DATABASE 语句中设置。
- 在 ALTER DATABASE 语句中设置。
- 在 CREATE TABLESPACE 语句中设置。
- 在 ALTER TABLESPACE 语句中设置。

对于 Oracle 数据库管理员来说，主要是用后三种命令修改数据文件是否为自动扩展，因为数据库实例已经创建完成，所以不再需要使用 CREATE DATABASE 命令。下面来看一个使用 ALTER DATABASE 语句来设置使数据文件具有自动扩展功能的例子。

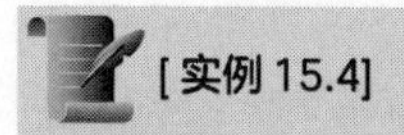
[实例 15.4]　（源码位置：资源包 \Code\15\04）

**将表空间 TBS_TEST_2 设置为自动扩展**

首先查询 TBS_TEST_2 表空间中的数据文件是否为自动扩展，若不是自动扩展，则将其修改为自动扩展，代码如下：

```
SELECT file_name ,autoextensible FROM DBA_DATA_FILES WHERE tablespace_name = 'TBS_TEST_2';
```

通过快捷键 <F9> 来执行此 PL/SQL 代码，查询结果如图 15.10 所示。

| | FILE_NAME | AUTOEXTENSIBLE |
|---|---|---|
| 1 | E:\ORACLEFILES\ORACLEDATA\TEST03.DBF | NO |

图 15.10　查询 TBS_TEST_2 表空间中的数据文件是否为自动扩展

通过查询结果可知，表空间 TBS_TEST_2 中的数据文件 TEST03.DBF 不自动扩展 (autoextensible 属性值为 NO)。

下面使用 ALTER DATABASE 语句修改该数据文件为自动扩展，扩展量为 10MB，并且最大扩展空间不受限制，代码如下：

```
01   ALTER DATABASE DATAFILE 'E:\OracleFiles\OracleData\TEST02.dbf'
02   autoextend on next 10m maxSIZE unlimited;
```

单击按钮或通过快捷键 <F5> 来执行此 PL/SQL 代码，运行结果出现在脚本输出的界面中，如图 15.11 所示。

图 15.11　设置自动扩展

接下来再通过查询 DBA_DATA_FILES 数据字典来查看 TEST03.DBF 文件是否为自动扩展，代码如下：

```
SELECT file_name ,autoextensible FROM dba_data_files WHERE tablespace_name = 'TBS_TEST_2';
```

通过快捷键 F9 来执行此 SQL 代码，查询结果如图 15.12 所示。

| | FILE_NAME | AUTOEXTENSIBLE |
|---|---|---|
| 1 | E:\ORACLEFILES\ORACLEDATA\TEST03.DBF | YES |

图 15.12　查询 TBS_TEST_2 表空间中的数据文件是否为自动扩展

从运行结果中可以看到，TEST03.DBF 数据文件被修改为自动扩展——autoextensible 属性值为 YES。

# 本章知识思维导图

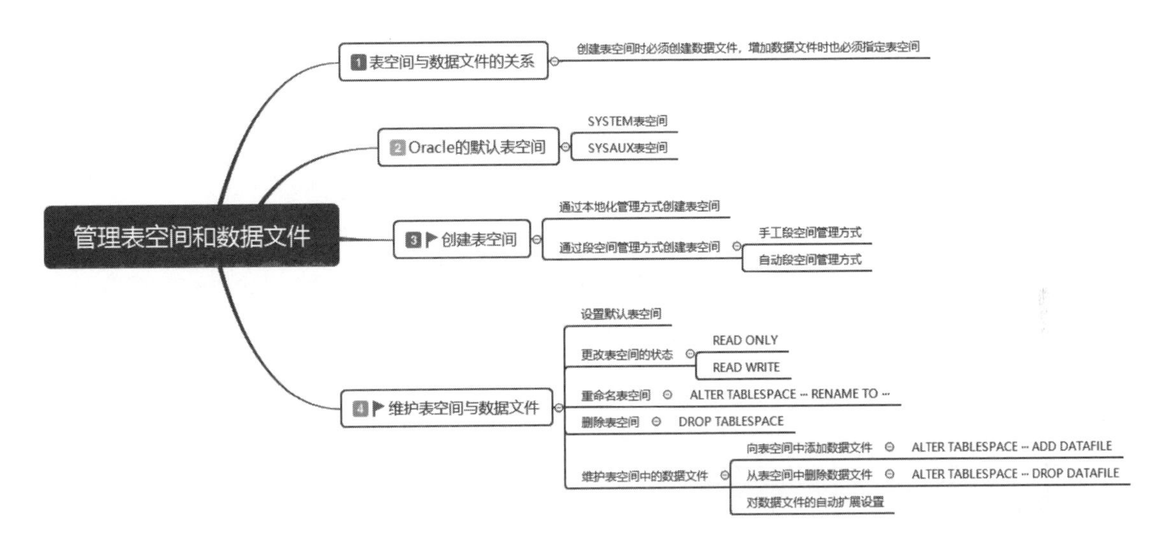

</>
Oracle

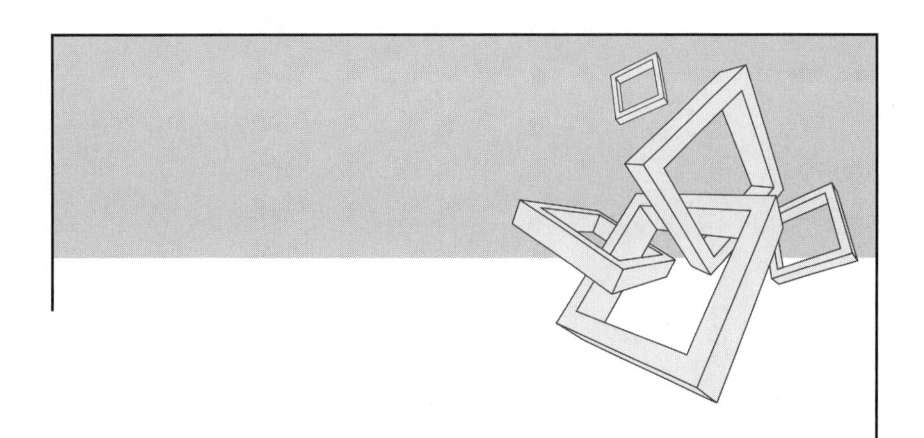

# 第4篇 高级应用篇

# 第 16 章

# 事务

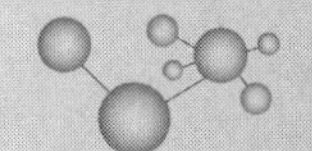

## 本章学习目标

- 掌握事务的特性。
- 熟练掌握提交和回滚事务。
- 掌握设置回退点。

# 16.1 事务的概述

事务是由一系列语句构成的逻辑工作单元。事务同存储过程等批处理有相似之处，通常都是为了完成一定业务逻辑而将一条或者多条语句“封装”起来，使它们与其他语句之间出现一个逻辑上的边界，并形成相对独立的一个工作单元。

## 16.1.1 事务的特性

当使用事务修改多个数据表时，如果在处理的过程中出现了某种错误，例如系统死机或突然断电等情况，则返回结果是数据全部没有被保存。因为事务处理的结果只有两种：一种是在事务处理的过程中，如果发生了某种错误，则整个事务全部回滚，使所有对数据的修改全部撤销（事务对数据库的操作是单步执行的，当遇到错误时可以随时回滚）；另一种是没有发生任何错误且每一步的执行都成功，则整个事务全部被提交。可以看出，有效地使用事务可以提高数据的安全性。

事务包含4种重要的属性，统称为ACID（原子性、一致性、隔离性和持久性），一个事务必须包含ACID。

### （1）原子性（Atomic）

事务是一个整体的工作单元，事务对数据库所做的操作要么全部执行，要么全部取消。如果某条语句执行失败，则所有语句全部回滚。下面通过一个例子来说明该属性。

在某银行的数据库系统里，有两个储蓄账号A（该账号目前余额为1000）和B（该账户目前余额为1000），定义从A账户转账500到B账户为一个完整的事务，处理过程如图16.1所示。

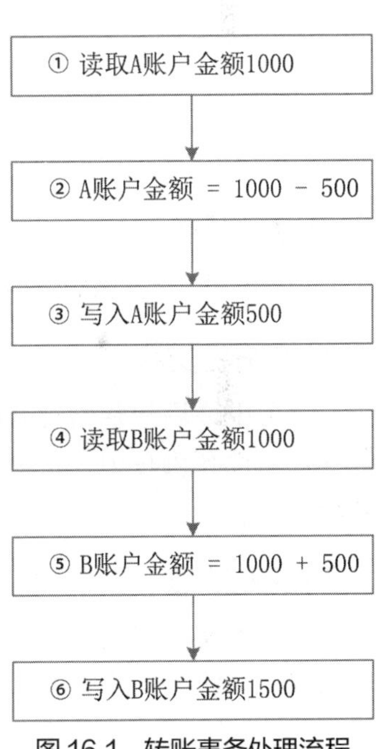


图16.1 转账事务处理流程

在正确执行的情况下，最后A账户余额为500元，B账户余额为1500元，二者的余额之和等于事务未发生之前的和，称之为数据库的数据从一个一致性状态转移到了另一个一致性状态，数据的完整性和一致性得到了保证。

假如在事务处理的过程中，完成了步骤③，未完成步骤⑥的过程，突然发生电源故障、硬件故障或软件错误，这样数据库中的数据就变成了A = 500，B = 1000，很显然，数据库中数据的一致性已经被破坏，不能反映数据库的真实情况。因此在这种情况下，必须将数据库中的数据恢复到A = 1000、B = 1000的真实情况，这就是事务的回滚操作。事务里的操作步骤不可分割，要么全部完成，要么都不完成，没有全部完成就必须回滚，这就是原子性的基本含义。

怎样才能实现事务的原子性呢？很简单，对于事务中的写操作数据项，数据库系统在磁盘上记录其旧值，如果事务没有完成，就将旧值恢复回来。

### （2）一致性（ConDemoltent）

事务在完成时，必须使所有的数据都保持一致状态。在相关数据库中，所有规则都必须应用于事务的修改，以保持所有数据的完整性。如果事务成功，则所有数据将变为一个新的状态；如果事务失败，则所有数据将处于开始之前的状态。

（3）隔离性（Isolated）

事务所做的修改必须与其他事务所做的修改隔离。事务查看数据时数据所处的状态，要么是另一并发事务修改它之前的状态，要么是另一事务修改它之后的状态，事务不会查看中间状态的数据。

（4）持久性（Durability）

当事务提交后，对数据库所做的修改就会永久保存下来。

### 16.1.2 事务的状态

对数据库进行操作的各种事务共有 5 种状态，如图 16.2 所示。下面分别介绍这 5 种状态的含义。

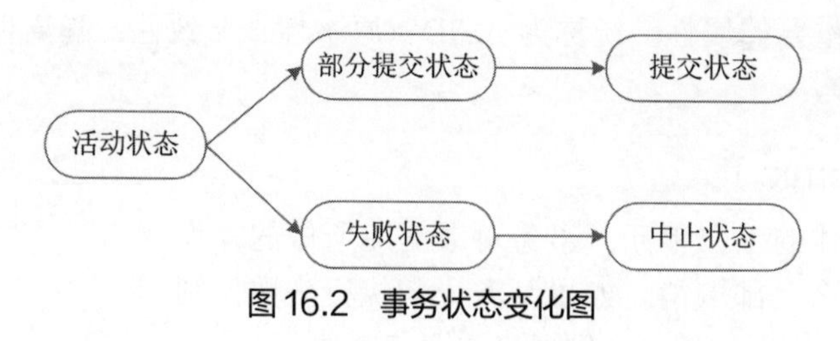


图 16.2 事务状态变化图

（1）活动状态

事务在执行时的状态叫活动状态。

（2）部分提交状态

事务中最后一条语句被执行后的状态叫部分提交状态。事务虽然已经完成，但由于实际输出可能在内存中，在事务成功前可能还会发生硬件故障，有时不得不中止，进入中止状态。

（3）失败状态

事务不能正常执行的状态叫失败状态。导致失败状态发生的可能原因有硬件原因或逻辑错误，这样事务必须回滚，就进入了中止状态。

（4）提交状态

事务在部分提交后，将往硬盘上写入数据，最后一条信息写入后的状态叫提交状态，进入提交状态的事务就成功完成了。

（5）中止状态

事务回滚，并且数据库已经恢复到事务开始执行前的状态叫中止状态。

说明：

提交状态和中止状态的事务统称为已决事务，处于活动状态、部分提交状态和失败状态的事务称为未决事务。

# 16.2 操作事务

Oracle 11g 中的事务是隐式自动开始的，它不需要用户显式地执行开始事务语句。但对于事务的结束处理，则需要用户进行指定的操作，通常在以下情况时，Oracle 认为一个事务结束了。

① 执行 COMMIT 语句提交事务。

② 指定 ROLLBACK 语句撤销事务。

③ 执行一条数据定义语句，比如 CREATE、DROP 或 ALTER 等语句。如果该语句执行成功，Oracle 系统会自动执行 COMMIT 语句，否则 Oracle 系统会自动执行 ROLLBACK 命令。

④ 执行一条数据控制命令，比如 GRANT 或 REVOKE 等控制命令，这种操作执行完毕，Oracle 系统会自动执行 COMMIT 语句。

⑤ 正常地断开数据库的连接、正常地退出 Oracle 开发环境，如 SQL*Plus、SQL Developer，则 Oracle 系统会自动执行 COMMIT 语句，否则 Oracle 系统会自动执行 ROLLBACK 语句。

综合以上 5 种情况可知，Oracle 结束一个事务时，要么执行 COMMIT 语句，要么执行 ROLLBACK 语句。下面介绍事务的设置、提交和回滚。

## 16.2.1 设置事务

可以将事务设置为只读事务与读写事务，并为事务分配回滚段，下面分别进行介绍。

### （1）设置只读事务

只读事务是指只允许查询操作，而不允许执行任何 DML 操作的事务。当使用只读事务时，可以确保用户取得特定时间点的数据。假定某单位需要在每天 16 时统计最近一天的销售信息，而不统计当天 16 时之后的销售信息，那么可以使用只读事务。在设置了只读事务之后，尽管其他会话可能会提交新事物，但只读事务将不会取得新的数据变化，从而确保取得特定时间点的数据信息。如图 16.3 所示。

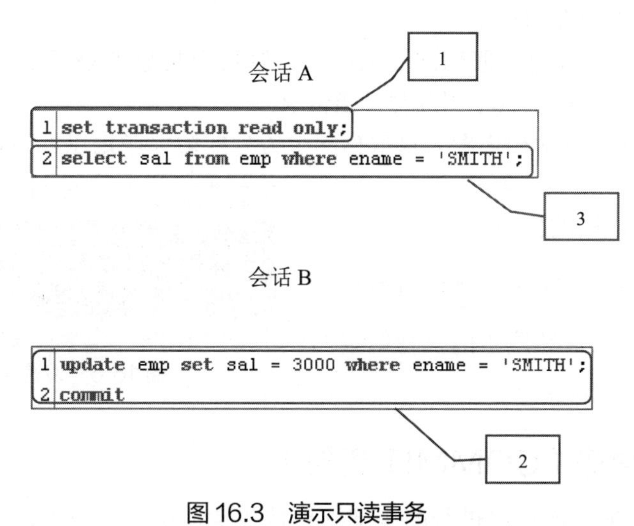


图 16.3 演示只读事务

假定会话 A 在时间点 1 设置了只读事务，会话 B 在时间点 2 更新了 SMITH 的工资并执行了提交操作，会话 A 在时间点 3 查询 SMITH 工资时将会取得时间点 1 的工资值，而不会取得时间点 2 的新工资值。

> **说明：**
> 会话是每一个连接到服务器上的用户。简单来说，就是每通过 SQL*Plus 进行一次数据库连接，即为一个会话，再打开一个 SQL*Plus 进行一次数据库连接，即为另一个会话。

另外，在应用程序中，使用 read only 可以设置只读事务。设置只读事务的语句为：

```
set transaction read only;
```

因为此语句为 SQL*Plus 命令，所以需要在 SQL*Plus 环境中执行，语句的执行结果如图 16.4 所示。

### （2）设置读写事务

读写事务是事务的默认方式，将建立回滚信息。将事务设置为读写事务的程序代码如下：

```
set transaction read write;
```

该语句在 SQL*Plus 环境中的执行结果如图 16.5 所示。

图 16.4　设置事务为只读状态

图 16.5　设置事务为读写状态

### （3）为事务分配回滚段

Oracle 赋予用户可以自行分配回滚段的权限，其目的是可以灵活地调整性能，用户可以按照不同的事务来分配大小不同的回滚段，一般的分配原则如下：

- 若没有长时间运行查询读取相同的数据表，则可以把小的事务分配给小的回滚段，这样查询结果容易保存在内存中。
- 若长时间运行查询读取相同的数据表，则可以把修改该表的事务分配给大的回滚段，这样读一致的查询结果就不用改写回滚信息。
- 可以将插入、删除和更新大量数据的事务分配给那些足以保存该事务回滚信息的回滚段。

为事务设置回滚段的代码如下：

```
set transaction use rollback segment sysyem;
```

该语句在 SQL*Plus 环境中的执行结果如图 16.6 所示。

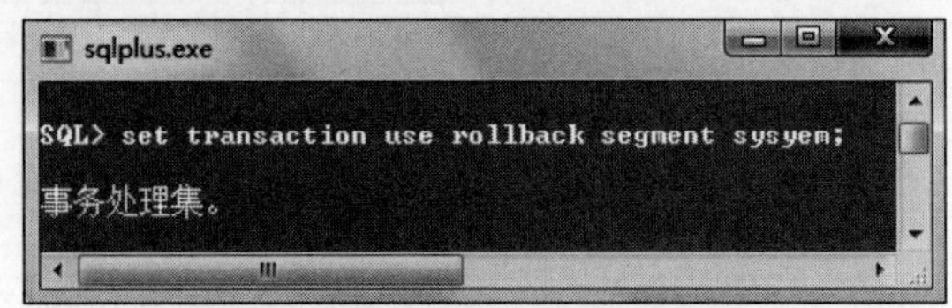


图 16.6　设置事务的回滚段

## 16.2.2　提交事务（COMMIT 语句）

提交事务是指把对数据库进行的全部操作持久性地保存到数据库中，这种操作通常使用 COMMIT 语句来完成。

下面从三个方面来介绍事务的提交。

### (1)提交前 SGA 的状态

在事务提交前，Oracle SQL 语句执行完毕，SGA 内存中的状态如下。

- 回滚缓冲区生成回滚记录，回滚信息包含所有修改值的旧值。
- 日志缓冲区生成该事务的日志，在事务提交前写入物理磁盘。
- 数据库缓冲区被修改，这些修改在事务提交后才能写入物理磁盘。

### (2)提交的工作

在使用该语句提交事务时，Oracle 系统内部会按照如下顺序进行处理。

① 在回滚段内记录当前事务已提交，并且生成一个唯一的系统编号（SCN），以唯一标识这个事务。

② 启动后台的日志写入进程（LGWR），将重做日志缓冲区中事务的重做日志信息和事务的 SCN 写到磁盘上的重做日志文件中。

③ Oracle 服务器开始释放事务处理所使用的系统资源。

④ 显示通知，告诉用户事务已经成功提交。

### (3)提交的方式

事务的提交方式包括如下 3 种：

- 显式提交：使用 COMMIT 语句使当前事务生效。
- 自动提交：在 SQL*Plus 里执行“set autoCOMMIT on;”语句。
- 隐式提交：除了显式提交之外的提交，如发出 DDL 命令、程序中止和关闭数据库等。

[实例 16.1]　（源码位置：资源包 \Code\16\01）

## 使用 COMMIT 语句提交事务

向表 emp_temp 中添加一行记录，然后使用 COMMIT 语句提交事务，使新增记录持久化到数据库中。

① 向表 emp_temp 中添加一行记录，代码如下：

```
INSERT INTO emp_temp VALUES(7900,'potter','designer',null,null,4500,1000,10);
```

② 使用 COMMIT 语句提交事务，使新增记录持久化到数据库中，代码如下：

```
COMMIT
```

单击按钮或通过快捷键 <F5> 来执行此 PL/SQL 代码，运行结果出现在脚本输出的界面中，如图 16.7 所示。

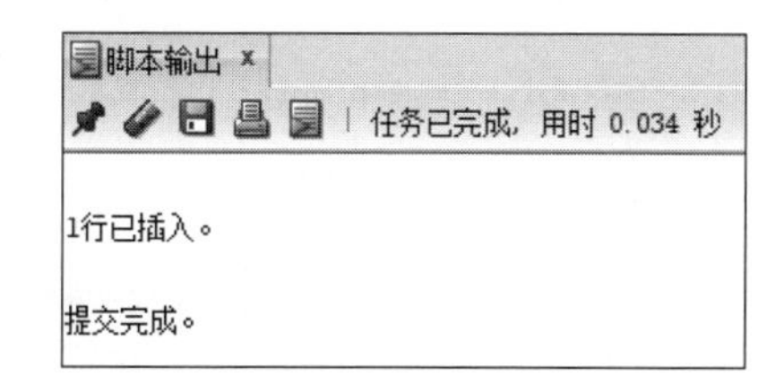


图 16.7　使用 COMMIT 语句提交事务

在实例中，如果用户不使用 COMMIT 提交事务，并且再开启一个 SQL Developer 工具（但要求当前的 SQL Developer 不退出，若退出，Oracle 系统会自动执行 COMMIT 语句提交数据库），然后查询 emp_temp 表，会发现新增加的记录不存在。若用户使用 COMMIT 语句提交事务，则在另一个 SQL Developer 工具中就能查询到新增加的记录。

## 16.2.3 回滚事务（ROLLBACK 语句）

回滚事务是指撤销对数据库进行的全部操作，Oracle 利用回滚段来存储修改前的数据，通过重做日志来记录对数据所做的修改。如果要回滚整个事务，Oracle 系统内部将会执行如下操作。

① 使用回滚段中的数据撤销对数据库所做的修改。

② Oracle 后台服务进程释放掉事务所使用的系统资源。

③ 显示通知，告诉用户事务回滚成功。

[实例 16.2]

（源码位置：资源包 \Code\16\02）

**使用 ROLLBACK 语句撤销事务**

在 emp 数据表中，删除员工编号是 7900 的记录，然后事务回滚，恢复数据。

① 在 emp 数据表中，删除员工编号是 7900 的记录，并查看删除操作执行后的结果，代码如下：

```
DELETE FROM emp WHERE empno = 7900;
SELECT * FROM emp WHERE empno = 7900;
```

单击按钮或通过快捷键 <F5> 来执行此 PL/SQL 代码，运行结果出现在脚本输出的界面中，如图 16.8 所示。

从此查询结果中可以看出，员工编号是 7900 的记录已经被删除了，在员工信息表中不再存在此行记录。

② 回滚事务并查看回滚后的数据表中员工编号是 7900 的记录是否存在，代码如下：

```
ROLLBACK
```

单击按钮或通过快捷键 <F5> 来执行此 PL/SQL 代码，运行结果出现在脚本输出的界面中，如图 16.9 所示。

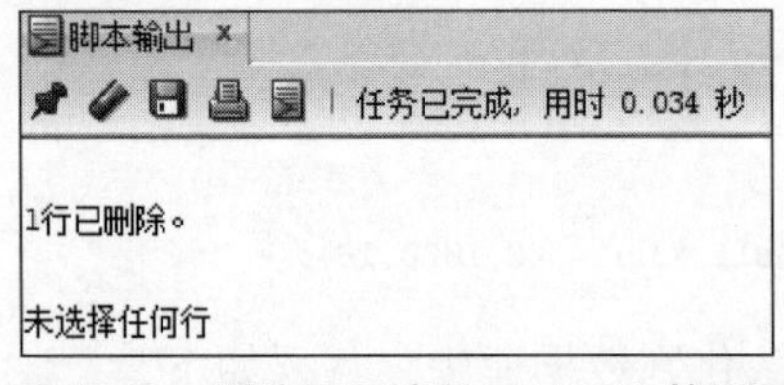


图 16.8　删除员工编号是 7900 的记录

图 16.9　回滚操作

查询 emp 表中员工编号为 7900 的记录，代码如下：

```
SELECT * FROM emp WHERE empno = 7900;
```

结果如图 16.10 所示。

| | EMPNO | ENAME | JOB | MGR | HIREDATE | SAL | COMM | DEPTNO |
|---|---|---|---|---|---|---|---|---|
| 1 | 7900 | JAMES | CLERK | 7698 | 03-12月-81 | 950 | (null) | 30 |

图 16.10　回滚之后恢复了员工编号是 7900 的记录

从图中可以发现 emp 数据表中查找到了员工编号为 7900 的记录，说明被删除的记录又恢复了。

通过操作可以表明：事务的回滚可以撤销未提交事务中 PL/SQL 命令对数据所做的修改。

## 16.2.4 设置回退点

回退点又称为保存点，即指在含有较多 PL/SQL 语句的事务中设定的回滚标记，其作用类似于程序调试程序中的断点。利用保存点可以将事务划分成若干小部分，这样就不必回滚整个事务，可以回滚到指定的保存点，有更大的灵活性。

回滚到指定保存点将完成如下主要工作。

- 回滚保存点之后的部分事务。
- 删除在该保存点之后建立的全部保存点，该保存点保留，以便多次回滚。
- 解除保存点之后表的封锁或行的封锁。

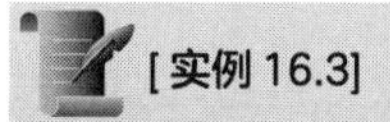

[实例 16.3]　（源码位置：资源包 \Code\16\03）

**使用保存点（SAVEPOINT）回滚记录**

① 查询 dept 数据表中的信息，代码如下：

```
SELECT * FROM dept;
```

单击▶按钮或通过快捷键 <F9> 来执行此 PL/SQL 代码，查询结果如图 16.11 所示。

② 建立保存点 sp01，代码如下：

```
SAVEPOINT sp01;
```

单击按钮或通过快捷键 <F5> 来执行此 PL/SQL 代码，运行结果出现在脚本输出的界面中，如图 16.12 所示。

| | DEPTNO | DNAME | LOC |
|---|---|---|---|
| 1 | 10 | ACCOUNTING | NEW YORK |
| 2 | 20 | RESEARCH | DALLAS |
| 3 | 30 | SALES | CHICAGO |
| 4 | 40 | OPERATIONS | BOSTON |

图 16.11　查询 dept_temp 数据表中的信息

图 16.12　建立保存点 sp01

③ 向 dept 表中添加记录，代码如下：

```
INSERT INTO dept VALUES(15,'采购部','成都');
```

④ 建立保存点 sp02，代码如下：

```
SAVEPOINT sp02;
```

⑤ 在 dept 表中删除一行数据，代码如下：

```
DELETE dept WHERE deptno = 40;
SELECT * FROM dept;
```

单击▶按钮或通过快捷键 <F9> 来执行此 PL/SQL 代码，查询结果如图 16.13 所示。

| | DEPTNO | DNAME | LOC |
|---|---|---|---|
| 1 | 10 | ACCOUNTING | NEW YORK |
| 2 | 20 | RESEARCH | DALLAS |
| 3 | 30 | SALES | CHICAGO |
| 4 | 15 | 采购部 | 沈阳 |

图 16.13　删除一条数据后 dept_temp 数据表中的信息

⑥ 回滚到保存点 sp02，查询 dept_temp 表中的信息，

代码如下:

```
ROLLBACK TO sp02;
SELECT * FROM dept;
```

单击▶按钮或通过快捷键 <F9> 来执行此 PL/SQL 代码，查询结果如图 16.14 所示。

比较两次查询结果，可以发现当事务回滚到保存点 sp02 时，在保存点 sp02 后所做的操作已经被撤销，但发生在保存点之前的操作并没有被撤销。

⑦ 回滚到保存点 sp01，查询 dept_temp 表中的信息，代码如下:

```
ROLLBACK TO sp01;
SELECT * FROM dept;
```

单击▶按钮或通过快捷键 <F9> 来执行此 PL/SQL 代码，查询结果如图 16.15 所示。

| | DEPTNO | DNAME | LOC |
|---|---|---|---|
| 1 | 10 | ACCOUNTING | NEW YORK |
| 2 | 20 | RESEARCH | DALLAS |
| 3 | 30 | SALES | CHICAGO |
| 4 | 40 | OPERATIONS | BOSTON |
| 5 | 15 | 采购部 | 沈阳 |

图 16.14 回滚到保存点 sp02 后查询 dept_temp 数据表中的信息

| | DEPTNO | DNAME | LOC |
|---|---|---|---|
| 1 | 10 | ACCOUNTING | NEW YORK |
| 2 | 20 | RESEARCH | DALLAS |
| 3 | 30 | SALES | CHICAGO |
| 4 | 40 | OPERATIONS | BOSTON |

图 16.15 回滚到保存点 sp01 后查询 dept_temp 数据表中的信息

从图 16.15 中可以看出，回滚到保存点 sp01 之后，dept_temp 表和没开始操作时数据记录相同。

## 本章知识思维导图

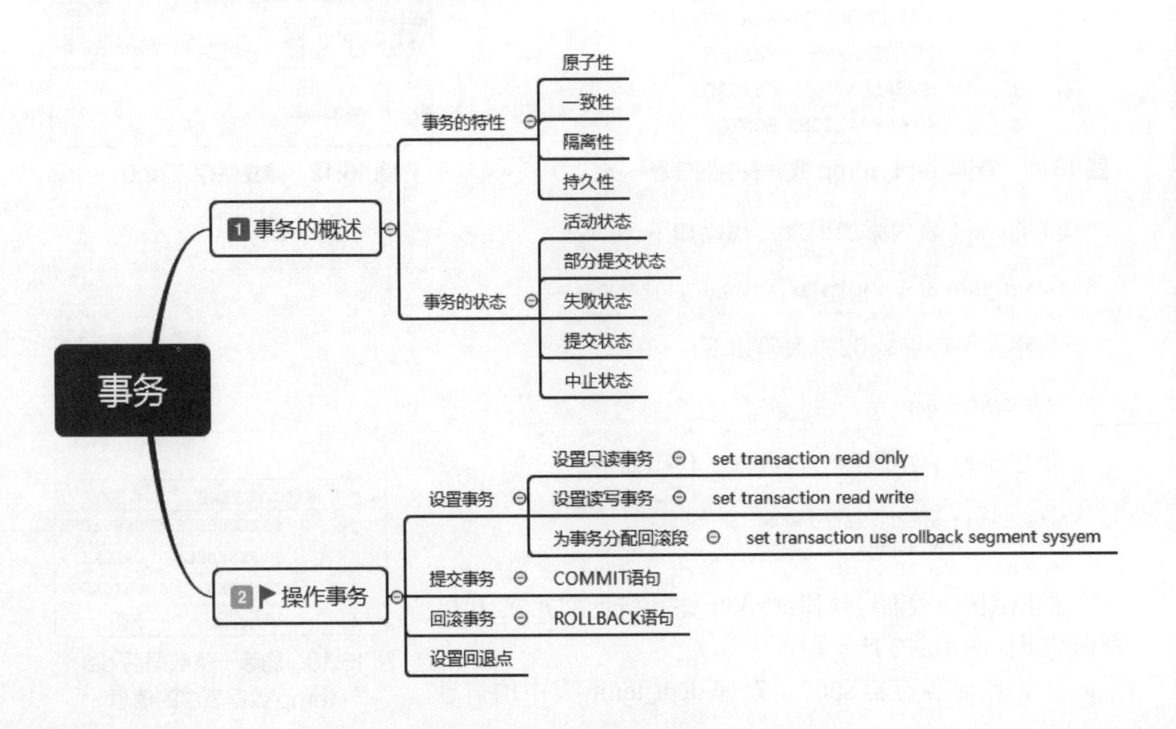

# 第 17 章

# 数据导入与导出

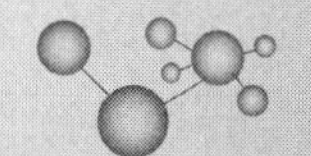

## 本章学习目标

- 掌握通过 EXPDP 语句导出数据。
- 掌握通过 IMPDP 语句导入数据。
- 掌握通过 SQL Developer 工具导入导出数据。

# 17.1 EXPDP 和 IMPDP 概述

使用数据泵导出工具 EXPDP 可以将数据库对象的元数据（对象结构）或数据导出到转储文件中。数据泵导入工具 IMPDP 则可以将转储文件中的数据导入到 Oracle 数据库中。假设 emp 表被意外删除，那么可以使用 IMPDP 工具导入 emp 的结构信息和数据，但前提是已经使用 EDPDP 工具导出过 emp 表的结构和数据。

使用数据泵导出或导入数据时，可以获得如下好处。

- 数据泵导出与导入可以实现逻辑备份和逻辑恢复。使用 EXPDP，可以将数据库对象备份到转储文件中；当表被意外删除或进行了其他误操作时，可以使用 IMPDP 将转储文件中的对象和数据导入到数据库中。
- 数据泵导出和导入可以在数据库用户模式之间移动对象。例如，使用 EXPDP 可以将 SCOTT 模式中的对象导出并存储在转储文件中，然后再使用 IMPDP 将转储文件中的对象导入到其他数据库用户模式中。
- 使用数据泵导入可以在数据库之间移动对象。
- 数据泵可以实现表空间的转移，即将一个数据库的表空间转移到另一个数据库中。

在 Oracle 11g 中，进行数据导出或导入操作时，既可以使用传统的导出导入工具 EXP 和 IMP，也可以使用数据泵 EXPDP 和 IMPDP。但是，由于 EXPDP 和 IMPDP 的速度优于 EXP 和 IMP，所以建议在 Oracle 11g 中使用 EXPDP 执行数据导出，使用 IMPDP 执行数据导入。

# 17.2 EXPDP 导出数据

Oracle 提供的 EXPDP 工具可以将数据库对象的元数据或数据导出到转储文件中。EXPDP 可以导出表、用户模式、表空间和全数据库，下面将进行详细介绍。

## 17.2.1 导出数据时的准备

EXPDP 是服务器端工具，这意味着该工具只能在 Oracle 服务器端使用，而不能在 Oracle 客户端使用。通过在命令提示符窗口中输入 EXPDP HELP 语句，可以查看 EXPDP 的帮助信息，如图 17.1 所示，读者从中可以看到如何调用 EXPDP 导出数据。

需要注意，EXPDP 工具只能将导出的转储文件存放在 DIRECTORY 对象对应的磁盘目录中，而不能直接指定转储文件所在的磁盘目录。因此，使用 EXPDP 工具时，必须首先建立 DIRECTORY 对象，并且需要为数据库用户授予使用 DIRECTORY 对象的权限。

例如，创建一个 DIRECTORY 对象，并为 SCOTT 用户授予使用该目录的权限，代码如下：

```
SQL> create directory dump_dir as 'd:\dump';
SQL> grant read,write on directory dump_dir to scott;
```

运行结果如图 17.2 所示。

图 17.1　查看 EXPDP 的帮助信息

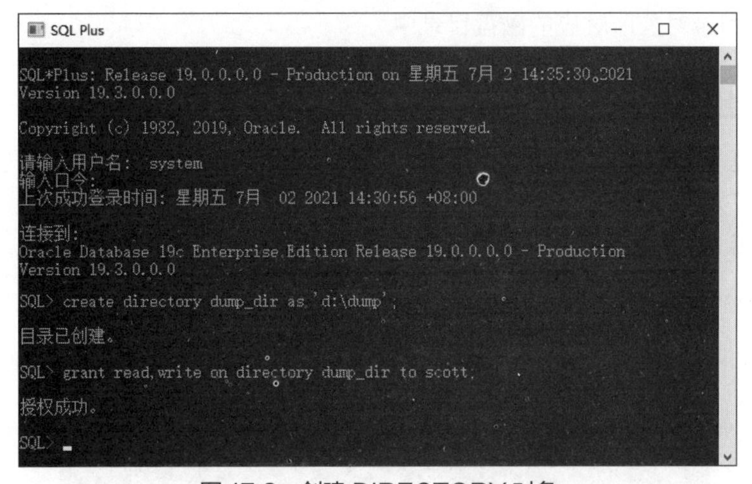


图 17.2　创建 DIRECTORY 对象

## 17.2.2　导出表

导出表是指将一个或多个表的结构及其数据存储到转储文件中。普通用户只能导出自身模式中的表，如果要导出其他模式中的表，则要求用户必须具有 EXP_FULL_DATABASE 角色或 DBA 角色。在导出表时，每次只能导出一个模式中的表，来看下面的例子。

[实例 17.1]
（源码位置：资源包 \Code\17\01）
导出 dept 表和 emp 表


导出 SCOTT 模式中的 dept 表和 emp 表，代码如下：

```
SQL>expdp scott/tiger directory=dump_dir dumpfile=tab.dmp tables=emp,dept
```

运行结果如图 17.3 所示。

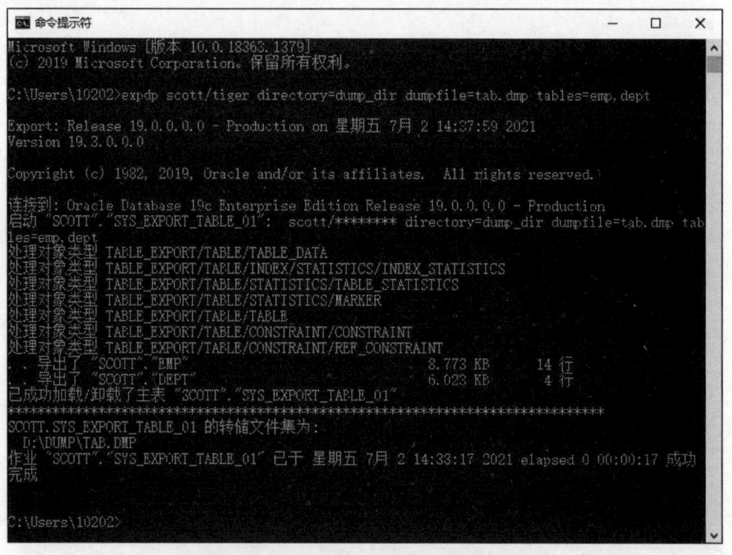


图 17.3　导出 dept 和 emp 表

上述语句将 emp 表和 dept 表的相关信息存储到转储文件 tab.dmp 中，并且该转储文件位于 dump_dir 目录对象所对应的磁盘目录中。

## 17.2.3　导出模式

导出模式是指将一个或多个模式中的所有对象结构及数据存储到转储文件中。导出模式时，要求用户必须具有 DBA 角色或 EXP_FULL_DATABASE 角色。

例如，导出 SCOTT 模式中的所有对象，代码如下：

```
SQL>expdp system/123456 directory = dump_dir dumpfile=schema.dmp schemas = scott
```

运行结果如图 17.4 所示。

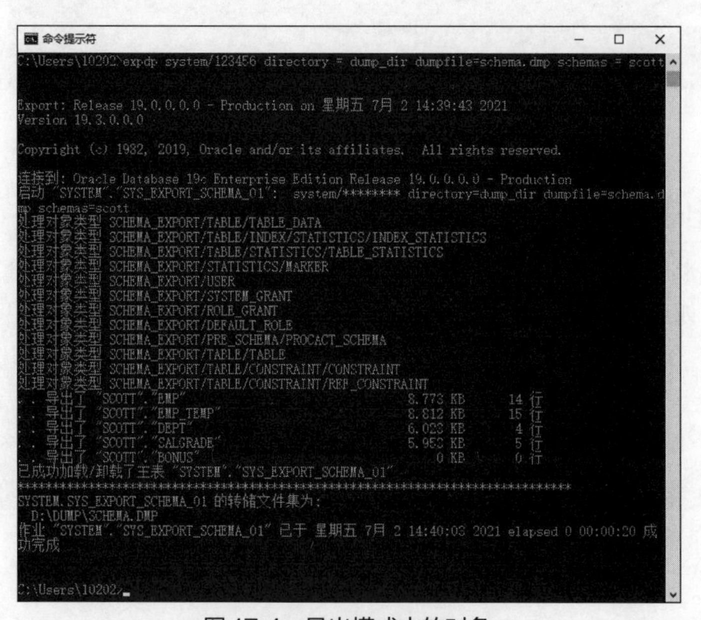


图 17.4　导出模式中的对象

执行上述语句，将 SCOTT 模式中的所有对象存储到转储文件 schema.dmp 中，并且该转储文件位于 dump_dir 目录对象所对应的磁盘目录中，如图 17.5 所示。

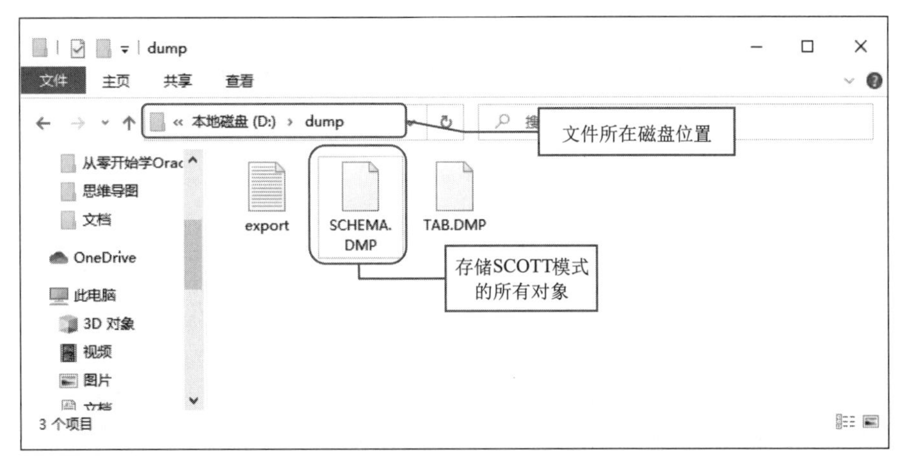


图 17.5　文件 schema.dmp 在磁盘中的位置

## 17.2.4　导出表空间

导出表空间是指将一个或多个表空间中的所有对象及数据存储到转储文件中。

例如，导出表空间 users，代码如下：

```
SQL>expdp system/123456 directory = dump_dir dumpfile = tablespace.dmp tablespaces = users
```

运行结果如图 17.6 所示。

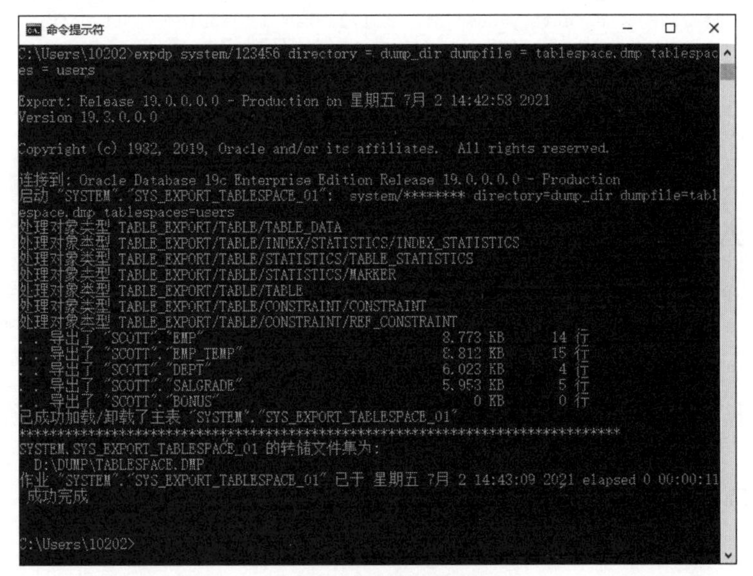


图 17.6　导出表空间

## 17.2.5　导出全数据库

导出全数据库是指将数据库中的所有对象及数据存储到转储文件中。导出数据库要求用户必须具有 DBA 角色或 EXP_FULL_DATABASE 角色。需要注意，导出数据库时，不会导出 SYS、ORDSYS、ORDPLUGINS、CTXSYS、MDSYS、LBACSYS 以及 XDB 等模式中的对象。

例如，导出全数据库，代码如下：

```
SQL>expdp system/123456 directory=dump_dir dumpfile=fulldatabase.dmp full=y
```

# 17.3 IMPDP 导入数据

IMPDP 是服务器端的工具，该工具只能在 Oracle 服务器端使用，不能在 Oracle 客户端使用。与 EXPDP 相似，数据泵导入时，其转储文件被存储在 DIRECTORY 对象所对应的磁盘目录中，而不能直接指定转储文件所在的磁盘目录。

与 EXPDP 类似，调用 IMPDP 时只需要在命令提示符窗口中输入 IMPDP 语句即可。同样，IMPDP 也可以进行 4 种类型的导入操作，即导入表、导入模式、导入表空间和导入全数据库。下面分别进行介绍。

## 17.3.1 导入表

导入表是指将存放在转储文件中的一个或多个表的结构及数据装载到数据库中，导入表是使用 TABLES 参数完成的。普通用户只可以将表导入到自己的模式中，但如果以其他用户身份导入表，则要求该用户必须具有 IMP_FULL_DATABASE 角色和 DBA 角色。导入表时，既可以将表导入到源模式中，也可以将表导入到其他模式中。

例如，将表 dept、emp 导入到 SYSTEM 模式中，代码如下：

```
SQL>impdp system/123456 directory=dump_dir dumpfile=tab.dmp tables=scott.dept,
scott.emp remap_schema=scott:system
```

注意：

如果要将表导入到其他模式中，则必须指定 REMAP_SCHEMA 参数。

## 17.3.2 导入模式

导入模式是指将存放在转储文件中的一个或多个模式的所有对象装载到数据库中，导入模式时需要使用 SCHEMAS 参数。普通用户可以将对象导入到其自身模式中，但如果以其他用户身份导入模式时，则要求该用户必须具有 IMP_FULL_DATABASE 角色或 DBA 角色。导入模式时，既可以将模式的所有对象导入到源模式中，也可以将模式的所有对象导入到其他模式中。

例如，将 SCOTT 模式中的所有对象导入到 SYSTEM 模式中，代码如下：

```
SQL>impdp system/123456 directory=dump_dir dumpfile=schema.dmp schemas=scott remap_schema=
scott:system;
```

## 17.3.3 导入表空间

导入表空间是指将存放在转储文件中的一个或多个表空间中的所有对象装载到数据库中，导入表空间时需要使用 TABLESPACE 参数。

例如，将 TBSP_1 表空间中的所有对象都导入到当前数据库中，代码如下：

```
SQL>impdp system/123456 directory=dump_dir dumpfile=tablespace.dmp tablespaces=tbsp_1
```

### 17.3.4 导入全数据库

导入全数据库是指将存放在转储文件中的所有数据库对象及相关数据装载到数据库中，导入数据库是使用 FULL 参数设置的。

例如，从 fulldatabase.dmp 文件中导入全数据库，代码如下：

```
SQL>impdp system/123456 directory=dump_dir dumpfile=fulldatabase.dmp full=y
```

**注意：**

导入数据库时，要求用户必须具有 IMP_FULL_DATABASE 角色或 DBA 角色。

## 17.4 图形界面导入导出数据

### 17.4.1 通过 SQL Developer 导出数据

在 SQL Developer 工具主界面的菜单栏中，单击“工具”菜单，选择“数据库导出”选项，即出现导出向导界面，如图 17.7 所示。

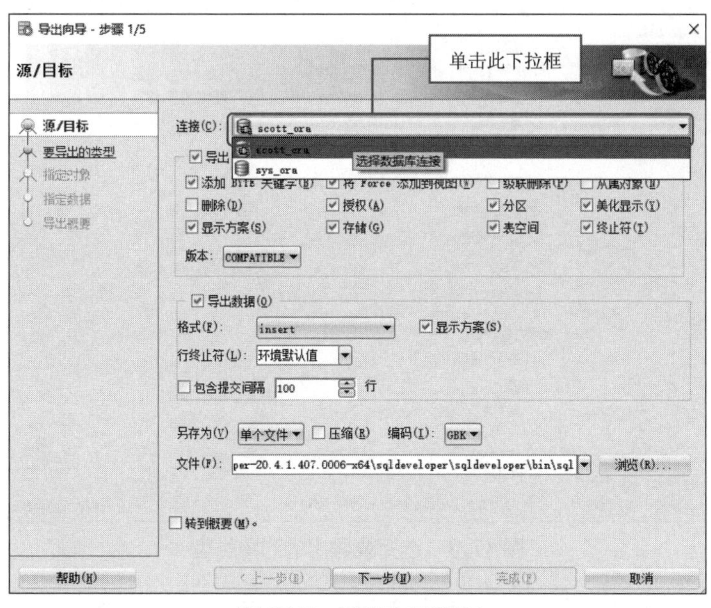


图 17.7 导出向导界面

在如图 17.7 所示的界面中，单击“连接”右边的下拉框，选择“scott_ora”数据库连接。然后单击“浏览”按钮，出现如图 17.8 所示界面。

选择好数据库导出文件的存储位置后，单击“保存”按钮，即可返回到图 17.7 中。单击“下一步”按钮，出现如图 17.9 所示的界面，在此界面中可以选择要导出的对象类型。

图 17.8　导出文件选择器界面

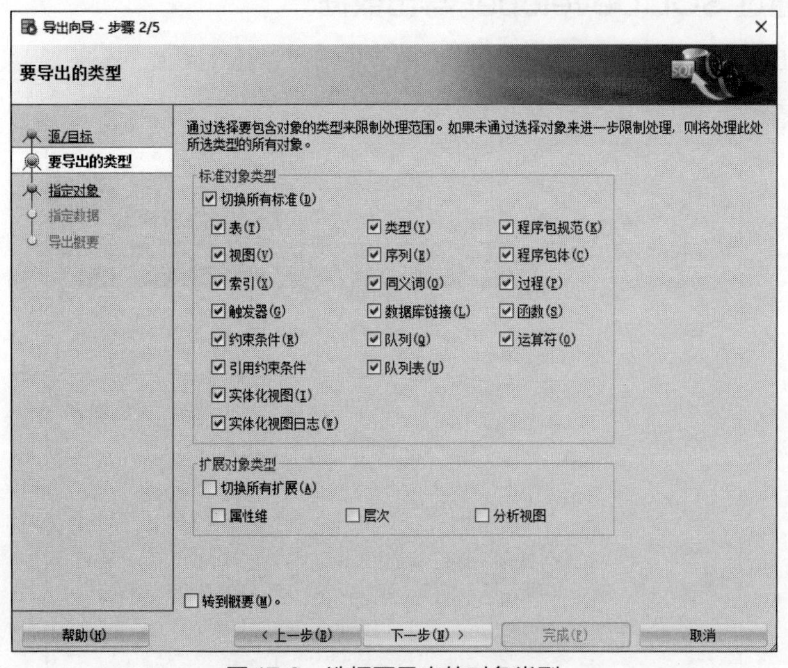


图 17.9　选择要导出的对象类型

选择好要导出的对象类型之后，单击“下一步”按钮，出现如图 17.10 所示的界面。在此界面中，可以指定要导出的数据库对象的具体内容。

单击左侧的下拉框，选择要导出数据所在的用户模式，这里选择“SCOTT”，即导出 SCOTT 模式中的数据。再单击右侧的下拉框，选择要导出的数据库对象类型，这里选择“TABLE”，表示导出 SCOTT 模式中的所有数据表。

接着单击“查找”按钮，下面的文本框中即可出现 SCOTT 模式中的所有数据表，如图 17.11 所示。

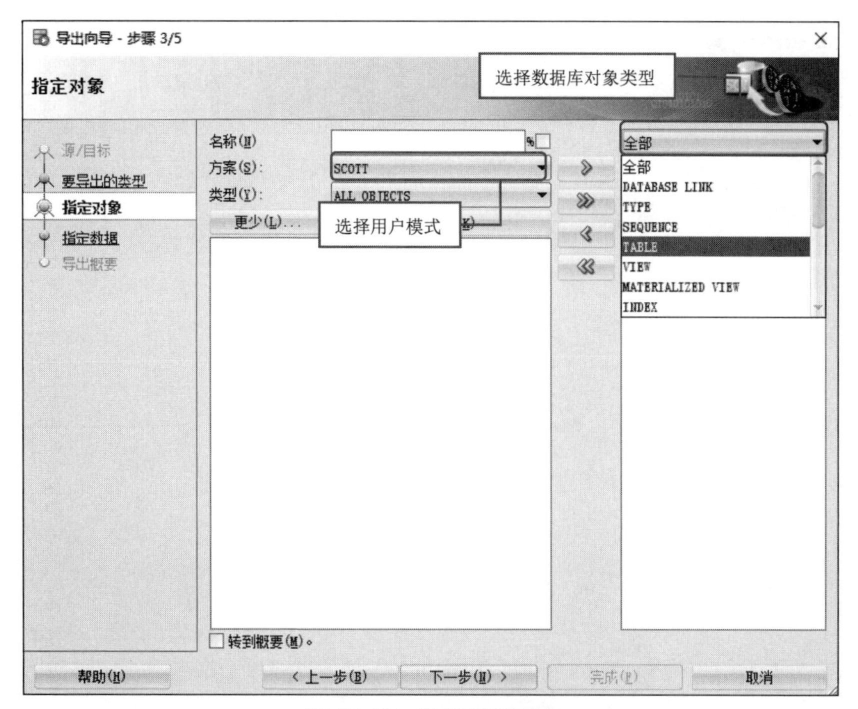


图 17.10　指定对象界面

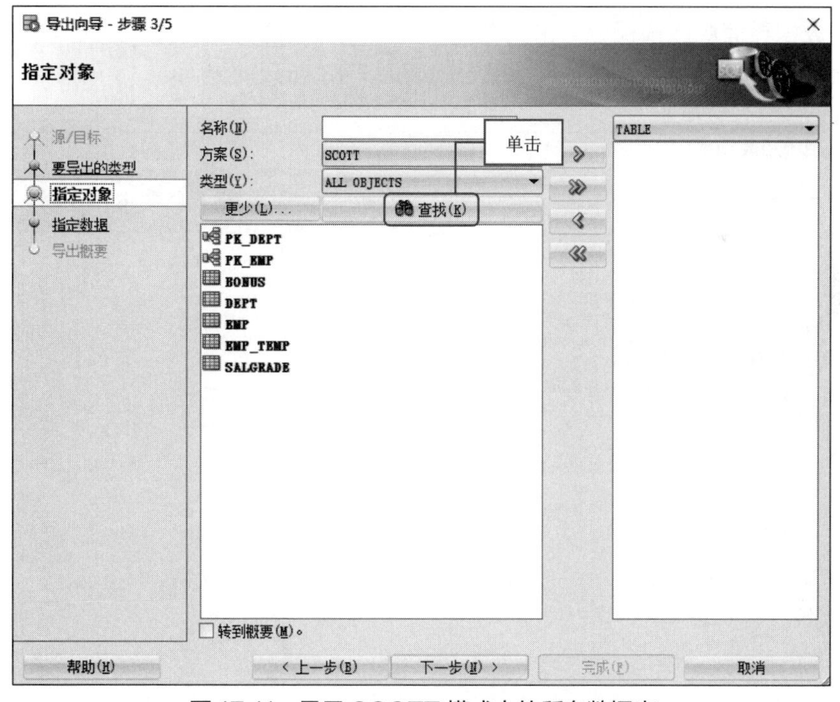


图 17.11　显示 SCOTT 模式中的所有数据表

如果想要导出单个表，只需选中此表，然后单击“>”按钮，表名就会出现在右侧的文本框中。如果想要导出所有表，可直接单击“>>”按钮，所有的数据表的表名就会显示在右侧的文本框中。

这里导出本书中常用的员工信息表 emp 和奖金表 bonus，然后单击“下一步”按钮，进入到如图 17.12 所示的界面。

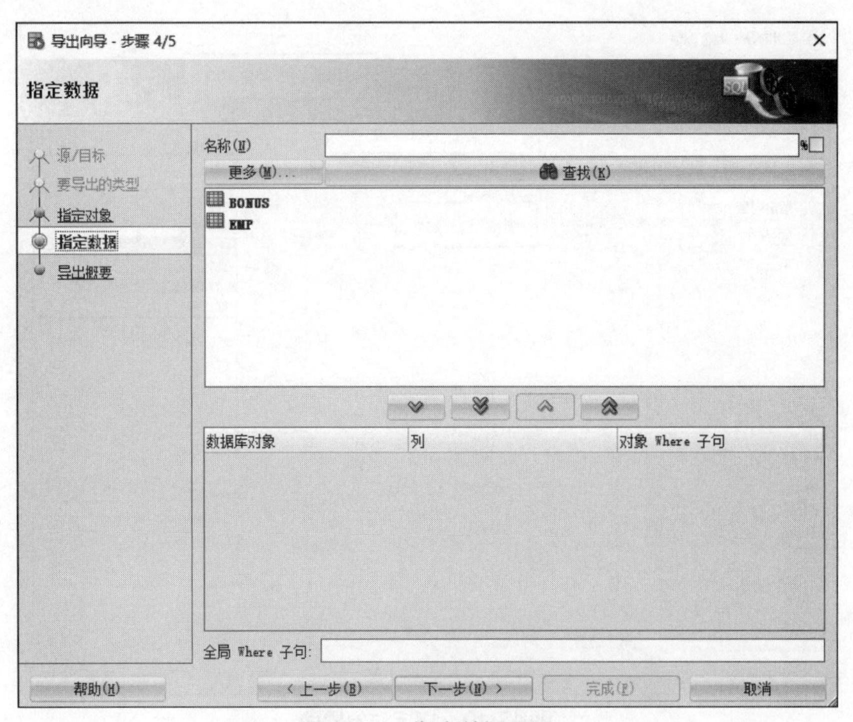


图 17.12　指定数据界面

在指定数据界面中，选择要导出的数据，与图 17.11 的操作类似，将要导出的数据表选择出来，然后单击“下一步”按钮，进入到如图 17.13 所示的界面。

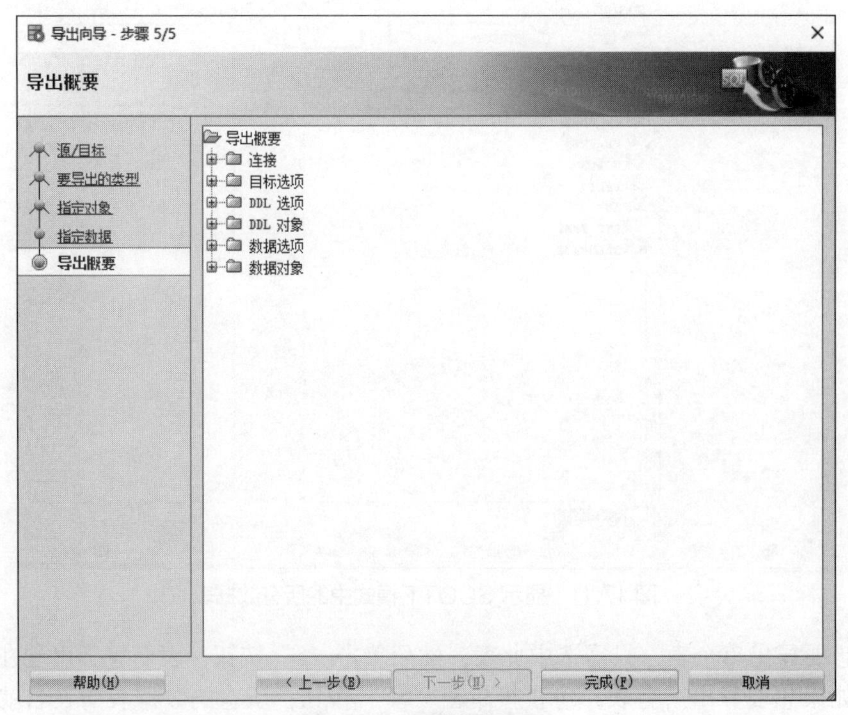


图 17.13　导出概要界面

单击“完成”按钮，即可完成数据的导出操作。导出的数据文件在磁盘中的显示效果如

图 17.14 所示。

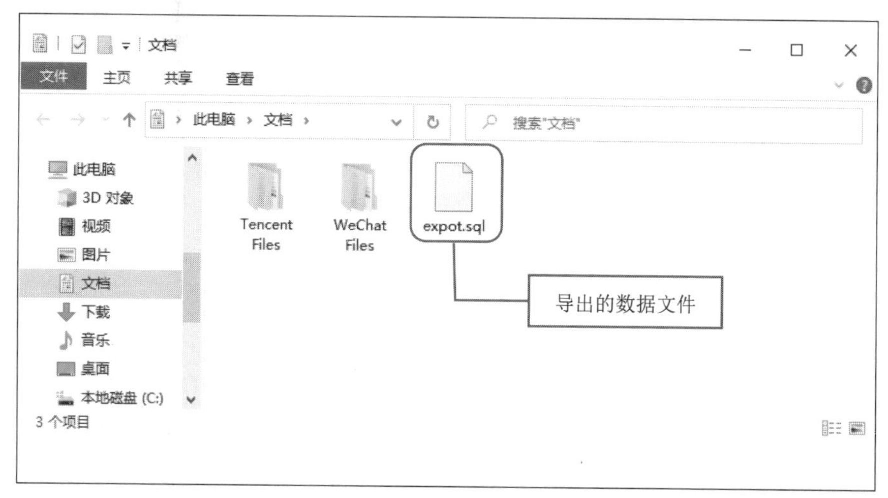


图 17.14 导出的数据文件 export.sql

### 17.4.2 通过 SQL Developer 导入数据

在 SQL Developer 的主界面中，单击“文件”菜单项，选择“打开”，打开如图 17.15 所示的界面。

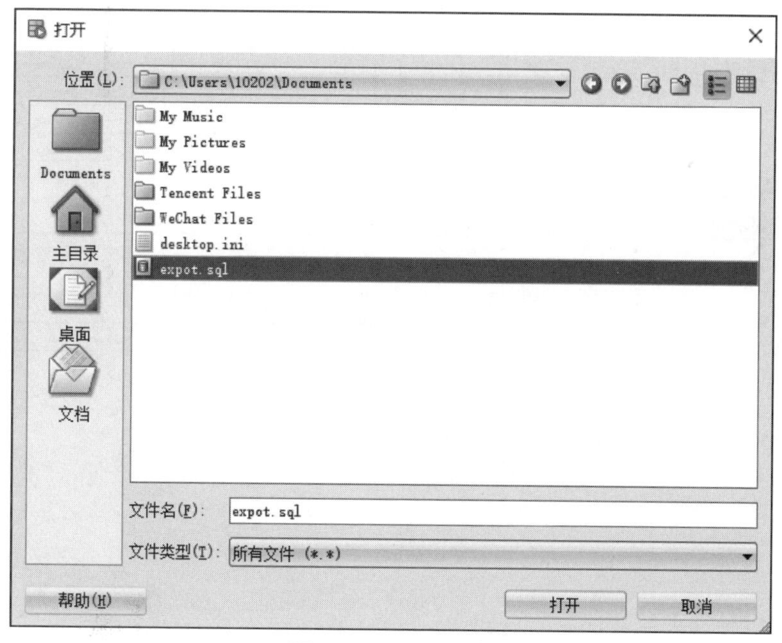


图 17.15 导入数据

在如图 17.15 所示的界面中，选择前文导出的脚本文件 expot.sql，然后单击“打开”按钮，可打开此文件，再单击按钮或通过快捷键 <F5> 来执行此脚本文件，如图 17.16 所示，即可将脚本文件中的内容导入到数据库中。

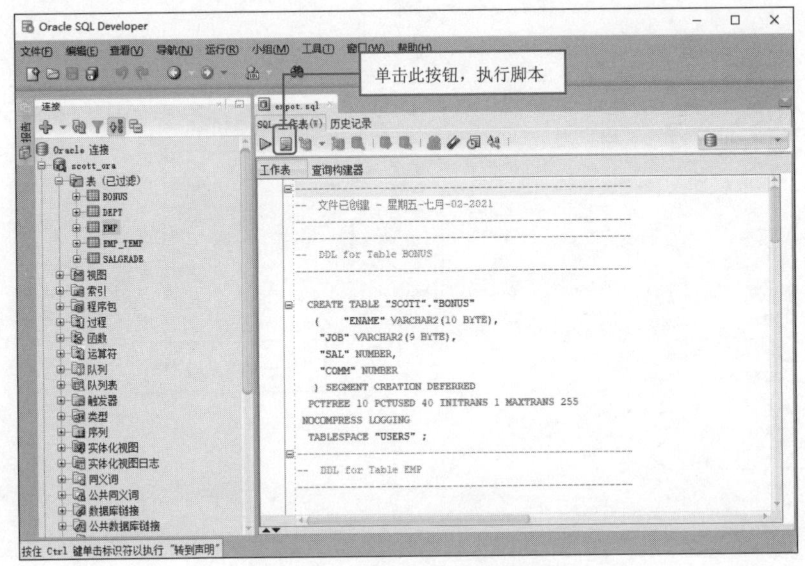


图 17.16 执行导入数据命令

# 本章知识思维导图

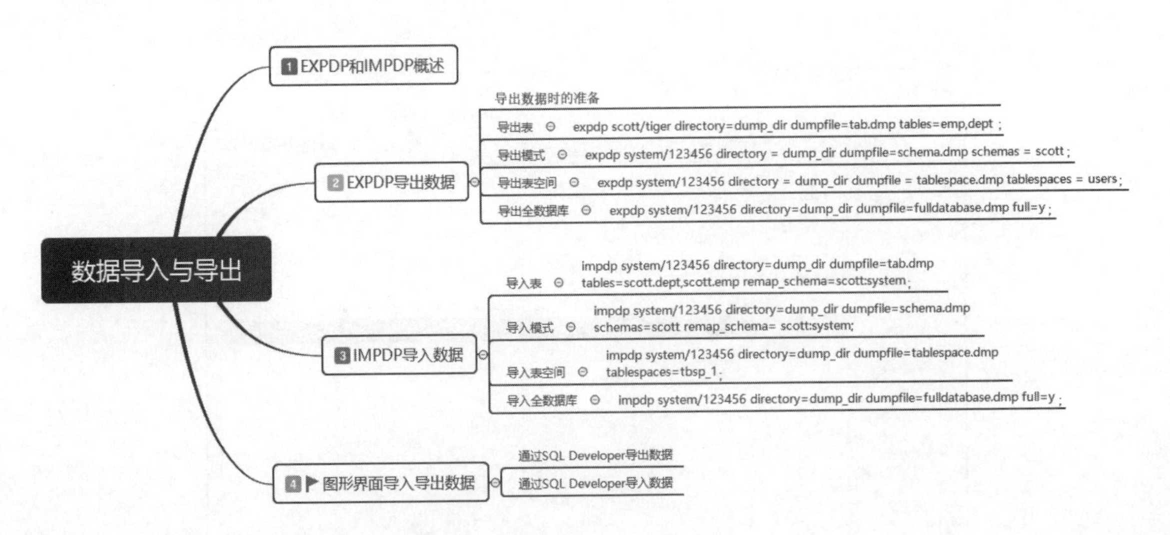

Oracle

从零开始学　Oracle

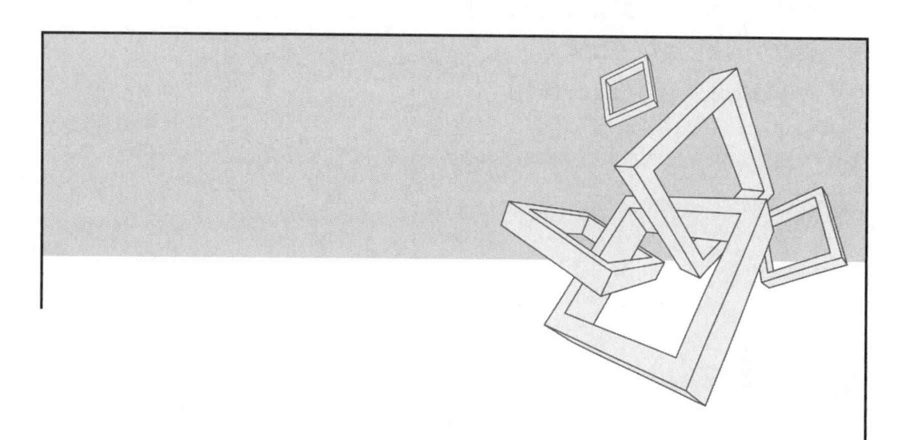

# 第5篇

# 项目开发篇

# 第 18 章

# 企业人事管理系统

扫码领取

- 配套视频
- 配套素材
- 学习指导
- 交流社群

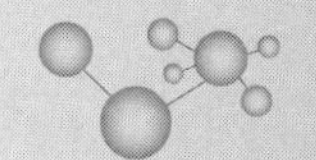

## 本章学习目标

- 掌握变量的使用。
- 熟练掌握各种数据类型的应用。
- 熟悉引用类型与值类型的区别。
- 熟悉常量的应用场景。
- 掌握数据类型转换的使用。

# 18.1 开发背景

飞速发展的技术以及迅速变化的差异化顾客需求等新竞争环境的出现，使得越来越多的组织通过构筑自身的人事竞争力来维持生存并促进组织持续发展。在“以人为本”观念的熏陶下，企业人事管理在组织中的作用日益突出。但是，人员的复杂性和组织的特有性，使得企业人事管理成为难题。基于时代背景，企业人事管理成为了企业管理的重要内容。企业人事管理系统的作用之一是为企业的员工建立人事档案，它的出现使得人事档案查询、调用的速度加快，也使得精确分析大量员工的知识、经验、技术、能力和职业抱负等成为可能，从而实现了企业人事管理的标准化、科学化、数字化。

# 18.2 系统分析

伴随着企业人事管理系统的日益完善，企业人事管理系统在企业管理中越来越受到企业管理者的青睐。企业人事管理系统的功能全面、操作简单，可以快速地为员工建立电子档案，并且便于修改、保存和查看，实现了无纸化存档，为企业节省了大量资金和空间。通过企业人事管理系统，还可以实现对企业员工的考勤管理、奖惩管理、培训管理、待遇管理和快速生成待遇报表。

# 18.3 系统设计

## 18.3.1 系统目标

根据企业对人事管理的要求，本系统需要实现以下目标。

- 操作简单方便、界面简洁大方。
- 方便、快捷的档案管理。
- 简单实用的考勤和奖惩管理。
- 简单实用的培训管理。
- 针对企业中不同的待遇标准，实现待遇账套管理。
- 简单明了的账套维护功能。
- 方便、快捷的账套人员设置。
- 功能强大的待遇报表功能。
- 系统运行稳定、安全可靠。

## 18.3.2 系统功能结构

企业人事管理系统主要包含人事管理和待遇管理两大功能模块（用来提供对企业员工的人事和待遇管理）以及系统的辅助功能模块（包括系统维护和用户管理，用来提供对系统的维护和保障系统安全），还包含一个系统工具模块，用来快速运行系统中的常用工具，例如系统计算器和 EXCEL 表格等。

人事管理模块包含的子模块有档案管理、考勤管理、奖惩管理和培训管理。其中，档案管理模块用来维护员工的基本信息，包括档案信息、职务信息和个人信息。其中，档案信息包括员工的照片。档案信息只能添加和修改，不能删除，因为员工档案将作为企业的永久资源和历史记录进行保存。在维护员工档案时，可以通过企业结构树快速查找员工信息。考勤管理模块用来记录员工的考勤信息，例如迟到、请假、加班等。奖惩管理模块用来记录员工的奖惩信息，例如因为某事奖励或惩罚员工。培训管理模块用来记录对员工的培训信息。

待遇管理模块包含的子模块有账套管理、人员设置和统计报表。其中，账套管理模块用来建立和维护账套。所谓账套，就是对不同员工采用不同的待遇标准。例如，已经签订劳动合同的员工和处于试用期的员工的基本工资是不同的，针对这种情况可以分别建立试用期账套和合同工账套。这里假设处于试用期的员工的基本工资为 2000，而已经签订劳动合同的员工的基本工资为 3000，则可以分别将试用期账套和合同工账套中的基本工资项设为 2000 和 3000。账套中的部分项目可以用于考勤管理模块的考勤项目。人员设置模块用来设置对员工采用前面建立的哪个账套，即采用哪个待遇标准，如果没有适合的账套，则可以继续建立新的账套。统计报表模块将以表格的形式统计员工的待遇情况，这里将用到在考勤管理和奖惩管理模块中填写的数据，可以按月、季度、半年和年统计。

系统维护模块包含的子模块有企业架构、基本资料和初始化系统。其中，企业架构模块用来维护企业的组织结构，企业架构将以树状结构显示；基本资料模块用来维护职务种类、用工形式、账套项目、考勤项目、民族和籍贯等信息；初始化系统模块用来对系统进行初始化，在正式使用前需要对系统进行初始化。

用户管理模块包含的子模块有新增用户和修改密码。其中，新增用户模块用来添加和维护系统的管理员，包括冻结和删除管理员，该模块只有超级管理员有权使用；修改密码模块用来为当前登录用户修改登录密码。

系统工具模块包含的功能有打开计算器、打开 WORD 和打开 EXCEL，以方便用户快速地打开这 3 个常用的系统工具。

企业人事管理系统的功能结构如图 18.1 所示。

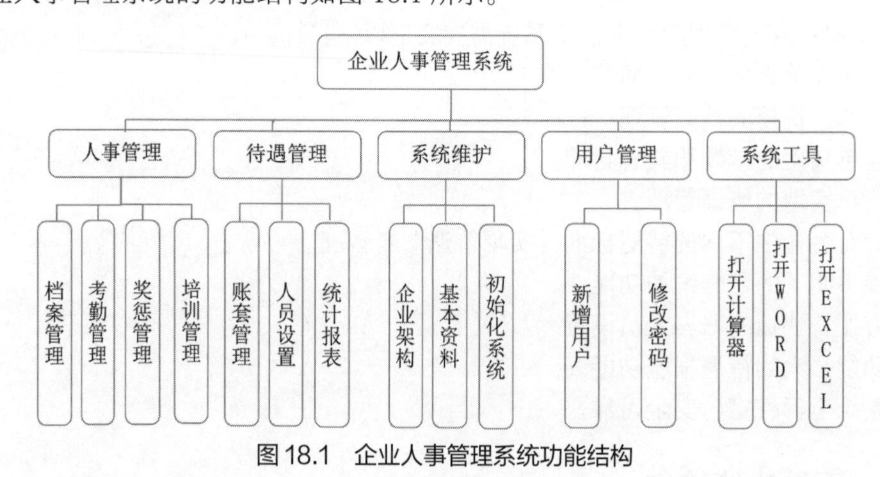


图 18.1　企业人事管理系统功能结构

## 18.3.3　系统预览

企业人事管理系统由多个界面组成，下面仅列出几个典型界面，其他界面效果可参见光盘中的源程序。

企业人事管理系统的主窗体效果如图 18.2 所示，窗体的左侧为系统的功能结构导航，窗体的上方为系统常用功能的快捷按钮。

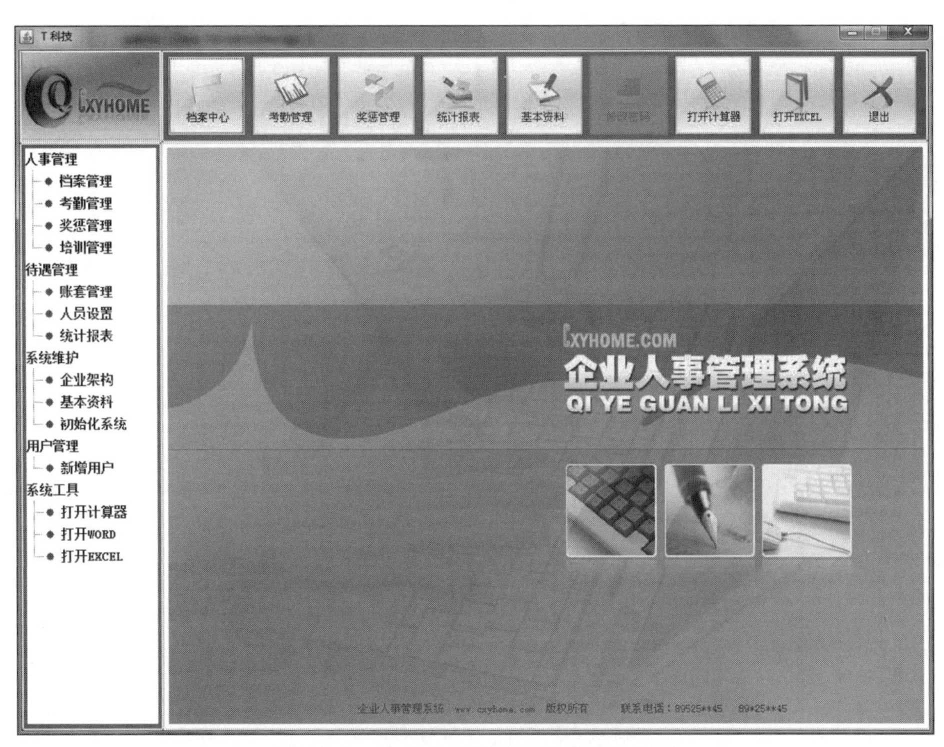


图 18.2　企业人事管理系统主窗体效果

单击图 18.2 中左侧导航栏中的“档案管理”节点，将打开如图 18.3 所示的档案列表界面。单击界面上方的“新建员工档案”按钮，可以建立新的员工档案；单击左侧的企业架构树中的部门节点，在右侧将显示相应部门的员工列表，首先选中其中的一行，然后单击界面上方的“修改员工档案”按钮，可以修改选中员工的档案。

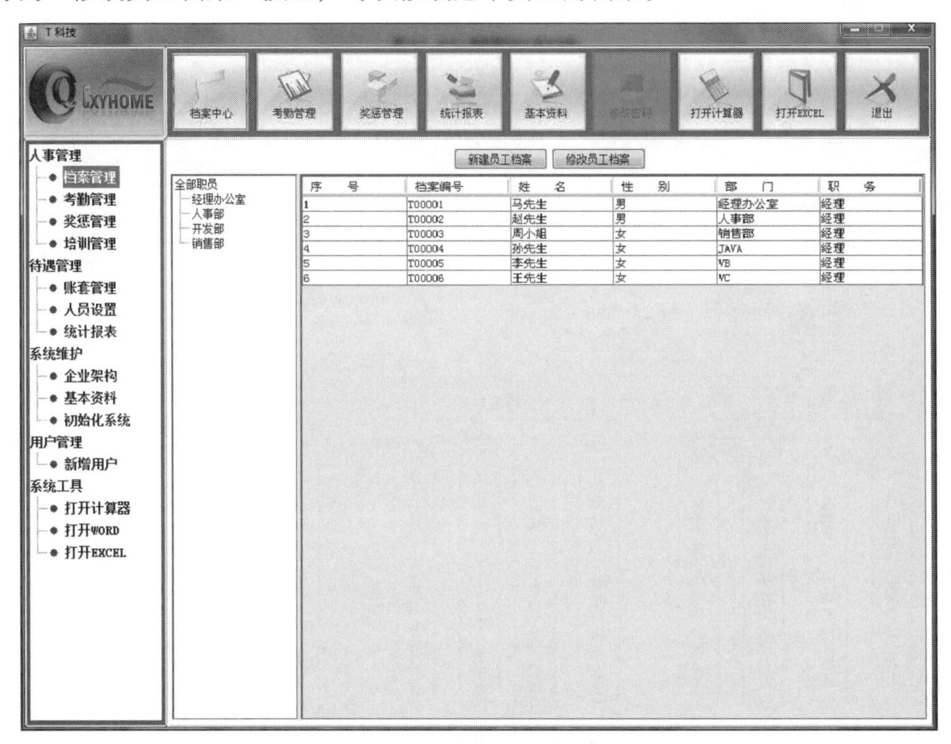


图 18.3　档案列表界面

单击图 18.2 中左侧导航栏中的“统计报表”节点，将打开如图 18.4 所示的统计报表界面。在该界面可以生成统计报表，主要有月报表、季报表、半年报表和年报表。

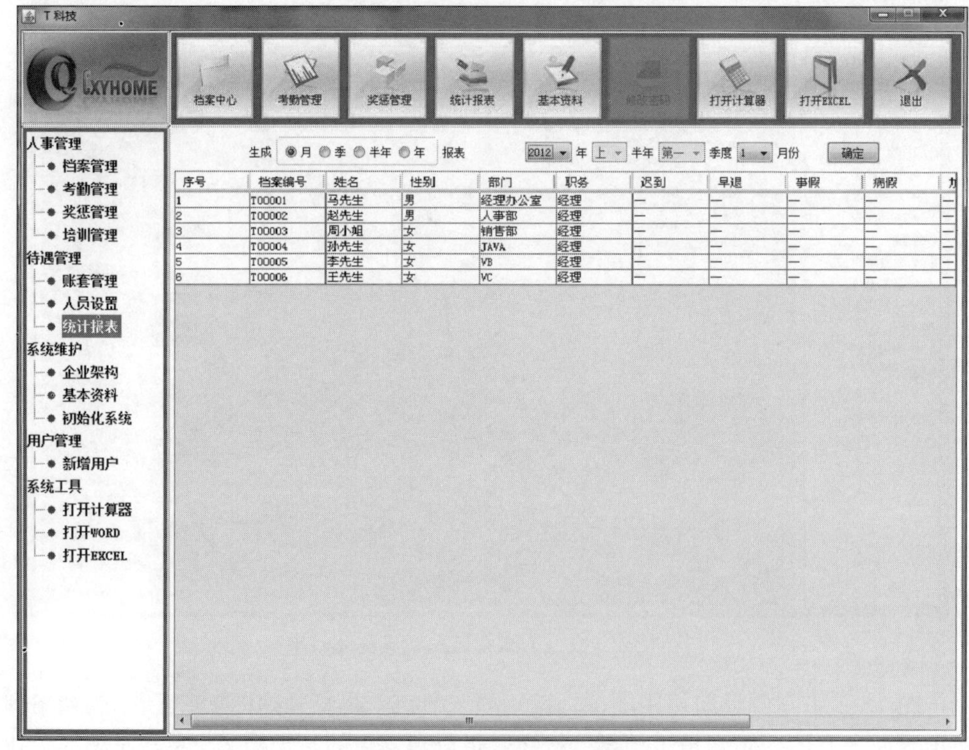


图 18.4　统计报表界面

## 18.3.4　业务流程图

企业人事管理系统的业务流程如图 18.5 所示。

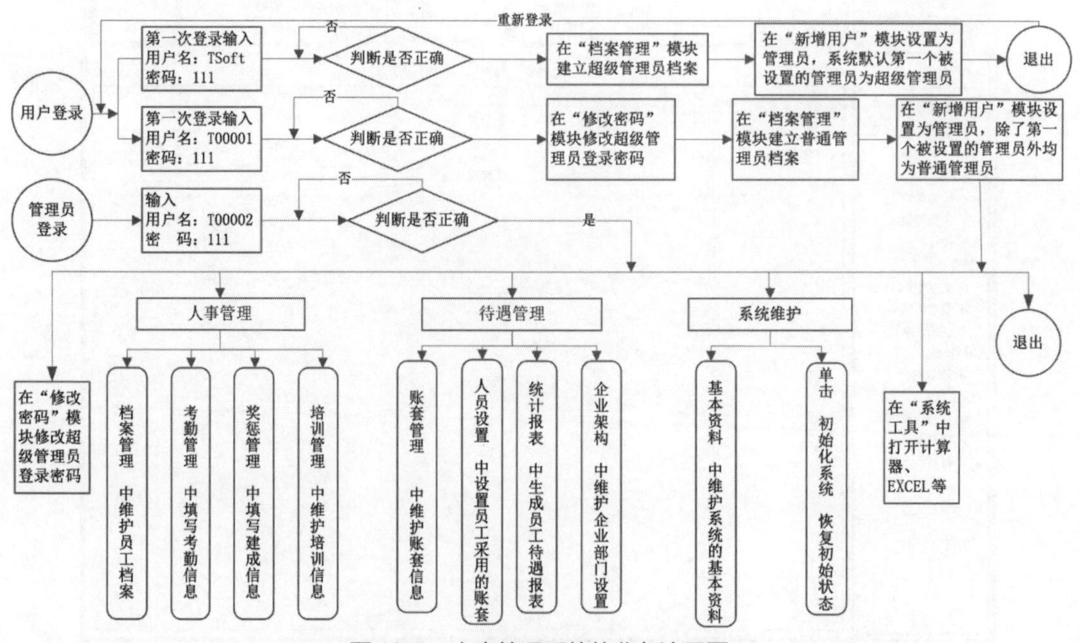


图 18.5　人事管理系统的业务流程图

### 18.3.5　文件夹结构设计

每个项目都会有相应的文件夹组织结构。当项目中的窗体过多时，为了便于查找和使用，可以将窗体进行分类，放入不同的文件夹中，这样既便于前期开发，又便于后期维护。企业人事管理系统文件夹组织结构如图 18.6 所示。

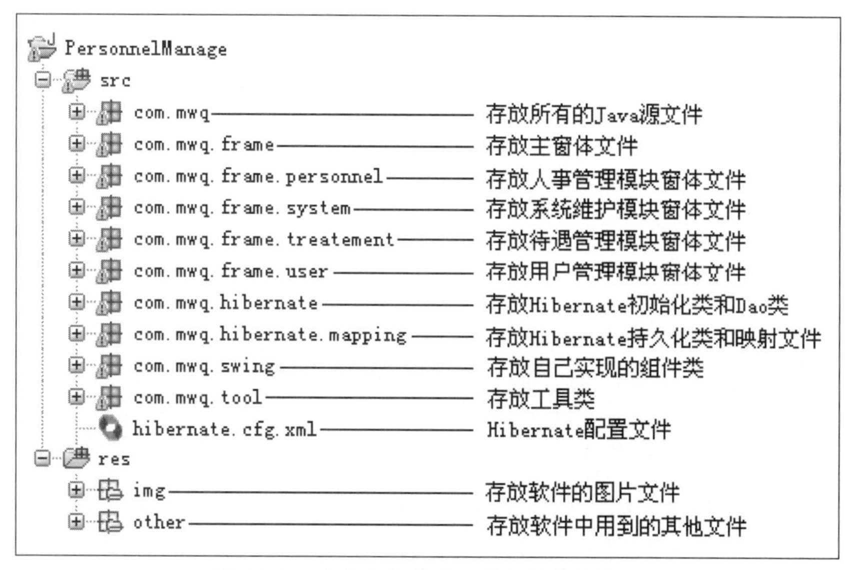


图 18.6　企业人事管理系统文件夹结构图

## 18.4　数据库设计

### 18.4.1　数据库分析

在开发应用程序时，对数据库的操作是必不可少的，而一个数据库的设计优秀与否，将直接影响到软件的开发进度和性能，所以数据库的设计尤为重要。数据库要根据程序的需求及其功能设计，如果在开发软件之前不能很好地设计数据库，在开发过程中会反复修改数据库，这将严重影响开发进度。

### 18.4.2　数据库概念设计

数据库设计是系统设计过程中的重要组成部分，它是根据管理系统的整体需求而制定的，数据库的设计直接影响到系统的后期开发。下面对本系统中具有代表性的数据库设计进行详细说明。

在企业人事管理系统中，最重要的是人事档案信息。本系统将档案信息分为档案信息、职务信息和个人信息，由于信息多而复杂，这里只给出关键的信息。档案信息表的 E-R 图如图 18.7 所示。

本系统提供了人事考勤记录和人事奖惩记录功能，这里只给出人事考勤信息表的 E-R 图如图 18.8 所示。

根据企业人事管理中的现实需求，本系统提供了多账套管理功能，通过这一功能，可以很方便地对各种类型的员工实施不同的待遇标准。账套信息表的 E-R 图如图 18.9 所示。

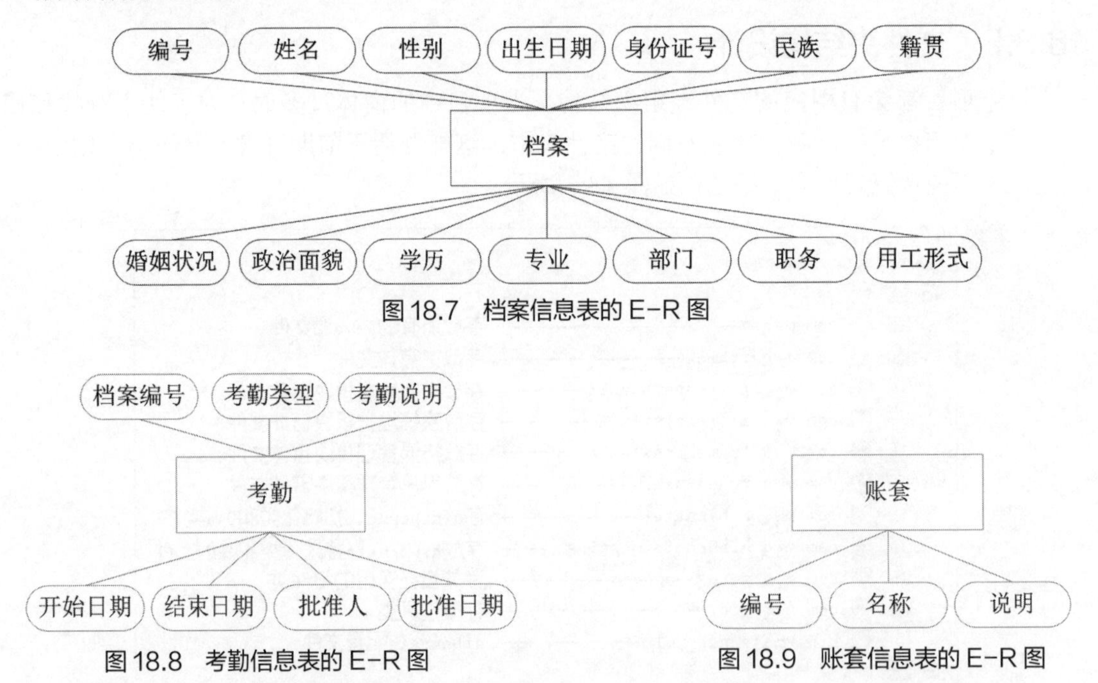


图 18.7 档案信息表的 E-R 图

图 18.8 考勤信息表的 E-R 图

图 18.9 账套信息表的 E-R 图

每个账套都要包含多个账套项目，这些账套中的项目可以有零个或多个是不同的，区别是每个账套项目的金额是不同的。账套项目信息表的 E-R 图如图 18.10 所示。

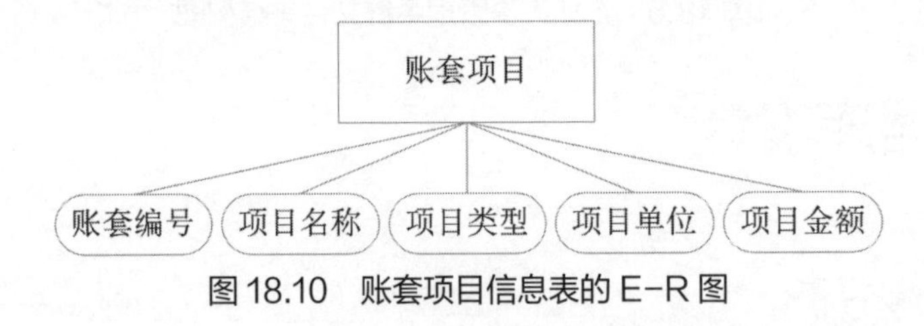


图 18.10 账套项目信息表的 E-R 图

建立多账套是为了实现对员工按照不同的待遇标准进行管理，所以要将员工设置到不同的账套中，即表示对该员工实施相应的待遇标准。账套设置信息表的 E-R 图如图 18.11 所示。

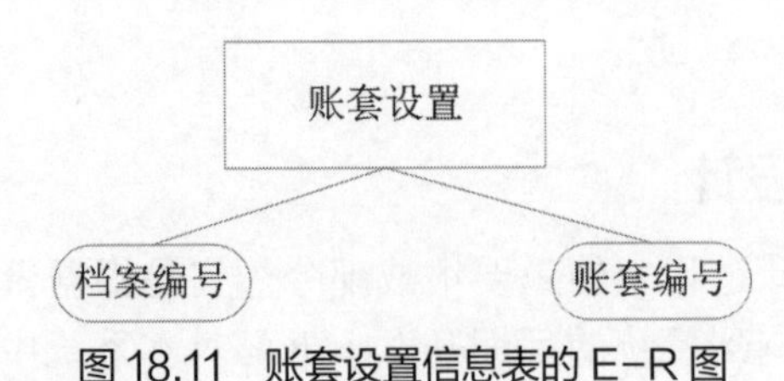


图 18.11 账套设置信息表的 E-R 图

### 18.4.3 数据库逻辑结构设计

数据库概念设计中已经分析了档案、考勤和账套等主要的数据实体对象，这些实体对象是数据表结构的基本模型，最终的数据模型都要实施到数据库中，形成整体的数据结构。可以使用 PowerDesigner 工具完成这个数据库的建模，其模型结构如图 18.12 所示。

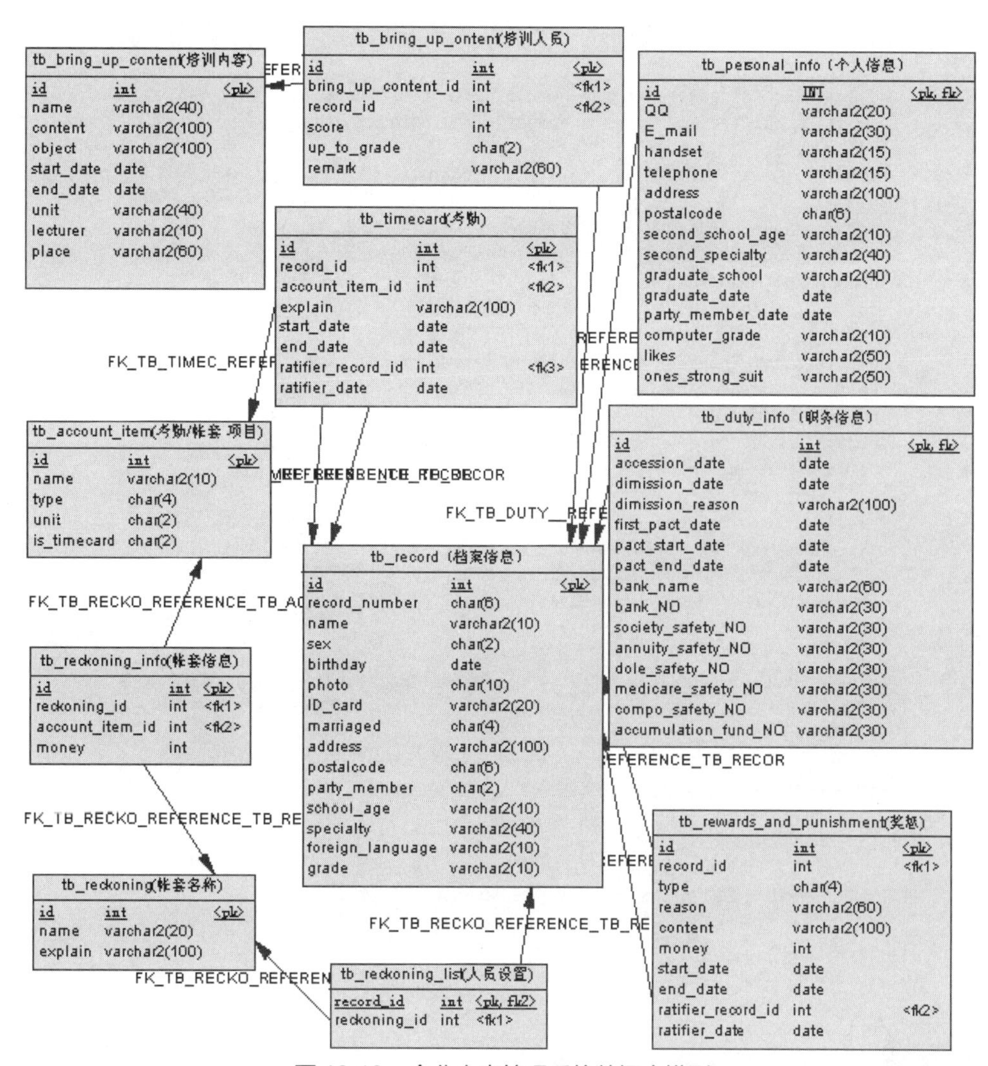


图 18.12　企业人事管理系统数据库模型

# 18.5　主窗体设计

主窗体是软件系统的一个重要组成部分，是提供人机交互的一个必不可少的操作平台。通过主窗体，用户可以打开与系统相关的各个子操作模块，完成对系统的操作和使用。另外，通过主窗体，用户还可以快速掌握本系统的基本功能。

## 18.5.1　导航栏的设计

通过本系统的导航栏，可以打开本系统的所有子模块。导航栏的效果如图 18.13 所示。

本系统的导航栏是通过树组件实现的，在这里不显示树的根节点，并且打开软件时树结构是展开的，还设置了在叶子节点折叠和展开时均不采用图标。

图 18.13　导航栏效果

下面的代码将通过树节点对象创建一个树结构，最后创建一个树模型对象。

```
01      DefaultMutableTreeNode root = new DefaultMutableTreeNode("root");// 创建树的根节点
02      DefaultMutableTreeNode personnelNode = new DefaultMutableTreeNode(
03          " 人事管理 ");// 创建树的一级子节点
04      personnelNode.add(new DefaultMutableTreeNode(" 档案管理 "));// 创建树的叶子节点并添加到一
   级子节点
05      personnelNode.add(new DefaultMutableTreeNode(" 考勤管理 "));
06      personnelNode.add(new DefaultMutableTreeNode(" 奖惩管理 "));
07      personnelNode.add(new DefaultMutableTreeNode(" 培训管理 "));
08      root.add(personnelNode);// 向根节点添加一级子节点
09
10      DefaultMutableTreeNode treatmentNode = new DefaultMutableTreeNode(" 待遇管理 ");
11      treatmentNode.add(new DefaultMutableTreeNode(" 账套管理 "));
12      treatmentNode.add(new DefaultMutableTreeNode(" 人员设置 "));
13      treatmentNode.add(new DefaultMutableTreeNode(" 统计报表 "));
14      root.add(treatmentNode);
15
16      DefaultMutableTreeNode systemNode = new DefaultMutableTreeNode(" 系统维护 ");
17      systemNode.add(new DefaultMutableTreeNode(" 企业架构 "));
18      systemNode.add(new DefaultMutableTreeNode(" 基本资料 "));
19      systemNode.add(new DefaultMutableTreeNode(" 初始化系统 "));
20      root.add(systemNode);
21
22      DefaultMutableTreeNode userNode = new DefaultMutableTreeNode(" 用户管理 ");
23      // 当 record 为 null 时，说明是通过默认用户登录的，此时只能新增用户，不能修改密码
24      if (record == null) {
25        userNode.add(new DefaultMutableTreeNode(" 新增用户 "));
26      } else {// 否则为通过管理员登录
27        String purview = record.getTbManager().getPurview();
28        if (purview.equals(" 超级管理员 ")) {
29          // 只有当管理员的权限为 " 超级管理员 " 时，才有权新增用户
30          userNode.add(new DefaultMutableTreeNode(" 新增用户 "));
31        }
32        // 只有通过管理员登录时才有权修改密码
33        userNode.add(new DefaultMutableTreeNode(" 修改密码 "));
34      }
35      root.add(userNode);
36
37      DefaultMutableTreeNode toolNode = new DefaultMutableTreeNode(" 系统工具 ");
38      toolNode.add(new DefaultMutableTreeNode(" 打开计算器 "));
39      toolNode.add(new DefaultMutableTreeNode(" 打开 WORD"));
40      toolNode.add(new DefaultMutableTreeNode(" 打开 EXCEL"));
41      root.add(toolNode);
42      // 通过树节点对象创建树模型对象
43      DefaultTreeModel treeModel = new DefaultTreeModel(root);
```

下面的代码将利用在上段代码中创建的树模型对象创建一个树对象，并设置树对象的相关绘制属性。

```
01      tree = new JTree(treeModel);            // 通过树模型对象创建树对象
02      tree.setBackground(Color.WHITE);        // 设置树的背景色
03      tree.setRootVisible(false);             // 设置不显示树的根节点，默认为显示，即 true
04      tree.setRowHeight(24);                  // 设置各节点的高度为 27 像素
05      tree.setFont(new Font(" 宋体 ", Font.BOLD, 14));          // 设置节点的字体样式
06      // 创建一个树的绘制对象
07      DefaultTreeCellRenderer renderer = new DefaultTreeCellRenderer();
08      // renderer.setLeafIcon(null);          // 设置叶子节点不采用图标
09      renderer.setClosedIcon(null);           // 设置节点折叠时不采用图标
10      renderer.setOpenIcon(null);             // 设置节点展开时不采用图标
11      tree.setCellRenderer(renderer);         // 将树的绘制对象设置到树中
12      int count = root.getChildCount();       // 获得一级节点的数量
```

```
13        for (int i = 0; i < count; i++) {       // 遍历树的一级节点
14          DefaultMutableTreeNode node = (DefaultMutableTreeNode) root
15              .getChildAt(i);                     // 获得指定索引位置的一级节点对象
16          TreePath path = new TreePath(node.getPath());             // 获得节点对象的路径
17          tree.expandPath(path);                  // 展开该节点
18        }
19        tree.addTreeSelectionListener(new TreeSelectionListener() {      // 捕获树的选取事件
20              public void valueChanged(TreeSelectionEvent e) {
21                ……// 由于篇幅有限，此处省略了处理捕获事件的关键代码，详见光盘源代码
22              }
23            });
24        leftPanel.add(tree);
```

说明：

在代码中，setRootVisible(boolean b) 方法用于设置是否显示树的根节点，默认为显示根节点，即默认为 true；如果设置为 false，则不显示树的根节点。

## 18.5.2 工具栏的设计

为了方便用户使用系统，在工具栏为常用的系统子模块提供了快捷按钮，通过这些按钮，用户可以快速地进入系统中常用的子模块。工具栏的效果如图 18.14 所示。

图 18.14　工具栏效果

下面的代码将创建一个用来添加快捷按钮的面板，并且为面板设置了边框，面板的布局管理器为水平箱式布局。

```
01        final JPanel buttonPanel = new JPanel();                    // 创建工具栏面板
02        final GridLayout gridLayout = new GridLayout(1, 0);         // 创建一个水平箱式布局管理器对象
03        gridLayout.setVgap(6);                                      // 箱的垂直间隔为 6 像素
04        gridLayout.setHgap(6);                                      // 箱的水平间隔为 6 像素
05        buttonPanel.setLayout(gridLayout);               // 设置工具栏面板采用的布局管理器为箱式布局
06        buttonPanel.setBackground(new Color(90, 130, 189));         // 设置工具栏面板的背景色
07        buttonPanel.setBorder(new TitledBorder(null, "",
08            TitledBorder.DEFAULT_JUSTIFICATION,
09            TitledBorder.DEFAULT_POSITION, null, null));            // 设置工具栏面板采用的边框样式
10        topPanel.add(buttonPanel, BorderLayout.CENTER);             // 将工具栏面板添加到上级面板中
```

工具栏提供了用来快速打开“档案中心”“考勤管理”“奖惩管理”“统计报表”“基本资料”和“修改密码”子模块的按钮，以及“打开计算器”和“打开 EXCEL”两个打开常用系统工具的按钮，还有一个用来快速退出系统的“退出”按钮。这些快捷按钮的实现代码基本相同，所以这里只给出“档案中心”快捷按钮的实现代码。关键代码如下：

```
01        final JButton recordShortcutKeyButton = new JButton();  // 创建进入 " 档案管理 " 的快捷按钮
02        resource = this.getClass().getResource("/img/record.JPG");
03        icon = new ImageIcon(resource);
04        recordShortcutKeyButton.setIcon(icon);
05        // 为按钮添加事件监听器，用来捕获按钮被单击的事件
06        recordShortcutKeyButton.addActionListener(new ActionListener() {
07          public void actionPerformed(ActionEvent e) {
08            rightPanel.removeAll();                             // 移除内容面板中的所有内容
```

```
09            rightPanel.add(new RecordSelectedPanel(rightPanel),
10                BorderLayout.CENTER);                              // 将档案管理面板添加到内容面板中
11            SwingUtilities.updateComponentTreeUI(rightPanel);   // 刷新内容面板中的内容
12          }
13        });
14        buttonPanel.add(recordShortcutKeyButton);
```

在实现“修改密码”按钮时，需要判断当前的登录用户，如果用户是通过系统的默认用户登录的，则不允许修改密码，需要把“修改密码”按钮设置为不可用。关键代码如下：

```
01        final JButton updatePasswordShortcutKeyButton = new JButton();
02        resource = this.getClass().getResource("/img/password.JPG");
03        icon = new ImageIcon(resource);
04        updatePasswordShortcutKeyButton.setIcon(icon);
05        if (record == null)// 当 record 为 null 时，说明是通过默认用户登录的，此时不能修改密码
06          updatePasswordShortcutKeyButton.setEnabled(false);    // 在这种情况下设置按钮不可用
07        updatePasswordShortcutKeyButton.addActionListener(new ActionListener() {
08          public void actionPerformed(ActionEvent e) {
09            rightPanel.removeAll();
10            SwingUtilities.updateComponentTreeUI(rightPanel);
11            // 创建用来修改密码的对话框
12            UpdatePasswordDialog dialog = new UpdatePasswordDialog();
13            dialog.setRecord(record);                    // 将当前登录的管理员档案对象传入对话框
14            dialog.setVisible(true);                     // 设置对话框为可见的，即显示对话框
15          }
16        });
17        buttonPanel.add(updatePasswordShortcutKeyButton);
```

通过 java.awt.desktop 类的 open(File file) 方法，可以运行系统中的其他软件，例如运行系统计算器。为了方便用户使用系统计算器和 Excel，本系统提供了“打开计算器”和“打开 EXCEL”两个按钮。这两个按钮的实现代码基本相同，下面将以打开系统计算器为例，讲解如何在 Java 程序中打开其他软件。关键代码如下：

```
01        final JButton counterShortcutKeyButton = new JButton();
02        resource = this.getClass().getResource("/img/calculator.JPG");
03        icon = new ImageIcon(resource);
04        counterShortcutKeyButton.setIcon(icon);
05        counterShortcutKeyButton.addActionListener(new ActionListener() {
06          public void actionPerformed(ActionEvent e) {
07            Desktop desktop = Desktop.getDesktop();              // 获得当前系统对象
08            File file = new File("C:/WINDOWS/system32/calc.exe");   // 创建一个系统计算器对象
09            try {
10              desktop.open(file);                                // 打开系统计算器
11            } catch (Exception e1) {                             // 当打开失败时，弹出提示信息
12              JOptionPane.showMessageDialog(null," 很抱歉，未能打开系统自带的计算器！ ",
13                  " 友情提示 ", JOptionPane.INFORMATION_MESSAGE);
14              return;
15            }
16          }
17        });
18        buttonPanel.add(counterShortcutKeyButton);
```

最后，创建一个用来快速退出系统的“退出”按钮。关键代码如下：

```
01        final JButton exitShortcutKeyButton = new JButton();
02        resource = this.getClass().getResource("/img/exit.JPG");
03        icon = new ImageIcon(resource);
04        exitShortcutKeyButton.setIcon(icon);
05        exitShortcutKeyButton.addActionListener(new ActionListener() {
```

```
06        public void actionPerformed(ActionEvent e) {
07          System.exit(0);                                    // 退出系统
08        }
09      });
10      buttonPanel.add(exitShortcutKeyButton);
```

# 18.6 公共模块设计

公共模块设计是软件开发的一个重要组成部分，它既起到了代码重用的作用，又起到了规范代码结构的作用，尤其在团队开发的情况下，是解决重复编码的最好方法，对软件的后期维护也起到了积极的作用。

## 18.6.1 编写 Hibernate 配置文件

在 Hibernate 配置文件中包含两方面的内容：一方面是连接数据库的基本信息，例如连接数据库的驱动程序、URL、用户名和密码等；另一方面是 Hibernate 的配置信息，例如配置数据库使用的方言、持久化类映射文件等，还可以配置是否在控制台输出 SQL 语句，以及是否对输出的 SQL 语句进行格式化和添加提示信息等。本系统使用的 Hibernate 配置文件的关键代码如下：

```
01      <property name="connection.driver_class"><!-- 配置数据库的驱动类 -->
02        oracle.jdbc.driver.OracleDriver
03      </property>
04      <property name="connection.url"><!-- 配置数据库的连接路径 -->
05        jdbc:oracle:thin:@127.0.0.1:1521:orcl
06      </property>
07      <property name="connection.username">system</property><!-- 配置数据库的连接用户名 -->
08       <property name="connection.password">Mingri</property><!-- 配置数据库的连接密码（创建数
    据库时设置的密码），如果密码为空，则可以省略该行配置代码 -->
09      <property name="dialect"><!-- 配置数据库使用的方言 -->
10        org.hibernate.dialect.OracleDialect
11      </property>
12      <property name="show_sql">true</property><!-- 配置在控制台显示 SQL 语句 -->
13      <property name="format_sql">true</property><!-- 配置对输出的 SQL 语句进行格式化 -->
14      <property name="use_sql_comments">true</property><!-- 配置在输出的SQL语句前面添加提示信息 -->
15       <mapping resource="com/mwq/hibernate/mapping/TbDept.hbm.xml" /><!-- 配置持久化类映射文件 -->
```

说明：

在代码中，show_sql 属性用来配置是否在控制台输出 SQL 语句，默认为 false，即不输出。建议在调试程序时将该属性以及 format_sql 和 use_sql_comments 属性同时设置为 true，这样可以快速找出错误原因。但是在发布程序之前，一定要将这 3 个属性再设置为 false（也可以删除这 3 行配置代码，因为它们的默认值均为 false，笔者推荐删除），这样做的好处是节省了格式化、注释和输出 SQL 语句的时间，从而提高了软件的性能。

## 18.6.2 编写 Hibernate 持久化类和映射文件

持久化类是数据实体的对象表现形式。通常情况下持久化类与数据表是相互对应的，它们通过持久化类映射文件建立映射关系。持久化类不需要实现任何类和接口，只需要提供一些属性及其对应的 setter/getter 方法。需要注意的是，每一个持久化类都需要提供一个没有入口参数的构造方法。

下面是持久化类 TbRecord 的部分代码，为了节省篇幅，这里只给出了两个具有代表性的属性，其中属性 id 为主键。

```
01    public class TbRecord implements java.io.Serializable {
02      public TbRecord() {
03      }
04      private int id;
05      private String name;
06      public void setId(int id) {
07        this.id = id;
08      }
09      public int getId() {
10        return id;
11      }
12      public String getName() {
13        return this.name;
14      }
15      public void setName(String name) {
16        this.name = name;
17      }
18    }
```

下面是与持久化类 TbRecord 对应的映射文件 TbRecord.hbm.xml 的相应代码。持久化类映射文件负责建立持久化类与对应数据表之间的映射关系。

```
01      <class name="com.mwq.hibernate.mapping.TbRecord" table="tb_record">
02        <id name="id" type="java.lang.Integer">
03          <column name="id" />
04          <generator class="increment" />
05        </id>
06           <property name="recordNumber" type="java.lang.String">
07          <column name="record_number" length="6" not-null="true" />
08        </property>
09      </class>
```

**说明：**

在代码中，generator 元素用来配置主键的生成方式，当把 class 属性设置为 increment 时，表示采用 Hibernate 自增；property 元素用来配置属性的映射关系，其中 name 属性为持久化类中属性的名称，type 属性为持久化类中属性的类型。

## 18.6.3 编写通过 Hibernate 操作持久化对象的常用方法

对数据库的操作，离不开增、删、改、查，所以在企业人事管理系统中也离不开实现这些功能的方法。不过在这里还针对 Hibernate 的特点，实现了两个具有特殊功能的方法，一个是用来过滤关联对象集合的方法，另一个是用来批量删除记录的方法。下面只介绍这两个方法和一个删除单个对象的方法，其他参见光盘源代码（代码位置：光盘 \Code\ 企业人事管理系统 \Personne）。

下面的方法是用来过滤一对多关联中 Set 集合中对象的方法。这是 Hibernate 提供的一个非常实用的集合过滤功能，通过该功能可以从关联集合中检索出符合指定条件的对象，检索条件可以是所有合法的 HQL（Hibernate Query Language）语句，关键代码如下：

```
01      public List filterSet(Set set, String hql) {
02        Session session = HibernateSessionFactory.getSession(); // 获得 Session 对象
03        // 通过 session 对象的 createFilter 方法按照 hql 条件过滤 set 集合
04        Query query = session.createFilter(set, hql);
05        List list = query.list();                          // 执行过滤，返回值为 List 类型的结果集
06        return list;                                       // 返回过滤结果
07      }
```

下面的方法用来删除指定持久化对象，关键代码如下：

```
01    public boolean deleteObject(Object obj) {
02      boolean isDelete = true;                                        // 默认删除成功
03      Session session = HibernateSessionFactory.getSession();        // 获得 Session 对象
04      Transaction tr = session.beginTransaction();                    // 开启事务
05      try {
06        session.delete(obj);                                          // 删除指定持久化对象
07        tr.commit();                                                  // 提交事务
08      } catch (HibernateException e) {
09        isDelete = false;                                             // 删除失败
10        tr.rollback();                                                // 回滚事务
11        e.printStackTrace();
12      }
13      return isDelete;
14    }
```

下面的方法用来批量删除对象。通过这种方法删除对象，每次只需要执行一条 SQL 语句。关键代码如下：

```
01    public boolean deleteOfBatch(String hql) {
02      boolean isDelete = true;                                  // 默认删除成功
03      Session session = HibernateSessionFactory.getSession(); // 获得 Session 对象
04      Transaction tr = session.beginTransaction();              // 开启事务
05      try {
06        Query query = session.createQuery(hql);                 // 预处理 HQL 语句，获得 Query 对象
07        query.executeUpdate();                                  // 执行批量删除
08        tr.commit();                                            // 提交事务
09      } catch (HibernateException e) {
10        isDelete = false;                                       // 删除失败
11        tr.rollback();                                          // 回退事务
12        e.printStackTrace();
13      }
14      return isDelete;
15    }
```

## 18.6.4 创建具有特殊效果的部门树对话框

在系统中有多处需要填写部门。如果通过 JComboBox 组件提供部门列表，则不能体现出企业的组织架构，用户在使用过程中也不是很直观和方便，因此开发了具有特殊效果的部门树对话框。例如在新建档案时需要填写部门，利用该对话框实现的效果如图 18.15 所示。

图 18.15　用于特殊效果的部门树对话框

用户在填写部门时，只需要单击文本框后的按钮，就会弹出一个用来选取部门的部门树对话框，并且这个对话框显示在文本框和按钮的正下方，通过这种方法实现对部门的选取，对于用户将更加直观和方便。

从图 18.15 可以看出，这里用来选取部门的部门树对话框不需要提供标题栏，并且建议令这个对话框阻止当前线程，这样做的好处是可以强制用户选取部门，并且可以及时地销毁对话框，释放其占用的资源。实现这两点的关键代码如下：

```
01    setModal(true);                                  // 设置对话框阻止当前线程
02    setUndecorated(true);                            // 设置对话框不提供标题栏
```

下面开始创建部门树。首先创建树节点对象，包括根节点及其子节点，并将子节点添

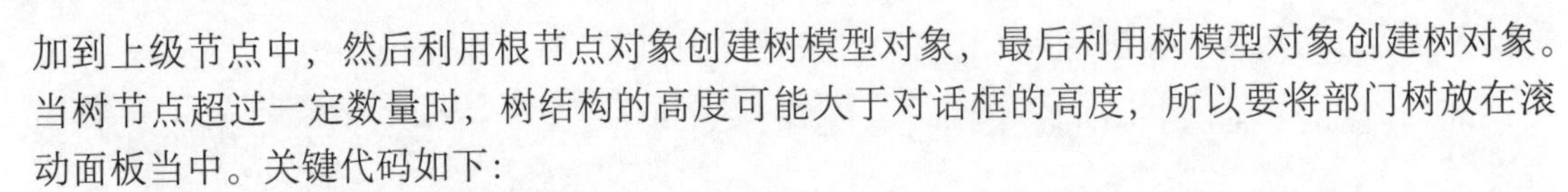

加到上级节点中，然后利用根节点对象创建树模型对象，最后利用树模型对象创建树对象。当树节点超过一定数量时，树结构的高度可能大于对话框的高度，所以要将部门树放在滚动面板当中。关键代码如下：

```
01    final JScrollPane scrollPane = new JScrollPane();      // 创建滚动面板
02    getContentPane().add(scrollPane, BorderLayout.CENTER);
03    TbDept company = (TbDept) dao.queryDeptById(1);
04    DefaultMutableTreeNode root = new DefaultMutableTreeNode(company
05       .getName());                                        // 创建部门树的根节点
06    Set depts = company.getTbDepts();
07    for (Iterator deptIt = depts.iterator(); deptIt.hasNext();) {
08      TbDept dept = (TbDept) deptIt.next();
09      DefaultMutableTreeNode deptNode = new DefaultMutableTreeNode(dept
10         .getName());                                      // 创建部门树的二级子节点
11      root.add(deptNode);
12      Set sonDepts = dept.getTbDepts();
13      for (Iterator sonDeptIt = sonDepts.iterator(); sonDeptIt.hasNext();) {
14        TbDept sonDept = (TbDept) sonDeptIt.next();
15        // 创建部门树的叶子节点
16        deptNode.add(new DefaultMutableTreeNode(sonDept.getName()));
17      }
18    }
19     // 利用根节点对象创建树模型对象
20    DefaultTreeModel treeModel = new DefaultTreeModel(root);
21    tree = new JTree(treeModel);                           // 利用树模型对象创建树对象
22    scrollPane.setViewportView(tree);                      // 将部门树放到滚动面板中
```

在通过构造方法创建部门树对话框时，需要传入要填写部门的文本框对象，这样在捕获树节点被选中的事件后会自动填写部门名称。用来捕获树节点被选中的事件的关键代码如下：

```
01    tree.addTreeSelectionListener(new TreeSelectionListener() { // 捕获树节点被选中的事件
02      public void valueChanged(TreeSelectionEvent e) {
03        TreePath treePath = e.getPath();                   // 获得被选中树节点的路径
04        DefaultMutableTreeNode node = (DefaultMutableTreeNode) treePath
05            .getLastPathComponent();                       // 获得被选中树节点的对象
06        if (node.getChildCount() == 0) {                   // 被选中的节点为叶子节点
07          // 将选中节点的名称显示到传入的文本框中
08          textField.setText(node.toString());
09        } else {                                           // 被选中的节点不是叶子节点
10          JOptionPane.showMessageDialog(null, "请选择所在的具体部门",
11              "错误提示", JOptionPane.ERROR_MESSAGE);
12          return;
13        }
14        dispose();                                         // 销毁部门树对话框
15      }
16    });
```

## 18.6.5 创建通过部门树选取员工的面板和对话框

在系统中有多处需要通过部门树选取员工，其中一处是在主窗体中，其他的均在对话框中，所以这里需要单独实现一个通过部门树选取员工的面板，然后将面板添加到主窗体或对话框中，从而实现代码的最大重用。最终实现的对话框效果如图 18.16 所示，当选中左侧部门树中的相应部门时，在右侧表格中将列出该部门及其子部门的所有员工。

下面实现面板类 DeptAndPersonnelPanel。首先创建表格，在创建表格时，可以通过向量初始化表格，也可以通过数组初始化表格。关键代码如下：

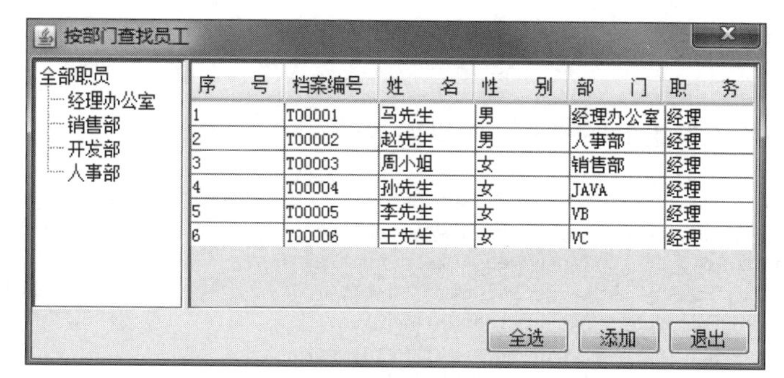


| 序　号 | 档案编号 | 姓　名 | 性　别 | 部　门 | 职　务 |
|---|---|---|---|---|---|
| 1 | T00001 | 马先生 | 男 | 经理办公室 | 经理 |
| 2 | T00002 | 赵先生 | 男 | 人事部 | 经理 |
| 3 | T00003 | 周小姐 | 女 | 销售部 | 经理 |
| 4 | T00004 | 孙先生 | 女 | JAVA | 经理 |
| 5 | T00005 | 李先生 | 女 | VB | 经理 |
| 6 | T00006 | 王先生 | 女 | VC | 经理 |

图 18.16　“按部门查找员工”对话框

```
01      tableColumnV = new Vector<String>();                        // 创建表格列名向量
02      String tableColumns[] = new String[] { "序    号", "档案编号", "姓    名",
03          "性    别", "部    门", "职    务" };
04      for (int i = 0; i < tableColumns.length; i++) {             // 添加表格列名
05        tableColumnV.add(tableColumns[i]);
06      }
07      tableValueV = new Vector<Vector<String>>();                 // 创建表格值向量
08      showAllRecord();
09      HibernateSessionFactory.closeSession();
10      tableModel = new DefaultTableModel(tableValueV, tableColumnV);  // 创建表格模型对象
11      table = new JTable(tableModel);                             // 创建表格对象
12      personnalScrollPane.setViewportView(table);
```

然后为部门树添加节点选取事件处理代码。当选取的为根节点时，将显示所有档案，当选取的为子节点时，将显示该部门的档案，否则显示选中部门（包含子部门）的所有档案。关键代码如下：

```
01      tree.addTreeSelectionListener(new TreeSelectionListener() {
02        public void valueChanged(TreeSelectionEvent e) {
03          TreePath path = e.getPath();                      // 获得被选中树节点的路径
04          tableValueV.removeAllElements();                  // 移除表格中的所有行
05          if (path.getPathCount() == 1) {                   // 选中树的根节点
06            showAllRecord();                                // 显示所有档案
07          } else {                                          // 选中树的子节点
08            // 获得选中部门的名称
09            String deptName = path.getLastPathComponent().toString();
10            // 检索指定部门对象
11            TbDept selectDept = (TbDept) dao.queryDeptByName(deptName);
12            Iterator sonDeptIt = selectDept.getTbDepts().iterator();
13            if (sonDeptIt.hasNext()) {                      // 选中树的二级节点
14              while (sonDeptIt.hasNext()) {
15                // 显示选中部门所有子部门的档案
16                showRecordInDept((TbDept) sonDeptIt.next());
17              }
18            } else {                                        // 选中树的叶子节点
19              showRecordInDept(selectDept);                 // 显示选中部门的档案
20            }
21          }
22          tableModel.setDataVector(tableValueV, tableColumnV);
23        }
24      });
```

下面实现对话框类 DeptAndPersonnelDialog，在对话框中提供 3 个按钮，用户可以通过“全选”按钮选择表格中的所有档案，也可以用鼠标点选指定档案，然后单击“添加”按钮，将选中的档案记录添加到指定向量中，添加结束后单击“退出”按钮。需要注意的是，在单

击“退出”按钮时并没有销毁对话框，只是将其变为不可见，在调用对话框的位置获得选中档案信息之后才销毁对话框。

负责捕获“添加”按钮事件的关键代码如下：

```
01      final JButton addButton = new JButton();
02      addButton.addActionListener(new ActionListener() {      // 捕获按钮被按下的事件
03        public void actionPerformed(ActionEvent e) {
04          int[] rows = table.getSelectedRows();               // 获得选中行的索引
05          int columnCount = table.getColumnCount();           // 获得表格的列数
06          for (int row = 0; row < rows.length; row++) {
07            // 创建一个向量对象，代表表格的一行
08            Vector<String> recordV = new Vector<String>();
09            for (int column = 0; column < columnCount; column++) {
10              // 将表格中的值添加到向量中
11              recordV.add(table.getValueAt(rows[row], column).toString());
12            }
13            selectedRecordV.add(recordV);             // 将代表选中行的向量添加到另一个向量中
14          }
15        }
16      });
17      addButton.setText(" 添加 ");                              // 设置按钮的名称
```

# 18.7 人事管理模块设计

人事管理模块是企业人事管理系统的灵魂，是其他模块的基础，所以能否合理设计人事管理模块，对系统的整体设计和系统功能的开发将起到十分重要的作用。

## 18.7.1 人事管理模块功能概述

人事管理模块包含档案管理、考勤管理、奖惩管理和培训管理 4 个子模块。

档案管理模块用来建立和修改员工档案，当进入档案管理模块时，将看到如图 18.17 所示界面。

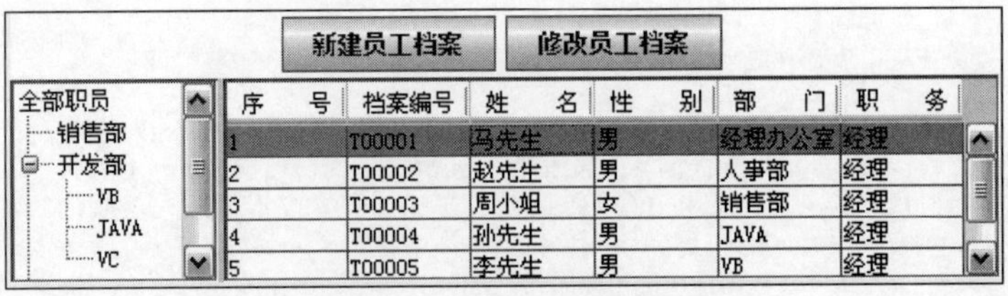

新建员工档案　修改员工档案

全部职员
销售部
开发部
VB
JAVA
VC

| 序　号 | 档案编号 | 姓　名 | 性　别 | 部　门 | 职　务 |
| --- | --- | --- | --- | --- | --- |
| 1 | T00001 | 马先生 | 男 | 经理办公室 | 经理 |
| 2 | T00002 | 赵先生 | 男 | 人事部 | 经理 |
| 3 | T00003 | 周小姐 | 女 | 销售部 | 经理 |
| 4 | T00004 | 孙先生 | 男 | JAVA | 经理 |
| 5 | T00005 | 李先生 | 男 | VB | 经理 |

图 18.17　员工档案列表界面

单击“新建员工档案”按钮，或在表格中选中要修改的员工档案后单击“修改员工档案”按钮，将打开如图 18.18 所示界面，在该界面可以建立或修改员工档案，并且可以设置员工照片，填写完后，单击“保存”按钮保存员工档案。

考勤管理和奖惩管理模块用来填写相关记录，这些记录信息将体现在统计报表模块，例如给某员工填写一次迟到考勤，在做统计报表时将根据其采用的账套在其待遇中扣除相应的金额。这两个模块的实现思路基本相同，在这里只给出考勤管理界面，如图 18.19 所示。

培训管理模块用来记录对员工的培训信息，如图 18.20 所示。选中培训记录后单击“查看”按钮，可以查看具体的培训人员。

保存 退出

档案编号： T00001

档案信息

姓　名： 马先生　性　别： ○男 ◉女　出生日期： 1983-07-05

民　族： 汉族　籍　贯： 吉林省　身份证号： 220181

学　历： 本科　专　业： 计算机　党　员： ○是 ◉否

外语语种： 英语　外语水平： 四级　婚姻状况： ○未婚 ◉已婚

邮政编码： 130000　户籍地址： 吉林省长春市

职务信息

部　门： 经理办公室 ...　职　务： 经理

入职日期： 2006-08-08　用工形式： 合同工　离职日期： YYYY-MM-DD　离职原因：

合同开始： YYYY-MM-DD　合同结束： YYYY-MM-DD　转正日期：　转正工龄：

发卡银行：　社会保险：　失业保险：　养老保险：

信用卡号：　医疗保险：　工伤保险：　公积金号：

个人信息

移动电话：　固定电话：　QQ ：　E_mail：

第二学历：　第二专业：　毕业日期： YYYY-MM-DD　毕业学校：

电脑水平：　爱　好：

入党日期： YYYY-MM-DD　特　长：

邮政编码：　家庭住址：

图 18.18　填写档案信息界面

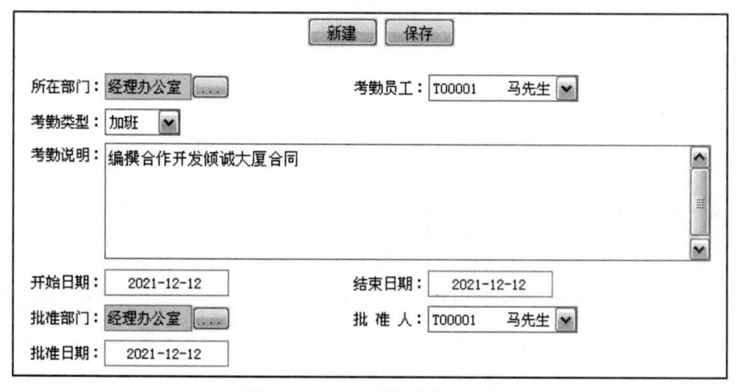


图 18.19　考勤管理界面

新建 查看

| 序号 | 培训名称 | 培训对象 | 参训人数 | 培训时间 | 培训地点 | 培训内容 | 培训单位 | 培训讲师 |
|---|---|---|---|---|---|---|---|---|
| 1 | 入职培训 | 新聘员工 | 5 | 2017-01-13... | 单位会议室 | 入职基本培训 | 本单位 | 马先生 |
| 2 | 倾诚大厦项目培训 | 相关人员 | 5 | 2021-01-14... | 单位会议室 | 倾诚大厦项目... | 本单位 | 马先生 |

图 18.20　培训列表界面

## 18.7.2　人事管理模块技术分析

在开发该模块时，需要处理大量用户输入的信息。处理用户输入信息的第一步是检查用户输入信息的合法性。如果是利用常规方法去验证每个组件接收到的数据，将耗费大量的时间和编写大量的代码。对于这种情况，可以利用 Java 的反射机制先进行简单的验证，例如不允许为空的验证，然后再针对特殊的数据进行具体的验证，例如日期型数据。

在建立员工档案时需要支持上传员工照片的功能。如果想支持这一功能，必须了解两项关键技术，一是如何弹出用来选取照片的对话框，二是如何将照片文件上传到指定的位置。用来选取照片的对话框可以通过 javax.swing.JFileChooler 类实现，还可以通过实现 javax.swing.filechooser.FileFilter 接口对指定路径中的文件进行过滤，令照片选取对话框中只显示照片文件。实现上传照片功能需要通过 java.io.File、java.io.FileInputStream 和 java.io.FileOutputStream 类联合实现。

在考勤管理和奖惩管理模块，既可以直接在员工下拉列表框中选取考勤或奖惩的员工，也可以先选取员工所在的部门，对员工下拉列表框中的可选项进行筛选，然后再选取具体的员工。要实现这一功能，需要实现组件之间的联动，即当选取部门时，将间接控制员工下拉列表框的变化；同样在选取员工下拉列表框时，也要间接控制部门组件的变化，即在部门组件中要显示员工所在的部门。可以通过捕获各个组件的事件完成这一功能，例如，通过 java.awt.event.ItemListener 监听器捕获下拉列表框中被选中的事件，通过 javax.swing.event.TreeSelectionListener 监听器捕获树节点被选中的事件。

## 18.7.3 人事管理模块的实现过程

在开发人事管理模块时，主要是突破技术分析中的几个技术点，掌握这几个技术点后，就可以顺利地实现人事管理模块了。

### （1）实现上传员工照片功能

在开发上传员工照片功能时，首先是确定显示照片的载体。在 Swing 中可以通过 JLable 组件显示照片，在该组件中也可以显示文字。在本系统中，如果已上传照片则显示照片，否则显示提示文字。关键代码如下：

```
01    photoLabel = new JLabel();                                  // 创建用来显示照片的对象
02    photoLabel.setHorizontalAlignment(SwingConstants.CENTER);  // 设置照片或文字居中显示
03    photoLabel.setBorder(new TitledBorder(null, "",
04        TitledBorder.DEFAULT_JUSTIFICATION,
05        TitledBorder.DEFAULT_POSITION, null, null));            // 设置边框
06    photoLabel.setPreferredSize(new Dimension(120, 140));      // 设置显示照片的大小
07    // 新建档案或未上传照片
08    if (UPDATE_RECORD == null || UPDATE_RECORD.getPhoto() == null) {
09      photoLabel.setText(" 双击添加照片 ");                        // 显示文字提示
10    } else {                                                    // 修改档案并且已上传照片
11      // 获得指定路径的绝对路径
12      URL url = this.getClass().getResource("/personnel_photo/");
13      // 组织员工照片的存放路径
14      String photo = url.toString().substring(5) + UPDATE_RECORD.getPhoto();
15      photoLabel.setIcon(new ImageIcon(photo));                 // 创建照片对象并显示
16    }
```

然后，确定如何弹出供用户选取照片的对话框。可以通过按钮捕获用户上传照片的请求，也可以通过 JLable 组件自己捕获该请求，即为 JLable 组件添加鼠标监听器，当用户双击该组件时，弹出供用户选取照片的对话框，本系统采用的是后者。Swing 提供了一个用来选取文件的对话框类 JFileChooser，当执行 JFileChooser 类的 showOpenDialog 方法时将弹出文件选取对话框，如图 18.21 所示。

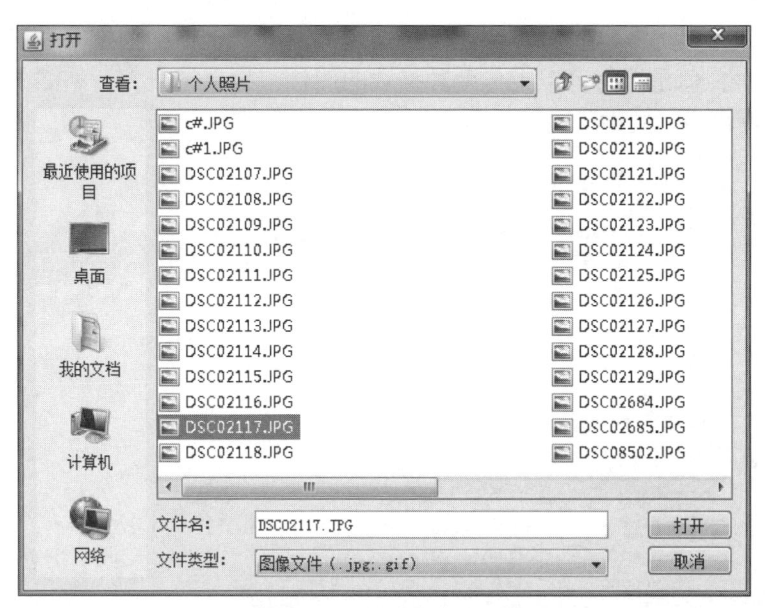


图 18.21　文件选取对话框

该方法返回 int 型值，用来区别用户执行的操作。当返回值为静态常量 APPROVE_OPTION 时，表示用户选取了照片，这时需要将选中的照片显示到 JLable 组件中。关键代码如下:

```
01	photoLabel.addMouseListener(new MouseAdapter() {	// 添加鼠标监听器
02	  public void mouseClicked(MouseEvent e) {
03	    if (e.getClickCount() == 2) {	// 判断是否为双击
04	      JFileChooser fileChooser = new JFileChooser();	// 创建文件选取对话框
05	      fileChooser.setFileFilter(new FileFilter() {	// 为对话框添加文件过滤器
06	            public String getDescription() {	// 设置提示信息
07	              return " 图像文件（.jpg;.gif）";
08	            }
09	            public boolean accept(File file) {	// 设置接收文件类型
10	              if (file.isDirectory())	// 为文件夹则返回 true
11	                return true;
12	              String fileName = file.getName().toLowerCase();
13	              if (fileName.endsWith(".jpg")  || fileName
14	              .endsWith(".gif"))	// 为 JPG 或 GIF 格式文件则返回 true
15	                return true;
16	                            // 否则返回 false，即不显示在文件选取对话框中
17	              return false;
18	            }
19	          });
20	      // 弹出文件选取对话框并接收用户的处理信息
21	      int i = fileChooser.showOpenDialog(getParent());
22	      if (i == fileChooser.APPROVE_OPTION) {	// 用户选取了照片
23	        File file = fileChooser.getSelectedFile();	// 获得用户选取的文件对象
24	        if (file != null) {
25	          // 创建照片对象
26	          ImageIcon icon = new ImageIcon(file.getAbsolutePath());
27	          photoLabel.setText(null);	// 取消提示文字
28	          photoLabel.setIcon(icon);	// 显示照片
29	        }
30	      }
31	    }
32	  }
33	});
```

第5篇　项目开发篇

最后，在保存档案信息时将照片上传到指定路径下。上传到指定路径下的照片名称将修改为档案编号，但是因为可以上传两种格式的图片，为了记录图片格式，还是要将照片名称保存到数据库中。关键代码如下：

```
01          if (photoLabel.getIcon() != null) {                  // 查看是否上传照片
02            // 通过选中图片的路径创建文件对象
03            File selectPhoto = new File(photoLabel.getIcon().toString());
04            // 获得指定路径的绝对路径
05            URL url = this.getClass().getResource("/personnel_photo/");
06            // 组合文件路径
07            StringBuffer uriBuffer = new StringBuffer(url.toString());
08            String selectPhotoName = selectPhoto.getName();
09            int i = selectPhotoName.lastIndexOf(".");
10            uriBuffer.append(recordNoTextField.getText());
11            uriBuffer.append(selectPhotoName.substring(i));
12            try {
13              // 创建上传文件对象
14              File photo = new File(new URL(uriBuffer.toString()).toURI());
15              record.setPhoto(photo.getName());                 // 将图片名称保存到数据库
16              if (!photo.exists()) {                            // 如果文件不存在则创建文件
17                photo.createNewFile();
18              }
19              // 创建输入流对象
20              InputStream inStream = new FileInputStream(selectPhoto);
21              // 创建输出流对象
22              OutputStream outStream = new FileOutputStream(photo);
23              int readBytes = 0;                                // 读取字节数
24              byte[] buffer = new byte[10240];                  // 定义缓存数组
25              // 从输入流读取数据到缓存数组中
26              while ((readBytes = inStream.read(buffer, 0, 10240)) != -1) {
27                // 将缓存数组中的数据输出到输出流
28                outStream.write(buffer, 0, readBytes);
29              }
30              outStream.close();                                // 关闭输出流对象
31              inStream.close();                                 // 关闭输入流对象
32            } catch (Exception e) {
33              e.printStackTrace();
34            }
35          }
```

### （2）实现组件联动功能

在开发考勤功能时，实现了部门和员工组件之间的联动功能，如果用户直接单击“考勤员工”下拉列表框，在下拉列表框中将显示所有员工，如图 18.22 所示，这是因为在初始化“考勤员工”下拉列表框时，添加的是所有员工。

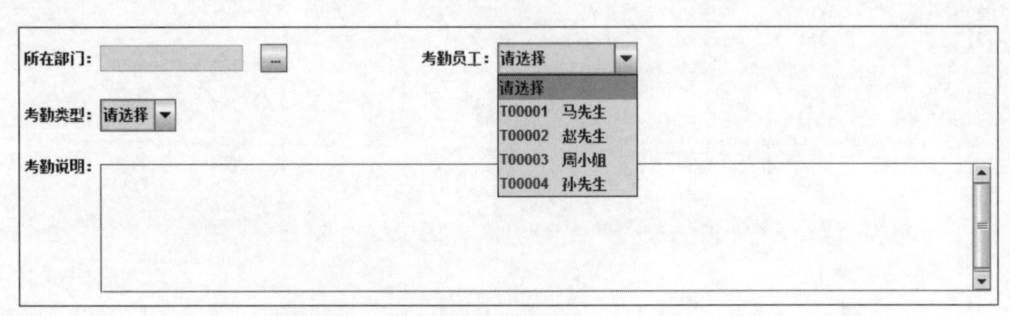


图 18.22 直接单击“考勤员工”下拉列表框

关键代码如下：

```
01    personnalComboBox = new JComboBox();                        // 创建下拉列表框对象
02    personnalComboBox.addItem(" 请选择 ");                       // 添加提示项
03    Iterator recordIt = dao.queryRecord().iterator();            // 检索所有员工
04    while (recordIt.hasNext()) {                                 // 通过循环添加到下拉列表框中
05      TbRecord record = (TbRecord) recordIt.next();
06      personnalComboBox.addItem(record.getRecordNumber() + "    "+ record.getName());
07    }
```

当用户选中考勤员工后，在“所在部门”文本框中将自动填入选中员工所在的部门。实现这一功能是通过捕获下拉列表框选项状态发生改变的事件实现的。关键代码如下：

```
01      // 捕获下拉列表框的选项状态发生改变的事件
02        personnalComboBox.addItemListener(new ItemListener() {
03        public void itemStateChanged(ItemEvent e) {
04          if (e.getStateChange() == ItemEvent.SELECTED) {     // 查看是否是由选中当前项触发的
05            String selectedItem = (String) e.getItem();       // 获得选中项的内容
06            // 当选中项为 " 请选择 " 时，设置部门文本框为空
07            if (selectedItem.equals(" 请选择 ")) {
08              inDeptTextField.setText(null);
09            } else {// 否则设置部门文本框为选中员工所在的部门
10              TbRecord record = (TbRecord) dao
11                  .queryRecordByNum(selectedItem.substring(0, 6));
12              inDeptTextField.setText(record.getTbDutyInfo().getTbDept().getName());
13            }
14          }
15        }
16      });
```

**说明：**

在代码中，itemStateChanged 事件在下拉列表框的选项发生改变时被触发。getStateChange 方法返回一个 int 型值，当返回值等于静态常量 ItemEvent.SELECTED 时，表示此次事件是由取消原选中项触发的；当返回值等于静态常量 ItemEvent.SELECTED 时，表示此次事件是由选中当前项触发的。getItem 方法可以获得触发此次事件的选项的内容。

如果用户先选中考勤员工所在的部门，例如选中“经理办公室”，再单击“考勤员工”下拉列表框，在下拉列表框中将显示选中部门的所有员工，如图 18.23 所示。

图 18.23　选中部门后再单击“考勤员工”下拉列表框

这是因为在捕获按钮事件弹出部门选取对话框时，根据用户选取的部门对“考勤员工”下拉列表框进行了处理。关键代码如下：

```
01      final JButton inDeptTreeButton = new JButton();            // 创建按钮对象
02      inDeptTreeButton.setMargin(new Insets(0, 6, 0, 3));
03      inDeptTreeButton.addActionListener(new ActionListener() {// 捕获按钮事件
04        public void actionPerformed(ActionEvent e) {
05          DeptTreeDialog deptTree = new DeptTreeDialog(
06              inDeptTextField);                                  // 创建部门选取对话框
07          deptTree.setBounds(375, 317, 101, 175);                // 设置部门选取对话框的显示位置
08          deptTree.setVisible(true);                             // 显示部门选取对话框
09          TbDept dept = (TbDept) dao
10              .queryDeptByName(inDeptTextField.getText());       // 检索选中的部门对象
11          personnalComboBox.removeAllItems();          // 清空 " 考勤员工 " 下拉列表框中的所有选项
12          personnalComboBox.addItem(" 请选择 ");                  // 添加提示项
```

```
13          // 通过 Hibernate 的一对多关联获得与该部门关联的职务信息对象
14          Iterator dutyInfoIt = dept.getTbDutyInfos().iterator();
15          while (dutyInfoIt.hasNext()) {                          // 遍历职务信息对象
16            // 获得职务信息对象
17            TbDutyInfo dutyInfo = (TbDutyInfo) dutyInfoIt.next();
18            // 通过 Hibernate 的一对一关联获得与职务信息对象关联的档案信息对象
19            TbRecord tbRecord = dutyInfo.getTbRecord();
20            personnalComboBox.addItem(tbRecord.getRecordNumber()
21              + "    " + tbRecord.getName());        // 将该员工添加到 " 考勤员工 " 下拉列表框中
22          }
23        }
24      });
25  inDeptTreeButton.setText("...");
```

### (3) 通过 Java 反射验证数据是否为空

在添加培训记录时，所有的培训信息均不允许为空，并且都是通过文本框接收用户输入信息的，在这种情况下可以通过 Java 反射验证数据是否为空。当为空时弹出提示信息，并令为空的文本框获得焦点。关键代码如下：

```
01  // 通过 Java 反射机制获得类中的所有属性
02  Field[] fields = BringUpOperatePanel.class.getDeclaredFields();
03  for (int i = 0; i < fields.length; i++) {                    // 遍历属性数组
04      Field field = fields[i];                                 // 获得属性
05      if (field.getType().equals(JTextField.class)) {          // 只验证 JTextField 类型的属性
06        field.setAccessible(true);  // 默认情况下不允许访问私有属性，如果设为 true 则允许访问
07        JTextField textField = null;
08        try {
09          textField = (JTextField) field
10              .get(BringUpOperatePanel.this);                  // 获得本类中的对应属性
11        } catch (Exception e) {
12          e.printStackTrace();
13        }
14        if (textField.getText().equals("")) {                  // 查看该属性是否为空
15          String infos[] = { " 请将培训信息填写完整！ ", " 所有信息均不允许为空！ " };
16          JOptionPane.showMessageDialog(null, infos, " 友情提示 ",// 弹出提示信息
17              JOptionPane.INFORMATION_MESSAGE);
18          textField.requestFocus();                            // 令为空的文本框获得焦点
19          return;
20        }
21      }
22    }
```

**说明：**

在代码中，getDeclaredFields 方法返回一个 Field 型数组，在数组中包含调用类的所有属性，包括公共、保护、默认（包）访问和私有字段，但不包括继承的字段。getType 方法返回一个 class 对象，它标识了此属性的声明类型。BringUpOperatePanel.this 代表本类。

## 18.8 待遇管理模块设计

待遇管理功能是企业人事管理系统的主要功能之一，该功能需要建立在人事管理功能的基础上，例如人事管理中的考勤管理和奖惩管理在待遇管理中将用到。

### 18.8.1 待遇管理模块功能概述

待遇管理模块包含账套管理、人员设置和统计报表 3 个子模块。

账套管理模块用来建立和维护账套信息，包括建立、修改和删除账套，以及为账套添加项目和修改金额，或者从账套中删除项目。首先需要建立一个账套，“新建账套”对话框如图 18.24 所示，其中账套说明用来详细介绍该账套的适用范围。

然后为新建的账套添加项目，“添加项目”对话框如图 18.25 所示，选中要添加的项目后单击“添加”按钮。

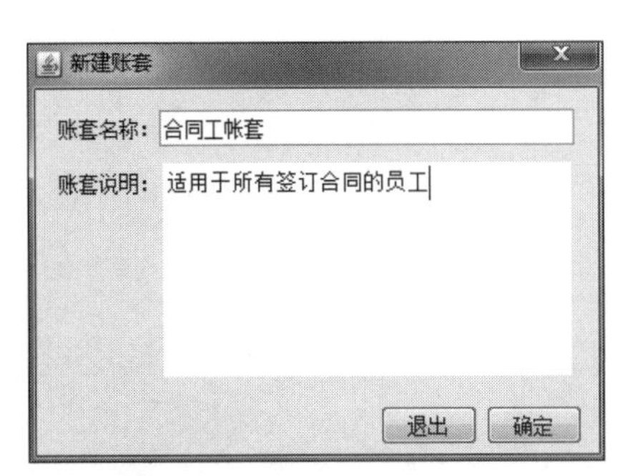


图 18.24 “新建账套”对话框

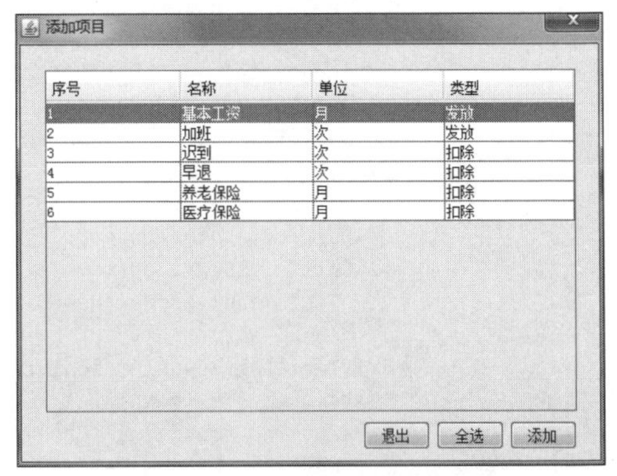


图 18.25 “添加项目”对话框

最后修改新添加项目的金额，“修改金额”对话框如图 18.26 所示，输入项目金额后单击“确定”按钮。

图 18.26 “修改金额”对话框

人员设置模块用来设置每个账套具体适合的人员，在这里将用到前文实现的通过部门树选取员工的对话框。

统计报表模块用来生成员工待遇统计报表，可以生成月、季、半年和年报表，如图 18.27 所示。当生成月报表时，可以选择统计的年和月份；当生成季报表时，可以选择统计的年和季度；当生成半年报表时，可以选择统计的年以及上半年或下半年；当生成年报表时，则只需要选择统计的年。

图 18.27 生成统计报表的种类

## 18.8.2 待遇管理模块技术分析

修改账套项目金额的功能，通常情况下是通过 JDialog 对话框实现的，但是因为只需要接收一行修改金额的信息，所以在这里也可以通过 JOptionPane 提示框实现，这样在实现功能的前提下可以少创建一个类，提高了代码的可读性。

在开发应用程序时，充分使用提示框、对话框也是一个不错的选择，既可以帮助用户使用系统，又可以保证系统的安全运行。

## 18.8.3 待遇管理模块的实现过程

在开发账套管理模块时，首先需要建立一个账套，通过弹出对话框获得账套名称和账套说明，将新建的账套添加到左侧的账套表格中，并设置为选中行，还要同步刷新右侧的账套项目表格。关键代码如下：

```
01  final JButton addSetButton = new JButton();
02  addSetButton.addActionListener(new ActionListener() {
03    public void actionPerformed(ActionEvent e) {
04      if (needSaveRow == -1) {                                  // 没有需要保存的账套
05        CreateCriterionSetDialog createCriterionSet = new CreateCriterionSetDialog();
06        createCriterionSet.setBounds((width - 350) / 2, (height - 250) / 2, 350, 250);
07        createCriterionSet.setVisible(true);                    // 弹出新建账套对话框
08        if (createCriterionSet.isSubmit()) {                    // 单击"确定"按钮
09          String name = createCriterionSet.getNameTextField().getText();// 获得名称
10          String explain = createCriterionSet
11              .getExplainTextArea().getText();                  // 获得账套说明
12          needSaveRow = leftTableValueV.size();                 // 将新建账套设置为需要保存的账套
13          // 创建代表账套表格行的向量对象
14          Vector<String> newCriterionSetV = new Vector<String>();
15          newCriterionSetV.add(needSaveRow + 1 + "");           // 添加账套序号
16          newCriterionSetV.add(name);                           // 添加账套名称
17          leftTableModel.addRow(newCriterionSetV);              // 将向量对象添加到左侧的账套表格
18          // 设置新建账套为选中行
19          leftTable.setRowSelectionInterval(needSaveRow, needSaveRow);
20          textArea.setText(explain);                            // 设置账套说明
21          TbReckoning reckoning = new TbReckoning();            // 创建账套对象
22          reckoning.setName(name);                              // 设置账套名称
23          reckoning.setExplain(explain);                        // 设置账套说明
24          reckoningV.add(reckoning);                            // 将账套对象添加到向量中
25          refreshItemAllRowValueV(needSaveRow);                 // 同步刷新右侧的账套项目表格
26        }
27      } else {// 有需要保存的账套，弹出提示保存对话框
28        JOptionPane.showMessageDialog(null, "请先保存账套: "
29            + leftTable.getValueAt(needSaveRow, 1), "友情提示",
30            JOptionPane.INFORMATION_MESSAGE);
31      }
32    }
33  });
34  addSetButton.setText("新建账套");
```

然后为新建的账套添加项目，通过弹出对话框获得用户添加的项目。因为需要通过弹出对话框中的表格对象获得选中项目的信息，所以在完成添加项目之前不能销毁添加项目的对话框对象，而是要将其设置为不可见，添加完后才能销毁，并且需要判断新添加项目在账套中是否已经存在。关键代码如下：

```
01    public void addItem(int leftSelectedRow) {
02      AddAccountItemDialog addAccountItemDialog = new AddAccountItemDialog();
03      addAccountItemDialog.setBounds((width - 500) / 2, (height - 375) / 2, 500, 375);
04      addAccountItemDialog.setVisible(true);                 // 弹出添加项目对话框
05      JTable itemTable = addAccountItemDialog.getTable();    // 获得对话框中的表格对象
06      int[] selectedRows = itemTable.getSelectedRows();      // 获得选中行的索引
07      if (selectedRows.length > 0) {                         // 有新添加的项目
08        needSaveRow = leftSelectedRow;                       // 设置当前账套为需要保存的账套
09        // 将选中行设置为新添加项目的第一行
10        int defaultSelectedRow = rightTable.getRowCount();
11        TbReckoning reckoning = reckoningV.get(leftSelectedRow);// 获得选中账套的对象
12        for (int i = 0; i < selectedRows.length; i++) {      // 通过循环向账套中添加项目
13          String name = itemTable.getValueAt(selectedRows[i], 1)
14              .toString();                                   // 获得项目名称
15          String unit = itemTable.getValueAt(selectedRows[i], 2)
16              .toString();                                   // 获得项目单位
17          Iterator<TbReckoningInfo> reckoningInfoIt = reckoning
18              .getTbReckoningInfos().iterator();             // 遍历账套中的现有项目
19          boolean had = false;                        // 默认在现有项目中不包含新添加的项目
20          while (reckoningInfoIt.hasNext()) {                // 通过循环查找是否存在
```

```
21              TbAccountItem accountItem = reckoningInfoIt.next()
22                  .getTbAccountItem();                          // 获得已有的项目对象
23              if (accountItem.getName().equals(name)
24                  && accountItem.getUnit().equals(unit)) {
25                had = true;                                     // 存在
26                break;                                          // 跳出循环
27              }
28            }
29            if (!had) {                                         // 如果没有则添加
30              // 创建账套信息对象
31              TbReckoningInfo reckoningInfo = new TbReckoningInfo();
32              TbAccountItem accountItem = (TbAccountItem) dao
33                  .queryAccountItemByNameUnit(name, unit);      // 获得账套项目对象
34              // 建立从账套项目对象到账套信息对象的关联
35              accountItem.getTbReckoningInfos().add(reckoningInfo);
36              // 建立从账套信息对象到账套项目对象的关联
37              reckoningInfo.setTbAccountItem(accountItem);
38              reckoningInfo.setMoney(0);                        // 设置项目金额为 0
39               // 建立从账套信息对象到账套对象的关联
40              reckoningInfo.setTbReckoning(reckoning);
41              // 建立从账套对象到账套信息对象的关联
42              reckoning.getTbReckoningInfos().add(reckoningInfo);
43            }
44          }
45          refreshItemAllRowValueV(leftSelectedRow);             // 同步刷新右侧的账套项目表格
46          rightTable.setRowSelectionInterval(defaultSelectedRow,
47              defaultSelectedRow);                              // 设置新添加项目的第一行为选中行
48          addAccountItemDialog.dispose();                       // 销毁添加项目对话框
49        }
50      }
```

下面为添加的项目修改金额，否则是不允许保存的，因为默认项目金额为 0，这是没有意义的。这里通过 JOptionPane 提示框获得修改后的金额，之后还要判断用户输入的金额是否符合要求，首要条件是数字，这里要求必须为 1 ～ 999999 之间的整数。关键代码如下：

```
01  public void updateItemMoney(int leftSelectedRow, int rightSelectedRow) {
02    String money = null;
03    done: while (true) {
04      money = JOptionPane.showInputDialog(null, " 请填写 "
05        + rightTable.getValueAt(rightSelectedRow, 1) + " 的 "
06        + rightTable.getValueAt(rightSelectedRow, 3).toString().trim() + " 金额：",
07        " 修改金额 ", JOptionPane.INFORMATION_MESSAGE);
08      if (money == null) {                                      // 用户单击 " 取消 " 按钮
09        break done;                                             // 取消修改
10      } else {                                                  // 用户单击 " 确定 " 按钮
11        if (money.equals("")) {                                 // 未输入金额，弹出提示对话框
12          JOptionPane.showMessageDialog(null, " 请输入金额！ ", " 友情提示 ",
13              JOptionPane.INFORMATION_MESSAGE);
14        } else {                                                // 输入了金额
15          // 金额必须为 1 ～ 999999 之间的整数
16          Pattern pattern = Pattern.compile("[1-9][0-9]{0,5}");
17          // 通过正则表达式判断是否符合要求
18          Matcher matcher = pattern.matcher(money);
19          if (matcher.matches()) {                              // 符合要求
20            needSaveRow = leftSelectedRow;                      // 设置当前账套为需要保存的账套
21            rightTable.setValueAt(money, rightSelectedRow, 4); // 修改项目金额
22            int nextSelectedRow = rightSelectedRow + 1;         // 默认存在下一行
23            if (nextSelectedRow < rightTable.getRowCount()) {  // 存在下一行
24              rightTable.setRowSelectionInterval(nextSelectedRow,
25                  nextSelectedRow);
26            }
```

```
27            // 获得项目名称
28            String name = rightTable.getValueAt(rightSelectedRow, 1).toString();
29            // 获得项目单位
30            String unit = rightTable.getValueAt(rightSelectedRow, 2).toString();
31            // 获得选中账套的对象
32            TbReckoning reckoning = reckoningV.get(leftSelectedRow);
33            Iterator reckoningInfoIt = reckoning
34                .getTbReckoningInfos().iterator();            // 遍历项目
35            while (reckoningInfoIt.hasNext()) {               // 通过循环查找选中项目
36              TbReckoningInfo reckoningInfo = (TbReckoningInfo) reckoningInfoIt
37                  .next();
38              TbAccountItem accountItem = reckoningInfo
39                  .getTbAccountItem();
40              if (accountItem.getName().equals(name)
41                  && accountItem.getUnit().equals(unit)) {
42                reckoningInfo.setMoney(new Integer(money));  // 修改金额
43                break;                                        // 跳出循环
44              }
45            }
46            break done;                                       // 修改完成
47          } else {                                            // 不符合要求，弹出提示对话框
48            String infos[] = { "金额输入错误，请重新输入！",
49                  "金额必须为 0 ～ 999999 之间的整数！" };
50            JOptionPane.showMessageDialog(null, infos, "友情提示",
51                JOptionPane.INFORMATION_MESSAGE);
```

**说明：**

在代码中，showMessageDialog 方法用来弹出提示某些消息的提示框，消息的类型可以为错误（ERROR_MESSAGE）、消息（INFORMATION_MESSAGE）、警告（WARNING_MESSAGE）、问题（QUESTION_MESSAGE）或普通（PLAIN_MESSAGE）。

最后开发统计报表。首先判断报表类型，然后根据报表类型组织报表的起止时间。下面是生成季报表的代码：

```
01  String quarter = quarterComboBox.getSelectedItem().toString();  // 获得报表季度
02  if (quarter.equals("第一")) {
03      reportForms(year + "-1-1", year + "-3-31");                 // 生成报表
04  } else if (quarter.equals("第二")) {
05      reportForms(year + "-4-1", year + "-6-30");                 // 生成报表
06  } else if (quarter.equals("第三")) {
07      reportForms(year + "-7-1", year + "-9-30");                 // 生成报表
08  } else {                                                         // 第四季度
09      reportForms(year + "-10-1", year + "-12-31");               // 生成报表
10  }
```

下面的代码负责在生成报表时向表格中添加员工的关键信息，初始实发金额为 0。

```
01  TbRecord record = (TbRecord) dutyInfo.getTbRecord();
02  Vector recordV = new Vector();                          // 创建与档案对象对应的向量
03  recordV.add(num++);                                     // 添加序号
04  recordV.add(record.getRecordNumber());                  // 添加档案编号
05  recordV.add(record.getName());                          // 添加姓名
06  recordV.add(record.getSex());                           // 添加性别
07  recordV.add(dutyInfo.getTbDept().getName());            // 添加部门
08  recordV.add(dutyInfo.getTbDuty().getName());            // 添加职务
09  int salary = 0;                                         // 初始实发金额为 0
```

下面的代码负责在生成报表时计算员工的奖惩金额，通过 Hibernate 的关联得到的是员工的所有奖惩，需要通过集合过滤功能进行过滤，才能检索符合条件的奖惩信息。关键代码如下：

```
01  Set rewAndPuns = record.getTbRewardsAndPunishmentsForRecordId();
02  String types[] = new String[] { " 奖励 ", " 惩罚 " };
03  for (int i = 0; i < types.length; i++) {
04    String filterHql = "where this.type='"+ types[i]
05        + "' and ( ( startDate between to_date('"
06        + reportStartDateStr+ "','yyyy-mm-dd') and to_date('"
07        + reprotEndDateStr+ "','yyyy-mm-dd') or endDate between to_date('"
08        + reportStartDateStr+ "','yyyy-mm-dd') and to_date('"
09        + reprotEndDateStr+ "','yyyy-mm-dd') ) or ( to_date('"
10        + reportStartDateStr
11        + "','yyyy-mm-dd') between startDate and endDate and to_date('"
12        + reprotEndDateStr+ "','yyyy-mm-dd') between startDate and endDate ) )";
13    System.out.println(filterHql);
14    List list = dao.filterSet(rewAndPuns, filterHql);  // 过滤奖惩记录
15    if (list.size() > 0) {                               // 存在奖惩
16      column += 1;                                       // 列索引加 1
17      int money = 0;                                     // 初始奖惩金额为 0
18      for (Iterator it = list.iterator(); it.hasNext();) {
19        TbRewardsAndPunishment rewAndPun = (TbRewardsAndPunishment) it.next();
20        money += rewAndPun.getMoney();                   // 累加奖惩金额
21      }
22      recordV.add(money);                                // 添加奖惩金额
23      if (i == 0)                                        // 奖励
24        salary += money;                                 // 计算实发金额
25      else                                               // 惩罚
26        salary -= money;                                 // 计算实发金额
27      } else {
28        recordV.add("—");                                // 没有奖励或惩罚
29      }
30    }
31    recordV.add(salary);
```

# 本章知识思维导图

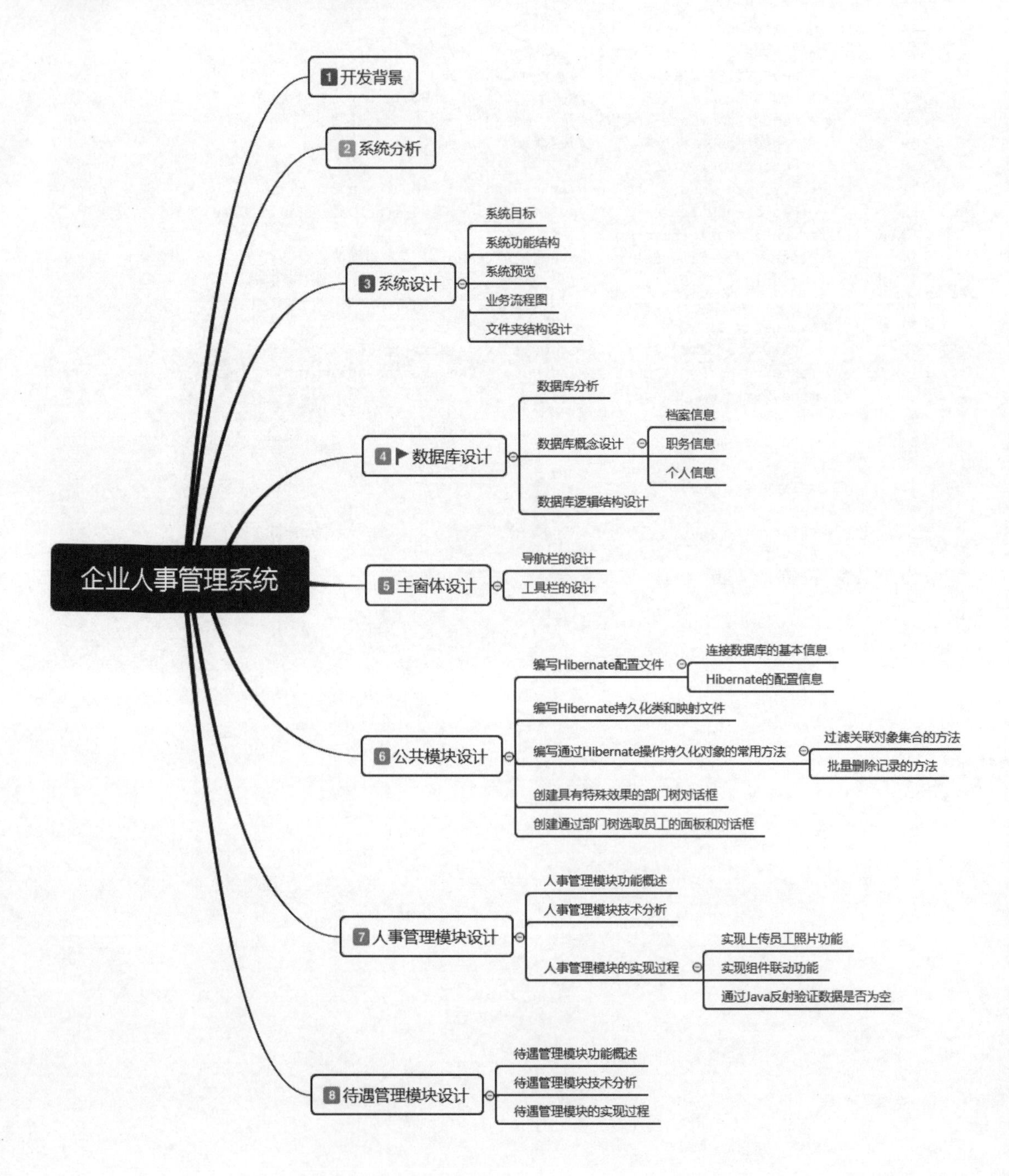
企业人事管理系统
1 开发背景
2 系统分析
3 系统设计
系统目标
系统功能结构
系统预览
业务流程图
文件夹结构设计
4 数据库设计
数据库分析
数据库概念设计
档案信息
职务信息
个人信息
数据库逻辑结构设计
5 主窗体设计
导航栏的设计
工具栏的设计
6 公共模块设计
编写Hibernate配置文件
连接数据库的基本信息
Hibernate的配置信息
编写Hibernate持久化类和映射文件
编写通过Hibernate操作持久化对象的常用方法
过滤关联对象集合的方法
批量删除记录的方法
创建具有特殊效果的部门树对话框
创建通过部门树选取员工的面板和对话框
7 人事管理模块设计
人事管理模块功能概述
人事管理模块技术分析
人事管理模块的实现过程
实现上传员工照片功能
实现组件联动功能
通过Java反射验证数据是否为空
8 待遇管理模块设计
待遇管理模块功能概述
待遇管理模块技术分析
待遇管理模块的实现过程